卫星导航技术与应用

Satellite Navigation Technologies and Applications

苏 珂
吴忠望
焦国强

编著

国防工業出版社
·北京·

内容简介

随着应用领域的推广和重要性的提升，卫星导航逐渐成长为一门独立的学科。本书全面系统地介绍了卫星导航技术的最新进展及其在各个领域的应用。全书共分为10章，第1章为绪论，第2章为全球卫星导航系统（GNSS）观测量，第3章和第4章为GNSS伪距偏差和相位偏差改正理论与方法，第5章和第6章为GNSS定位和测速技术与方法，第7章为GNSS地震监测与应用，第8章为GNSS授时原理与应用，第9章为GNSS气象学与应用，第10章为GNSS电离层监测与应用。

本书是一部内容全面、理论与实践结合紧密、技术前沿性强的专著，不仅为卫星导航领域的学者和研究人员提供了重要的参考依据，也为相关行业的工程技术人员提供了宝贵的实践指导，可以成为相关专业研究人员的教科书和工具书。

图书在版编目（CIP）数据

卫星导航技术与应用 / 苏珂，吴忠望，焦国强编著 .
北京 ：国防工业出版社，2025. 7. -- ISBN 978-7-118
-13748-4

Ⅰ. TN967. 1

中国国家版本馆 CIP 数据核字第 202581PC75 号

※

国防工業出版社 出版发行
（北京市海淀区紫竹院南路 23 号　邮政编码 100048）
雅迪云印（天津）科技有限公司印刷
新华书店经售

*

开本 710×1000　1/16　**印张** 18　**字数** 316 千字
2025 年 7 月第 1 版第 1 次印刷　**印数** 1—1500 册　**定价** 158. 00 元

（本书如有印装错误，我社负责调换）

国防书店：（010）88540777　　书店传真：（010）88540776
发行业务：（010）88540717　　发行传真：（010）88540762

序 一

定位导航定时（PNT）是经济发展、国防进步的重要基础信息，是智能化社会发展的重要支撑信息。星基 PNT 已渗入我们生活的方方面面，从日常出行到国家安全，从科学研究到工程应用，无一不彰显着其不可或缺的地位和作用。2020 年 7 月 31 日，习近平总书记宣布北斗三号全球卫星导航系统正式建成开通，标志着我国成为世界上第三个拥有全球导航卫星系统的国家，开启了高质量服务全球、造福人类的崭新篇章。党的十八大以来，习近平总书记一直高度重视我国航天事业的发展，多次发表重要讲话，为建设航天强国指明了方向。到 2035 年左右，我国将建成以北斗系统为核心，更加泛在、更加融合、更加智能的国家综合 PNT 体系，为未来智能化、无人化发展提供核心支撑。

卫星导航学科是几何学、电磁学、力学和大地测量学等交叉形成的学科，随着应用领域的推广和重要性的提升，已经发展为一门相对独立的学科。本书作者团队基于多年研究成果和教学积累，较全面地介绍了卫星导航观测处理、误差分析与改正、定位技术与方法、测速技术等基础理论，并重点阐述了卫星导航技术的最新进展及其在多个领域的应用，包括地震监测、授时原理与应用、电离层监测等。

本书内容全面、理论与实践结合紧密，不仅可为卫星导航领域的研究学者和教学人员提供参考，也可作为相关行业的工程技术人员工程实践的学习资料。

杨元喜

2025 年 1 月

杨元喜，中国科学院院士。

序 二

作为现代信息社会的关键时空基础设施，卫星导航为全球用户提供实时、连续、高精度的位置、速度与时间基准。卫星导航系统在交通运输行业、测绘地理信息行业、气象行业、国土资源调查、精准农业、地震行业等领域得到了广泛应用，渗透到国民经济的各个方面。

北斗卫星导航系统（BDS）的建设从20世纪80年代开始起步，按照区域到全球、有源到无源的战略，走出了一条中国特色的渐进式发展道路。随着BDS-3的建成，我国拥有了自主可控、服务全球的卫星导航系统，这不仅标志着国家综合实力的跃升，更深刻改变了从大众消费到行业应用，乃至国家战略安全的技术生态。BDS-3服务的主要性能指标与国外其他卫星导航系统相当甚至更高，但我们仍然需要通过卫星星座、卫星载荷、用户应用模式以及服务算法等方面的改进以提高完善BDS的服务水平。

本书全面介绍了卫星导航观测量的模型化和定位理论、观测值偏差确定算法，以及卫星导航系统用于测速和授时、地震和大气监测的技术方法，内容丰富全面，理论逻辑严谨。它不仅展现了作者团队在算法设计上的深厚功底，更为读者深入理解卫星导航技术的内在逻辑提供了清晰思路，可作为卫星导航相关科研和教学人员的参考书，也为行业技术人员提供了重要的实践参考资料。

2025年6月

葛茂荣，中国科学院上海天文台/德国地学研究中心研究员。

前 言

卫星导航技术作为现代空间信息技术的重要组成部分，已经深刻改变了我们的生活方式和社会运行模式，为精密制导、控制、指挥和通信提供了重要的PNT支持。从最初的单系统、单频点到如今的多系统、多频点时代，卫星导航技术不仅在精度、可靠性和服务范围上取得了巨大进步，更在地球科学、工程测量、航空航天、空间环境监测、地质灾害预警等多个领域展现出了广泛的应用前景。

本书全面系统地介绍了卫星导航技术的最新进展及其在各个领域的应用。全书共分为10章，涵盖了卫星导航技术的基础理论、观测量处理、误差分析、定位方法、测速技术、地震监测、授时原理以及大气对流层和电离层监测等多个方面内容。

第1章作为绪论，简要介绍了卫星导航技术的发展背景、现状以及本书的内容结构安排。第2章详细介绍了GNSS伪距和相位基本观测量，以及组合方式和误差源处理策略。第3章和第4章分别聚焦于GNSS伪距偏差和相位偏差的改正理论与方法，对伪距偏差和相位偏差进行了深入剖析，提出了有效的改正策略。第5章和第6章系统地介绍了GNSS定位和测速技术与方法，包括各种理论模型和公式推导。第7章介绍了GNSS求解同震位移模型，归纳了GNSS技术在地震监测与预警上的应用。第8章讨论了GNSS授时原理与应用，分析了相关技术的性能和特点。第9章和第10章聚焦于GNSS气象学和电离层监测，讨论了相关模型方法及其应用。

本书是对作者团队多年研究积累的系统总结，团队充分参考了卫星导航的最新研究成果和实践经验，力求做到内容全面、系统、实用。本书的出版将为卫星导航技术的进一步发展和应用提供有力支持，同时也为广大读者提供一本重要的参考书。感谢智慧地球重点实验室项目（SYS-ZX02-2024-01）、育新工程项目（145AXL250004000X）、青年自主创新科学基金（2025）等科研项目的支持，感谢在本书编写过程中其他教师和研究生提供的帮助，感谢周杨对本书的编写和审校提供的宝贵意见。由于编写时间有限，本书尚有诸多不足之处，敬请各位读者批评改正。如果有意见或建议可通过邮箱联系我们：suke17@mails. ucas. ac. cn，wu_zhw@163. com，jiaoguoqiang18@mails. ucas. ac. cn。

苏珂　吴忠望　焦国强

2025 年 6 月

目录

第 1 章 绪论

卫星导航学科由几何学、电磁学、力学、大地测量学等交叉形成，随着应用领域的推广和重要性的提升，卫星导航逐渐成长为一门独立的学科。本章主要介绍了卫星导航系统以及全书的结构与内容。

1.1 卫星导航系统

2020 年，我国建成了具有自主知识产权的北斗全球卫星导航系统，标志着我国拥有了服务全球的空间定位、导航与授时（Positioning，Navigation and Timing，PNT）基础设施，整体技术实力得到有效提升。全球卫星导航系统（Global Navigation Satellite System，GNSS）已经发展至“群星璀璨”的多频多模时代，以中国的北斗卫星导航系统（BeiDou Navigation Satellite System，BDS）为代表的四大导航系统可以全天时全天候播发十几个频率上的伪距、相位和多普勒等观测信息，并向全球范围内的用户提供高精度的 PNT 服务[1]。GNSS 包括中国的 BDS、美国的 GPS（Global Positioning System）、俄罗斯的 GLONASS（GLObal NAvigation Satellite System）和欧盟的 Galileo 系统（Galileo Satellite Navigation System）。区域导航系统包括日本的 QZSS（Quasi-Zenith Satellite System）和印度的 IRNSS（Indian Regional Navigation Satellite System）。卫星导航技术已经广泛应用于大地测量、环境监测和灾害预警等地球科学领域，其服务性能和可靠性决定着相关工程和科学的应用价值。

BDS 作为中国独立研制的卫星导航系统，遵循三步走原则，即演示系统（BDS-1）、区域系统（BDS-2）和全球系统（BDS-3）。BDS-1 于 2003 年建设完成；BDS-2 自 2012 年底开始向中国和亚太地区提供服务，包含 5 颗地球同步轨道（Geostationary Earth Orbit，GEO）、4 颗倾斜地球同步轨道（Inclined GeoSynchronous Orbit，IGSO）和 4 颗中地球轨道（Medium Earth Orbit，MEO）卫星[2]；BDS-3 于 2017 年 11 月开始建设，并自 2018 年 12 月 27 日开始提供全球 PNT 服务，其最后一颗组网卫星在 2020 年 6 月 23 日成功发射，标志着 BDS 卫星星座部署全面完成[3]。BDS-3 包含了 24 颗 MEO、3 颗 IGSO 和 3 颗 GEO 卫星[4]，在 BDS-2 支持的 B1I（1561.098MHz）和 B3I（1268.52MHz）信号基础上，改进了信号结构，可以观测到 B1C（1575.42MHz）、B2a（1176.45MHz）、B2b（1207.140MHz）和 B2a+b（1191.795MHz）信号。BDS 集成了精密单点定位（Precise Point Positioning，PPP）和星基增强功能，达到了高完好性和高精度，融合了通信数传功能，实现了区域和全球短报文通信和国际搜救服务[5]。早期 GPS 和 GLONASS 系统设计时只提供双频信号观测值，从而可以消除电离层延迟对定位的影响。作为 GPS 现代化进程中的一部分，GPS Block-IIF 卫星除了可以播发原有的 L1（1575.42MHz）和 L2（1227.60MHz）信号观测值外，还能播发第三频点民用的 L5（1176.45MHz）信号[6]。GLONASS 星座包含 24 颗卫星，其中 18 颗为 GLONASS-M 卫星、4 颗为 GLONASS-M+卫星、2 颗为 GLONASS-K1 卫星[7]。GLONASS 在 G1 和 G2 频点上采用频分多址（Frequency Division Multiple Access，FDMA）技术，而 GLONASS-M+和 GLONASS-K1 卫星在 L3（1202.025MHz）频点上采用码分多址（Code Division Multiple Access，CDMA）技术[8]。Galileo 卫星播发 E1（1575.42MHz）、E5a（1176.45MHz）、E5b（1207.14MHz）、E5（1191.795MHz）和 E6（1278.75MHz）信号提供民商服务[9]。区域导航系统如日本的 QZSS，可以观测到 L1（1575.42MHz）、L2（1227.60MHz）、L5（1176.45MHz）和 L6（1278.75MHz）频率信号上的观测值[10]。

表 1.1 列举了多系统 GNSS 观测值频率，GNSS 未来发展主要体现在两个方面：一是多系统之间的兼容互操作，协调多频观测值中部分相同观测值频率的系统间偏差（Inter-System Bias，ISB）可以实现多系统兼容互操作；二是多频观测值的处理，多频观测值给 GNSS 应用带来了更多的处理思路，包括周跳探测、精密定位、模糊度固定和电离层建模等。多频多系统数据的加入，增加了多余观测，提高了 GNSS 服务的稳定性和可靠性，具有更广阔的应用前景。

表 1.1　多系统 GNSS 观测值频率

频　　率	BDS-2	BDS-3	GPS	GLONASS	Galileo	QZSS
1602+k×9/16MHz	—	—	—	G1	—	—
1600.995MHz	—	—	—	G1a	—	—
1575.420MHz	—	B1C	L1	—	E1	L1
1561.098MHz	B1I	B1I	—	—	—	—
1278.750MHz	—	—	—	—	E6	L6
1268.520MHz	B3I	B3I	—	—	—	—
1246+k×9/16MHz	—	—	—	G2	—	—
1248.060MHz	—	—	—	G2a	—	—
1227.600MHz	—	—	L2	—	—	L2
1207.140MHz	B2I	B2b	—	—	E5b	—
1202.025MHz	—	—	—	G3	—	—
1176.450MHz	—	B2a	L5	—	E5a	L5
1191.795MHz	—	B2ab	—	—	E5ab	—

1.2　结构与内容

本书围绕卫星导航技术与应用展开主题介绍，各章节安排和主要内容如下：

第 1 章，绪论。该章介绍了卫星导航发展背景以及本书的内容和结构安排。

第 2 章，GNSS 观测量。该章介绍了 GNSS 基本观测量，以 GNSS 伪距和相位观测量为基础，梳理讨论了观测量组合方式，介绍了 GNSS 误差源及其处理策略，最后说明了相应的参数估计方法，为后续章节奠定了理论基础。

第 3 章，GNSS 伪距偏差改正理论与方法。该章介绍了 GNSS 伪距偏差改正理论与方法，包括卫星伪距偏差变化、卫星 ISB、卫星和接收机端伪距硬件偏差和信号畸变偏差（Signal Distortion Bias，SDB），主要介绍了 GNSS 卫星伪距硬件偏差的估计方法和特性，分析了 BDS 卫星伪距偏差的时变特性。

第 4 章，GNSS 相位偏差改正理论与方法。该章主要介绍了 GNSS 相位偏差改正理论与方法，相位偏差分为相位偏差和相位时变偏差，相位偏差部分介绍了三种偏差类型，从相关概念、计算方法和偏差特性角度进行了分析。

第 5 章，GNSS 定位技术与方法。该章系统性地总结和介绍了 GNSS PPP

理论模型，包括 PPP、PPP 模糊度固定（PPP Ambiguity Resolution，PPPAR）和 PPP-RTK。其中，多频多系统 PPP 模型主要分为 GNSS 单频、双频到五频 PPP 模型，多频 GNSS PPPAR 包括不同产品 PPPAR 实现方法以及多频无电离层组合和非差非组合 PPPAR 模型和性能。PPP-RTK 包括多频 PPP-RTK 概念、方法和性能。

第 6 章，GNSS 测速技术与方法。该章介绍了 GNSS 测速技术与方法，测速方法包括位置差分测速、原始多普勒、历元间伪距差分、历元间载波相位差分、双差载波相位以及动态 PPP（Dynamic PPP，DPPP）测速方法，在推导了各种测速方法后，比较和分析了不同测速方法的性能。

第 7 章，GNSS 地震监测与应用。该章介绍了 GNSS 求解同震位移模型，讨论了同震位移误差分离方法，最后列举了 GNSS 技术在地震监测与预警上的应用，包括地震同震位移监测、震级估计、烈度、地表位移变化和断层分布反演。

第 8 章，GNSS 授时原理与应用。该章首先介绍了时间系统、GNSS 时间基准和时间频率技术等理论，随后介绍了精密时间频率传递，主要技术包括双向卫星时间频率传递和 GNSS 时间传递，最后介绍了 GNSS PPP 授时方法。

第 9 章，GNSS 气象学与应用。该章首先介绍了大气延迟的概念，包括对流层特性、传统大气探测手段和对流层延迟理论，随后分析了 GNSS 估计天顶对流层延迟（Zenith Tropospheric Delay，ZTD）的性能，最后讨论了 GNSS 估计大气可降水量（Precipitable Water Vapor，PWV）的原理与性能。

第 10 章，GNSS 电离层监测与应用。该章介绍了电离层监测相关理论，从电离层基本理论出发，进一步介绍电离层斜延迟提取方法并对精度进行了评估，最后评估了 GNSS 电离层建模性能，包括局部电离层建模、区域电离层建模和全球电离层建模。

第 2 章 GNSS观测量

随着 GNSS 进入多频多模时代，GNSS 服务的可靠性和稳定性在逐步提升。伪距和相位观测值是 GNSS 中最常用的观测值，高精度伪距和相位测量技术是卫星导航系统中的关键技术之一，观测值的精度不仅决定了卫星轨道和钟差产品的精度，也决定了 GNSS PNT 服务的性能。本章从伪距和相位观测值出发，介绍了 GNSS 常用的数据组合方式及其用途，进而阐述 GNSS 观测值误差源及其常用的处理策略，包括与卫星有关的误差、与接收机有关的误差、与信号传播相关的误差和其他误差，最后简要说明了 GNSS 参数估计方法。

2.1 GNSS 观测数据

GNSS 接收机通过接收导航卫星信号进行测距，进而获得伪距和载波相位观测值[11]。伪距观测量是 GNSS 卫星发射的测距码信号到达用户接收机天线的电波传播时间，并由该时间计算星地之间的伪距值，它可以理解为是信号的本地接收时刻与信号所携表征时间值之差[12]。载波相位观测值是接收机产生信号的载波相位与卫星发射信号的载波相位之差。多普勒频移是载波相位观测值的衍生观测量，也是一个独立的、可以反映伪距变化率的观测值，多普勒观测值通常用于载体运动速度计算。

对于 GNSS 单系统单历元观测值，接收机 r 在历元 t 时刻观测到的卫星 s 原始非差伪距和相位观测值可以表示为[13]

$$
\begin{cases}
p_{r,j,y}^{s}(t)=\rho_{r}^{s}(t)+d_{\mathrm{orb}}^{s}(t)+dt_{r}(t)-dt^{s}(t)+d_{\mathrm{ant},r,j}(t)+d_{\mathrm{ant},j}^{s}(t)+d_{\mathrm{antH},r}(t)+\\
\qquad d_{r,\mathrm{sagnac}}^{s}(t)+d_{r,\mathrm{rel}}^{s}(t)+d_{r,\mathrm{tide}}^{s}(t)+T_{r}^{s}(t)+\mu_{j}^{s}\cdot I_{r,1}^{s}(t)+d_{r,j,y}(t)-d_{j,y}^{s}(t)+\\
\qquad d_{r,j,y}^{s}+m_{p,r,j}^{s}(t)+\varepsilon_{p,j,y}^{s}(t)\\
\phi_{r,j,y}^{s}(t)=\rho_{r}^{s}(t)+d_{\mathrm{orb}}^{s}(t)+dt_{r}(t)-dt^{s}(t)+d_{\mathrm{ant},r,j}(t)+d_{\mathrm{ant},j}^{s}(t)+d_{\mathrm{antH},r}(t)+d_{\mathrm{windup},j}^{s}(t)+\\
\qquad d_{r,\mathrm{sagnac}}^{s}(t)+d_{r,\mathrm{rel}}^{s}(t)+d_{r,\mathrm{tide}}^{s}(t)+T_{r}^{s}(t)-\mu_{j}^{s}\cdot I_{r,1}^{s}(t)+b_{r,j,y}(t)-b_{j,y}^{s}(t)+\\
\qquad N_{r,j,y}^{s}+m_{\phi,r,j}^{s}(t)+\varepsilon_{\phi,j,y}^{s}(t)
\end{cases}
\tag{2.1}
$$

式中：上标和下标 r，s，j，y 和 t 分别为接收机、卫星、信号频率、通道和历元标识；$p_{r,j,y}^{s}(t)$ 和 $\phi_{r,j,y}^{s}(t)$ 分别为伪距和相位观测值；$\rho_{r}^{s}(t)$ 为接收机与卫星之间几何距离；$d_{\mathrm{orb}}^{s}(t)$ 为卫星轨道误差；$dt_{r}(t)$ 和 $dt^{s}(t)$ 为接收机和卫星钟差；$d_{\mathrm{ant},r,j}(t)$ 和 $d_{\mathrm{ant},j}^{s}(t)$ 为接收机和卫星天线相位中心改正；$d_{\mathrm{antH},r}(t)$ 为接收机天线高改正；$d_{\mathrm{windup},j}^{s}(t)$ 为相位缠绕改正；$d_{r,\mathrm{sagnac}}^{s}(t)$ 为地球自转效应改正；$d_{r,\mathrm{rel}}^{s}(t)$ 为相对论效应改正；$d_{r,\mathrm{tide}}^{s}(t)$ 为固体潮、海潮和极潮影响造成的潮汐改正；$T_{r}^{s}(t)$ 为对流层延迟；$I_{r,1}^{s}(t)$ 为 GNSS 单系统第一频点上的电离层斜延迟值；$\mu_{j}^{s}=(f_{1}^{s}/f_{j}^{s})^{2}$ 为电离层延迟频率放大因子，其中，f_{j}^{s} 为卫星 s 第 j 频点上的频率值；$d_{r,j,y}(t)$ 和 $d_{j,y}^{s}(t)$ 分别为接收机和卫星未校准伪距硬件延迟（Uncalibrated Code Delay，UCD），$d_{r,j,y}^{s}$ 为 SDB，它是不同接收机相关器响应和前端设计带宽导致的；$b_{r,j,y}(t)$ 和 $b_{j,y}^{s}(t)$ 分别为接收机和卫星未校准相位硬件延迟（Uncalibrated Phase Delay，UPD）；$N_{r,j,y}^{s}$ 为第 j 频点上第 y 通道上的整周模糊度；$m_{p,r,j}^{s}(t)$ 和 $m_{\phi,r,j}^{s}(t)$ 分别为伪距和相位多路径误差；$\varepsilon_{p,j,y}^{s}(t)$ 和 $\varepsilon_{\phi,j,y}^{s}(t)$ 分别为伪距和相位观测值噪声。

需要说明的是，所有的变量单位是 m（米），时变参数都配备了历元下标 t。

2.2 数据组合

为了消除某些参数、改善观测值质量或者达到其他目的，通常会对 GNSS 原始观测值进行线性组合。本节介绍几种常用的 GNSS 观测值组合方法。

2.2.1 无几何组合

无几何（Geometry-Free，GF）组合观测值消除了所有频率无关项，如轨道误差、接收机钟差、卫星钟差和对流层延迟误差等影响，保留了与频率相关

的延迟（如电离层延迟和硬件延迟等），常用于电离层研究、周跳探测和载波误差分析等用途，其统一形式可以表示为[14]

$$(\cdot)_{\mathrm{GF},ij}=(\cdot)_i-(\cdot)_j \tag{2.2}$$

式中：$(\cdot)_{GF,ij}$为 GF 变量；$(\cdot)_i$ 为第 i 频点变量。

2.2.2 无电离层组合

通过对双频观测值进行无电离层（Ionosphere-Free，IF）线性组合可以消除观测值中电离层一阶项的影响，其统一形式可以表示为[15]

$$\begin{aligned}(\cdot)_{\mathrm{IF},ij}&=-\mu_{\mathrm{GF},ij}^{-1}[\mu_j,-\mu_i]\cdot[(\cdot)_i,(\cdot)_j]^{\mathrm{T}}\\&=\left[\frac{f_i^2}{f_i^2-f_j^2},-\frac{f_j^2}{f_i^2-f_j^2}\right]\cdot[(\cdot)_i,(\cdot)_j]^{\mathrm{T}}\\&=[\alpha_{ij},\beta_{ij}]\cdot[(\cdot)_i,(\cdot)_j]^{\mathrm{T}}\end{aligned} \tag{2.3}$$

式中：$(\cdot)_{\mathrm{IF},ij}$为 IF 组合变量；α_{ij}和β_{ij}为双频 IF 组合系数。

类似地，使用多频伪距和相位观测值进行线性组合也可以消除电离层一阶项的影响，其中三频、四频和五频统一形式可以表示为

$$\begin{cases}(\cdot)_{\mathrm{IF},ijk}=[\eta_i,\eta_j,\eta_k]\cdot[(\cdot)_i,(\cdot)_j,(\cdot)_k]^{\mathrm{T}}\\(\cdot)_{\mathrm{IF},ijkl}=[\eta_i,\eta_j,\eta_k,\eta_l]\cdot[(\cdot)_i,(\cdot)_j,(\cdot)_k,(\cdot)_l]^{\mathrm{T}}\\(\cdot)_{\mathrm{IF},ijklo}=[\eta_i,\eta_j,\eta_k,\eta_l,\eta_o]\cdot[(\cdot)_i,(\cdot)_j,(\cdot)_k,(\cdot)_l,(\cdot)_o]^{\mathrm{T}}\end{cases} \tag{2.4}$$

式中：η 为多频无电离层组合系数。

多频组合系数可以由不同假设条件进行确定，如基于组合观测值几何距离不变、无电离层和最小噪声的假设条件为

$$\begin{cases}\boldsymbol{e}_n^{\mathrm{T}}\cdot\boldsymbol{\eta}=1\\\boldsymbol{\mu}^{\mathrm{T}}\cdot\boldsymbol{\eta}=0\\\boldsymbol{\eta}^{\mathrm{T}}\cdot\boldsymbol{q}\cdot\boldsymbol{\eta}=\min\end{cases} \tag{2.5}$$

式中：$\boldsymbol{e}_n$ 为 n 行向量，其所有值为 1；$\boldsymbol{\mu}^{\mathrm{T}}=[\mu_i,\mu_j,\mu_k,\mu_l,\mu_o,\cdots]$；$\mu_\varsigma=f_i^2/f_\varsigma^2$，$(\varsigma=i,j,k,l,o,\cdots)$；$\boldsymbol{q}$ 为观测噪声比值的向量，$\boldsymbol{q}=\mathrm{diag}(q_i^2,q_j^2,q_k^2,q_l^2,q_o^2,\cdots)$。

以三频观测值为例，将式（2.5）改写为拉格朗日函数形式，即

$$F=\boldsymbol{\eta}_3^{\mathrm{T}}\cdot\boldsymbol{q}_3\cdot\boldsymbol{\eta}_3+\chi_1\cdot(\boldsymbol{e}_3^{\mathrm{T}}\cdot\boldsymbol{\eta}_3-1)+\chi_2\cdot\boldsymbol{u}_3^{\mathrm{T}}\cdot\boldsymbol{\eta}_3 \tag{2.6}$$

式中：χ_1 和χ_2 为拉格朗日乘数。

对拉格朗日函数 F 分别对三个组合系数求偏导，即

$$\frac{\partial F}{\partial\eta_\varsigma}=2\cdot q_\varsigma^2\cdot\eta_\varsigma+\chi_1+\chi_2\cdot u_\varsigma,\quad \varsigma=i,j,k \tag{2.7}$$

当所有偏导数为0时，式（2.7）可以进一步转换为

$$\begin{cases}\chi_1 \cdot A+\chi_2 \cdot B=0 \\ \chi_1 \cdot C+\chi_2 \cdot A=-2D\end{cases} \tag{2.8}$$

其中

$$\begin{cases}A=\mu_i \cdot q_j^2 \cdot q_k^2+\mu_j \cdot q_i^2 \cdot q_k^2+\mu_k \cdot q_i^2 \cdot q_j^2 \\ B=\mu_i^2 \cdot q_j^2 \cdot q_k^2+\mu_j^2 \cdot q_i^2 \cdot q_k^2+\mu_k^2 \cdot q_i^2 \cdot q_j^2 \\ C=q_j^2 \cdot q_k^2+q_i^2 \cdot q_k^2+q_i^2 \cdot q_j^2 \\ D=q_i^2 \cdot q_j^2 \cdot q_k^2\end{cases} \tag{2.9}$$

于是，可得

$$\begin{cases}\chi_1=\dfrac{2BD}{A^2-BC} \\ \chi_2=\dfrac{-2AD}{A^2-BC}\end{cases} \tag{2.10}$$

进一步地，即可确定唯一一组三频无电离层观测值组合系数，即

$$\boldsymbol{\eta}_3=\begin{bmatrix}\dfrac{(\mu_i \cdot \mu_j-\mu_j^2) \cdot q_k^2+(\mu_i \cdot \mu_k-\mu_k^2) \cdot q_j^2}{-q_k^2 \cdot (\mu_j-\mu_i)^2-q_j^2 \cdot (\mu_k-\mu_i)^2-q_i^2 \cdot (\mu_k-\mu_j)^2} \\ \dfrac{(\mu_i \cdot \mu_j-\mu_i^2) \cdot q_k^2+(\mu_j \cdot \mu_k-\mu_k^2) \cdot q_i^2}{-q_k^2 \cdot (\mu_j-\mu_i)^2-q_j^2 \cdot (\mu_k-\mu_i)^2-q_i^2 \cdot (\mu_k-\mu_j)^2} \\ \dfrac{(\mu_i \cdot \mu_k-\mu_i^2) \cdot q_j^2+(\mu_j \cdot \mu_k-\mu_j^2) \cdot q_i^2}{-q_k^2 \cdot (\mu_j-\mu_i)^2-q_j^2 \cdot (\mu_k-\mu_i)^2-q_i^2 \cdot (\mu_k-\mu_j)^2}\end{bmatrix} \tag{2.11}$$

类似地，四频无电离层观测值组合系数为

$$\boldsymbol{\eta}_4=\begin{bmatrix}\dfrac{(\mu_i \cdot \mu_j-\mu_j^2) \cdot q_k^2 \cdot q_l^2+(\mu_i \cdot \mu_k-\mu_k^2) \cdot q_j^2 \cdot q_l^2+(\mu_i \cdot \mu_l-\mu_l^2) \cdot q_j^2 \cdot q_k^2}{E_4} \\ \dfrac{(\mu_i \cdot \mu_j-\mu_i^2) \cdot q_k^2 \cdot q_l^2+(\mu_j \cdot \mu_k-\mu_k^2) \cdot q_i^2 \cdot q_l^2+(\mu_j \cdot \mu_l-\mu_l^2) \cdot q_i^2 \cdot q_k^2}{E_4} \\ \dfrac{(\mu_i \cdot \mu_k-\mu_i^2) \cdot q_j^2 \cdot q_l^2+(\mu_j \cdot \mu_k-\mu_j^2) \cdot q_i^2 \cdot q_l^2+(\mu_k \cdot \mu_l-\mu_l^2) \cdot q_i^2 \cdot q_j^2}{E_4} \\ \dfrac{(\mu_i \cdot \mu_l-\mu_i^2) \cdot q_j^2 \cdot q_k^2+(\mu_j \cdot \mu_l-\mu_j^2) \cdot q_i^2 \cdot q_k^2+(\mu_k \cdot \mu_l-\mu_k^2) \cdot q_i^2 \cdot q_j^2}{E_4}\end{bmatrix} \tag{2.12}$$

其中

$$E_4=-q_k^2\cdot q_l^2\cdot(\mu_j-\mu_i)^2-q_j^2\cdot q_l^2\cdot(\mu_k-\mu_i)^2-q_j^2\cdot q_k^2\cdot(\mu_l-\mu_i)^2-\\q_i^2\cdot q_l^2\cdot(\mu_k-\mu_j)^2-q_i^2\cdot q_k^2\cdot(\mu_l-\mu_j)^2-q_i^2\cdot q_j^2\cdot(\mu_l-\mu_k)^2 \tag{2.13}$$

五频无电离层观测值组合系数为

$$\boldsymbol{\eta}_5=\begin{bmatrix}\dfrac{(\mu_i\cdot\mu_j-\mu_j^2)\cdot q_k^2\cdot q_l^2\cdot q_o^2+(\mu_i\cdot\mu_k-\mu_k^2)\cdot q_j^2\cdot q_l^2\cdot q_o^2+(\mu_i\cdot\mu_l-\mu_l^2)\cdot q_j^2\cdot q_k^2\cdot q_o^2+(\mu_i\cdot\mu_o-\mu_o^2)\cdot q_j^2\cdot q_k^2\cdot q_l^2}{E_5}\\\dfrac{(\mu_i\cdot\mu_j-\mu_i^2)\cdot q_k^2\cdot q_l^2\cdot q_o^2+(\mu_i\cdot\mu_k-\mu_k^2)\cdot q_i^2\cdot q_l^2\cdot q_o^2+(\mu_j\cdot\mu_l-\mu_l^2)\cdot q_i^2\cdot q_k^2\cdot q_o^2+(\mu_j\cdot\mu_o-\mu_o^2)\cdot q_i^2\cdot q_k^2\cdot q_l^2}{E_5}\\\dfrac{(\mu_i\cdot\mu_k-\mu_i^2)\cdot q_j^2\cdot q_l^2\cdot q_o^2+(\mu_j\cdot\mu_k-\mu_j^2)\cdot q_i^2\cdot q_l^2\cdot q_o^2+(\mu_k\cdot\mu_l-\mu_l^2)\cdot q_i^2\cdot q_j^2\cdot q_o^2+(\mu_k\cdot\mu_o-\mu_o^2)\cdot q_i^2\cdot q_j^2\cdot q_l^2}{E_5}\\\dfrac{(\mu_i\cdot\mu_l-\mu_i^2)\cdot q_j^2\cdot q_k^2\cdot q_o^2+(\mu_j\cdot\mu_l-\mu_j^2)\cdot q_i^2\cdot q_k^2\cdot q_o^2+(\mu_k\cdot\mu_l-\mu_k^2)\cdot q_i^2\cdot q_j^2\cdot q_o^2+(\mu_l\cdot\mu_o-\mu_o^2)\cdot q_i^2\cdot q_j^2\cdot q_k^2}{E_5}\\\dfrac{(\mu_i\cdot\mu_o-\mu_i^2)\cdot q_j^2\cdot q_k^2\cdot q_l^2+(\mu_j\cdot\mu_o-\mu_j^2)\cdot q_i^2\cdot q_k^2\cdot q_l^2+(\mu_k\cdot\mu_o-\mu_k^2)\cdot q_i^2\cdot q_j^2\cdot q_l^2+(\mu_l\cdot\mu_o-\mu_l^2)\cdot q_i^2\cdot q_j^2\cdot q_k^2}{E_5}\end{bmatrix} \tag{2.14}$$

其中

$$E_5=-q_k^2\cdot q_l^2\cdot q_o^2\cdot(\mu_j-\mu_i)^2-q_j^2\cdot q_l^2\cdot q_o^2\cdot(\mu_k-\mu_i)^2-q_j^2\cdot q_k^2\cdot q_o^2\cdot(\mu_l-\mu_i)^2-\\q_j^2\cdot q_k^2\cdot q_l^2\cdot(\mu_o-\mu_i)^2-q_i^2\cdot q_l^2\cdot q_o^2\cdot(\mu_k-\mu_j)^2-q_i^2\cdot q_k^2\cdot q_o^2\cdot(\mu_l-\mu_j)^2-\\q_i^2\cdot q_k^2\cdot q_l^2\cdot(\mu_o-\mu_j)^2-q_i^2\cdot q_j^2\cdot q_o^2\cdot(\mu_l-\mu_k)^2-q_i^2\cdot q_j^2\cdot q_l^2\cdot(\mu_o-\mu_k)^2-\\q_i^2\cdot q_j^2\cdot q_k^2\cdot(\mu_o-\mu_l)^2 \tag{2.15}$$

2.2.3 无几何无电离层组合

多频观测值可以同时消除几何距离和电离层一阶项的影响，于是形成了无几何无电离层（GF and IF，GFIF）组合观测值，其统一形式可以表示为

$$(\cdot)_{\mathrm{GFIF},ijk}=(\cdot)_{\mathrm{IF},ij}-(\cdot)_{\mathrm{IF},ik} \tag{2.16}$$

式中：$(\cdot)_{\mathrm{GFIF},ijk}$为 GFIF 变量。

GFIF 组合观测值消除了几何距离、接收机钟差、卫星钟差、对流层延迟、电离层延迟一阶项等因素的影响，仅包含模糊度和硬件延迟等变量，常用于周跳探测、硬件延迟监测和电离层研究等[16]。

2.2.4 宽巷组合

宽巷（Wide Lane，WL）组合多用于处理相位观测值，其波长相对于原始

相位观测值波长更长，更利于模糊度固定，其统一形式可以表示为[17]

$$(\cdot)_{\mathrm{W},ij}=\left[\frac{f_i}{f_i-f_j},-\frac{f_j}{f_i-f_j}\right]\cdot[(\cdot)_i,(\cdot)_j]^{\mathrm{T}}=[f_{\mathrm{W}i,ij},f_{\mathrm{W}j,ij}]\cdot[(\cdot)_i,(\cdot)_j]^{\mathrm{T}} \tag{2.17}$$

式中：$(\cdot)_{\mathrm{W},ij}$为 WL 变量；$f_{\mathrm{W1},ij}$和$f_{\mathrm{W2},ij}$为双频 WL 组合系数。

2.2.5 窄巷组合

窄巷（Narrow Lane，NL）组合统一形式可以表示为[18]

$$(\cdot)_{\mathrm{N},ij}=\left[\frac{f_i}{f_i+f_j},\frac{f_j}{f_i+f_j}\right]\cdot[(\cdot)_i,(\cdot)_j]^{\mathrm{T}}=[f_{\mathrm{N}i,ij},f_{\mathrm{N}j,ij}]\cdot[(\cdot)_i,(\cdot)_j]^{\mathrm{T}} \tag{2.18}$$

式中：$(\cdot)_{\mathrm{N},ij}$为 NL 变量；$f_{\mathrm{N1},ij}$和$f_{\mathrm{N2},ij}$为双频 NL 组合系数。

2.2.6 伪距相位组合

伪距相位组合观测值中最常用的是 WL 相位和 NL 伪距构成的 MW（Melbourne-Wubbena）组合观测量，即 WL 载波观测值减去 NL 伪距观测值[19-20]为

$$(\cdot)_{\mathrm{MW},ij}=\phi_{\mathrm{W},ij}-p_{\mathrm{N},ij} \tag{2.19}$$

式中：$(\cdot)_{\mathrm{MW},ij}$为 MW 观测值。

MW 观测值消除了卫星位置误差、卫星钟差、接收机钟差、对流层延迟、电离层延迟等因素的影响，可以获得 WL 模糊度，常用于周跳探测和模糊度固定等。

2.3 GNSS 误差及其处理策略

图 2.1 给出了 GNSS 误差源示意图，其可以详细划分为与卫星有关的误差、与接收机有关的误差、与信号传播相关的误差和其他误差等。本章将介绍 GNSS 误差源及其对应处理策略，对于这些误差源，处理方法可以归纳为三种，通过模型和精确建模改正、采用一定方法消除或减弱以及通过参数估计补偿。

2.3.1 卫星轨道误差

获取 GNSS 轨道坐标常用方法包括 GNSS 广播和精密星历。卫星轨道误差是指通过卫星星历计算得出的卫星空间位置及运动速度与卫星的真实位置及运动速度之差。广播星历通过导航电文的形式发送给用户，它包含预报、预测和

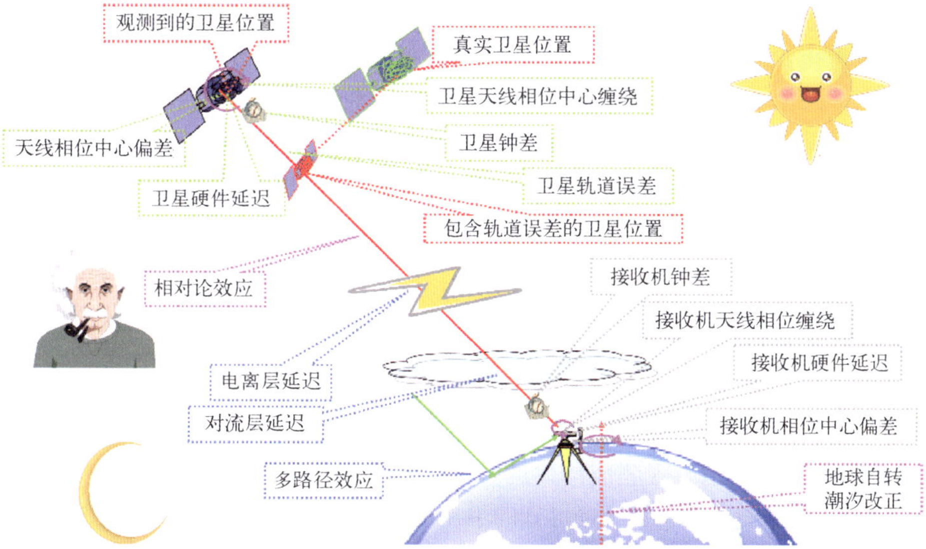

图 2.1 GNSS 误差源示意图

外推的轨道数据，因此它不能保证足够高的精度，并不适用于精密定位。目前广播轨道的精度在 50cm 左右[21-22]。

IGS 等分析中心发布了精密卫星轨道产品，包括超快速（IGS Ultra-Rapid，IGU）、快速（IGS Rapid，IGR）和事后（IGS Final，IGF）产品。其中，IGU 实测轨道精度在 3cm 左右，IGU 预报轨道在 5cm 左右，IGR 轨道精度在 2.5cm 左右，IGF 轨道精度在 2.5cm 左右[23]。轨道产品中卫星轨道信息是以一定采样间隔给出的，常采用拟合或插值方法来获取对应时刻的卫星轨道信息，常用的方法包括拉格朗日多项式插值法、内维尔插值、牛顿插值和切比雪夫多项式拟合等[24]。

2.3.2 卫星和接收机钟差

卫星钟差是卫星钟时间和 GNSS 系统时间的差值，GNSS 卫星钟差会导致测距几何距离出现计算偏差。对于广播星历，用户可以根据其提供的钟差参数计算出卫星钟差，对于精密定位而言，为了达到厘米级的精度要求，卫星钟差精度应该要优于 0.3ns，其等效距离为 9cm。

IGS 各个分析中心也提供了对应的实时 IGU、IGR 和 IGF 产品，其对应精度分别优于 0.20ns（预报）、0.05ns（实测）、0.025ns 和 0.02ns[25-27]，采用相应的拟合或插值方法可以获得对应时刻的卫星钟差。

接收机内振荡器频率的漂移产生的接收机钟时间与 GNSS 标准时之间的差值称为接收机钟差。由于大部分接收机采用内置的石英钟，其精度同卫星或监测站的原子钟不是一个量级。石英钟不但钟差数值大变化快，而且变化规律性也很差，使用多项式拟合接收机钟差可靠性较差。因此，在高精度 GNSS 定位中，接收机钟差一般当作参数来进行白噪声估计。对于外接原子钟的接收机，可以对其进行适当的约束，包括随机游走和顾及站钟随机模型估计等[28]。

当接收机发生钟跳时，GNSS 伪距、相位和时标观测值一致性将会被破坏，接收机钟跳探测与修复方法可参考文献 [29]。

2.3.3 卫星和接收机天线相位中心误差

GNSS 伪距和相位观测值描述的是接收机天线相位中心和卫星天线相位中心之间的距离。广播星历计算得到的卫星坐标是卫星天线相位中心的坐标，精密轨道星历提供的卫星坐标是将广播星历轨道作为初轨在力学方程的约束下计算得到的，其卫星坐标是卫星质心的坐标，这两者之间并不一致。因此，当使用精密轨道产品时，需要考虑卫星天线相位中心改正[30]。

天线相位中心误差分为天线相位中心偏差（Phase Center Offset，PCO）和天线相位中心变化（Phase Center Variation，PCV）。其中，由于 PCO 是天线平均相位中心（天线瞬时相位中心的平均值）与天线参考点（Antenna Reference Point，ARP）的偏差，其作为一个固定的偏差向量。PCV 表示天线的瞬时相位中心和平均相位中心的差值，其值大小与信号方向有关，并随着信号的方位角及天顶角变化而变化。

为了形象地表示卫星天线相位中心误差，图 2.2 给出了卫星天线结构，它是一个固连于卫星的坐标系，其坐标原点是卫星质心，Z 轴从卫星质心指向地

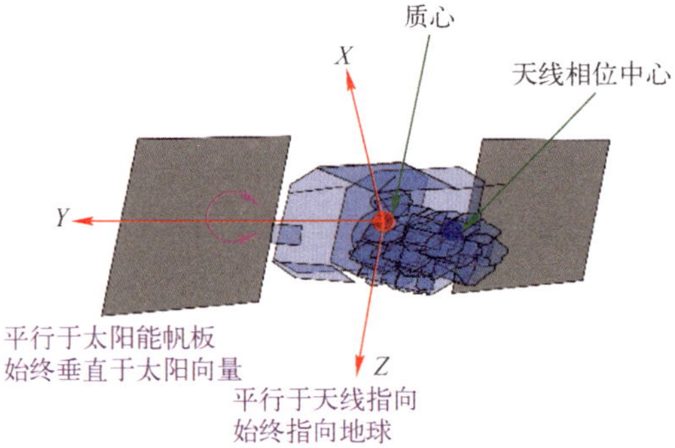

图 2.2 卫星天线结构示意图

心并平行于天线，Y 轴从卫星质心指向太阳，垂直于太阳向量并平行于太阳能帆板平面，X 轴与 Y 轴和 Z 轴组成右手空间坐标系。

假设接收机、卫星和太阳在地心地固（Earth Center Earth Fixed，ECEF）坐标系下的坐标分别为 P_{rec}，P_{sat}，P_{sun}。星固系轴在惯性系的单位向量可以表示为

$$\begin{cases} \boldsymbol{e}_x = -\dfrac{P_{\mathrm{sat}}\times(P_{\mathrm{sat}}\times P_{\mathrm{ss}})}{|P_{\mathrm{sat}}\times(P_{\mathrm{sat}}\times P_{\mathrm{ss}})|} \\ \boldsymbol{e}_y = -\dfrac{P_{\mathrm{sat}}\times P_{\mathrm{ss}}}{|P_{\mathrm{sat}}\times P_{\mathrm{ss}}|} \\ \boldsymbol{e}_z = -\dfrac{P_{\mathrm{sat}}}{|P_{\mathrm{sat}}|} \end{cases} \tag{2.20}$$

其中

$$P_{\mathrm{ss}} = P_{\mathrm{sun}} - P_{\mathrm{sat}} \tag{2.21}$$

因此，卫星到接收机的单位向量 $\boldsymbol{r}$ 可以表示为

$$\boldsymbol{r} = \frac{P_{\mathrm{rec}} - P_{\mathrm{sat}}}{|P_{\mathrm{rec}} - P_{\mathrm{sat}}|} \tag{2.22}$$

而 $\boldsymbol{e}_z$ 和 $\boldsymbol{r}$ 之间的夹角 θ 可以表示为

$$\theta = \arccos(\boldsymbol{e}_z \cdot \boldsymbol{r}),\quad \theta < 14° \tag{2.23}$$

根据所求得的角度 θ 可以内插得到天线文件对应卫星号和时间范围内的 PCV 值，通过联合天线文件里面的 PCO 值，可进一步将星固坐标系下的相位中心改正（Phase Center Correction，PCC）转换到地固坐标系下的 PCC，其可以表示为

$$\mathrm{PCC}_{\mathrm{ECEF}} = [\boldsymbol{e}_x, \boldsymbol{e}_y, \boldsymbol{e}_z] \cdot [\mathrm{PCO} - \mathrm{PCV}] \tag{2.24}$$

因此，我们可以计算出卫星至观测站的视线上的 PCC 改正距离，消除卫星天线相位中心误差的影响，即

$$s = \frac{\boldsymbol{r} \cdot \mathrm{PCO}_{\mathrm{ECEF}}}{1000} \tag{2.25}$$

同样，接收机天线相位中心误差是指接收机天线相位中心和几何中心之间的偏差，天线相位中心误差会随着高度角、方位角和卫星信号强度的变化而变化，每个频率信号天线相位中心误差并不相同。

接收机天线结构如图 2.3 所示，接收机 PCO 和 PCV 改正量可以归算到视线方向上。

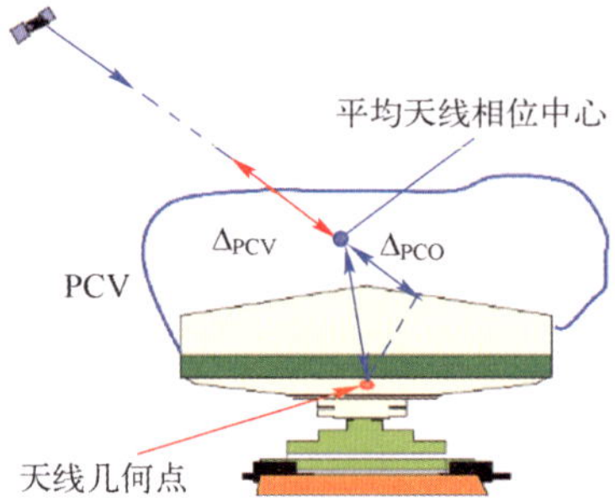

图 2.3　接收机天线结构示意图

已知卫星在站心坐标系下的坐标的单位向量为 $\boldsymbol{k}$，则 PCO 投影到视线方向上的距离为

$$s_{\mathrm{PCO}}=\mathrm{PCO}\cdot\boldsymbol{k} \tag{2.26}$$

接收机 PCV 投影改正 s_{PCV} 可以表示为卫星方位角 α 和天顶角 z 的函数 $\mathrm{PCV}(\alpha,z)$，根据相应类型对应频率的天线信息可以获取 PCV 值。因此，接收机 PCO 和 PCV 总改正值 s 可以表示为

$$s=s_{\mathrm{PCO}}-s_{\mathrm{PCV}} \tag{2.27}$$

对观测量进行改正后，伪距和载波观测值就可以归算到 ARP 坐标上。

2.3.4 接收机天线高

接收机天线高与卫星关系如图 2.4 所示，接收机天线高改正可以直接对坐标进行转换，也可以归算到视线方向上从而直接修正到观测值上，通过点乘运算可以获得视线距离上接收机天线高的改正值。

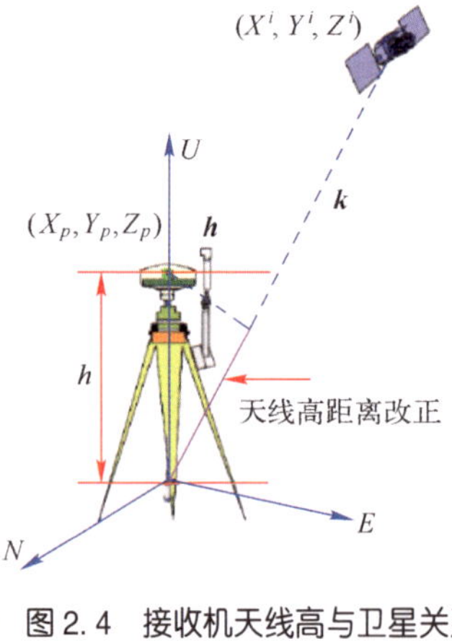

图 2.4　接收机天线高与卫星关系

2.3.5 卫星天线相位中心缠绕

GNSS 卫星信号采用右旋极化波，当接收机天线与发射卫星存在相对旋转时，载波相位观测值会产生误差，该误差称为天线相位缠绕[31]。在静态 PPP 中，天线相位中心缠绕影响为分米级，在动态 PPP 中，其值会被接收机钟差吸收。

图 2.5 所示为卫星天线和接收机天线几何关系，其建立固连于卫星和接收机的坐标系，其中，Z 轴为卫星至地心方向，Y 轴垂直于太阳向量并且垂直于太阳、地球和卫星组成的平面，X 轴则构成对应右手坐标系。

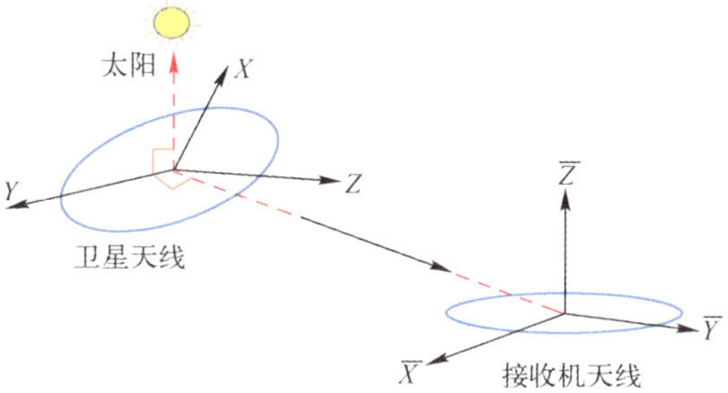

图 2.5 卫星天线和接收机天线几何关系

如图 2.5 所示，卫星到太阳的单位向量 $\boldsymbol{r}_{ss}$ 为

$$\boldsymbol{r}_{ss}=\frac{P_{sun}-P_{sat}}{|P_{sun}-P_{sat}|} \tag{2.28}$$

因此，卫星的旋转角 α_1 可表示为

$$\alpha_1=\arctan\frac{(\boldsymbol{r}_{ss}-(\boldsymbol{r}_{ss}\cdot\boldsymbol{e}_z)\times\boldsymbol{e}_z)\cdot\boldsymbol{e}_x}{(\boldsymbol{r}_{ss}-(\boldsymbol{r}_{ss}\cdot\boldsymbol{e}_z)\times\boldsymbol{e}_z)\cdot\boldsymbol{e}_y} \tag{2.29}$$

接收机在站心坐标系下的夹角 d 可表示为

$$d=\begin{bmatrix}\cos L & -\sin L & 0\\ \sin L & \cos L & 0\\ 0 & 0 & 1\end{bmatrix}\cdot\begin{bmatrix}\cos B & 0 & -\sin B\\ 0 & 1 & 0\\ \sin B & 0 & \cos B\end{bmatrix}\cdot\begin{bmatrix}0\\0\\1\end{bmatrix} \tag{2.30}$$

于是，接收机在星固系中的位置向量转换至惯性系的单位向量可表示为

$$\begin{cases}\boldsymbol{e}_{r,x}=-\dfrac{P_{rec}\times(P_{rec}\times d)}{|P_{rec}\times(P_{rec}\times d)|}\\[2ex] \boldsymbol{e}_{r,y}=-\dfrac{P_{rec}\times d}{|P_{rec}\times d|}\\[2ex] \boldsymbol{e}_{r,z}=-\dfrac{P_{rec}}{|P_{rec}|}\end{cases} \tag{2.31}$$

因此，接收机的旋转角 α_2 可表示为

$$\alpha_2=\arctan\frac{(\boldsymbol{r}_{ss}-(\boldsymbol{r}_{ss}\cdot\boldsymbol{e}_{r,z})\times\boldsymbol{e}_{r,z})\cdot\boldsymbol{e}_{r,x}}{(\boldsymbol{r}_{ss}-(\boldsymbol{r}_{ss}\cdot\boldsymbol{e}_{r,z})\times\boldsymbol{e}_{r,z})\cdot\boldsymbol{e}_{r,y}} \tag{2.32}$$

在充分考虑卫星姿态异常和卫星子夜机动等影响后，卫星天线相位缠绕改正值 s 可以表示为

$$s=\frac{\alpha_2-\alpha_1}{2\pi} \tag{2.33}$$

2.3.6 地球自转效应

地球自转改正又称为 Sagnac 效应，体现为由于地球自转造成了卫星信号时间传输的不一致。由于地球自转引起的距离改正可表示为

$$s=\frac{\omega}{c}[(X_r-X_s)Y_s-(Y_r-Y_s)X_s] \tag{2.34}$$

式中：ω 为地球自转角速度；c 为光速；X_r、Y_r、X_s 和 Y_s 分别为接收机和卫星坐标。

2.3.7 相对论效应

GNSS 卫星处于一个加速的参考框架中，其会受到相对论效应的影响。相对论效应与卫星轨道、卫星信号传播、卫星钟和接收机钟有关。

相对论效应主要分为引力延迟 $\Delta\rho$ 和轨道偏心率产生的周期性偏差 Δt_r，其在视线距离上的改正可以表示为[32]

$$s=\Delta\rho+\Delta t_r=\frac{2\mu}{c^2}\ln\left(\frac{r+R+\rho}{r+R-\rho}\right)-\frac{2\boldsymbol{r}_{sat}\cdot\boldsymbol{v}_{sat}}{c^2} \tag{2.35}$$

式中：μ 为引力常数；r 为卫星至地心的距离；R 为测站到地心的距离；ρ 为测站至卫星的距离；$\boldsymbol{r}_{sat}$ 和 $\boldsymbol{v}_{sat}$ 为卫星的位置向量和速度向量。

2.3.8 潮汐影响

潮汐影响可分为固体潮汐、海洋潮汐和极潮影响。

固体潮汐即地球潮汐，它是地球上的弹性体由于月球和太阳的引力导致的点位坐标的变化，它与引力的变化以及地球的运动和物理结构有关。固体潮汐对卫星轨道也会产生摄动作用，通过影响轨道精度进而影响定位精度，固体潮汐改正方法为[33]

$$\Delta \boldsymbol{r}=(\Delta x,\Delta y,\Delta z)=\sum_{j=2}^{3}\frac{G_{\mathrm{M}}M_j}{G_{\mathrm{M}}M}\frac{r^4}{R_j^3}\left\{[3l_2(\boldsymbol{R}_j\cdot\boldsymbol{r})]\boldsymbol{R}_j+\left[3\left(\frac{h_2}{2}-l_2\right)(\boldsymbol{R}_j\cdot\boldsymbol{r})^2-\frac{h_2}{2}\right]\boldsymbol{r}\right\}+$$
$$[-0.025\cdot\sin\varphi\cdot\cos\varphi\cdot\sin(\theta_g+\lambda)]\cdot\boldsymbol{r} \tag{2.36}$$

式中：G_{M} 为引力常数；M 为地球质量；M_j 为太阳（$j=2$）或者月亮（$j=3$）质量；h_2和l_2分别为名义二阶 Love 和 Shida 数，$h_2=0.085$ 和 $l_2=0.609$；r 和 R_j 为地球、太阳和月亮在地心坐标系下的几何距离；$\boldsymbol{r}$ 和 $\boldsymbol{R}_j$ 为相应的单位向量；φ 和 λ 为纬度和经度；θ_g 为格林尼治平恒星时。

海洋潮汐是地球表面随时间变化的负荷，它是海水负荷潮汐导致的地球表面误差，进而引起表面垂直和水平位移，其可表示为[32]

$$\Delta c_i=\sum_j f_jA_{cj}\cos(\omega_jt+\chi_j+u_j-\varphi_{cj}) \tag{2.37}$$

式中：i 为径向、西向和南向的大洋负荷误差，$i=1,2,3$；j 为 11 个潮汐波 M_2，S_2，N_2，K_2，K_1，O_1，P_1，Q_1，M_f，M_m，S_{sa}；f_j 为 j 分量的比例因子；A_{cj}为潮汐 j 分量对坐标 c 分量影响的幅度；ω_j 为 j 分量的角速度；t 为时间参数；χ_j 为 j 分量的天文参数；u_j 为 j 分量的相位角偏差；φ_{cj}为潮汐 j 分量对坐标 c 分量影响的相位角。

极潮即极移影响，其产生于天极与平均磁极之间的夹角，它是地壳对地球自转轴指向偏移引起的弹性响应。潮汐改正方法可参考文献［32］。

2.3.9 对流层延迟

对流层延迟是指 GNSS 信号在通过对流层和平流层时由于折射产生的信号延迟[34]。在高精度定位中，通常先采用对流层模型进行修正，具体模型可参见第 9 章内容，并将湿延迟分离或其残余延迟作为参数采用随机游走等方法进行估计。

2.3.10 电离层延迟

电离层延迟是导航卫星信号经过电离层时由于其折射产生的附加时间延迟，它是单频 GNSS 原始伪距和相位观测值中的重要误差源，导致的距离误差最大会超过 100m[35]。由于电离层是一种色散介质，电离层延迟可以通过双频或者多频观测值组合消除。电离层延迟改正常采用两种方法：一种是直接采用外部经验电离层模型；另一种是使用由 GNSS 测站建模构建的电离层电子总含量（Total Electronic Content，TEC）格网，具体模型介绍可参见第 10 章内容。

2.3.11 多路径效应

在GNSS测量中，当测站周围反射物反射卫星信号被测站接收机接收，将和直接来自卫星的信号产生干涉，从而使观测值偏离真值，产生多路径误差[36]。由于多路径的信号传播所引起的干涉时延效应称为多路径效应。

实际测量中，GNSS天线接收到的反射波信号可以是从水面、地面和测站附近的建筑物等反射物而来，因此，多路径误差随天线周围反射物的性质不同而变化且无法控制，其涉及的多路径效应的数学模型建立十分复杂，图2.6所示为最常见的多路径信号反射示意图。在GNSS精密数据处理中，多路径误差一般认为被吸收到观测值残差中[37]。

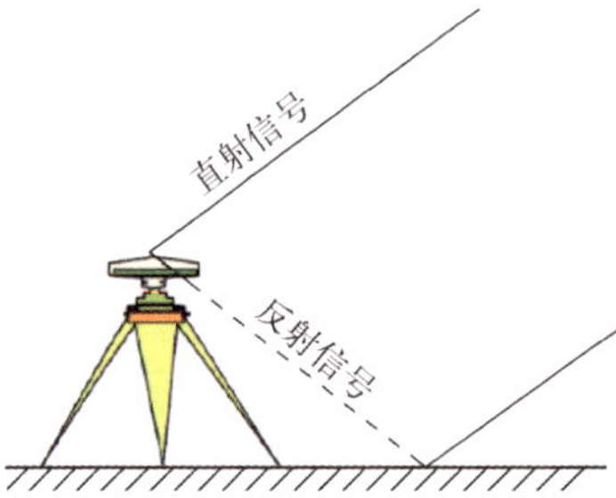

图2.6　多路径信号反射

2.3.12 伪距和相位偏差

伪距偏差的类型较多，具体可以划分为卫星伪距偏差变化、卫星ISB、卫星和接收机端的伪距硬件偏差以及SDB。卫星伪距偏差变化是BDS观测值所展现出的独有特性，类似于多路径反射的影响，不同接收机相关器和跟踪信号前端会导致不同BDS卫星伪距观测值产生偏差及变化。不同GNSS系统之间存在着ISB，多系统GNSS伪距单点定位的ISB可以解释为GNSS系统时间差、接收机伪距硬件延迟和坐标框架差异的综合[38]。伪距硬件偏差是由信号生成器和接收机终端硬件内数字信号延迟信号链路中模拟信号群延迟引起的。SDB是非理想的卫星导航信号在接收机前端带宽和相关器间隔不同时产生的伪距测量系统性常数偏差。

类似于伪距硬件偏差，相位偏差也主要来源于接收机端和卫星端的硬件延迟，同时吸收部分大气和轨道误差，相位偏差通常与卫星钟差参数耦合，关于伪距和相位偏差的理论较为复杂，第3章和第4章对此进行了详细介绍。

2.4　参数估计方法

GNSS 常用参数估计方法包括递归最小二乘[39]、卡尔曼滤波[40]和抗差卡尔曼滤波[41]等。

以卡尔曼滤波为例，卡尔曼滤波的状态方程和观测方程可以表示为

$$\begin{cases}\boldsymbol{X}_t=\boldsymbol{F}_{t,t-1}\boldsymbol{X}_{t-1}+\boldsymbol{w}_t,\boldsymbol{w}_{t-1}\sim\boldsymbol{N}(0,\boldsymbol{Q}_w)\\ \boldsymbol{L}_t=\boldsymbol{B}_t\boldsymbol{X}_t+\boldsymbol{v}_t,\boldsymbol{v}_t\sim\boldsymbol{N}(0,\boldsymbol{R}_t)\end{cases}\tag{2.38}$$

式中：t 为观测历元；$\boldsymbol{X}_t$ 为状态向量；$\boldsymbol{F}_{t,t-1}$ 为状态转移矩阵；$\boldsymbol{w}_{t-1}$ 为动态噪声；$\boldsymbol{Q}_w$ 为动态噪声的协方差阵；$\boldsymbol{L}_t$ 为如下观测向量；$\boldsymbol{B}_t$ 为系数矩阵；$\boldsymbol{v}_t$ 为观测噪声向量；$\boldsymbol{R}_t$ 为观测噪声的协方差阵。

卡尔曼滤波的计算流程可以表示为

$$\begin{cases}\boldsymbol{X}_t=\boldsymbol{F}_{t,t-1}\boldsymbol{X}_{t-1}\\ \boldsymbol{M}_t=\boldsymbol{F}_{t,t-1}\boldsymbol{Q}_{t-1}\boldsymbol{F}_{t,t-1}^{\mathrm{T}}+\boldsymbol{Q}_w\\ \boldsymbol{K}_t=\boldsymbol{M}_t\boldsymbol{B}_t^{\mathrm{T}}(\boldsymbol{B}_t\boldsymbol{M}_t\boldsymbol{B}_t^{\mathrm{T}}+\boldsymbol{R}_t)^{-1}\\ \boldsymbol{Q}_t=(\boldsymbol{I}-\boldsymbol{K}_t\boldsymbol{B}_t)\boldsymbol{M}_t\\ \boldsymbol{X}_t=\boldsymbol{X}_{t-1}-\boldsymbol{K}_t(\boldsymbol{L}_t-\boldsymbol{B}_t\boldsymbol{X}_{t-1})\\ \boldsymbol{V}_t=\boldsymbol{B}_t\boldsymbol{X}_t-\boldsymbol{L}_t\end{cases}\tag{2.39}$$

其计算步骤如下：

(1) 保存上一历元噪声协方差矩阵和状态估值向量 $\boldsymbol{Q}_{t-1}$、$\boldsymbol{X}_{t-1}$；

(2) 计算当前历元预测状态向量 $\boldsymbol{X}_t$；

(3) 计算当前历元预测状态协方差阵 $\boldsymbol{M}_t$；

(4) 计算当前历元的增益矩阵 $\boldsymbol{K}_t$；

(5) 计算状态新的噪声协方差矩阵 $\boldsymbol{Q}_t$；

(6) 计算新的状态估值 $\boldsymbol{X}_t$ 和改正值 $\boldsymbol{V}_t$。

第 3 章 GNSS伪距偏差改正理论与方法

GNSS 信号在卫星和接收机端的产生机制存在差异，其导致的各类信号偏差也复杂多样。随着卫星导航系统、观测信号和接收机类型的不断扩展，信号偏差类型也越来越多，对各类信号偏差进行精确修正或处理是实现高性能 GNSS 服务的前提。BDS 的建设完成以及 GNSS 的飞速发展带来了多种类型的 GNSS 伪距偏差，包括卫星伪距偏差变化、卫星 ISB、卫星和接收机端伪距硬件偏差和 SDB 等。为了有效实现 GNSS 数据处理的最优融合，各类伪距偏差都需要进行精细化估计和建模处理。本章对各类 GNSS 伪距偏差进行梳理和总结，介绍了 GNSS 常用伪距偏差的概念和处理策略，包括卫星伪距偏差变化、ISB、SDB 和伪距硬件偏差，归纳了各类偏差的产生机制和改正方法，建立了有效的 GNSS 伪距偏差估计和改正方法，为 GNSS 用户提供最优的伪距偏差处理策略。

3.1 卫星伪距偏差变化

随着北斗卫星导航系统的发展，其 PNT 服务性能在逐步改进和提升[3, 42-43]。文献［44］首先证实了 BDS-2 MEO 卫星中存在与高度角相关的长期性的系统性变化。文献［45］验证了 BDS-2 三频伪距观测值中存在着系统性偏差，其变化范围为 0.4~0.6m，该误差是由卫星端多径引起的，通常称为北斗卫星伪距偏差变化。

图 3.1 所示为 GPS、GLONASS、Galileo 和 BDS 多路径组合时间序列与高度角关系，可以看到 GPS、GLONASS 和 Galileo 卫星多路径时间序列存在白噪

声特性，只有 BDS 卫星存在系统性误差，量级接近于 2m。

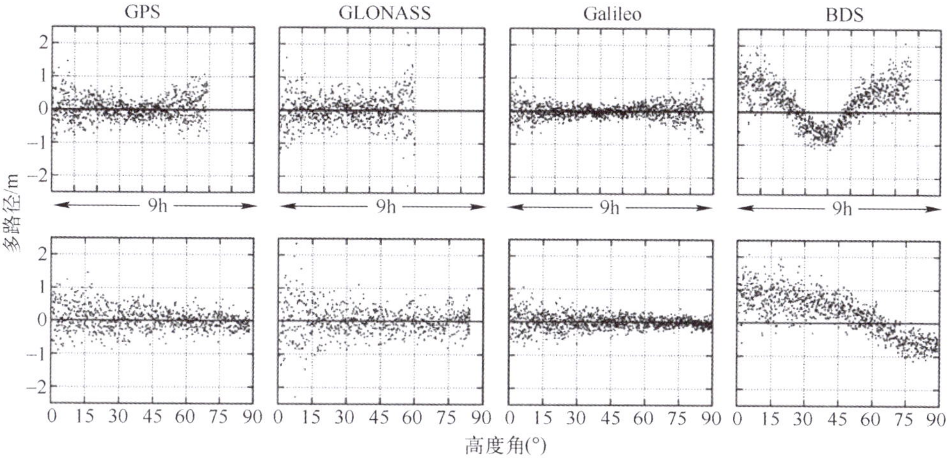

图 3.1 GPS、GLONASS、Galileo 和 BDS 多路径组合时间序列与高度角关系示意图[46]

为了有效解决 BDS 伪距偏差变化改正问题，文献［46］研究了 BDS-2 IGSO 和 MEO 卫星伪距偏差变化特性，建立了与高度角和频率相关的改正模型。表 3.1 为改正模型线性分段改正值。文献［47］通过全球测站对 BDS-2 GEO、IGSO 和 MEO 进行伪距偏差变化建模，建立了一个与高度角相关的三阶多项式分段线性改正模型。文献［48］通过对 BDS-2 每颗 IGSO 和 MEO 卫星北斗卫星伪距偏差变化进行建模，给出了与高度角相关的多项式改正模型。BDS-3 的卫星伪距偏差变化量级相对较小且可以忽略[49-50]。在改正卫星伪距偏差变化后，BDS-2 模糊度固定率、定轨、定位以及时间频率传递等方面的性能都能得到显著提升[51-56]。

表 3.1 改正模型线性分段改正值[46]

高度角/(°)	IGSO			GEO		
	B1	B2	B3	B1	B2	B3
0	-0.55	-0.71	-0.27	-0.47	-0.40	-0.22
10	-0.40	-0.36	-0.23	-0.38	-0.31	-0.15
20	-0.34	-0.33	-0.21	-0.32	-0.26	-0.13
30	-0.23	-0.19	-0.15	-0.23	-0.18	-0.10
40	-0.15	-0.14	-0.11	-0.11	-0.06	-0.04
50	-0.04	-0.03	-0.04	0.06	0.09	0.05

续表

高度角/(°)	IGSO			GEO		
	B1	B2	B3	B1	B2	B3
60	0.09	0.08	0.05	0.34	0.28	0.14
70	0.19	0.17	0.14	0.69	0.48	0.27
80	0.27	0.24	0.19	0.97	0.64	0.36
90	0.35	0.33	0.32	1.05	0.69	0.47

3.2 卫星系统间偏差

3.2.1 概念

ISB是指不同卫星导航系统在接收机端的设备时延差异，其通常包括与伪距和相位有关的系统间偏差。ISB在不同定位模式表现形式并不一致，多系统GNSS伪距单点定位的ISB可以解释为GNSS系统时间差、接收机伪距硬件延迟和坐标框架差异的综合[38]。在相对定位中，ISB可以理解为不同GNSS系统对应单差接收机相位硬件延迟差异[57]。在PPP中，ISB可以看成是接收机伪距硬件延迟之差[58]。

在GNSS精密数据处理中，合理可靠的ISB随机建模是高精度性能服务的关键，常采用的处理策略包括将ISB当作单天常数、分段常数、随机游走和白噪声等处理策略估计，有学者对ISB随机模型及其对多系统GNSS定位性能的影响进行了分析，研究表明，将ISB参数作为随机游走和白噪声估计是最常用的处理策略[58-64]。

BDS作为中国独立研发的卫星导航系统，其相关服务性能一直备受人们关注。现阶段可使用的BDS卫星包含BDS-2和BDS-3，BDS星座逐渐会从BDS-2向BDS-3过渡转换，而在这期间，BDS-2和BDS-3卫星将会共同使用。BDS-2和BDS-3是两代不同的卫星导航系统，两者在频率、信号调制和特性等方面存在差异[65]。由于信号调制方式的改变和新信号（B1C、B2a和B2b等）的增加，有些GNSS接收机厂商在BDS-2接收机上增加了新的BDS-3硬件单元来接收和处理BDS-3信号，其他厂商则通过改变信号处理算法来接收和处理BDS-3的新旧信号，这导致了BDS-2和BDS-3在硬件单元或信号处理算法上的不一致[66-68]。因此，BDS-2和BDS-3系统之间也存在着明显的不一致性偏差[69]。

联合 BDS-2 和 BDS-3 数据处理也是研究的热点。但是，由于 BDS-2 和 BDS-3 系统采用了不同的信号调解模式以及信号特性，文献［70］发现两个系统之间存在着时间延迟偏差（Time Delay Bias，TDB）。BDS-2 和 BDS-3 之间的 TDB 可以看成是 ISB 的另外一种表达或延伸，文献［66，71］都给出了在 BDS PPP 精密时间频率传递中 4 种 TDB 随机模型处理策略，分别为不考虑 TDB 影响、将 TDB 估计为常数、随机游走和白噪声，结果表明，当 TDB 估计为常数和随机游走时 BDS PPP 时间频率传递性能最优。

3.2.2 处理策略

以 BDS-2 和 BDS-3 TDB 为例，本节介绍几种常用的卫星系统间偏差处理策略，分别是忽略 BDS TDB、对 BDS-2 伪距观测值进行降权、BDS TDB 随机常数估计、BDS TDB 随机游走估计和 BDS TDB 白噪声估计。

1. 忽略 BDS TDB

当忽略 BDS TDB 时，TDB 会被归算到伪距观测值噪声中。此时，BDS TDB 可以看成是伪距观测值的系统误差，当该值较大时，其会影响 BDS 服务的性能，该值也会体现在伪距残差当中。当忽略 BDS 伪距偏差时，对应的表达形式为

$$\mathrm{TDB}(t)=0 \tag{3.1}$$

式中：$\mathrm{TDB}(t)$ 为 BDS-2 和 BDS-3 之间的 TDB 值。

2. 对 BDS-2 伪距观测值进行降权

在 GNSS 精密数据处理中，通常伪距和相位的权重比值设定为固定值，如 1∶100。通过对 BDS-2 伪距观测值进一步降权，如权重比值设置为 1∶1000，由于 BDS-3 卫星的权重要大于 BDS-2，BDS-2 和 BDS-3 之间的 TDB 会表现为 BDS-2 伪距观测值的系统误差。此时，BDS 伪距偏差表达形式与式（3.1）一致。

3. BDS TDB 随机常数估计

将 BDS TDB 模型化为常数估计。此时，BDS TDB 前后历元的值被认定保持不变，其过程噪声为 0。此时，BDS TDB 对应的表达形式为

$$\mathrm{TDB}(t)=\mathrm{TDB}(t-1) \tag{3.2}$$

4. BDS TDB 随机游走估计

将 BDS TDB 模型化为随机游走估计，BDS TDB 值和上个历元的值存在一定关联并附加定量的过程噪声。此时，BDS TDB 对应的表达形式为

$$\mathrm{TDB}(t)=\mathrm{TDB}(t-1)+\varepsilon_{\mathrm{TDB}},\varepsilon_{\mathrm{TDB}}\sim N(0,\delta_{\mathrm{TDB}}^2) \tag{3.3}$$

特别说明的是，BDS TDB 随机常数估计可以看成是过程噪声为 0 的 BDS TDB 随机游走估计的特例。

5. BDS TDB 白噪声估计

将 BDS TDB 模型化为白噪声估计，以实现每个历元之间的 BDS TDB 独立估计，并且历元间的估计值没有关联。此时，BDS TDB 的表达形式为

$$\mathrm{TDB}(t) \sim N(0, \delta_{\mathrm{TDB}}^2) \tag{3.4}$$

3.2.3 BDS TDB 特性

对于 3.2.2 节中的策略，这里分别将其标记为 ICB0、ICB1、ICB2、ICB3 和 ICB4。图 3.2 给出了 2020 年年积日（Day Of Year，DOY）285 日 HUEG、WUH2、HARB、CEDU、DYNG 和 JFNG 测站 BDS PPP 采用 ICB2、ICB3 和 ICB4 方案估计的 TDB 时间序列。可以看出，BDS-2 和 BDS-3 系统之间存在明显的 TDB 值，TDB 时间序列在定位误差收敛后时间序列相对稳定，对于 HUEG 站采用 ICB4 方案估计的 TDB 时间序列，TDB 在一定弧长范围内会产生跳变值。

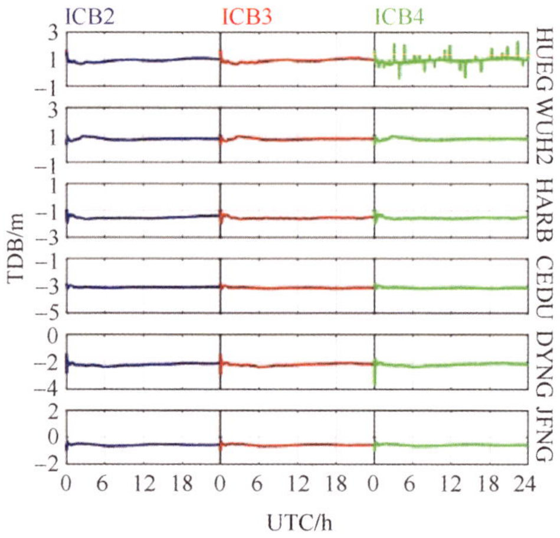

图 3.2　2020 年 DOY 285 日 HUEG、WUH2、HARB、CEDU、DYNG 和 JFNG 测站 BDS PPP 采用 ICB2、ICB3 和 ICB4 方案估计的 TDB 时间序列

为了分析跳变现象的原因，图 3.3 给出了 2020 年 DOY 285 日 HUEG、WUH2、HARB、CEDU、DYNG 和 JFNG 测站 BDS PPP 采用 ICB4 方案估计的接收机钟差时间序列。其中，HUEG 测站接收机钟与其他选取的测站接收机钟设计有所不同，其对应的接收机钟为锯齿钟，并在一定范围内摆动，类型为 JAVAD TRE_3 DELTA 的接收机都存在该现象。因此，当接收机钟为锯齿钟时并且 TDB 白噪声估计时，TDB 时间序列会存在跳变值，而将 TDB 常数和随机游走估计时，则该现象不存在。

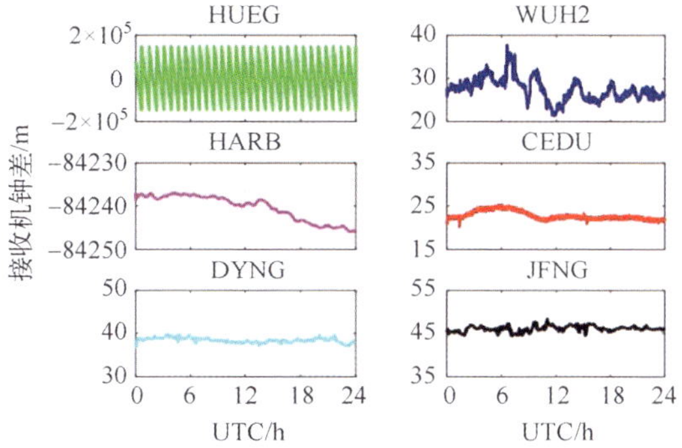

图 3.3　2020 年 DOY 285 日 HUEG、WUH2、HARB、CEDU、DYNG 和 JFNG 测站 BDS PPP 采用 ICB4 方案估计的接收机钟差时间序列

为了验证 TDB 估计的月稳定性，图 3.4 给出了 2020 年 10 月 HUEG、WUH2、HARB、CEDU、DYNG 和 JFNG 测站 BDS PPP 采用 ICB2 方案估计的 TDB 天均值时间序列，可以看到，对于不同测站，BDS-2 和 BDS-3 之间存在着明显的 TDB 值，TDB 值月变化相对稳定。研究表明，将 TDB 常数和随机游走估计时 BDS PPP 服务性能最优[72]。

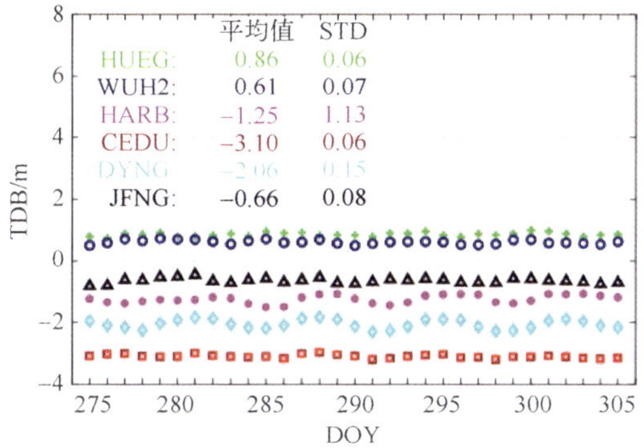

图 3.4　2020 年 10 月 HUEG、WUH2、HARB、CEDU、DYNG 和 JFNG 测站 BDS PPP 采用 ICB2 方案估计的 TDB 天均值

3.3　信号畸变偏差

3.3.1　概念

为了简化 GNSS 数据处理，通常会假定 CDMA 的卫星导航系统（GPS、

BDS 和 Galileo 等）卫星端硬件延迟对于不同类型的接收机是一致的，接收机端硬件延迟对不同的卫星是一致的。然而，由于接收机前端设计、相关器间距以及多路径消除技术，非理想的卫星导航信号在接收机前端带宽和相关器间隔不同时会产生伪距测量系统性常数偏差，该偏差通常称为 SDB，SDB 常用学术用语还包括接收机相关伪距偏差和卫星内部偏差（Inter-Satellite Code Bias，ISCB）等[54, 73-74]。

文献［75］首先分析了伪距偏差的产生机制，导航信号的非理想特性会导致不同技术状态的接收机对该信号的伪距测量产生大小和方向不同的伪距偏差。对多种接收机和多系统导航卫星伪距偏差的分析表明，SDB 的大小与接收机的相关器间隔和抗多径算法有关，其中 GPS L1 C/A 码 SDB 量级要大于 P1 和 P2 码，Galileo 卫星所有信号伪距偏差量级均明显小于 GPS 信号[76]。文献［74］分析了 BDS-2 卫星 SDB 的特性并验证了 BDS-2 SDB 的量级与接收机厂家和类型有关。进一步地，文献［77］分析了 GNSS 观测值 SDB 长期特性，不同卫星导航系统偏差特性存在不一致，GPS 和 BDS-2 SDB 量级在 1ns 以内，Galileo 和 QZSS SDB 量级在 0.5ns 以内。文献［78］也证实了 BDS-3 存在 SDB，其量级与接收机类型、接收机模型、天线类型和产品类型等因素有关。其中，BDS-2 和 BDS-3 SDB 量级分别在 4ns 和 2ns 以内。上述研究中的 SDB 量级存在不一致性，其原因是它们对应的表达形式不同。通过校正 GNSS 观测值 SDB，卫星钟差、伪距和相位偏差、精密定位和模糊度固定等性能都能得到显著提升[79-80]。

GLONASS 系统采用的是 FDMA 技术，不同卫星的观测值频率并不一致，这导致不同 GLONASS 卫星产生了不同的伪距频率间偏差（Inter-Frequency Bias，IFB）值。GLONASS 伪距 IFB 是由于 GLONASS 采用 FDMA 技术产生的不同频率因子观测值上硬件延迟偏差差异，其与接收机类型、天线类型、接收机固件版本等因素有关[81]。GLONASS 伪距 IFB 对于短基线实时动态差分（Real-Time Kinematic，RTK）定位没有明显影响[82]，文献［83-84］证明了 GLONASS 伪距 IFB 会影响精密卫星钟差估计的精度，进而影响 GLONASS PPP 解算的性能。最常用的方法是对 GLONASS 伪距观测值进行降权，从而降低伪距 IFB 对于 PPP 性能的影响[85-86]。文献［87］通过 133 个测站估计 GLONASS 伪距 IFB 值，结果表明 Trimble NetR9 和 Leica GRX1200GGPRO 接收机类型的伪距 IFB 与频率数成线性关系，而 TPS NET-G3A 和 JAVAD TRE_G3TH DELTA 接收机类型的伪距 IFB 满足与频率数成二次多项式的关系。文献［88］将 GLONASS 伪距 IFB 表示为与频率相关的线性函数，其可以至少消除 IFB 一阶项的影响。文献［89-90］验证了在考虑 GLONASS IFB 时精密定位和时间频率传递性能都会得到提升。文献［91］验证了充分考虑伪距 IFB 可以有效地加快实时 PPP 模糊度快速固定。文献［92］分析了单频 GLONASS PPP 中伪距 IFB 的单天解的稳定性。GLONASS 伪距 IFB 本质上和 CDMA 系统的 SDB 产生机制一致，本章也将其划分到 GNSS SDB 的范畴内[93]。

3.3.2 估计方法

SDB 与测站接收机类型、天线类型、伪距偏差类型等因素有关，本章将介绍文献［77］提出的采用的 IF、GFIF 和 MW 组合计算方法，其对应的表达形式为

$$\begin{cases}p_{r,\mathrm{IF},ij,xy}^{s}=\alpha_{ij}\cdot p_{r,i,x}^{s}+\beta_{ij}\cdot p_{r,j,y}^{s}\\ p_{r,\mathrm{MW},ij,xy}^{s}=\phi_{r,\mathrm{W},ij,xy}^{s}-p_{r,\mathrm{N},ij,xy}^{s}=(f_{\mathrm{W}i,ij}\cdot\phi_{r,i,x}^{s}+f_{\mathrm{W}j,ij}\cdot\phi_{r,j,y}^{s})-(f_{\mathrm{N}i,ij}\cdot p_{r,i,x}^{s}+f_{\mathrm{N}j,ij}\cdot p_{r,j,y}^{s})\\ p_{r,\mathrm{IF},ijk,xyz}^{s}=p_{r,\mathrm{IF},ij,xy}^{s}-p_{r,\mathrm{IF},ik,xz}^{s}=(\alpha_{ij}-\alpha_{ik})\cdot p_{r,i,x}^{s}+\beta_{ij}\cdot p_{r,j,y}^{s}-\beta_{ik}\cdot p_{r,k,z}^{s}\end{cases}\tag{3.5}$$

上式表示对应的组合观测值，对应变量都忽略了偏差的时变特性，令 $\mathrm{bias}_{i,x}^{s}=d_{r,i,x}-d_{i,x}^{s}+d_{i,x}^{s}$，式（3.5）可以进一步整理为

$$\begin{cases}p_{r,\mathrm{IF},ij,xy}^{s}=\alpha_{ij}\cdot\mathrm{bias}_{i,x}^{s}+\beta_{ij}\cdot\mathrm{bias}_{j,y}^{s}+\rho_{r}^{s}+dt_{r}-dt^{s}+T_{r}^{s}\\ p_{r,\mathrm{MW},ij,xy}^{s}=b_{r,\mathrm{W},ij,xy}-b_{\mathrm{W},ij,xy}^{s}-f_{\mathrm{N}i,ij}\cdot\mathrm{bias}_{i,x}^{s}-f_{\mathrm{N}j,ij}\cdot\mathrm{bias}_{j,y}^{s}+N_{r,\mathrm{W},ji,xy}^{s}\\ p_{r,\mathrm{IF},ijk,xyz}^{s}=(\alpha_{ij}-\alpha_{ik})\cdot\mathrm{bias}_{i,x}^{s}+\beta_{ij}\cdot\mathrm{bias}_{j,y}^{s}-\beta_{ik}\cdot\mathrm{bias}_{k,z}^{s}\end{cases}\tag{3.6}$$

式（3.6）仍存在一些与偏差无关的未知项，将其进一步处理，可得

$$\begin{cases}\mathrm{bias}_{\mathrm{IF},ij,xy}=\bar{p}_{r,\mathrm{IF},ij,xy}^{s}-p_{\mathrm{cal}}=\alpha_{ij}\cdot\mathrm{bias}_{\mathrm{IF},i,x}^{s}+\beta_{ij}\cdot\mathrm{bias}_{\mathrm{IF},j,y}^{s}\\ \mathrm{bias}_{\mathrm{MW},ij,xy}=p_{r,\mathrm{MW},ij,xy}^{s}-\mathrm{round}(p_{r,\mathrm{MW},ij,xy}^{s})=\mathrm{bias}_{\mathrm{MW},i,x}^{s}+\mathrm{bias}_{\mathrm{MW},j,y}^{s}\\ \mathrm{bias}_{\mathrm{GFIF},ijk,xyz}=(\alpha_{ij}-\alpha_{ik})\cdot\mathrm{bias}_{i,x}^{s}+\beta_{ij}\cdot\mathrm{bias}_{j,y}^{s}-\beta_{ik}\cdot\mathrm{bias}_{k,z}^{s}\end{cases}\tag{3.7}$$

其中，$p_{\mathrm{cal}}=\rho_{r}^{s}+dt_{r}-dt^{s}+T_{r}^{s}$，$\rho_{r}^{s}$ 和 dt^{s} 可以由固定的测站坐标、卫星精密轨道和钟差计算得到；dt_{r} 和 T_{r}^{s} 可以由 PPP 解算得到；通过解算得到的伪距偏差即可确定 IF 组合的伪距偏差 $\mathrm{bias}_{\mathrm{IF},ij,xy}$，$\mathrm{bias}_{\mathrm{IF},i,x}^{s}=d_{\mathrm{IF},r,i,x}-d_{\mathrm{IF},i,x}^{s}+d_{i,x}^{s}$，$\mathrm{bias}_{\mathrm{MW},i,x}^{s}=f_{\mathrm{W}i,ij}\cdot(b_{r,i,x}-b_{i,x}^{s})-f_{\mathrm{N}i,ij}\cdot(d_{r,i,x}-d_{i,x}^{s}+d_{i,x}^{s})$；round(·)表示取整操作；对于 IF 组合，由于接收机和卫星钟差都包含了相应的硬件延迟，大部分硬件延迟可以消除，$d_{\mathrm{IF},r,i,x}$ 和 $d_{\mathrm{IF},i,x}^{s}$ 表示接收机和卫星端硬件延迟残差。

将式（3.7）组合形式的伪距偏差转换成非差原始观测值形式的伪距偏差，即

$$\begin{cases} \text{bias}_{i,x}=\dfrac{f_i-f_j}{f_i}\cdot \text{bias}_{\text{IF},ij,xy}-\dfrac{f_j}{f_i}\cdot \text{bias}_{\text{MW},ij,xy} \\ \text{bias}_{j,y}=-\dfrac{f_i-f_j}{f_j}\cdot \text{bias}_{\text{IF},ij,xy}-\dfrac{f_i}{f_j}\cdot \text{bias}_{\text{MW},ij,xy} \\ \text{bias}_{k,z}=\dfrac{f_k^2-f_i\cdot f_j}{f_k^2}\cdot \text{bias}_{\text{IF},ij,xy}-\dfrac{f_i\cdot f_j}{f_k^2}\cdot \text{bias}_{\text{MW},ij,xy}+\dfrac{f_i^2-f_k^2}{f_k^2}\cdot \text{bias}_{\text{GFIF},ijk,xyz} \end{cases} \tag{3.8}$$

对于同一频点不同通道观测值，可以通过频内 GF 组合直接得到，因此，第 i 频点第 x 和 y 通道的 GF 观测值可以表示为

$$\text{bias}_{\text{GF},i,xy}=p^s_{r,\text{GF},i,xy}=\text{bias}^s_{i,x}-\text{bias}^s_{i,y} \tag{3.9}$$

基于式（3.8）和式（3.9）可以得到所有频点非差非组合观测值形式的伪距偏差。各类形式的偏差包括与卫星相关、与接收机相关和与卫星-接收机相关的偏差，各类偏差之间是线性相关的。为了分离这三类偏差，对各个频点偏差都需要施加约束来分离偏差。第一类约束是分离与卫星相关的偏差，通常采用的方法是所有卫星相关的偏差和为 0[77]，该方法与 IGS 产品策略一致。第二类约束是分离与接收机相关的偏差，通常选择对观测值构建单差或者设定参考接收机类型的接收机偏差为 0，如 TRIMBLE[74]。在对所选的测站进行分类后，采用上述方法即可生成每个接收机类型对应卫星的 SDB。

3.3.3 量级分析

GNSS SDB 不仅与接收机类型和模型以及卫星有关，也与选用的精密轨道产品有关。根据文献［77-79］，SDB 类型与测站接收机类型和版本类型有关，包括型号、板卡型号和板卡固件等，表 3.2 所示为接收机类型分类，包括接收机制造商和接收机模型。

表 3.2　接收机类型分类

分　组　名	伪距信号类型	接收机模型
TPS01	TPS	NET-G3A
TPS02		NET-G5
SEPT01	SEPT	POLARX5TR/POLARX5/ASTERX4
SEPT02		POLARX4TR/POLARX4
LEICA01	LEICA	GR25/GR10
LEICA01		GR50/GR30

续表

分　组　名	伪距信号类型	接收机模型
JAVAD01	JAVAD	TRE_G3THDELTA/TR_G3TH/TRE_G2T DELTA
JAVAD02		TRE_3N DELTA/TRE_3 DELTA/TRE_3
JAVAD03		TRE_G3T DELTA
JAVAD01		其他
TRM01	TRIMBLE	ALLOY
TRM02		NETR9
TRM03		其他

图 3.5 给出了 2017—2019 年 GPS、BDS-2、Galileo 和 QZSS 部分信号观测值 SDB，为了降低偏差噪声影响，取 SDB 7 天均值作为 SDB 的值，可以看到，除了 JAVAD03 接收机类型组 C063 C1C 信号 SDB 表现出±0.3ns 的年周期特性外，其他大部分 SDB 信号在 3 年内基本上是稳定的。Galileo 的 SDB 量级要明显小于 GPS 和 BDS，这一点在文献［76］也得到证实，SDB 量级与卫星系统的卫星结构有关。

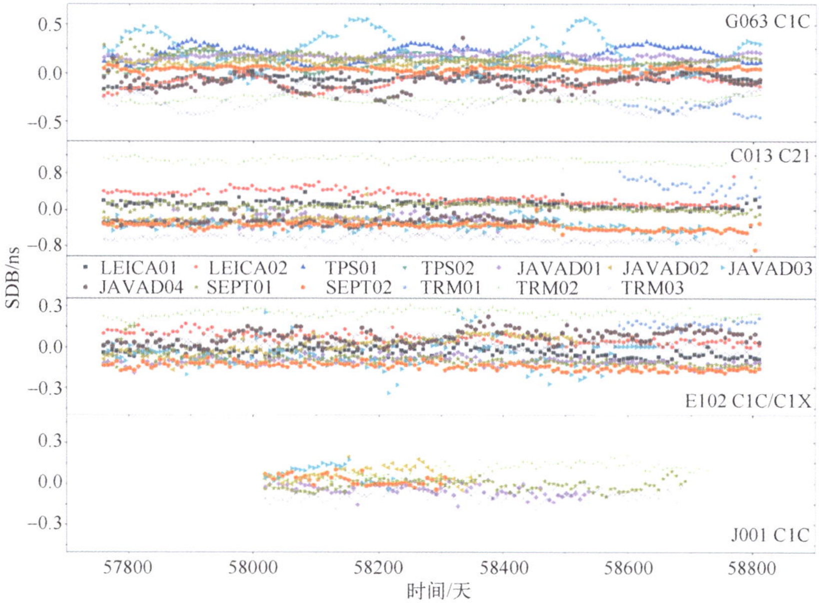

图 3.5　2017—2019 年 GPS、BDS-2、Galileo 和 QZSS 部分信号观测值 SDB[77]

进一步地，图 3.6 给出了 GPS、BDS-2、Galileo 和 QZSS 三年 SDB 伪距偏差标准差（Standard Deviation，STD）分布图，其中，GPS、Galileo 和 QZSS

STD 小于 0.1ns 的占比分别为 93.2%、99.9%和 86.7%，至于 BDS-2，SDB STD 小于 0.1ns 和 0.2ns 的占比分别为 70%和 96.8%。相比于其他系统，BDS-2 SDB 稳定性较差，这与卫星轨道和钟差精度以及 GEO 多路径影响有关。上述结果也表明 GNSS SDB 值基本上是稳定的，在长时期范围内可以认为是常数值。BDS-3 SDB 的量级要小于 BDS-2 的量级，其稳定性也更优[78]。

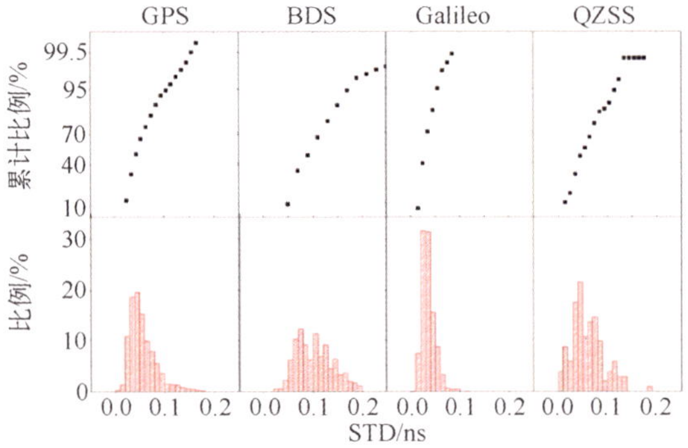

图 3.6　GPS、BDS-2、Galileo 和 QZSS 三年 SDB 伪距偏差 STD 分布图[77]

文献［72］在 BDS PPP 中采用了估计 SDB 方法来提升定位性能，此时 BDS PPP 模型方程是秩亏的，从而需要引入零均值基准约束可以解决方程秩亏的问题，同时，BDS TDB 会被吸收到 BDS-2 和 BDS-3 对应的 SDB 中。图 3.7 给出了 2020 年 DOY 285 日 HUEG、WUH2、HARB、CEDU、DYNG 和

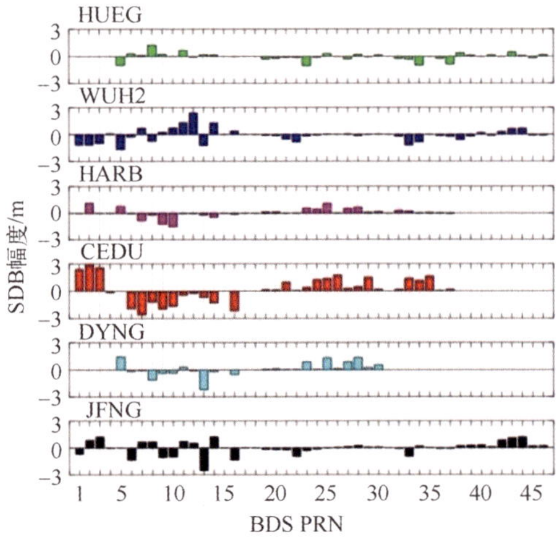

图 3.7　2020 年 DOY 285 日 HUEG、WUH2、HARB、CEDU、DYNG 和 JFNG 测站 BDS PPP 估计的 SDB 振幅

JFNG 测站 BDS PPP 估计的 SDB 振幅，可以看到，BDS-2 SDB 振幅要明显大于 BDS-3 系统，BDS-2 部分卫星的 SDB 振幅量级接近于 3m，BDS-3 卫星大部分 SDB 振幅要小于 2m。

3.3.4 GLONASS IFB

GLONASS 伪距 IFB 也可以看作 SDB 的扩展，对 GLONASS PNT 服务性能会产生影响，本节介绍了多种 GLONASS 伪距 IFB 的解决方案，包括忽略伪距 IFB、对伪距观测值进行降权、伪距 IFB 模型化为线性函数、伪距 IFB 模型化为二次多项式函数、每个 GLONASS 卫星估计一个伪距 IFB 值和每个 GLONASS 频率估计一个伪距 IFB 值。

1. 忽略伪距 IFB

当忽略伪距 IFB 时，伪距 IFB 会被归算到伪距观测值噪声中。此时，GLONASS PPP 的函数模型与其他 CDMA 系统的 PPP 函数模型一致，数米量级的伪距 IFB 会表现为伪距观测值的系统误差，从而影响 GLONASS PPP 模型的收敛速度，并间接影响接收机钟差、电离层延迟和模糊度等参数。此时，伪距 IFB 表现为伪距观测值的残差。

2. 对伪距观测值进行降权

在 GLONASS 数据处理中，通常伪距观测值的权重很小，如伪距和相位的权重比值一般设定为 1∶100。当进一步减少伪距观测值的权重时，可以避免 GLONASS 伪距 IFB 在初始阶段对 PPP 定位性能的影响。伪距观测值在 PPP 中能够为接收机钟差和模糊度等参数提供初值。随着历元观测值的不断更新，相位观测值发挥着主导作用。

3. 伪距 IFB 模型化为线性函数

假定 GLONASS 伪距 IFB 与频率数存在一次函数关系，其对应的常数部分会被接收机钟差吸收。因此，在 GLONASS PPP 模型中可以将伪距 IFB 变化部分表示为与频率数相关的线性函数，其与 GLONASS 频率数的函数关系可以表示为

$$d_{r,\mathrm{ifb}}^{s}=K^{s}\cdot\Delta_{1} \tag{3.10}$$

式中：$d_{r,\mathrm{ifb}}^{s}$ 为每个卫星的伪距 IFB 值；K^{s} 为 GLONASS 频率数 K 值，其值范围为 −7～6；Δ_{1} 为伪距 IFB 一阶项。

4. 伪距 IFB 模型化为二次多项式函数

GLONASS 伪距 IFB 也可以模型化为与频率数相关的二次多项式函数，对应伪距 IFB 变化部分与 GLONASS 频率数的函数关系可以表示为

$$d^s_{r,\mathrm{ifb}} = K^s \cdot \Delta_1 + (K^s)^2 \cdot \Delta_2 \tag{3.11}$$

式中：Δ_1 和 Δ_2 为伪距 IFB 一阶项和二阶项。

5. 每个 GLONASS 卫星估计一个伪距 IFB 值

假定每个 GLONASS 卫星伪距 IFB 不一致时，每个 GLONASS 卫星可以估计一个伪距 IFB 值。此时，GLONASS PPP 模型方程是秩亏的，通过引入以下约束可以解决待估参数秩亏的问题：

$$\sum_{i=1}^{n} d^i_{r,\mathrm{ifb}} = 0 \tag{3.12}$$

式中：n 为 GLONASS 可观测卫星数量。

6. 每个 GLONASS 频率估计一个伪距 IFB 值

假定 GLONASS 不同频率上的卫星伪距 IFB 不一致时，可以对每个 GLONASS 频率估计一个伪距 IFB 值。此时，GLONASS PPP 方程也是秩亏的，此时基准可以表示为

$$\sum_{i=1}^{n} d^i_{r,\mathrm{ifb}} = 0 \tag{3.13}$$

式中：n 为 GLONASS 可观测卫星的频率数量。

本节将以上方案 1、2、3、4、5 和 6 分别标记为 IFB0、IFB1、IFB2、IFB3、IFB4 和 IFB5。方案 2 伪距和相位观测值权重比值设置为 1∶500，其他方案为 1∶100。图 3.8 给出了 2020 年 DOY 300 日 CUT0 和 NRMG 站 GLONASS PPP IFB2 和 IFB3 解伪距 IFB 一阶项和二阶项时间序列，可以看出，伪距 IFB 一阶项和二阶项在收敛后时间序列基本上是稳定的，这表明对于两个测站 GLONASS 伪距 IFB 变化量至少与频率数满足线性关系。其中，两个测站 IFB3 解中伪距 IFB 二阶项量级要远远小于一阶项，因此 IFB2 和 IFB3 解对应的一阶项值相近。

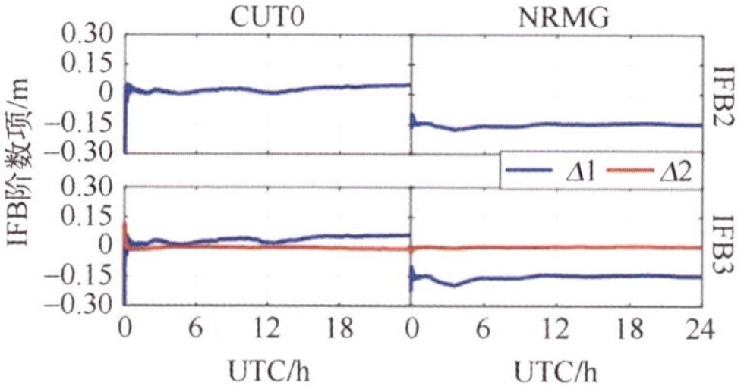

图 3.8　2020 年 DOY 300 日 CUT0 和 NRMG 站 GLONASS PPP IFB2 和 IFB3 解伪距 IFB 一阶项和二阶项时间序列

图 3.9 给出了 2020 年 DOY 300 日 144 个测站 IFB2 和 IFB3 解伪距 IFB 一阶项和二阶项，其中 IFB 一阶项系数范围为-0.6~0.6，当 GLONASS 卫星频率数为-7 时，GLONASS 伪距 IFB 一阶项改正量级最大可达 3.5m。因此，考虑伪距 IFB 的一阶项是很有必要的。而对于伪距 IFB 的二阶项，有 74 个测站（占测站总数的 51.3%）超过了其绝对值的平均值的 0.015m，这表明伪距 IFB 二阶项影响的平均量级也达到了 0.74m，因此，对于大部分测站来说，GLONASS 伪距 IFB 二阶项影响也是需要考虑的。

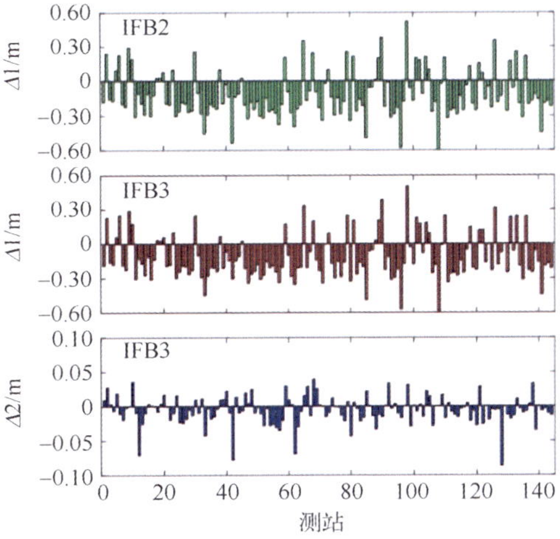

图 3.9 2020 年 DOY 300 日 144 个测站 IFB2 和 IFB3 解伪距 IFB 一阶项和二阶项

对于 GLONASS PPP 的 IFB3 和 IFB4 解，图 3.10 给出了 2020 年 DOY 300 日 CUT0 和 NRMG 站 GLONASS PPP 两种 IFB 解伪距 IFB 差时间序列，不同卫星的伪距 IFB 值采用不同颜色表示。相应地，图 3.11 给出了 2020 年 DOY 300 日 CUT0 和 NRMG 站 GLONASS PPP 两种伪距 IFB 解伪距 IFB 差平均值。可以

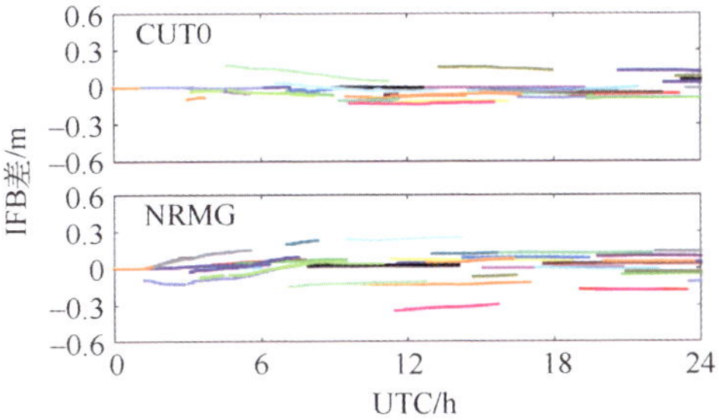

图 3.10 2020 年 DOY 300 日 CUT0 和 NRMG 站 GLONASS PPP IFB4 和 IFB5 解伪距 IFB 差时间序列

看出，采用两种伪距 IFB 策略解估计得到的伪距 IFB 解并不是完全一致，这是 GLONASS PPP 两种伪距 IFB 解中采用了不同的伪距 IFB 零均值约束策略导致的，其存在的平均偏差在 0.3m 以内。因此，在 GLONASS PPP 中估计伪距 IFB 是有必要的。

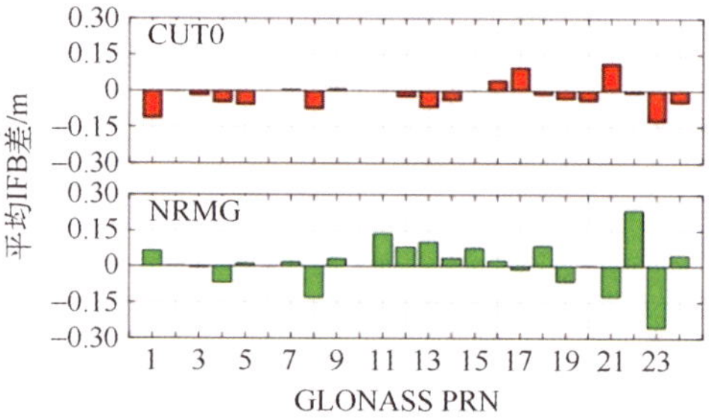

图 3.11　2020 年 DOY 300 日 CUT0 和 NRMG 站 GLONASS PPP IFB4 和 IFB5 解伪距 IFB 差平均值

3.4　伪距硬件偏差

3.4.1　概念和类型

伪距硬件偏差是导航信号在卫星和接收机端的时间延迟，它是由硬件内的模拟滤波器和数字滤波器引起的[94]，是 GNSS 伪距观测值中的重要误差源，会在一定程度上影响卫星 PNT 服务和电离层建模的精度。伪距偏差会对电离层观测值造成数十纳秒量级的影响[95]，对定位精度的影响也会达到数米[96]。因此，在 GNSS PNT 服务和电离层建模中需要充分考虑伪距硬件偏差的影响。

常用的伪距硬件偏差产品包括两类，一类是广播星历实时播发的时间群延迟（Time Group Delay，TGD）、广播群延迟（Broadcast Group Delay，BGD）和信号间偏差改正（Inter-Signal Correction，ISC）基本参数[97-98]。另一类是国际 GNSS 服务（International GNSS Service，IGS）电离层工作组和分析中心，如中国科学院（Chinese Academy of Sciences，CAS）、欧洲定轨中心（Centre for Orbit Determination in Europe，CODE）和德国宇航中心（Deutsches Zentrum für Luft-und Raumfahrt，DLR）等机构提供的后处理伪距偏差产品。伪距偏差常用表达形式为差分码偏差（Differential Code Bias，DCB）、伪距观测值特定信号偏差（Observable-specific Signal Bias，OSB）和伪距卫星钟差频间偏差（Inter-Frequency Clock Bias，IFCB）。伪距偏差是 GNSS 观测值中的重要误差源，它受

到天线接收和发射部分仰角和频群延迟变化的影响[46, 99]。

TGD、BGD 和 ISC 参数能够通过广播星历实时获取，其能够满足用户实时快速定位的基本需求[100]。GPS 广播星历中卫星钟差参数是基于L1P(Y) 和 L2P(Y)的 IF 组合生成的,因此对应卫星钟差会受到 L1P(Y)和L2P(Y)卫星伪距偏差的影响。为了补偿该偏差的影响，GPS 广播星历中包含了 TGD 参数[101-102]。2005 年起，GPS 在 L2 和 L5 频率上播发新的导航信号，因此，GPS 广播星历增加了 $ISC_{C/A}$、ISC_{L2C}、ISC_{L5I} 和 ISC_{L5Q} 等 ISC 参数[103-104]。$ISC_{C/A}$、ISC_{L2C}、ISC_{L5I}和 ISC_{L5Q}等参数本质上是 DCB 参数，$ISC_{C/A}$是 L1P 与 L1C 信号间的频内 DCB 参数，ISC_{L2C}、ISC_{L5I} 和 ISC_{L5Q}分别是 L1P 与 L2C、L5I、L5Q 信号间的频间偏差参数，GPS 播发的 TGD 参数则与对应频点的 DCB 存在一个频率相关的线性转换关系[105]。GPS 广播星历中的卫星钟差参数是以 L1P 和 L2P 观测值 IF 组合为基准，其包含了卫星端硬件延迟的影响，在伪距单点定位时需要考虑其影响。

GLONASS 广播星历中的 $\Delta\tau$ 参数表示 L1 和 L2 信号之间的传播时间差，文献［94］表明该参数是 GLONASS C2P 和 C1P 卫星伪距偏差的差值，其与对应 DCB 的差异最大可达 7.0ns，使用该参数时需要谨慎。

Galileo 广播星历中的卫星钟差参数定义在 E1 和 E5a IF 组合的频率基准上，在 E1-E5a 和 E1-E5b 信号间定义了 $BGD_{E5a,E1}$ 和 $BGD_{E5b,E1}$ 两个参数[106]。多系统 GNSS 试验（Multi-GNSS EXperimential，MGEX）网内的接收机支持 Galileo 导频（C1C、C5Q、C7Q）和混合测码（C1X、C5X、C7X）信号的跟踪，因此，E1-E5a 信号间的 DCB 类型包括 C1C-C5Q 和 C1X-C5X 两种，E1-E5b 信号间的 DCB 类型包括 C1C-C7Q 和 C1X-C7X 两种。与 GPS 不同的是，Galileo 并未定义在同一频率不同类型的测码信号间的 ISC 参数。Galileo 导频码与数据码观测值之间的差异约为 10cm。

与 GPS 和 Galileo 不同的是，BDS 广播星历钟差参数基准是在 B3I 信号上，伴随着 BDS 全球组网的完成，BDS 广播星历中新增共定义了 TGD_1、TGD_2、TGD_{B1C}、TGD_{B2a}和 TGD_{B2b}参数来修正 B1I-B3I、B2I-B3I、B1C-B3I、B2a-B3I 和 B2b-B3I 之间的伪距硬件偏差[107-108]。需要特别说明的是，与 GPS 和 Galileo 不同，BDS 播发的 TGD 参数是各自对应频点的 DCB 参数。

QZSS 基本上采用了与 GPS 类似的 TGD 和 ISC 参数定义，不同之处在于 QZSS 广播星历卫星钟差是基于 L1C/A 和 L2C/A IF 组合的基准。因此，相应 TGD 和 ISC 参数也略有差异，ISC_{L2C}、ISC_{L5I} 和 ISC_{L5Q} 分别是 L1C/A 与 L2C、L5I、L5Q 信号间的频间偏差参数[109]。表 3.3 归纳了详细 GNSS 广播星历

TGD、BGD 和 ISC 参数与 DCB 对应关系，其中，d_x^s 为信号 x 在卫星端的硬件延迟。

表 3.3 GNSS 广播星历 TGD、BGD 和 ISC 参数与 DCB 对应关系

GNSS 系统	参数	定义	DCB 参数
GPS	TGD	$\beta_{12}^{G}\cdot(d_{L1P}^{s}-d_{L2P}^{s})$	$\beta_{12}^{G}\cdot DCB_{C1WC2W}$
	$ISC_{C/A}$	$d_{L1P}^{s}-d_{L1C}^{s}$	$-DCB_{C1CC1W}$
	ISC_{L2C}	$d_{L1P}^{s}-d_{L2C}^{s}$	$DCB_{C1WC2W}+DCB_{C2WC2L}$
	ISC_{L5I}	$d_{L1P}^{s}-d_{L5I}^{s}$	
	ISC_{L5Q}	$d_{L1P}^{s}-d_{L5Q}^{s}$	$-DCB_{C1CC1W}+DCB_{C1CC5Q}$
GLONASS	$\Delta\tau$	$d_{L2P}^{s}-d_{L1P}^{s}$	$-DCB_{C1PC2P}$
Galileo	$BGD_{E5a,E1}$	$-\beta_{12}^{E}\cdot(d_{E1}^{s}-d_{E5a}^{s})$	$-\beta_{12}^{E}\cdot DCB_{C1CC5Q}$ 或 $-\beta_{12}^{E}\cdot DCB_{C1XC5X}$
	$BGD_{E5b,E1}$	$-\beta_{13}^{E}\cdot(d_{E1}^{s}-d_{E5b}^{s})$	$-\beta_{13}^{E}\cdot DCB_{C1CC7Q}$ 或 $-\beta_{13}^{E}\cdot DCB_{C1XC7X}$
BDS	TGD_1	$d_{B1I}^{s}-d_{B3I}^{s}$	DCB_{C2IC6I}
	TGD_2	$d_{B2I}^{s}-d_{B3I}^{s}$	$DCB_{C2IC6I}-DCB_{C2IC7I}$
	TGD_{B1C}	$d_{B1C}^{s}-d_{B3I}^{s}$	DCB_{C1PC6I}
	TGD_{B2a}	$d_{B2a}^{s}-d_{B3I}^{s}$	$DCB_{C1PC6I}-DCB_{C1PC5P}$
	TGD_{B2b}	$d_{B2b}^{s}-d_{B3I}^{s}$	$DCB_{C1PC6I}-DCB_{C1PC7P}$
QZSS	TGD	$\beta_{12}^{J}\cdot(d_{L1C}^{s}-d_{L2C}^{s})$	$\beta_{12}^{J}\cdot DCB_{C1CC2C}$
	$ISC_{C/A}$	$d_{L1C}^{s}-d_{L1C}^{s}$	
	ISC_{L2C}	$d_{L1C}^{s}-d_{L2C}^{s}$	DCB_{C1CC2C}
	ISC_{L5I}	$d_{L1C}^{s}-d_{L5I}^{s}$	
	ISC_{L5Q}	$d_{L1C}^{s}-d_{L5Q}^{s}$	DCB_{C1CC5Q}

伪距 OSB 和 DCB 是伪距硬件偏差常用的表达形式。文献［110］重新规范了 GNSS 偏差中 OSB、DSB（Differential Signal Bias）的概念，其中缩写 S 表示 Signal 的含义，这意味着相应的概念适用于伪距和相位等观测值。可扩展地，相应的缩写术语有 DCB、DPB（Differential Phase Bias）、OCB（Observable-specific Code Bias）和 OPB（Observable-specific Phase Bias）。为了减少缩略词的使用与避免混淆，本章对于伪距观测值的偏差，统一称为伪距 OSB 和 DCB。在卫星精密钟差估计中，卫星钟差会吸收伪距硬件延迟和载波相位硬件延迟时变部分。卫星钟差参数包含了不同频点观测值组合的偏差，这导致了 IF 组合的卫星钟差产品无法直接运用到其他频点观测值中。通过不同频点观测值估计得到的卫星钟差时会存在不一致性，这种偏差称为 IFCB。IFCB 包含

伪距和相位两部分，其中伪距 IFCB 可以通过 DCB 或伪距 OSB 线性转换得到[16]。

DCB 表示不同类型的测码信号在卫星和接收机不同通道产生的时间延迟或硬件延迟差异，其分别包含频内和频间 DCB 两部分。同一频率不同类型测码信号之间的 DCB 称为频内偏差，不同频率不同类型测码信号之间的 DCB 称为频间偏差[111-112]。因此，DCB 可以严格表示为

$$d_{\mathrm{GF},ij,xy}=d_{ix}-d_{jy} \tag{3.14}$$

式中：i 和 j 为不同的频率；x 和 y 为不同的观测值通道，当 $i=j$ 时，$d_{\mathrm{GF},ij,xy}$ 则表示频内 DCB。

DCB 改正相对复杂，其需要依赖于精密产品所采用的特定观测值类型。对于多频观测值的卫星 DCB 改正，需要考虑对不同类型观测值的卫星 DCB 进行线性组合。随着越来越多 GNSS 频点及其对应通道观测值的出现，从一定程度上说其并不方便适用于当前多模多频 GNSS 不同信号调制类型的观测值进行数据处理[113]。

相比于 DCB，伪距 OSB 更加直接易懂并且可以对原始测量观测值进行直接改正，其表示每个特定观测值的伪距偏差值。在解算伪距 OSB 时，通常需要施加额外的基准来消除方程的秩亏问题，包括零 IF 组合基准和 GF 基准。零 IF 组合基准常用的方法是以精密钟差产品对应的观测值通道来确定。当精密钟差产品采用的是第 i 频点第 x 通道和第 j 频点第 y 通道的观测值进行计算时，可选定的额外基准则为 $d_{\mathrm{IF},ij,xy}=0$[114]。基于式（3.14），两个参考频点观测值通道的伪距 OSB 可以表示为

$$\begin{cases} d_{ix}=\beta_{ij}\cdot d_{\mathrm{GF},ij,xy} \\ d_{jy}=-\alpha_{ij}\cdot d_{\mathrm{GF},ij,xy} \end{cases} \tag{3.15}$$

当利用绝对基准确定出两个观测值通道的伪距 OSB 时，利用 GF 基准其他观测值通道的伪距 OSB 即可依次确定。而在平差过程中，由于 DCB 的线性方程是满秩的，通过施加的额外基准则可以直接求出全部频率上全部通道观测值的伪距 OSB。

表 3.4 总结了 IGS 精密钟差产品中对应的参考双频观测值通道以及其他所有观测值通道。对应地，图 3.12 给出了 GNSS 伪距 OSB 偏差序列。参考观测值通道包括 GPS 的 C1W/C2W、GLONASS 的 C1P/C2P 以及 BDS 的 C2I/C6I。对于 Galileo 来说，其存在着 C1X/C5X 和 C1C/C5Q 两种类型的观测值通道，当前的接收机并不能同时跟踪 Galileo X 和 C/Q 观测值，因此，两种约束情况则需要分开讨论，这相当于把它们看成两个不同导航系统来处理。

表 3.4 多频 GPS、GLONASS、BDS-2、BDS-3 和 Galileo 观测值通道

GNSS 系统	所有观测值通道	参考观测值通道
GPS	C1C C1W C2W C2L C2S C2X C5Q C5X	C1W/C2W
GLONASS	C1C C1P C2C C2P	C1P/C2P
BDS-2	C2I C7I C6I	C2I/C6I
BDS-3	C2I C6I C1X C1P C5X C5P C7Z C8X	C2I/C6I
Galileo	C1C C1X C5Q C5X C7Q C7X C8Q C8X C6C C6X	C1X/C5X 或 C1C/C5Q

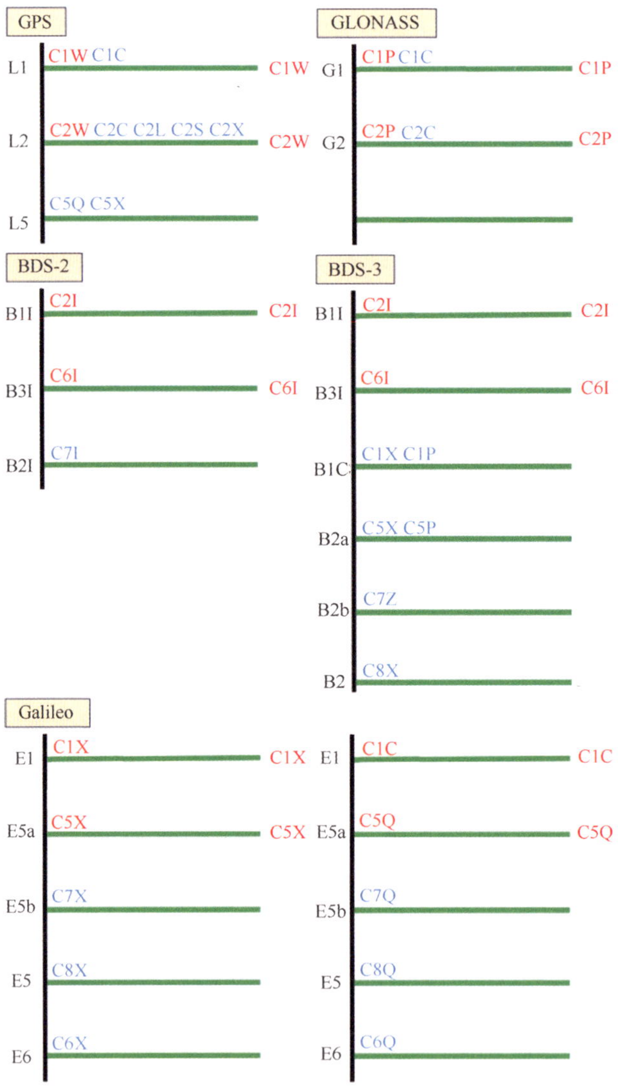

图 3.12 GNSS 伪距 OSB 偏差序列

3.4.2 估计方法

图 3.13 为 GNSS 伪距偏差估计流程，伪距 OSB 作为伪距偏差的一种表达形式，也可以看作 DCB 的延伸。伪距偏差估计的第一步是构建 GF 函数模型来提取伪距频内和频间偏差，伪距频内和频间偏差估计方法并不相同，伪距频内偏差可以与卫星钟差同步估计，也可以利用码观测值直接组合得到，即[115]

$$\mathrm{SPR}_{r,i,xy}^{s}=p_{\mathrm{GF},i,xy}^{s}(t)=p_{\mathrm{GF},i,x}^{s}(t)-p_{\mathrm{GF},i,y}^{s}(t)=d_{r,i,xy}^{s}(t)-d_{i,xy}^{s} \tag{3.16}$$

式（3.16）假定了观测值噪声和多路径误差全天均值为 0，因此可以对同一卫星的 GF 伪距观测值取平均来获取卫星和接收机（Satellite-Plus-Receiver，SPR）的频内 DCB 值。IGS 最早从 2000 年开始提供 GPS P1-C1 值的伪距偏差月解产品，用户基于此可将 C1 码观测值对齐到 P1 码观测值上[116]。2010 年，CODE 开始提供基于该方法提供 GPS 和 GLONASS SPR 的 P1-C1 和 P2-C2 伪距偏差产品[117]。

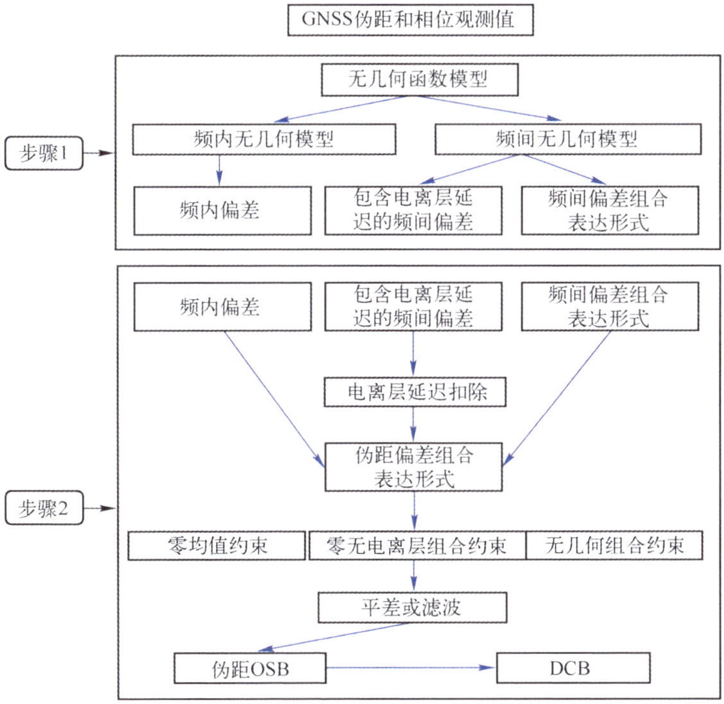

图 3.13 GNSS 伪距偏差估计流程

在伪距频内偏差解算过程中，由于电离层的色散特性，通过数学方法提取到的电离层斜延迟观测量会与卫星伪距偏差耦合[118]。因此，消除伪距频间偏差中电离层延迟的处理策略主要分为以下三种[119]。第一种策略是基于全球分布的 GNSS 观测站数据进行全球电离层建模，在此基础上，可以同步估计出 SPR 的伪距偏差，这也是当前 iGAMS 各个分析中心采用的主要处理策略[120-122]；第二种策略是利用先验电离层信息，如全球电离层图（Global Ionospheric Map，GIM），将电离层斜延迟消除来估计伪距偏差，这样可以减少待估计参数的数量，这也是当前 DLR 分析中心解算的伪距偏差产品的处理策略[123]；第三种策略是通过逐站电离层建模将电离层延迟分离，在获得所有台站的 SPR 的硬件延迟后，将 SPR 的硬件延迟分离而出[124]。该方法称为 IGGDCB（Institute of Geodesy and Geophysics DCB）方法，其避免了对全球大量基准站的依赖，充分利用了每个测站电离层斜延迟观测值，与此同时，通过逐测站电离层建模的方式实现了电离层垂直总电子含量（Vertcial TEC，VTEC）参数与频间偏差参数的分离，同时通过选择部分频间偏差稳定性较好的卫星构造“拟稳”基准实现卫星和接收机频间偏差参数的合理分离。上述几种策略是估计伪距频间偏差的主要方式。

在得到伪距频内偏差和频间偏差后，通过施加外部约束基准以及通过平差方法即可计算生成对应频点的伪距 OSB，紧接着利用转换关系生成对应的 DCB 序列。表 3.5 总结了 4 种常用接收机类型可支持观测的信号。对于 BDS-2 和 BDS-3 系统来说，C2I 和 C6I 信号可以当作一个或两个系统来处理，由于 BDS 其他频点并不共有，其则需要单独处理。因此，CAS 提供了伪距 OSB 和 DCB 类型，如表 3.6 所示，其伪距偏差产品类型基本可以适用于多模 GNSS 应用需求[125-126]。

表 3.5 支持不同观测信号的 4 种常用接收机类型

接收机制造商	伪距信号类型				
	GPS	GLONASS	BDS-2	BDS-3	Galileo
Septentrio	C1C	C1C	C2I	C2I	C1C
	C1W	C1P	C6I	C6I	C5Q
	C2W	C2C	C7I	C1P	C7Q
	C2L	C2P	—	C5P	C8Q
	C5Q	—	—	—	C6C

续表

接收机制造商	伪距信号类型				
	GPS	GLONASS	BDS-2	BDS-3	Galileo
Trimble	C1C	C1C	C2I	C2I	C1X
	C1W	C1P	C6I	C6I	C5X
	C2W	C2C	C7I	C1X	C7X
	C2X	C2P	—	C5X	C8X
	C5X	—	—	—	C6X
Javad	C1C	C1C	C2I	C2I	C1X
	C1W	C1P	C6I	C6I	C5X
	C2W	C2C	C7I	C1X	C7X
	C2X	C2P	—	C5X	C8X
	C5X	—	—	C7Z	C6X
	—	—	—	C8X	—
Leica	C1C	C1C	C2I	C2I	C1C
	C2W	C2C	C6I	C6I	C5Q
	C2S	C2P	C7I	C7I	C7Q
	C5Q	—	—	—	C8Q

表 3.6　CAS 提供的伪距偏差类型

项目	GPS	GLONASS	BDS-2	BDS-3	Galileo	QZSS
伪距 OSB	C1C	C1C	C2I	C2I	C1C	C1C
	C1W	C1P	C6I	C6I	C1X	C1X
	C2C	C2C	C7I	C1X	C6C	C2L
	C2W	C2P		C1P	C5Q	C2X
	C2L			C5X	C5X	C5Q
	C2S		—	C5P	C7Q	C5X
	C2X	—		C7X	C7X	
	C5Q			C8X	C8Q	—
	C5X			—	C8X	

续表

项目		GPS	GLONASS	BDS-2	BDS-3	Galileo	QZSS
DCB	频内偏差	C1C-C1W	C1C-C1P	—	—	—	C1C-C1X
		C2C-C2W	C2C-C2P				—
		C2W-C2S	—				
		C2W-C2L					
		C2W-C2X					
	频间偏差	C1C-C2W	C1C-C2C	C2I-C6I	C2I-C6I	C1C-C5Q	C1C-C2L
		C1C-C5Q	C1C-C2P	C2I-C7I	C1X-C6I	C1C-C6C	C1C-C5X
		C1C-C5X	C1P-C2P	—	C1P-C6I	C1C-C7Q	C1C-C5Q
		C1W-C2W	—		C1D-C6I	C1C-C8Q	C1X-C2X
		—			C1X-C7Z	C1X-C5X	C1X-C5X
					C1X-C8X	C1X-C7X	—
					C1X-C7D	C1X-C8X	
					C1P-C7D	—	

3.4.3 GNSS 卫星伪距偏差性能

通常分析中心提供的卫星偏差产品是作为天解或月解的形式提供给用户，其假定了卫星伪距偏差在一段周期内是较为稳定的。以伪距 OSB 为例，图 3.14 给出了 2020 年 10 月份 GPS、GLONASS、BDS 和 Galileo 第一频点卫星伪距天解 OSB 值时间序列，即分别对应 C1W、C1P、C2I 和 C1P 观测值通道[127]。可以看到，不同卫星系统第一频点卫星伪距 OSB 量级并不一致，其中，GPS、GLONASS 和 Galileo 第一频点伪距 OSB 在±25ns 之间，而 BDS C2I 伪距 OSB 量级为-50~20ns，四个系统第一频点的伪距 OSB 在一个月内时间序列基本上较稳定。特别说明的是，当分析卫星伪距 OSB 稳定性时，引入或去掉一颗卫星都会导致其他卫星的伪距 OSB 值产生偏移，这是伪距 OSB 施加了特定卫星数量的零星座约束导致的。

进一步地，图 3.15 给出了 GPS、GLONASS、BDS-2、BDS-3 和 Galileo 多频伪距 OSB 转换到同一基准上的月平均值。其中，GPS、GLONASS、BDS 和 Galileo 卫星伪距 OSB 数量分别是 31、22、42 和 24。对于四系统的所有通道观测值，伪距 OSB 量级展现出巨大的差异。对于第 1/2 参考频点的伪距 OSB 量级来说，可以发现其值存在一定的比例关系，即 f_2^2/f_1^2，这是由于参考频点伪距 OSB 施加了零 IF 组合约束导致的。对于相同系统相同频率不同通道的伪距 OSB 来说，其值较为接近，这也表明 GNSS 卫星频内 DCB 量级较小。

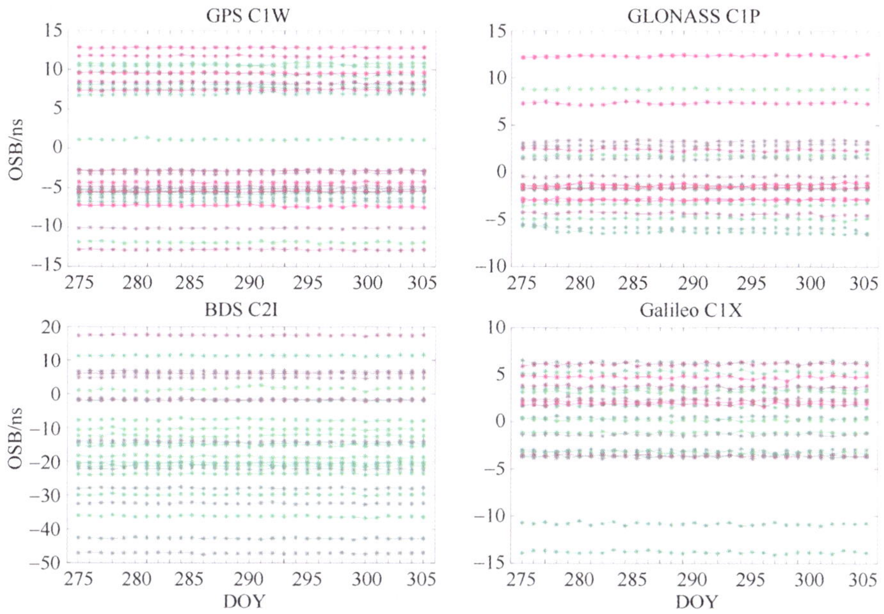

图 3.14　2020 年 10 月份 GPS、GLONASS、BDS 和 Galileo 第一频点卫星伪距天解 OSB 时间序列

对于各个卫星系统的伪距 OSB 来说，其中 GPS 伪距 OSB 量级在±25ns 之间。GPS 卫星不同通道的伪距 OSB 数量存在差异，部分的现代化 GPS 卫星可以播发 C2L、C2S、C2W 和 C2X 观测值，它们的量级基本上是一致的。同样，由于只有 14 颗 GPS Block Ⅲ卫星可以观测到 L5 频点的观测值，C5Q 和 C5X 通道观测值的伪距 OSB 数量也有所减少。

对于 GLONASS 卫星来说，其量级为-15～25ns，GLONASS 卫星相同频率不同通道的卫星 OSB，即 C1C/C1P 和 C2C/C2P，其值较为接近。需要说明的是，除了 FDMA 信号外，少量 GLONASS-M 卫星还播发了 CDMA 的 L3 信号，在这里并未进行讨论。

对于 BDS 系统，其卫星伪距 OSB 量级更大，BDS-2 伪距 OSB 的量级为-60～40ns，BDS-3 伪距 OSB 的量级最大，其量级为-100～200ns。由于 C2I 和 C6I 观测值为 BDS-2 和 BDS-3 系统共有，在处理的过程中本章将 BDS-2 和

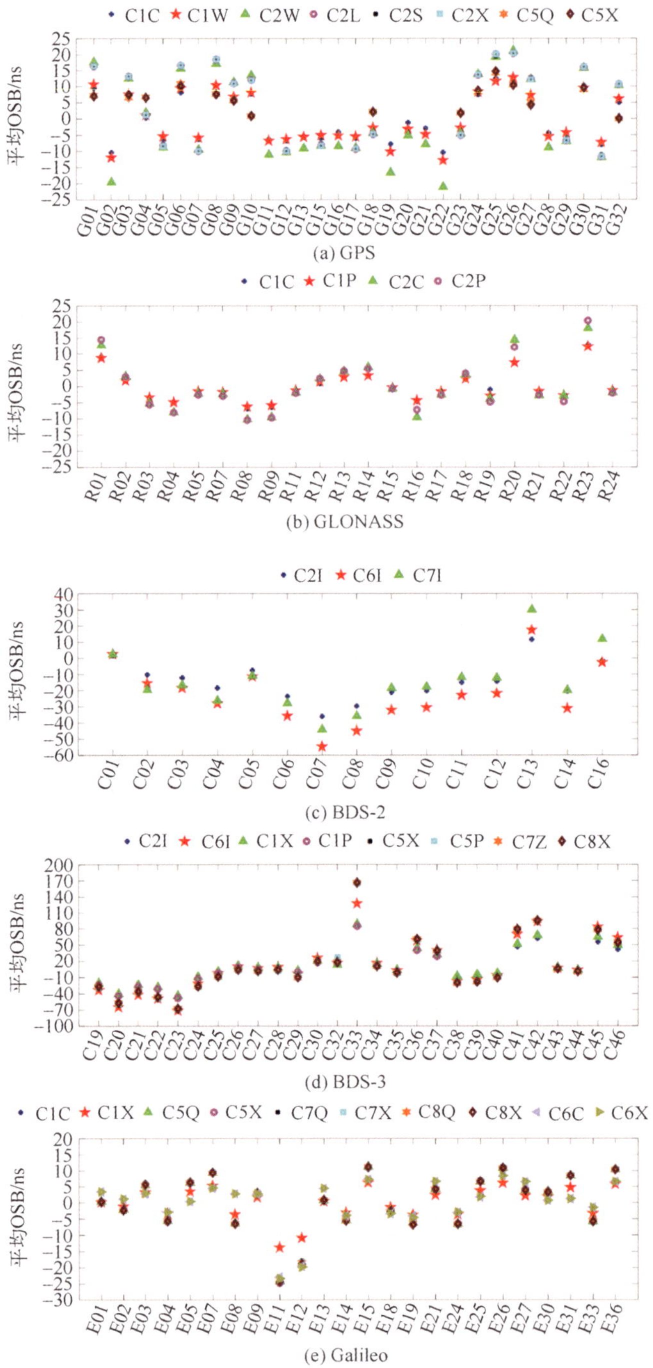

图 3.15　GPS、GLONASS、BDS-2、BDS-3 和 Galileo 多频卫星伪距 OSB 月平均值

BDS-3 系统 C2I 和 C6I 两个频点观测值联合处理，大量研究已经证明 BDS-2 和 BDS-3 之间 C2I 和 C6I 接收机硬件延迟不存在明显的系统性偏差[128-130]，因此在这里将 BDS-2 和 BDS-3 C2I 和 C6I 信号联合处理，这也是当前许多分析中心的处理策略。相比于 BDS-2 系统，BDS-3 系统除了播发 C2I 和 C6I 信号外，还播发 C1X、C1P、C5X、C5P、C7Z 和 C8X 通道的观测值，它们和 BDS-2 系统的 C7I 信号都是各自信号独有的信号，在这里则对它们进行单独处理，BDS-3 新频点的伪距 OSB 值非常接近，这是它们的中心频点值较接近导致的。

而对于 Galileo 来说，其卫星伪距 OSB 量级在-30~15ns，接收机观测到 Galileo 观测值跟踪技术可以分为两类，第一类是 Javad 和 Trimble 类型的接收机跟踪到"X"类型的信号（如 C1X/C5X），另一类是跟踪到"C"和"Q"类型的信号（如 C1C/C5Q）。可以看到，部分 Galileo 卫星存在相同频率和不同频率的伪距 OSB 值非常接近，即 C5Q、C5X、C7Q、C7X、C8Q 和 C8X 信号。在 Galileo E5 频点上，Galileo 调制目标将三种不同的频率复用，即 E5a（1176.45MHz）、E5b（1207.14MHz）和 E5（1191.795MHz），并保持了二进制偏移载波（Binary Offset Carrier，BOC）的简易性。Galileo E5 频点使用了双频常数包络复用（Dual-frequency Constant Envelope Multiplexing，DCEM）技术，并将 E5a 和 E5b 两个不同频率的正交移相键控（Quadrature Phase Shift Keying，QPSK）信号混合起来[131]。相应的三个分波段的观测值中心很接近，因此，DCEM 技术可以保证三个相邻频率的信号特性高度一致[132-133]。

3.4.4 BDS 卫星伪距偏差时变特性

GNSS 卫星伪距偏差在常态期间是基本稳定的，但随着 GNSS 增强技术的应用，卫星弹性功率技术打破了这一平衡，其通过对 GNSS 卫星不同信号之间的功率进行重新分配，来解决信号受到干扰、能量较弱以及传输力较差等问题[134]。卫星弹性功率可进行 GNSS 信号功率增强，是实现弹性 PNT 服务的手段之一[135]。作为 GPS 现代化计划之一。GPS Block IIF 卫星从 2017 年 1 月出现弹性功率现象，文献［136］总结了 2017 年和 2018 年 GPS 卫星弹性功率的三种模式：Block IIF 卫星在区域启用的模式，Block IIR-M 和 Block IIF 卫星在全球范围内的应用模式，以及 GPS 卫星全球连续时间段的应用模式。这三种模式都导致了 GPS 卫星载噪比观测值（Carrier-to-Noise，CNR 或 C/N_0）发生变化。卫星弹性功率期间卫星伪距偏差也会发生变化。文献［137］发现在 2018 年 4 月美国打击叙利亚期间 GPS P(Y)码出现弹性功率现象，IGS 测站观测的 C/N_0值发生了明显变化。文献［138］分析了 2019 年 6 月美伊冲突期间 GPS P(Y)码功率特性，不同类型接收机观测到的信号均有不同程度的功率增强。文献［139］通过机器学习的方法验证了2020年出现了两种类型的GPS卫星弹性功率现象。文献［134］研究发现弹性功率对GPS Block IIF卫星C1C-C1W、C1C-C2W和C2W-C2L DCB影响量级分别达到了0.4ns、0.1ns和0.03ns。

对于BDS来说，文献［140］发现在2021年1月BDS-2 IGSO卫星出现了卫星弹性功率现象，相应的C2I和C6I卫星伪距偏差也产生了9~14ns量级的变化。2022年，BDS-3卫星进行了多次在轨重构和软件升级，期间BDS卫星受到影响并多次出现卫星弹性功率现象，服务端产品如果不及时维护和调整必然会影响卫星可用率和服务水平。

总体来说，GPS和BDS系统均存在弹性功率现象[141]。卫星弹性功率不仅会引起GNSS C/N_0值发生变化，也会导致卫星伪距偏差产生变化。然而，现有机构提供的低时间分辨率观测值偏差产品难以保证实时高精度服务的需求，基于此，本章介绍常态和弹性功率期间高时间分辨率卫星伪距偏差的特性和性能，其中，处理策略中采用球谐函数进行电离层建模以分离电离层延迟，并采用卡尔曼滤波进行逐历元估计。本章基于作者研发的Multi-GNSS Positioning and Analysis System（MGPAS）软件估计高时间分辨率伪距偏差产品，其统一缩写为MGP。

图3.16显示了2022年1—4月BDS TGD_1、TGD_2、TGD_{B1C}和TGD_{B2a}参数稳定性，其中对应TGD最大变化振幅分别为1.30ns、0.80ns、0.76ns和0.47ns。其中，BDS-2和BDS-3都可以播发TGD_1参数，而只有BDS-2播发TGD_2参数，BDS-3则单独播发TGD_{B1C}和TGD_{B2a}参数[107-108]。

图3.17提供了2022年1—4月CAS和MGP产品BDS伪距偏差产品时间序列。与BDS TGD参数一致，CAS提供的BDS伪距偏差时间序列也连续稳定，对应的C2I、C6I、C7I、C1P和C5P伪距OSB，以及C2I-C6I、C2I-C7I、C1P-C6I和C1P-C5P DCB时间序列平均STD分别为0.28ns、0.43ns、0.50ns、0.28ns、0.36ns、0.15ns、0.16ns、0.12ns和0.13ns。估计的高时间分辨率伪距偏差平均STD分别为0.25ns、0.38ns、0.44ns、0.25ns、0.34ns、0.13ns、0.17ns、0.12ns和0.19ns，其结果同样连续稳定。其中，BDS-3伪距偏差稳定性要略优于BDS-2，这与导航系统观测值质量有关。

为了评估伪距偏差的量级和稳定性，图3.18和图3.19展示了2022年1—4月BDS所有类型高时间分辨率伪距偏差平均值和STD值，可以看到，BDS伪距偏差分布广泛，范围为-200~100ns。BDS伪距偏差量级基本上要大于BDS-2，BDS伪距偏差的量级一定程度上取决于BDS卫星类型，各卫星间差异较为明显。BDS C2I和C6I伪距OSB类型符号相同且C2I量级要小于C6I，

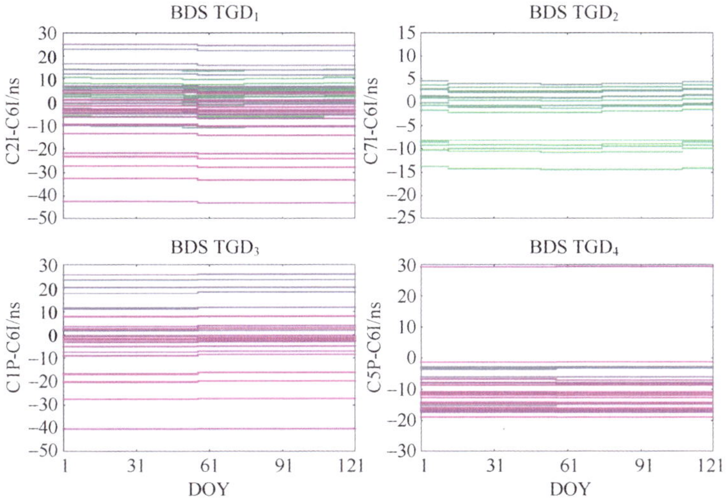

图3.16 2022年1—4月BDS TGD_1、TGD_2、TGD_{B1C}和TGD_{B2a}参数稳定性

这是施加的零IF基准和GF基准导致的。此外，BDS DCB稳定性要小于BDS伪距OSB，BDS伪距OSB中C2I和C1P信号稳定性最优。

为了更好地分析卫星伪距偏差的精度，通常对不同机构的伪距偏差产品进行作差来比较[142]。不同的处理策略会导致伪距偏差之间存在系统性偏差，在比较之前通常需要将其转换到同一基准上[143]。图3.20展示了BRD、CAS和MGP产品伪距偏差差异RMS值。为了方便比较，相应TGD转换成了对应的DCB值。其中，C2I和C6I信号比较了BDS所有卫星的伪距偏差，C7I信号比较了BDS-2卫星的伪距偏差，其余的信号则比较了BDS-3卫星的伪距偏差。调整过的TGD_1参数和CAS或MGP产品的C2I-C6I DCB四个月RMS误差在1ns左右。CAS和MGP产品伪距偏差基本上一致，DCB RMS误差为0.2～0.4ns。对于不同GEO、IGSO和MEO BDS-2伪距一致性，其中MEO卫星伪距偏差稳定性最优，GEO卫星稳定性最差。

GNSS接收机C/N_0观测值可以监测出卫星弹性功率现象，考虑到天线增益、低噪声放大器和估计方法的不一致性，不同测站的C/N_0值并不相同[144]。不同接收机的C/N_0测量值无法进行比较，但单台接收机C/N_0值的变化可以作为一项监测功率变化的指标。

图3.21给出了IGS测站COCO、JFNG、WUH2和URUM在2022年7月1—10日C/N_0值时间序列，其包含了B1I、B2I和B3I观测值功率变化。可以看到，所有接收机都监测到S6I观测值的C/N_0值发生变化，S2I和S7I观测值则表现出正常的变化特性。S6I时间序列在DOY 183和187日分别提高和下降

了 2~10dB，IGSO/MEO 卫星和 GEO 卫星 C/N_0 值变化特性并不一致，其与高度角变化有关。

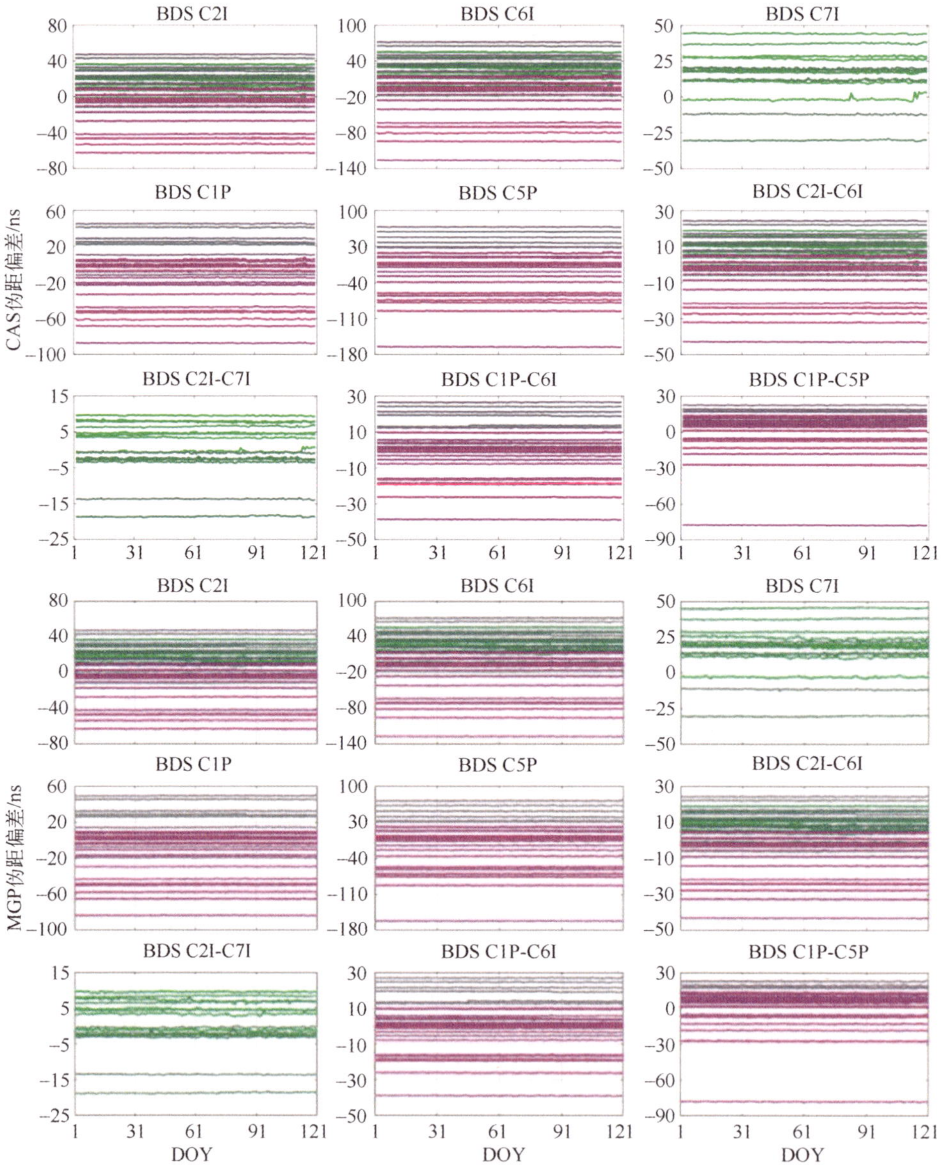

图 3.17　2022 年 1—4 月 CAS 和 MGP 产品 BDS 伪距偏差产品时间序列

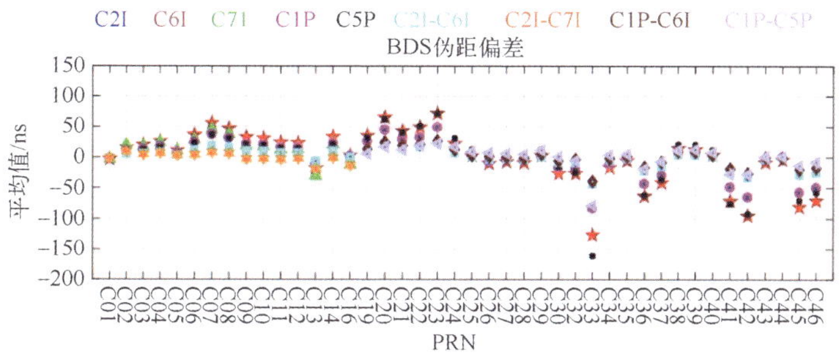

图 3.18　2022 年 1—4 月 BDS 所有类型高时间分辨率伪距偏差平均值

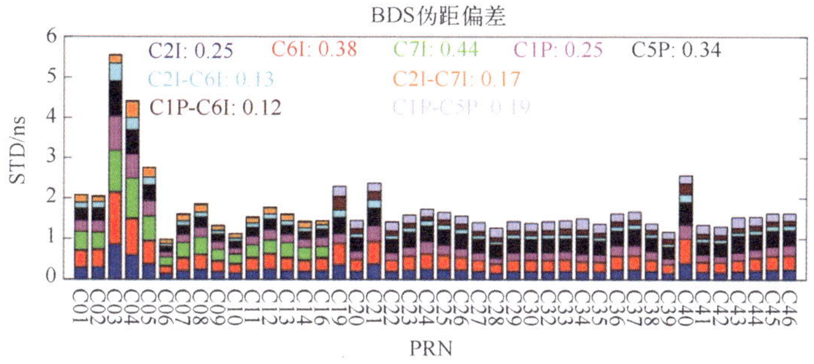

图 3.19　2022 年 1—4 月 BDS 所有类型高时间分辨率伪距偏差平均 STD 值

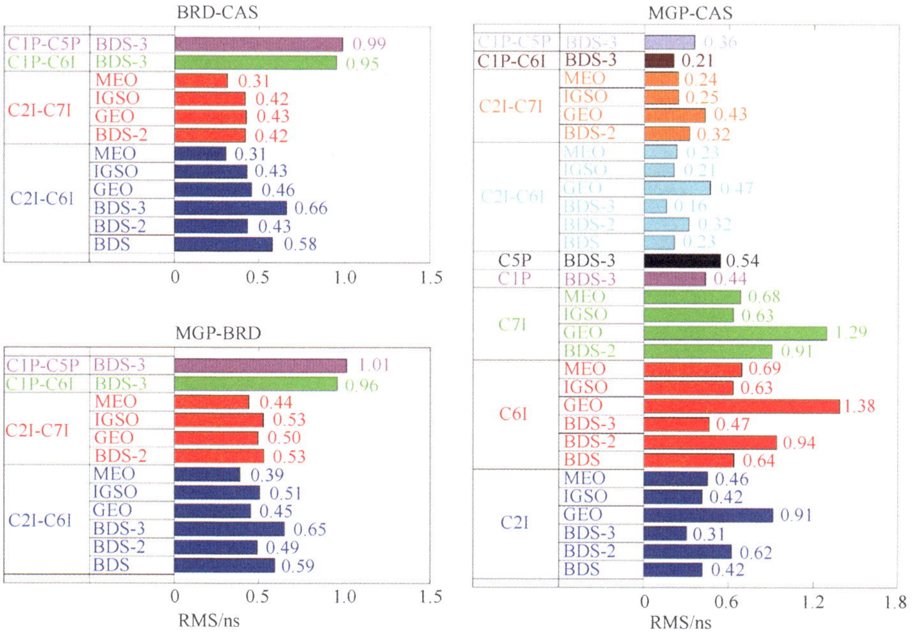

图 3.20　BRD、CAS 和 MGP 产品伪距偏差差异 RMS 值

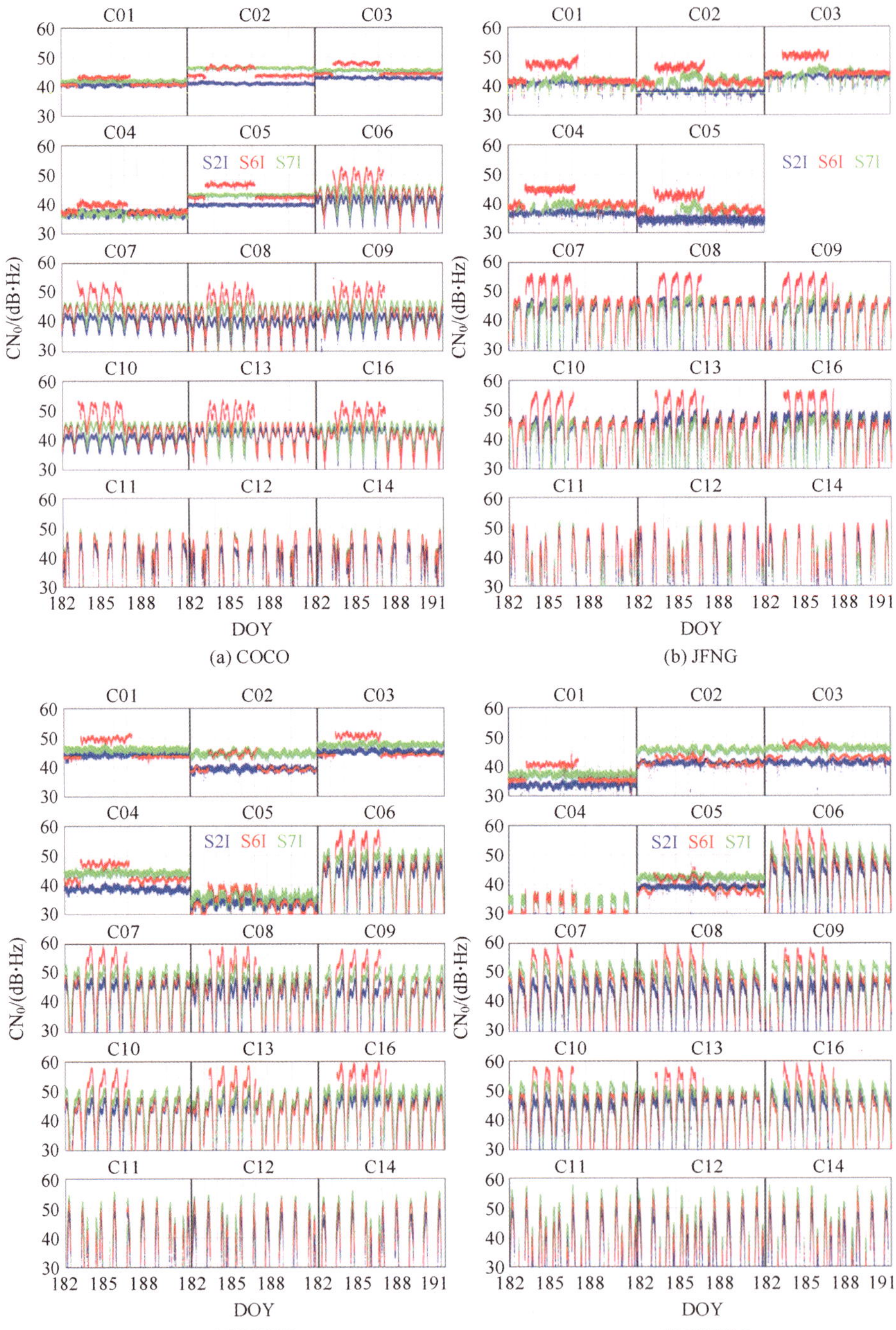

(a) COCO (b) JFNG

(c) WUH2 (d) URUM

图 3.21 BRD、CAS 和 MGP 产品伪距偏差差异 RMS 值

卫星弹性功率意味着 GNSS 调制模式发生了变化，通常伴随着伪距偏差变化，图 3.22 为对应期间 BRD、CAS 和 MGP 产品 BDS-2 伪距偏差变化序列。可以看到不同机构三种类型的伪距偏差都有较大量级的变化，与 C6I 类型有关的伪距偏差都发生了变化，包括 C2I、C6I 和 C7I 伪距 OSB 以及 C2I-C6I DCB。

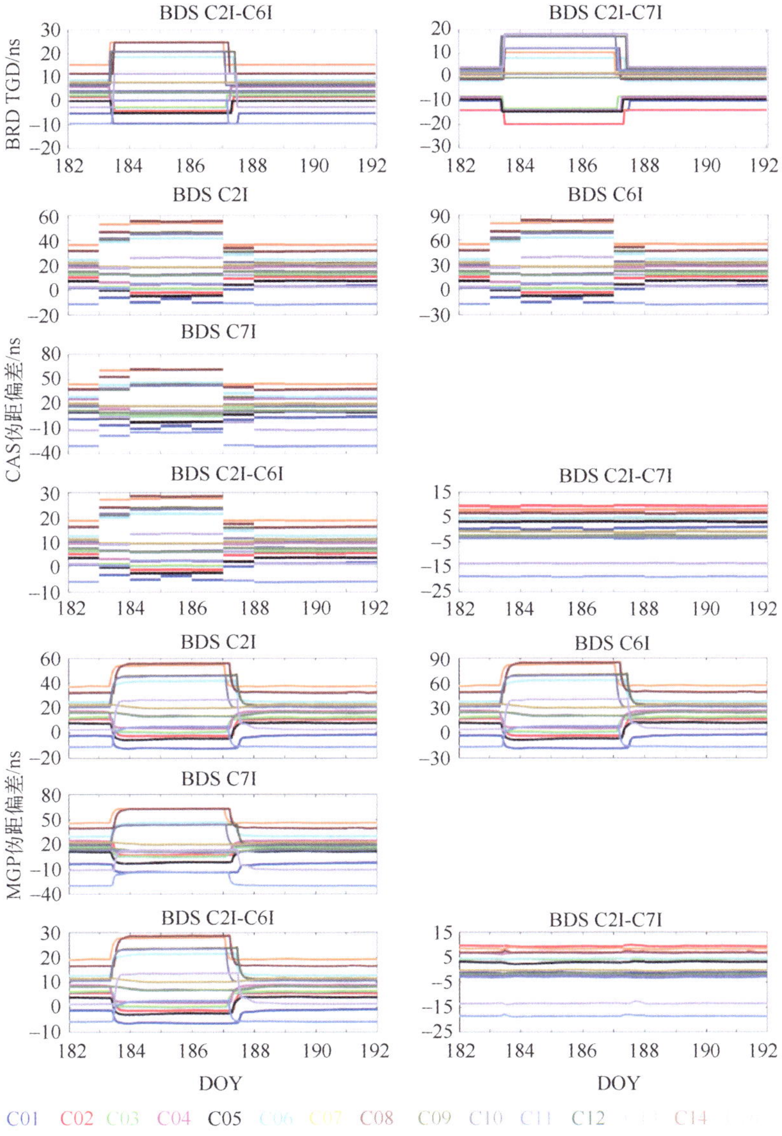

图 3.22 BRD、CAS 和 MGP 产品 BDS-2 伪距偏差变化序列

尽管只有 S6I 观测值功率出现了变化，各种类型的伪距 OSB 都表现出大量级的变化，这是因为 OSB 是由各自的对应基准所决定的，它们之间的相互关系导致了这一变化。DCB 的变化范围为 4~13ns，伪距 OSB 的变化范围为 40ns 以内。高时间分辨率伪距偏差产品可以快速响应出伪距偏差的变化，而低时间分辨率的产品则会有一定的延迟。

为了更好地分析伪距偏差变化，图 3.23 提供了 2021 年和 2022 年 BDS-2 C2I-C6I DCB 变化的 8 组案例。可以看到，2022 年伪距偏差变化时间尺度要明显大于 2021 年，大部分 BDS-2 卫星在卫星弹性功率期间都发生了大幅度的伪距偏差变化，低时间分辨率的 BRD 和 CAS 产品并不能真实快速反映伪距偏差的变化特性。BRD TGD 参数部分时刻会出现突然跳变，这是产品里面存在的粗差导致的。MGP 产品伪距偏差变化持续时间要大于其他机构的时间，这与滤波器噪声的设置和观测值时长的限制有关。因此，在卫星弹性功率期间估计高时间分辨率的伪距偏差是有必要的。

为了分析 BDS-2 伪距偏差变化对 BDS-3 的影响，图 3.24 给出了 2022 年 5—10 月 BRD、CAS 和 MGP 产品 BDS-2 和 BDS-3 C2I-C6I DCB 时间序列，在 CAS 产品中，BDS-2 伪距偏差大幅度变换导致了 BDS-3 的变化，这是由于 CAS 产品中使用了同一个重心基准约束，通过使用不同的重心基准可以消除各自偏差变化的影响，这一点在 BRD 产品中得到验证。MGP 产品分别采用了一个和两个重心基准进行估计，当采用一个重心基准时，伪距偏差变化基本上和 CAS 产品一致。而当采用两个重心基准时，各自变化影响只限于对应导航系统内。因此，对于 GNSS 用户来说，单独估计 BDS-2 和 BDS-3 伪距偏差一定程度上更安全。

图 3.25 给出了 2022 年 5—10 月 BRD、CAS 和 MGP 产品 BDS-3 伪距偏差产品时间序列，包括 C2I、C6I、C1P 和 C5P 伪距 OSB 以及 C2I-C6I、C1P-C6I、C1P-C5P、C2I-C1P 和 C5P-C6I DCB 时间序列。由于零均值基准的设置和部分卫星伪距偏差的变化，BDS-3 变换呈现出无规则的状态，与 BDS-2 相比，BDS-3 伪距偏差变化相对较小。只有在 2022 年 DOY 258 日和 263 日 C45 和 C46 卫星发生了较大幅度的变化。当采用两个基准来估计 BDS-3 伪距偏差时，部分卫星偏差变化消失。除了 C2I-C1P 和 C5P-C6I DCB，其他 BDS-3 伪距偏差都表现出长期变化特性。

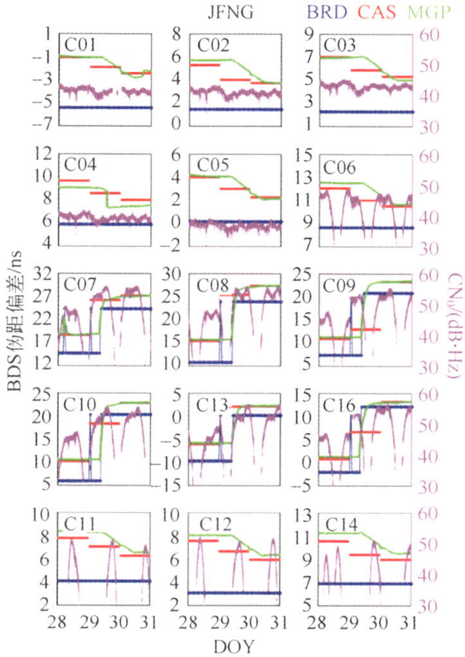

(a) 2021年DOY 028-031

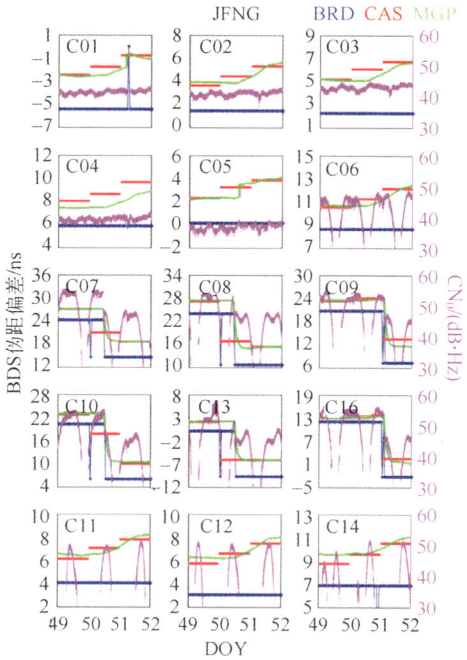

(b) 2021年DOY 049-052

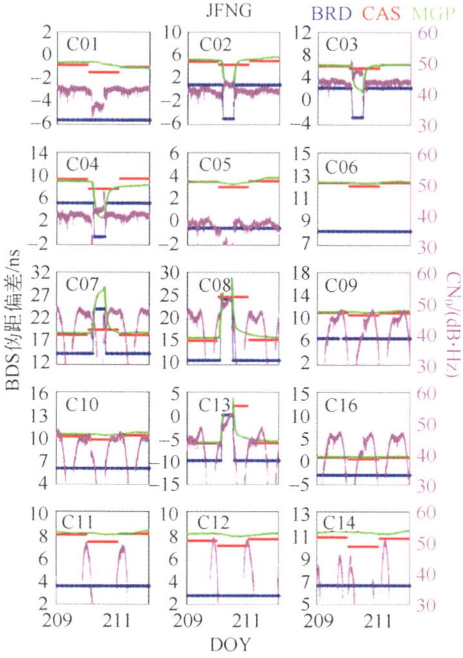

(c) 2021年DOY 209-211

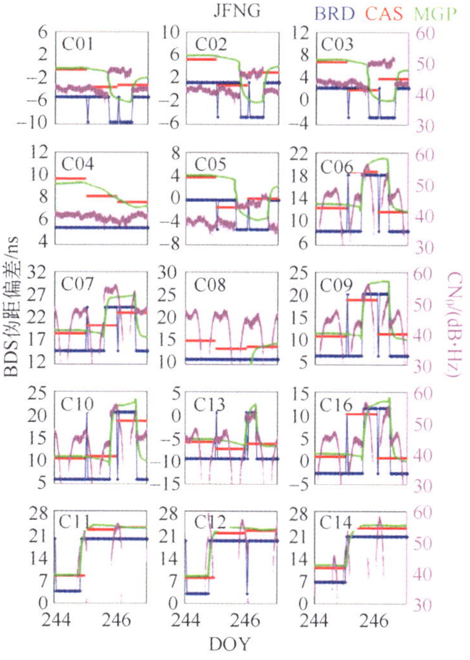

(d) 2021年DOY 244-246

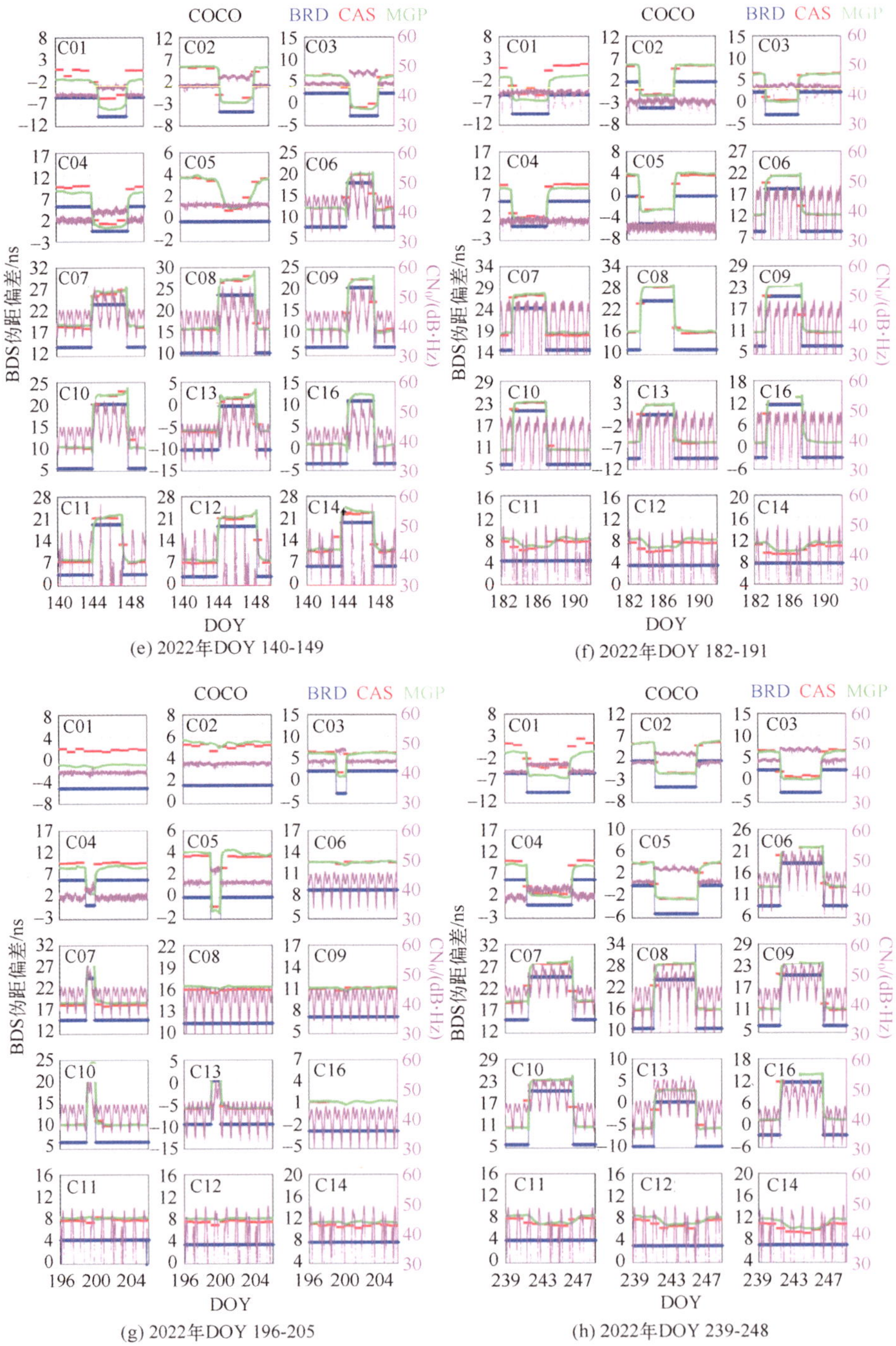

图 3.23　2021 和 2022 年 BDS-2 C2I-C6I DCB 序列和对应的 S6I C/N_0变化

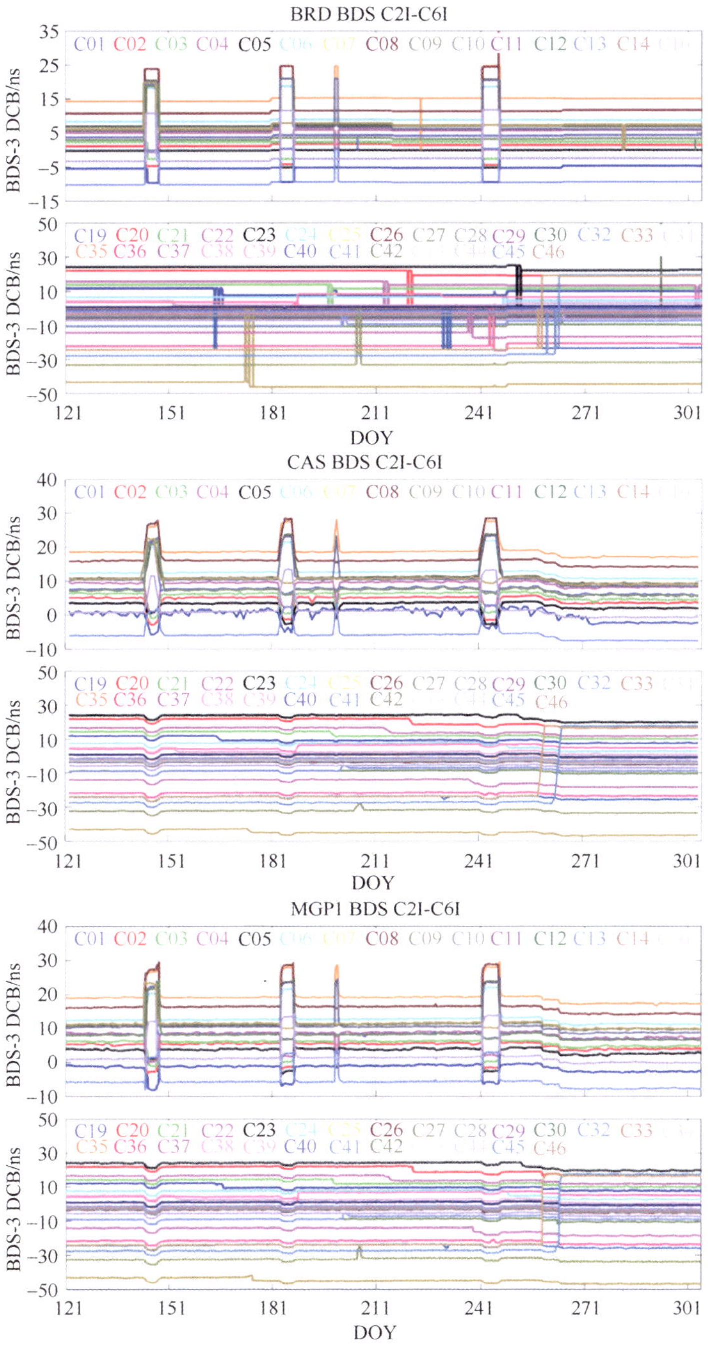
BRD BDS C2I-C6I
CAS BDS C2I-C6I
MGP1 BDS C2I-C6I
BDS-3 DCB/ns
DOY
C01 C02 C03 C04 C05 C08 C09 C10 C11 C12 C13 C14
C19 C20 C21 C22 C23 C26 C27 C28 C29 C30 C32 C33
C35 C36 C37 C40 C41 C42 C45 C46
121 151 181 211 241 271 301

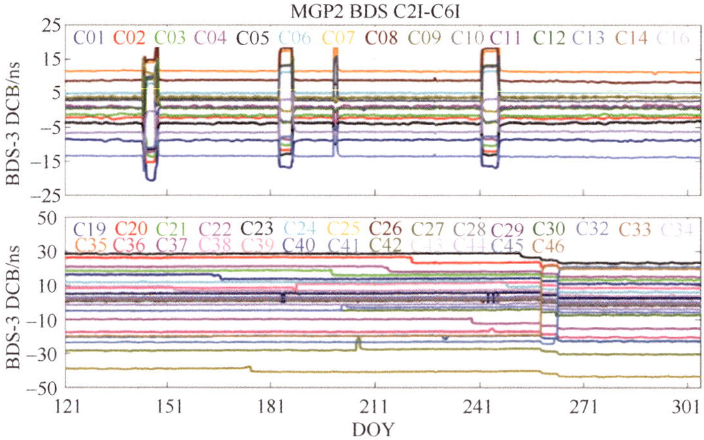

图3.24 2022年5—10月BRD、CAS和MGP产品BDS-2和BDS-3 C2I-C6I DCB时间序列

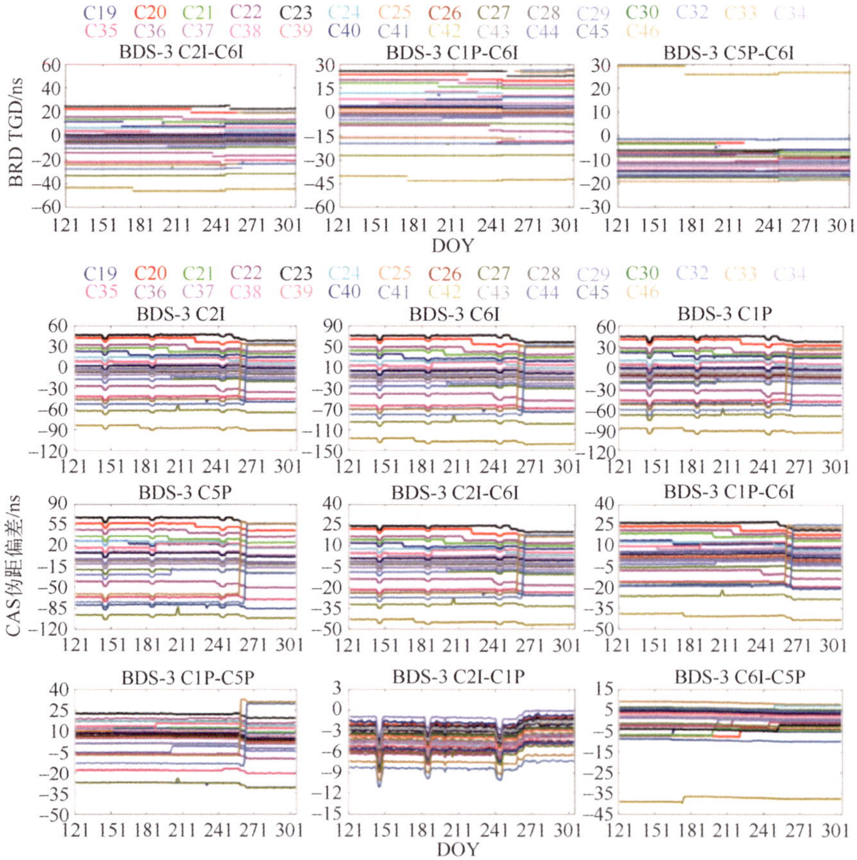

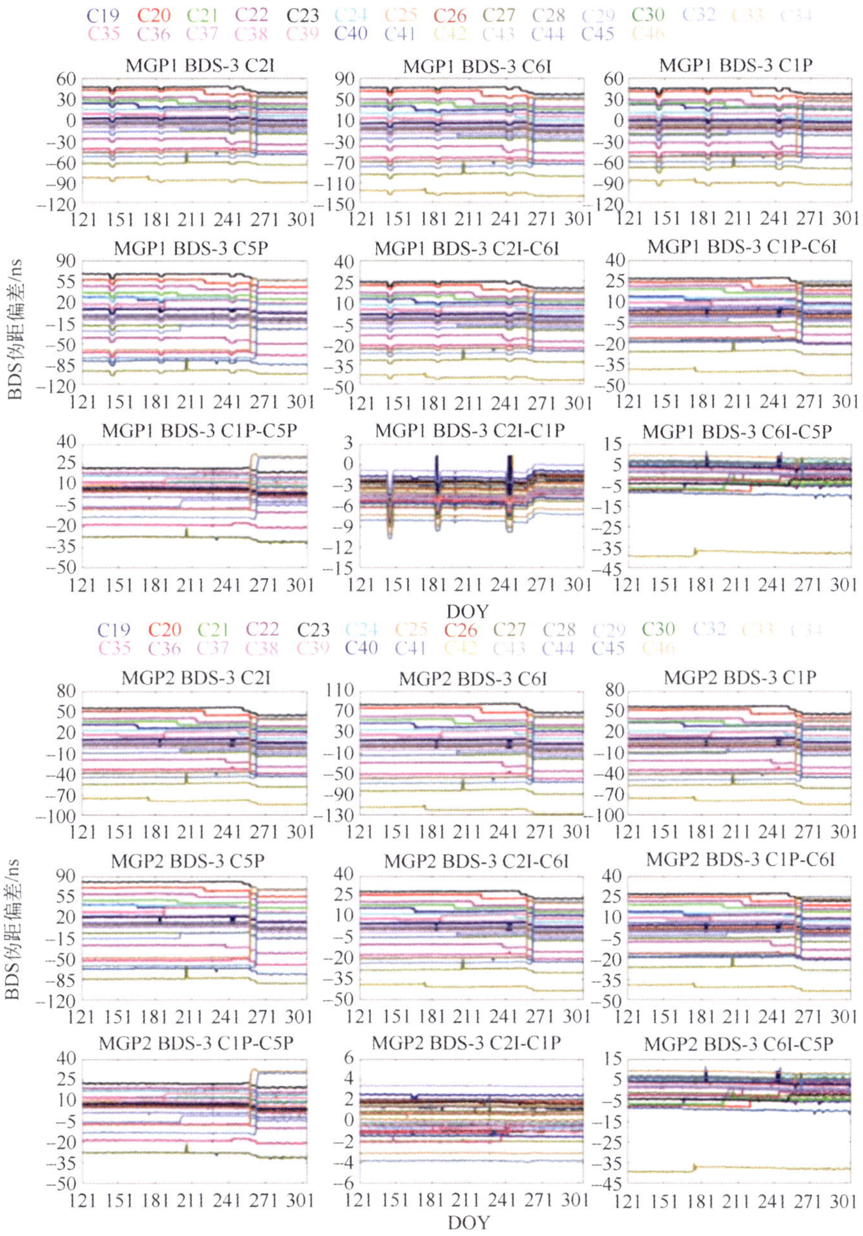

图3.25　2022年5—10月BRD、CAS和MGP产品BDS-3伪距偏差产品时间序列

除了BDS-2导致的BDS-3变化，BDS-3伪距偏差自身也有变化，以C45和C46为例，图3.26给出了BRD、CAS和MGP产品BDS-3 C45和C46卫星

伪距偏差时间序列，两颗卫星几乎所有的伪距偏差都发生了大幅度的变化，为了分析这一原因，图 3.27 展示了 2022 年 DOY 258 日和 263 日测站 JFNG、URUM 和 WUH2 C/N_0时间序列，可以看到 BDS-3 卫星是在各信号上都提高了功率[134]。

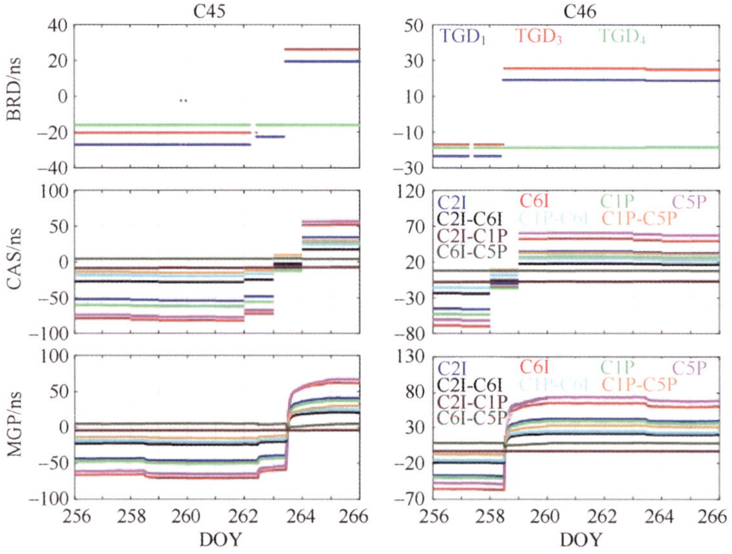

图 3.26　BRD、CAS 和 MGP 产品 BDS-3 C45 和 C46 卫星伪距偏差时间序列

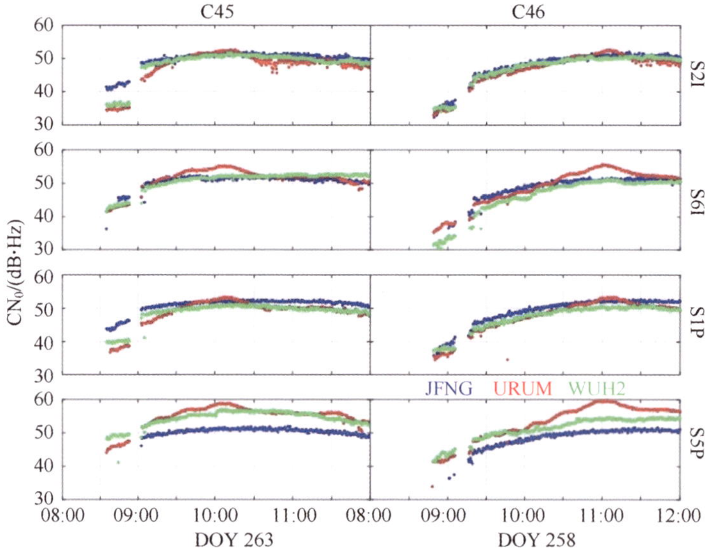

图 3.27　2022 年 DOY 258 日和 263 日测站 JFNG、URUM 和 WUH2 C/N_0 时间序列示意图

2020年之后，GPS和BDS卫星弹性功率现象频繁[145]，这导致了卫星伪距偏差频繁发生变化。其中，BDS-2和BDS-3弹性功率模式不同，BDS-2卫星弹性功率现象更活跃。因此，在不同时期可以提供不同时间分辨率的常态和弹性卫星伪距偏差产品给用户，这一点改变特别适用于IGS分析中心产品处理策略进行拓展，这将进一步优化北斗星基PNT的服务性能。

第 4 章

GNSS相位偏差改正理论与方法

与 GNSS 伪距偏差复杂多样的特性相比，相位偏差的类型相对较少，可以分为相位偏差的常数部分和时变部分，常用的相位偏差术语包括相位小数偏差（Fractional Cycle Bias，FCB）、UPD、相位 OSB、IFCB 和相位时变 OSB 等。为用户提供统一的相位偏差精确估计和校正方法是当前阶段需要解决的关键问题。相位偏差与模糊度存在强耦合关系，这导致了 PPP 中解算的模糊度参数失去了整数特性精确改正相位偏差是实现 PPPAR 的关键，本章介绍了相位偏差的几种计算方法，包括 UPD、整数钟（Integer Recovery Clock，IRC）和相位钟，用户通过在 PPP 解算中对相位偏差进行改正来恢复 PPP 模糊度的整数特性，从而实现 PPP 模糊度固定解。相位时变偏差是影响多频定位的重要偏差，本章介绍了相位 IFCB 和相位时变 OSB 的理论。

4.1 卫星钟差与相位偏差

PPP 中模糊度吸收的相位偏差包括相位硬件延迟偏差与初始相位偏差、卫星钟差引入的伪距卫星端硬件延迟，以及 PPP 解算中共用的接收机钟差里的接收机端伪距硬件延迟。利用相位偏差产品恢复 PPP 模糊度的整数特性是实现 PPPAR 的关键，常用的相位偏差包括 UPD 产品[146]、IRC 产品[147-148]和相位钟产品[149]。本节从模糊度固定角度入手，介绍相关理论基础，进而阐述各种方法，最后对几种方法进行分析与比较。

4.1.1 理论基础

1. PPP 基础模型

为了实现精确可靠的相位偏差估计，首先需要获取高精度的浮点模糊度信息。通常使用的 PPP 模型包括 IF 和非组合（Uncombined，UC）PPP 模型。在改正各类误差项后，双频 IF 组合 PPP 模型可以简化为

$$\begin{cases} p_{r,\mathrm{IF},12}^{s}(t)=\rho_{r}^{s}(t)+d\bar{t}_{r}(t)+T_{r}^{s}(t)+\varepsilon_{p,\mathrm{IF},12}^{s}(t) \\ \phi_{r,\mathrm{IF},12}^{s}(t)=\rho_{r}^{s}(t)+d\bar{t}_{r}(t)+T_{r}^{s}(t)+\bar{N}_{r,\mathrm{IF},12}^{s}+\varepsilon_{\phi,\mathrm{IF},12}^{s}(t) \end{cases} \tag{4.1}$$

其中

$$\begin{cases} d\bar{t}_{r}(t)=dt_{r}(t)+d_{r,\mathrm{IF},12} \\ \bar{N}_{r,\mathrm{IF},12}^{s}=N_{r,\mathrm{IF},12}^{s}+b_{r,\mathrm{IF},12}-b_{\mathrm{IF},12}^{s}-d_{r,\mathrm{IF},12}+d_{\mathrm{IF},12}^{s} \end{cases} \tag{4.2}$$

双频 IF 组合 PPP 模型的待估计参数包括位置信息、接收机钟差和模糊度参数。

而多频 UC PPP 模型可以简化为

$$\begin{cases} p_{r,1}^{s}(t)=\rho_{r}^{s}(t)+d\bar{t}_{r}(t)+T_{r}^{s}(t)+\bar{I}_{r,1}^{s}(t)+\varepsilon_{p,1}^{s}(t) \\ \bar{p}_{r,2}^{s}(t)=\rho_{r}^{s}(t)+d\bar{t}_{r}(t)+T_{r}^{s}(t)+\mu_{2}\cdot\bar{I}_{r,1}^{s}(t)+\varepsilon_{p,2}^{s}(t) \\ p_{r,\tau}^{s}(t)=\rho_{r}^{s}(t)+d\bar{t}_{r}(t)+T_{r}^{s}(t)+\mu_{\tau}\cdot I_{r,1}^{s}(t)+ifb_{\tau}+\varepsilon_{p,\tau}^{s}(t),\tau\in[3,+\infty) \\ \phi_{r,1}^{s}(t)=\rho_{r}^{s}(t)+d\bar{t}_{r}(t)+T_{r}^{s}(t)-\bar{I}_{r,1}^{s}(t)+\bar{N}_{r,1}^{s}+\varepsilon_{\phi,1}^{s}(t) \\ \phi_{r,2}^{s}(t)=\rho_{r}^{s}(t)+d\bar{t}_{r}(t)+T_{r}^{s}(t)-\mu_{2}\cdot\bar{I}_{r,1}^{s}(t)+\bar{N}_{r,2}^{s}+\varepsilon_{\phi,2}^{s}(t) \\ \phi_{r,\tau}^{s}(t)=\rho_{r}^{s}(t)+d\bar{t}_{r}(t)+T_{r}^{s}(t)-\mu_{\tau}\cdot\bar{I}_{r,1}^{s}(t)+\bar{N}_{r,\tau}^{s}+\varepsilon_{\phi,\tau}^{s}(t),\tau\in[3,+\infty) \end{cases} \tag{4.3}$$

其中

$$\begin{cases} d\bar{t}_{r}(t)=dt_{r}(t)+d_{r,\mathrm{IF},12} \\ \bar{I}_{r,1}^{s}(t)=I_{r,1}^{s}(t)+\mu_{\mathrm{GF},12}^{-1}\cdot d_{r,\mathrm{GF},12} \\ ifb_{\tau}=\beta_{12}/\beta_{1\tau}\cdot d_{r,\mathrm{GF},12}-d_{r,\mathrm{GF},1\tau},\tau\in[3,+\infty) \\ \bar{N}_{r,\tau}^{s}=N_{r,\tau}^{s}+b_{r,\tau}-b_{\tau}^{s}-d_{r,\mathrm{IF},12}+\mu_{\tau}\cdot\mu_{\mathrm{GF},12}^{-1}\cdot d_{r,\mathrm{GF},12}+d_{\mathrm{IF},12}^{s},\tau\in[1,+\infty) \end{cases} \tag{4.4}$$

从式（4.4）可知，多频 UC PPP 模型的待估参数包括位置信息、接收机钟差、电离层斜延迟、伪距 IFB 和模糊度参数。

2. 模糊度搜索与固定方法

模糊度搜索与固定方法是 PPP 模糊度固定理论中的重点之一，合理有效地利用模糊度搜索和固定方法，能够充分发挥模糊度固定的优势。模糊度搜索

是利用浮点模糊度的估值确定出整数模糊度的候选范围，这个范围取决于浮点模糊度的数值和其随机统计特性[150]。经过硬件延迟改正后，PPP 模糊度参数理论上会恢复到整数，但由于数值计算以及偏差改正等因素的影响，模糊度仍然会残留部分小数偏差。因此，需要模糊度搜索算法来确定其整数取值范围。而模糊度固定是指在模糊度搜索出的整数范围按照一定的置信水平确定是否应该接受整数候选作为正确的模糊度整数值，其依赖于最小二乘残差的二次型的假定统计分布。PPPAR 中常用的模糊度搜索和固定方法包括 bootstrap 方法[151]、最小二乘降相关平差（Least-squares AMBiguity Decorrelation Adjustment，LAMBDA）方法[152]和整数等变估计（Best Integer Equivariant，BIE）方法[153]等。

1）Bootstrap 方法

Bootstrap 方法是指按一定的步骤先将部分的浮点模糊度就近取整固定成整周模糊度，进而提高剩余模糊度的估值精度，使其在下一轮的模糊度取整过程中提高其固定成功率。该方法的有效性取决于浮点模糊度的精度，即浮点模糊度的精度越高，获得正确整数模糊度估值的概率也就越高[151]。该方法固定精度由概率函数 P_0 确定，即

$$\begin{cases} P_0 = 1 - \sum_{i=1}^{\infty}\left(\Phi\left(\dfrac{i - |\bar{N} - N|}{\sqrt{2}\sigma_{\bar{N}}}\right) - \Phi\left(\dfrac{i + |\bar{N} - N|}{\sqrt{2}\sigma_{\bar{N}}}\right)\right) \\ \Phi(x) = \dfrac{1}{\sqrt{2\pi}}\int_{-\infty}^{x}\exp\left(-\dfrac{1}{2}v^2\right)\mathrm{d}v \end{cases} \tag{4.5}$$

式中：$\bar{N}$ 为浮点模糊度估值；$\sigma_{\bar{N}}$ 为浮点模糊度 $\bar{N}$ 的精度或标准差；N 为浮点模糊度 $\bar{N}$ 的取整后的整数值。

通常在模糊度搜索和固定过程中会给定一个置信水平 a，当概率函数大于 $1-a$ 时，则将浮点模糊度 $\bar{N}$ 取整为 N，反之，则认为模糊度无法固定[146,151,154]。在初次模糊度搜索和固定时，只有部分模糊度能够在置信水平条件下被固定成整数。但随着部分模糊度被固定，剩余浮点模糊度的精度或标准差会得以改善，然后进行迭代模糊度搜索和固定过程，直至没有新的模糊度被固定[155]。文献［18］提出浮点模糊度取整只需要考虑浮点模糊度接近整数的程度，不需要考虑其标准差。而检验浮点模糊度固定是否正确则看模糊度固定前后残差的变化情况，该策略已被建议在加速大网解算过程中应用。

2）LAMBDA 方法

文献［152］提出的 LAMBDA 方法是目前常用的模糊度固定方法。PPP 模糊度浮点解可以表示为

$$S=(\bar{N}-N)^{\mathrm{T}}\boldsymbol{Q}_{\bar{N}}^{-1}(\bar{N}-N)=\min \tag{4.6}$$

式中：$\boldsymbol{Q}_{\bar{N}}$为浮点模糊度的方差协方差矩阵。

式（4.6）形式上表示 $\bar{N}-N$ 二次范数极小准则，N 为整数，导致无法直接获得其解析解。实际处理过程中，需要设置一定的搜索半径χ^2，在一个有限的区域中采用搜索的方法获得 N 值。该区域由模糊度矩阵和方差协方差矩阵确定，即

$$S=(\bar{N}-N)^{\mathrm{T}}\boldsymbol{Q}_{\bar{N}}^{-1}(\bar{N}-N)=\chi^2 \tag{4.7}$$

从几何意义上看，式（4.7）描述了一个高维椭球区域，椭球中心由浮点模糊度确定，协因数阵决定了椭球形状及方位，最后椭球大小由搜索半径确定，落入该椭球区域的整数点即为备选解。浮点模糊度及其精度是唯一的，其对应搜索半径一方面应尽可能小以缩小搜索范围，另一方面又需要足够大，以确保正确的整数解包含在该椭球中[156]。

当观测时间较短时，浮点模糊度之间存在强相关性，致使对应的模糊度搜索空间是一个狭长的椭球[157]。在此条件下，浮点模糊度搜索效率较低，往往无法满足用户定位的需求。因此，文献［152］提出了 LAMBDA 方法，其已经被广泛用于 GNSS 领域。LAMBDA 方法通过整数高斯变换 $\boldsymbol{Z}$ 得到新的模糊度参数向量 $\bar{\boldsymbol{N}}_Z$ 及协因数阵 $\boldsymbol{Q}_{\bar{N}}$，即

$$N'=\boldsymbol{Z}\cdot N,\ \bar{N}'=\boldsymbol{Z}\cdot\bar{\boldsymbol{N}},\ \boldsymbol{Q}_{\bar{N}'}=Z\cdot\boldsymbol{Q}_{\bar{N}}\cdot\boldsymbol{Z}^{\mathrm{T}} \tag{4.8}$$

其中，变换矩阵 $\boldsymbol{Z}$ 满足所有元素均为整数，同时其逆矩阵存在。在该条件下，将模糊度参数之间相关性降为零几乎不可能，然而 $\boldsymbol{Z}$ 变换能够保证新的协因数阵主对角线占优，且尽量接近对角阵。转换后，新的模糊度搜索空间表示为

$$S=(\bar{N}-N)^{\mathrm{T}}\boldsymbol{Q}_{\bar{N}'}^{-1}(\bar{N}-N)=\chi^2 \tag{4.9}$$

虽然式（4.9）仍需要采用搜索的方法解算，但与式（4.7）相比，新的搜索空间已大大缩小。在新的搜索空间范围内，可以得到所有满足需求的模糊度整数解集。这里必然会存在多组整数解的问题。因此，LAMBDA 方法还包含最优解的选取。按照式（4.9）分别计算每组模糊度的 S 值。选取最优解的原则是最优解的 S 值要明显优于次优解的 S 值，通常这个过程被称为 ratio 检验[158]，即

$$\mathrm{ratio}=\frac{S_{\mathrm{opt2}}}{S_{\mathrm{opt1}}} \tag{4.10}$$

式中：S_{opt2}和 S_{opt1}分别为代入搜索区域中各备选整数组合得到的最小和次最小目标函数值。

ratio 值反映浮点解的整数特性，值越大表示整数特性越明显，因此，获得

的模糊度整数解越可靠。在实际应用中，通常会给 ratio 值一个门限阈值。当大于阈值时，则认为模糊度固定解可靠；当小于阈值时，则认为模糊度固定解不可靠，此时不能使用模糊度整数解进行固定。阈值的选取通常需要 ratio 值的统计分布规律和置信水平，但 ratio 严格的分布并没有确定。因此，通常需要经验性地选取确定 ratio 的阈值。

模糊度的固定成功与否对定位的精度影响很大，一旦固定错误，带来的定位误差有可能比浮点解还要差，因此模糊度的检核变得更加重要。应注意的是，ratio 检验与模糊度固定成功率没有任何关系，该值只是大量数据测试得出的经验值。

3）BIE 方法

假设模糊度浮点解服从正态分布，对于给定的模糊度浮点解 $\bar{N}$ 及其方差协方差矩阵 $\boldsymbol{\sigma}_{\bar{N}}$，采用 BIE 得到的模糊度估计值为

$$\hat{N}=\sum_{z\in Z^n}\boldsymbol{z}\frac{\exp\left(-\frac{1}{2}\|\bar{N}-\boldsymbol{z}\|^2_{Q_{\bar{N}}}\right)}{\sum\limits_{z\in Z^n}\exp\left(-\frac{1}{2}\|\bar{N}-\boldsymbol{z}\|^2_{Q_{\bar{N}}}\right)} \tag{4.11}$$

式中：$\boldsymbol{z}$ 为任意一组 n 维整数向量。

文献［153］证明了 BIE 估计量具有无偏特性，且 BIE 在所有整数等变估计类中具有最小均方误差。BIE 法利用 GNSS 模糊度整数解加权融合以获得最优的浮点模糊度估计值，可有效降低模糊度错误固定风险，同时又利用了模糊度整数解信息来提升模糊度估值精度，从而提升定位精度，缩短模糊度收敛时间[159]。

3. PPPAR 基础

为了实现相位偏差的精确估计，需要获取高精度的浮点模糊度信息。原始观测值的模糊度波长较短，其容易受到残余大气误差、多路径效应、观测值噪声等因素的影响，难以精确获得相位偏差的小数部分，文献［146］先提出了 PPP 模糊度固定方法，通过对波长较长的 WL 模糊度进行处理，再以整周 WL 模糊度为约束获得精确的 NL 模糊度。在多频 PPP 中，也可以实现 EWL 的相位偏差估计。本章分别介绍 IF 组合与 UC 模型获取 EWL、WL 与 NL 模糊度的方法。

对于 IF 组合模型，EWL 和 WL 模糊度可以通过 MW 组合对原始观测值构建而成[160]。对第 i 频点和第 j 频点的观测值构建 MW 观测值可以得到对应观测值，即

$$
\begin{aligned}
\overline{N}^s_{r,\mathrm{W},ij} &= p^s_{r,\mathrm{MW},ij} = \phi^s_{r,\mathrm{W},ij} - p^s_{r,\mathrm{N},ij} \\
&= \left(\frac{f_i}{f_i-f_j}\cdot\phi^s_{r,i} - \frac{f_j}{f_i-f_j}\cdot\phi^s_{r,j}\right) - \left(\frac{f_i}{f_i+f_j}\cdot p^s_{r,i} + \frac{f_j}{f_i+f_j}\cdot p^s_{r,j}\right) \\
&= \frac{c}{f_i-f_j}\cdot\left(\frac{f_i}{c}\cdot\phi^s_{r,i} - \frac{f_j}{c}\cdot\phi^s_{r,j}\right) - \frac{c}{f_i+f_j}\cdot\left(\frac{f_i}{c}\cdot p^s_{r,i} + \frac{f_j}{c}\cdot p^s_{r,j}\right) \\
&= \lambda_{\mathrm{W},ij}\cdot\left(\frac{N^s_{r,i}}{\lambda_i} - \frac{N^s_{r,j}}{\lambda_j} + \frac{b_{r,i}-b^s_i}{\lambda_i} - \frac{b_{r,j}-b^s_j}{\lambda_j}\right) - \lambda_{\mathrm{N},ij}\cdot\left(\frac{d_{r,i}-d^s_i}{\lambda_i} + \frac{d_{r,j}-d^s_j}{\lambda_j}\right) \\
&= \lambda_{\mathrm{W},ij}\cdot n^s_{r,\mathrm{W},ij} + \left[\lambda_{\mathrm{W},ij}\cdot\left(\frac{b_{r,i}}{\lambda_i} - \frac{b_{r,j}}{\lambda_j}\right) - \lambda_{\mathrm{N},ij}\cdot\left(\frac{d_{r,i}}{\lambda_i} + \frac{d_{r,j}}{\lambda_j}\right)\right] - \left[\lambda_{\mathrm{W},ij}\cdot\left(\frac{b^s_i}{\lambda_i} - \frac{b^s_j}{\lambda_j}\right) - \lambda_{\mathrm{N},ij}\cdot\left(\frac{d^s_i}{\lambda_i} + \frac{d^s_j}{\lambda_j}\right)\right] \\
&= N^s_{r,\mathrm{W},ij} + B_{r,\mathrm{W},ij} - B^s_{\mathrm{W},ij}
\end{aligned}
\tag{4.12}
$$

式中：$\lambda_{\mathrm{W},ij}$和$\lambda_{\mathrm{N},ij}$分别为WL和NL波长；$B_{r,\mathrm{W},ij}$和$B^s_{r,\mathrm{W},ij}$分别为接收机端和卫星端硬件延迟。

可以看到，WL模糊度吸收的硬件延迟不仅包含相位观测值的硬件延迟，同时也含有伪距观测值的硬件延迟。

因此，对应EWL和WL模糊度可以表示为

$$
\begin{cases}
\overline{N}^s_{r,\mathrm{W},jk} = N^s_{r,\mathrm{W},jk} + B_{r,\mathrm{W},jk} - B^s_{\mathrm{W},jk} \\
\overline{N}^s_{r,\mathrm{W},ij} = N^s_{r,\mathrm{W},ij} + B_{r,\mathrm{W},ij} - B^s_{\mathrm{W},ij}
\end{cases}
\tag{4.13}
$$

值得注意的是，为了在多频数据处理中避免因多频观测值的引入带来新的伪距硬件延迟，构成EWL模糊度采用的伪距观测值的频率可以使用IF组合钟差产品的频率，否则要通过伪距偏差产品改正相应的伪距IFB值[161]。

NL模糊度则可以通过IF模型中的浮点IF模糊度和整周WL模糊度计算得到，即

$$
\begin{aligned}
\overline{N}^s_{r,\mathrm{N},ij} &= \overline{N}^s_{r,\mathrm{IF},ij} - \frac{c}{f_i+f_j}\cdot\frac{f_j}{f_i-f_j}\cdot n^s_{r,\mathrm{W},ij} \\
&= (N^s_{r,\mathrm{IF},ij} + b_{r,\mathrm{IF},ij} - b^s_{\mathrm{IF},ij} - d_{r,\mathrm{IF},ij} + d^s_{\mathrm{IF},ij}) - \frac{c}{f_i+f_j}\cdot\frac{f_j}{f_i-f_j}\cdot n^s_{r,\mathrm{W},ij} \\
&= \frac{c}{f_i+f_j}\cdot n^s_{r,i} + (b_{r,\mathrm{IF},ij} - d_{r,\mathrm{IF},ij}) - (b^s_{\mathrm{IF},ij} - d^s_{\mathrm{IF},ij}) \\
&= N^s_{r,\mathrm{N},ij} + B_{r,\mathrm{N},ij} - B^s_{\mathrm{N},ij}
\end{aligned}
\tag{4.14}
$$

而对于非差非组合模型，EWL和WL模糊度可以通过原始模糊度作差得到，即

$$
\begin{cases}
\overline{N}_{r,\mathrm{W},jk}^{s}=\lambda_{\mathrm{W},jk}\left(\dfrac{\overline{N}_{r,j}^{s}}{\lambda_j}-\dfrac{\overline{N}_{r,k}^{s}}{\lambda_k}\right)=N_{r,\mathrm{W},jk}^{s}+B_{r,\mathrm{W},jk}-B_{\mathrm{W},jk}^{s} \\
\overline{N}_{r,\mathrm{W},ij}^{s}=\lambda_{\mathrm{W},ij}\left(\dfrac{\overline{N}_{r,i}^{s}}{\lambda_i}-\dfrac{\overline{N}_{r,j}^{s}}{\lambda_j}\right)=N_{r,\mathrm{W},ij}^{s}+B_{r,\mathrm{W},ij}-B_{\mathrm{W},ij}^{s}
\end{cases}
\tag{4.15}
$$

NL 模糊度则可以通过 L1 和 L2 频点估计的模糊度与整周 WL 模糊度计算得到，即

$$
\begin{aligned}
\overline{N}_{r,\mathrm{N},ij}^{s}&=\frac{c}{f_i+f_j}\left(\frac{f_i}{f_i-f_j}\cdot\frac{f_i}{c}\cdot\overline{N}_{r,i}^{s}-\frac{f_j}{f_i-f_j}\cdot\frac{f_j}{c}\cdot\overline{N}_{r,j}^{s}\right)-\frac{c}{f_i+f_j}\cdot\frac{f_j}{f_i-f_j}\cdot n_{r,\mathrm{W},ij}^{s} \\
&=\frac{c}{f_i+f_j}\cdot n_{r,i}^{s}+(b_{r,\mathrm{IF},ij}-d_{r,\mathrm{IF},ij})-(b_{\mathrm{IF},ij}^{s}-d_{\mathrm{IF},ij}^{s}) \\
&=N_{r,\mathrm{N},ij}^{s}+B_{r,\mathrm{N},ij}-B_{\mathrm{N},ij}^{s}
\end{aligned}
\tag{4.16}
$$

可以看到，在采用相同处理策略的前提下，基于 IF 组合模型和 UC 模型计算的 EWL、WL 与 NL 模糊度表达形式理论上具有一致性，即

$$
\begin{cases}
\overline{N}_{r,\mathrm{W},jk}^{s}=N_{r,\mathrm{W},jk}^{s}+B_{r,\mathrm{W},jk}-B_{\mathrm{W},jk}^{s} \\
\overline{N}_{r,\mathrm{W},ij}^{s}=N_{r,\mathrm{W},ij}^{s}+B_{r,\mathrm{W},ij}-B_{\mathrm{W},ij}^{s} \\
\overline{N}_{r,\mathrm{N},ij}^{s}=N_{r,\mathrm{N},ij}^{s}+B_{r,\mathrm{N},ij}-B_{\mathrm{N},ij}^{s}
\end{cases}
\tag{4.17}
$$

由于无法知道 WL 模糊度的整数值，在服务端解算 WL 硬件延迟时，通常采用对 WL 模糊度浮点解直接取整的方式来获取 WL 模糊度的整数部分。受到伪距观测较大噪声的影响，其中 WL 模糊度通常需要一到数个历元才能收敛。特别说明的是，WL 整周模糊度整数部分也包含了 WL 模糊度相位延迟的整周部分，剩余的 WL 模糊度硬件延迟只是 WL 硬件延迟的剩余小数部分。EWL 模糊度通常应用于多频模型，其原理和 WL 模糊度基本一致，EWL 模糊度单历元固定率超过 99%[162]。UC 模型充分利用了观测值间的几何信息和各参数间的线性关系，相比于 IF 组合模型采用的 MW 组合，当参数可以准确估计时，对应的模糊度信息理论上更准确。

EWL、WL 和 NL 模糊度都可以看成对应模糊度与接收机和卫星端的硬件延迟之和。为了避免不同接收机端的硬件延迟对卫星端硬件的影响，可以采用星间单差的方法来消除接收机端的硬件延迟[146]，或者将接收机端的硬件延迟一起进行平差处理，直接获取接收机端和卫星端的硬件延迟[163]。

4.1.2 UPD 方法

文献［146］最早提出了 UPD 方法用于解决 PPP 模糊度无法固定的问题，

UPD 方法以 IGS 分析中心提供的非差经典卫星钟差为基础，即

$$\begin{cases}p_{r,\mathrm{IF},12}^{s}(t)=\rho_{r}^{s}(t)+d\bar{t}_{r}(t)-d\bar{t}^{s}(t)+T_{r}^{s}(t)+\varepsilon_{p,\mathrm{IF},12}^{s}(t)\\ \phi_{r,\mathrm{IF},12}^{s}(t)=\rho_{r}^{s}(t)+d\bar{t}_{r}(t)-d\bar{t}^{s}(t)+T_{r}^{s}(t)+\bar{N}_{r,\mathrm{IF},12}^{s}+\varepsilon_{\phi,\mathrm{IF},12}^{s}(t)\end{cases} \tag{4.18}$$

其中

$$\begin{cases}d\bar{t}_{r}(t)=dt_{r}(t)+d_{r,\mathrm{IF},12}\\ d\bar{t}^{s}(t)=dt^{s}(t)+d_{\mathrm{IF},12}^{s}\\ \bar{N}_{r,\mathrm{IF},12}^{s}=N_{r,\mathrm{IF},12}^{s}+b_{r,\mathrm{IF},12}-b_{\mathrm{IF},12}^{s}-d_{r,\mathrm{IF},12}+d_{\mathrm{IF},12}^{s}\end{cases} \tag{4.19}$$

在非差经典卫星钟差估计模型中，伪距和相位硬件延迟无法作为独立的参数进行估计，其会被钟差参数和模糊度参数吸收。其中，伪距硬件延迟被对应的接收机和卫星钟差参数吸收，相位硬件延迟则被模糊度所吸收。在式（4.19）条件下，其他部分会被残差所吸收。

文献［146］使用 UPD 方法对全球约 180 个测站对星间单差的 WL 和 NL 模糊度的 UPD 产品进行估计。在服务端，星间单差 WL UPD 在一个月内具有良好的稳定性，因此卫星 WL UPD 产品每天估计一个值。与 WL UPD 不同，NL UPD 稳定性较差，卫星的 NL UPD 产品每 15min 估计一个值。在用户端，用户利用网解求得的 UPD 产品对 PPP 的星间单差模糊度进行 UPD 改正，从而可以恢复模糊度的整数特性，实现 PPP 的模糊度固定。结果表明，WL 模糊度固定率可以达到 98%，NL 模糊固定率为 94%。

文献［164］指出了上述方法在估计 UPD 产品时，服务端网内的模糊度并没有固定，而是只利用了浮点模糊度值对 UPD 产品进行求解，导致了 UPD 方法存在一定的缺陷，从原理上看并不严谨[165]。基于此，文献［164］提出了改进的 UPD 方法，其参考大地测量领域大网平差的思路，在服务端解算 PPP 浮点解 NL 模糊度时引入双差模糊度约束来改善 NL 模糊度的精度，进而改善 NL UPD 的精度。结果显示，改进的 UPD 方法定位精度在 UPD 方法的基础上提高了 15.4%。

上述 UPD 方法是基于 IF 组合模型的 WL 和 NL 模糊度求得的，也有学者提出采用 UC 观测方程对相位偏差产品进行估计[166-169]，相关原理在前文已介绍，两种方法本质上是相通的，用户在使用偏差产品时仍然需要 WL 和 NL 形式，这里也可以将其划分到 UPD 方法中。

图 4.1 和图 4.2 分别给出了三系统 EWL UPD 和四系统 WL UPD 一个月时间序列，每个系统只展示了部分卫星的结果。其中，G06、R05、E01 和 C09 分别选为 GPS、GLONASS、Galileo 和 BDS 的参考卫星，其中 Galileo EWL UPD 在 0 左右，这是 E5a 和 E5b 信号替代二进制偏移载波信号链路特性的高相关性

导致的[132,170]。与 BDS 和 Galileo 相比，GPS EWL UPD 时间序列稳定性较差，这与下文所述的相位时变偏差有关。关于 WL UPD，GPS 和 Galileo 的 WL UPD 稳定性要优于 GLONASS 和 BDS，这与观测值质量有关。此外，GPS 和 BDS WL UPD 出现了跳变现象，这与卫星钟差基准有关[171]。

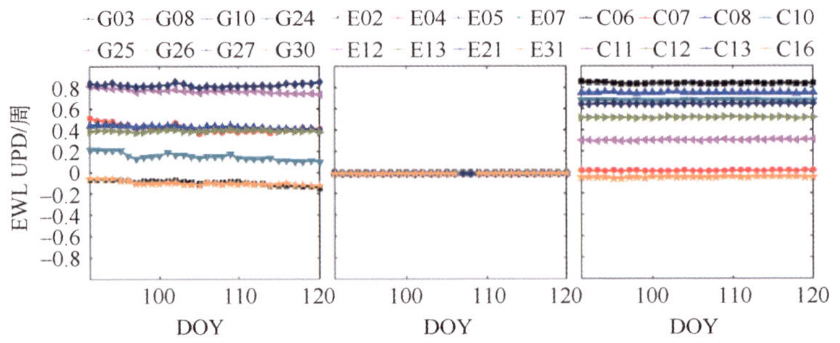

图 4.1 2019 年 DOY 091~120 日 GPS、Galileo 和 BDS EWL UPD 时间序列[172]

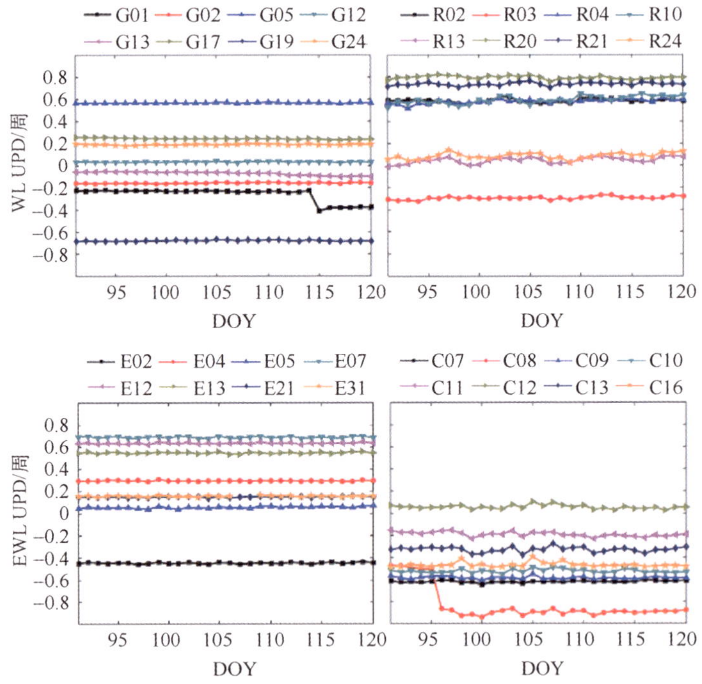

图 4.2 2019 年 DOY 091~120 日 GPS、GLONASS、Galileo 和 BDS WL UPD 时间序列[172]

图 4.3 提供了四系统 NL UPD 单天时间序列，整体上，NL UPD 在一天内基本上是稳定的，GLONASS NL UPD 稳定性最差。GPS、Galileo 和 BDS NL UPD 平均 STD 在 0.05 周以内，而 GLONASS 大部分卫星平均 STD 在 0.15 周以内，最大值为 R24 的 0.28 周。

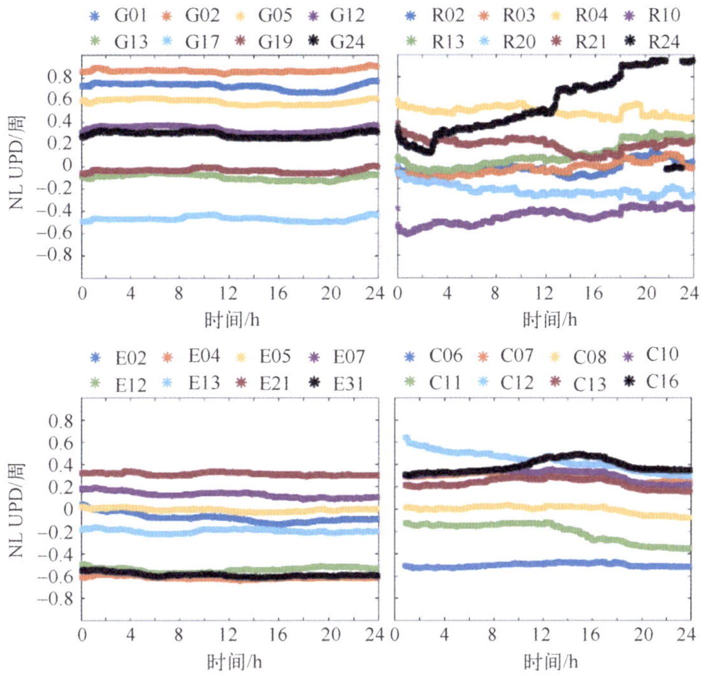

图 4.3　2019 年 DOY 094 日 GPS、GLONASS、Galileo 和 BDS NL UPD 时间序列[170]

EWL、WL 和 NL 形式的 UPD 包含了伪距和相位延迟，其可以看作伪距和相位 OSB 的线性表达形式。因此，UPD 也可以在扣除伪距偏差后恢复成观测值域形式的非差偏差，即相位 OSB。应特别说明的是，相位 OSB 并不是相位观测值上真实的相位偏差，本质上只是对应相位观测量可恢复模糊度整周特性的一种改正数，使用 UPD 和相位 OSB 本质上定位效果是一致的。在多频多系统的环境下，以 SINEX_BIAS 文件定义的 OSB 产品可以为用户提供更简便、统一的偏差产品[110]，用户将生成的相位 OSB 改正到原始相位观测值上，可以直接实现 PPP 非差模糊度固定[173]。

图 4.4 为 2021 年 DOY 11 日 GPS L1W/L2W、BDS-3 L2I/L6I 和 Galileo L1X/L5X 相位 OSB 的时间序列。可以看出，GPS、BDS-3 和 Galileo 的相位 OSB 都比较稳定，BDS-3 的相位 OSB 稳定性相比其他两个系统较差。BDS-3 作为新

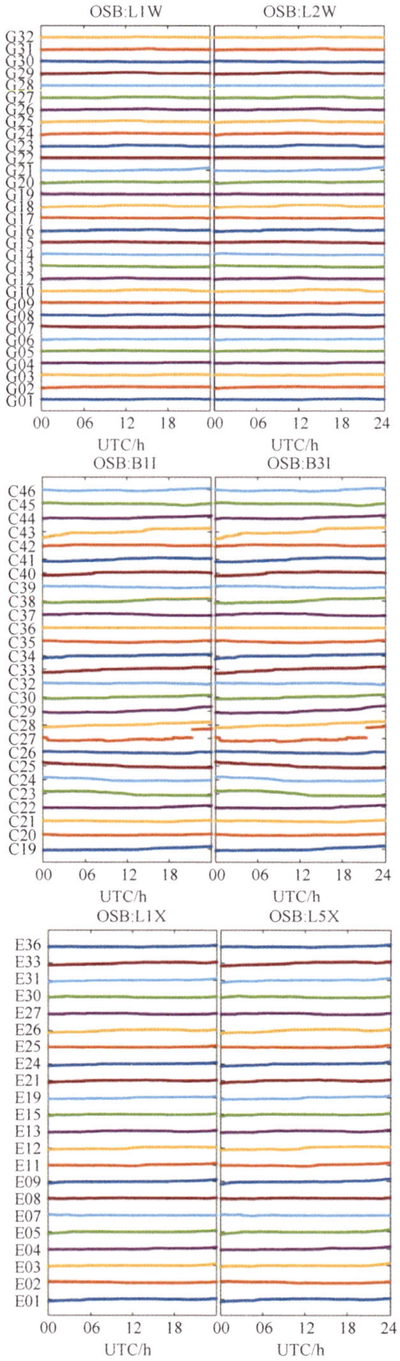

图 4.4　2021 年 DOY 11 日 GPS L1W/L2W、BDS-3 L2I/L6I、Galileo L1X/L5X 相位 OSB 时间序列

一代的卫星导航系统，光压模型姿态模型等尚未完全成熟，这造成 BDS-3 的轨道和钟差精度受限，其相位 OSB 稳定性稍差。此外，IGS MGEX 跟踪网中 BDS-3 测站在逐步升级，目前可用的 BDS-3 卫星数量要少于 GPS 和 Galileo，其相位 OSB 稳定性稍差。随着 IGS MGEX 跟踪网的逐步升级，BDS-3 相位 OSB 稳定性将逐步提升。

4.1.3 整数钟

文献［147］提出了 IRC 方法来实现用户端的 PPPAR，在消除 WL 整周模糊度后，IRC 方法钟差模型的基础方程为

$$\begin{cases} p_{r,IF,12}^{s}(t)=\rho_{r}^{s}(t)+d\bar{t}_{r}(t)-d\bar{t}^{s}(t)+T_{r}^{s}(t)+\varepsilon_{p,IF,12}^{s}(t) \\ \phi_{r,IF,12}^{s}(t)=\rho_{r}^{s}(t)+d\bar{t}_{r}(t)-d\bar{t}^{s}(t)+T_{r}^{s}(t)+\overline{N}_{r,N,12}^{s}+\varepsilon_{\phi,IF,12}^{s}(t) \end{cases} \tag{4.20}$$

式中，

$$\begin{cases} d\bar{t}_{r}(t)=dt_{r}(t)+d_{r,IF,12}+b_{r,N,12} \\ d\bar{t}^{s}(t)=dt^{s}(t)+d_{IF,12}^{s}+b_{N,12}^{s} \end{cases} \tag{4.21}$$

式（4.20）估计的是以相位为基准的接收机和卫星钟差，不同于 IGS 经典钟差，对应钟差包含相位端的硬件延迟。实际上，IRC 产品可以根据不同的 NL 模糊度和接收器钟差进行定义。为了使 IRC 产品保持与 IGS 伪距钟产品接近，本章选择 IGS 卫星时钟作为基准，其可以理解为伪距钟吸收了窄巷 UPD 的整数钟。

在服务端中，WL UPD 的处理方法与 UPD 方法一致，并为用户提供 WL UPD 产品。对于 NL UPD，IRC 方法通过选取一组 NL 模糊度基准进行直接取整固定，进而使得网解 NL 模糊度得到固定[148]。基于固定的 NL 模糊度值，重新估计卫星钟差，进而将 NL UPD 吸收到卫星钟差，得到的产品称为 IRC 产品。使用 IRC 产品并不额外需要 NL UPD 产品来进行 NL 模糊度固定，从这一点上来看，IRC 方法也是有优势的。

在用户端，WL UPD 处理方法与 UPD 方法一致，NL 模糊度则不需要进行 UPD 改正，只需要利用 IRC 钟差产品进行 PPP 解算就可以直接获得具有整数特性的 NL 模糊度，进而实现 PPPAR。

文献［148］提出了解耦钟方法，该方法在 IRC 方法提供 IRC 产品的基础上，额外提供 IGS 经典卫星钟差产品，解决了整数钟与伪距观测值不兼容的不足。IRC 和解耦钟本质上是相同的，因此该方法也可以看成是 IRC 方法的一种。

IRC 方法在解算 IRC 产品时固定了 NL 模糊度，因此在理论上 IRC 要比 UPD 方法更加严谨，使用 IRC 方法的 PPPAR 单天解定位精度也要优于 UPD 方法[164]。IRC 方法在选取模糊度基准网进行固定时采用了 Fix-point 理论，在实现方法上难度较大[174]。文献［175］优化了该方法的实现过程，首先基于 UPD 产品实现 PPPAR，并在服务端网解过程中固定 NL 模糊度，再利用整周 NL 模糊度估计 IRC 产品，该方法的优势在于获取 NL 模糊度固定值更加简便，通过将相位观测值消除模糊度参数，转换成所需要的相位伪距观测值，从而实现 IRC 产品的估计。

4.1.4 相位钟

为了顾及 UPD 和 IRC 方法的优点并规避各自方法的不足之处，文献［149］提出了相位钟的方法，相位钟方法的基础模型为

$$\begin{cases}p_{r,\mathrm{IF},12}^{s}(t)=\rho_{r}^{s}(t)+d\bar{t}_{r}(t)-d\bar{t}^{s}(t)+T_{r}^{s}(t)+\varepsilon_{p,\mathrm{IF},12}^{s}(t)\\ \phi_{r,\mathrm{IF},12}^{s}(t)-\overline{N}_{r,\mathrm{N},12}^{s}+B_{\mathrm{N},ij}^{s}-B_{r,\mathrm{N},ij}=\rho_{r}^{s}(t)+d\bar{t}_{r}(t)-d\bar{t}^{s}(t)+T_{r}^{s}(t)+\varepsilon_{\phi,\mathrm{IF},12}^{s}(t)\end{cases} \tag{4.22}$$

其中

$$\begin{cases}d\bar{t}_{r}(t)=dt_{r}(t)+d_{r,\mathrm{IF},12}\\ d\bar{t}^{s}(t)=dt^{s}(t)+d_{\mathrm{IF},12}^{s}\\ \overline{N}_{r,\mathrm{N},12}^{s}=N_{r,\mathrm{N},12}^{s}\end{cases} \tag{4.23}$$

与 IRC 方法不同的是，相位钟将 NL 模糊度和 NL 相位偏差一起代回到相位观测值。因此，该模型将钟差基准对齐到 IGS 经典卫星钟差基准上，从而避免了相位钟差和 IGS 其他产品不兼容的问题，该方法理论上与 IRC 方法等价。图 4.5 所示为 IRC 和相位钟估计流程。IRC 和相位钟产品的计算流程基本上一致，不同之处在于卫星钟差重估计时是否改正 NL 相位偏差。相位钟产品包含相位钟差和相位偏差两部分，计算相位钟产品时，先通过经典卫星钟差方法实现 UPD 的估计，UPD 方法求得的 WL UPD 直接作为相位偏差产品的一部分，NL UPD 代入相位钟模型中重新估计，这样就可以得到以伪距为基准的相位钟产品。依据 SINEX_BIAS 文件的要求，将 WL 和 NL UPD 转换成观测值域的相位偏差产品，即相位 OSB，即可生成对应的相位钟产品。包括相位钟差和相位偏差。

图 4.6 给出了 2016 年 DOY 1 日 G03 卫星 UPD、改进 UPD 和相位钟估计的 NL UPD 时间序列，在 UPD 和改进 UPD 中，NL UPD 每 15min 计算一次，两种 UPD 方法估计的 NL UPD 天内振幅为 0.100 周和 0.024 周，改进的 UPD

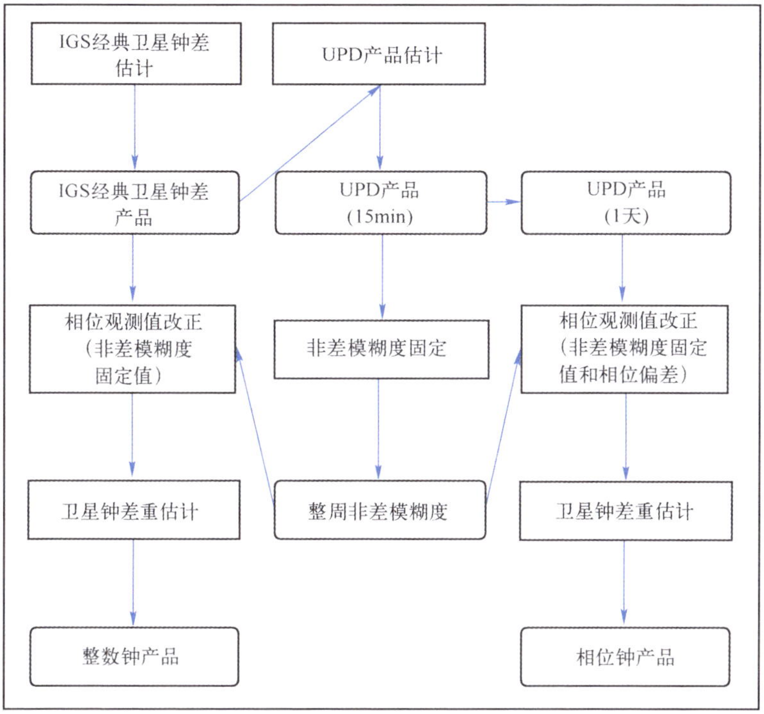

图 4.5 IRC 和相位钟/相位偏差估计流程

方法的 NL UPD 的稳定性明显优于 UPD 方法所求得的 NL UPD。但是每 15min 取均值的策略只是粗略地概化了 NL UPD 变化的特性，并不能真实反映 NL UPD 的实际变化特性，这也进一步解释了为什么相位钟理论上能取得更高精度。

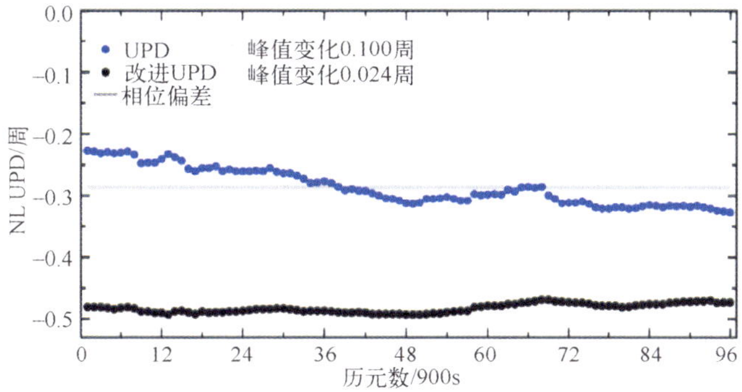

图 4.6 2016 年 DOY 1 日 G03 卫星 UPD、改进 UPD 和相位钟估计的 NL UPD 时间序列[149]

4.1.5 几种产品比较

UPD 方法和 IRC 方法对 WL 模糊度的处理方式是一致的，最终均为用户提供 WL UPD 产品，两类方法的主要区别在于对 NL UPD 的处理。在 UPD 方法中，NL 和 WL UPD 的估计方式类似，NL UPD 来自浮点模糊度网解。IRC 方法则不对 NL UPD 进行处理，最终将 NL UPD 和卫星钟差同时估计，并获得 IRC 产品。相比于 UPD 方法，IRC 产品均采用的是模糊度固定解的网解结果，理论上更有优势，从这一点看 UPD 方法还有进一步完善空间。两者的差异是相位偏差产品估计过程中的处理方法不同导致的[175-176]。从前文分析可知，卫星钟差与 NL UPD 是线性相关的，因此也可以认为 IRC 方法是将 UPD 融合进了卫星钟差里。然而，IGS 经典钟差产品是以伪距为基准的，IRC 破坏了 IGS 卫星钟差产品维持的钟差基准的选择，这导致与 IGS 经典卫星钟差基准相配套的偏差产品无法正常使用。相位钟方法仍然维持了 IGS 原有的卫星钟差基准，为用户提供卫星钟差产品，相位钟既能获得和整数钟同样严谨的理论模型，也能满足维持 IGS 经典卫星钟差基准的要求。

当前阶段，IGS 并没有官方发布的综合产品，仅有部分机构提供相位偏差产品。法国空间研究中心（Centre National D´Etudes Spatiales，CNES）分析中心最早提供相位偏差产品，该产品采用的是 IRC 方法[177]。WL UPD 改正值被记录在 IRC 产品文件的头部，卫星钟差为 IRC，对应文件可以在 IGS 日常产品目录下载获得（ftp://cddis. gsfc. nasa. gov/pub/gps/products）。CNES 在 2019 年建立 PPP-WIZARD 工程，并为用户提供多系统多频 PPPAR 服务。相位偏差产品分为实时产品和事后产品两部分，事后产品使用德国地学中心（German Research Centre for Geosciences，GFZ）多系统快速轨道和钟差产品，采用 UPD 方法估计相位偏差，同时给出相应的姿态产品。实时产品则包含实时的轨道和钟差以及 UPD 产品。为了解决相位偏差产品以及轨道和钟差产品一致性的问题，武汉大学（Wuhan University，WHU）测绘学院张小红团队于 2015 年采用 UPD 方法提供相位偏差产品[178]，并从 2019 年起开始提供多系统相位偏差产品，但该产品 BDS 部分只提供 BDS-2 产品[179]。2019 年 3 月，武汉大学分析中心发布了相位钟产品，同时发布了相配套的开源软件以帮助用户实现 PPPAR[149,180]，该产品以 Bias-SINEX 文件格式进行发布。CODE 分析中心在 2020 年正式发布了相位偏差产品，该产品同样以 Bias-SINEX 文件格式进行发布[181]。

4.2 相位时变偏差

4.2.1 概念

文献［182］在构建 GPS L1/L2 和 L1/L5 组合观测值时，首次发现 GPS 卫星存在于卫星、频率和时间等因素相关的系统偏差，其峰值约为 10cm。该偏差存在时变特性，会导致使用不同频率或其组合观测值的卫星钟差产生不一致性，因此该偏差被称为 IFCB[16,183,184]。IFCB 可以理解成伪距和相位两部分，伪距 IFCB 上一章已经进行过介绍，对于相位 IFCB，当其振幅较大时，导航定位的性能会受到较大影响，因此相位 IFCB 在精密定位中必须加以考虑。

不同组合形式观测值的相位 IFCB 如何转化也是关注的重点问题之一，文献［16］严格推导了 GPS L5、L1/L5 和 L1/L2/L5 IF 组合 IFCB 的数学关系，根据相应的推导关系，L1/L5 IF 组合 IFCB 可以转换为 L5 和 L1/L2/L5 IF 组合 IFCB，但该转换只适用于三频观测值。文献［185］提出了相位时变 OSB 概念，通过改正原始相位观测值相位 OSB 值，即可消除各类观测值直接相位 IFCB 的影响。

卫星精密钟差估计的卫星钟差参数会吸收伪距偏差和相位偏差的时变部分，它可以表示为

$$d\bar{t}^s(t)=dt^s(t)+d^s_{\mathrm{IF},12}+b^s_{v,\mathrm{IF},12}(t) \tag{4.24}$$

可以看到，吸收了 IF 硬件延迟的卫星钟差并不直接适用于其他频点观测值。解决这一问题需要改正相应的硬件延迟偏差，从而得到原始相位观测值所对应的非组合形式的卫星钟差，对应的转换公式可以表示为

$$\begin{cases} dt^s_{\mathrm{IF},1}(t)=dt^s_{\mathrm{IF},12}(t)+\beta_{\mathrm{UC},1}+\delta_{\mathrm{UC},1}(t) \\ dt^s_{\mathrm{IF},2}(t)=dt^s_{\mathrm{IF},12}(t)+\beta_{\mathrm{UC},2}+\delta_{\mathrm{UC},2}(t) \\ dt^s_{\mathrm{IF},i}(t)=dt^s_{\mathrm{IF},12}(t)+\beta_{\mathrm{UC},i}+\delta_{\mathrm{UC},i}(t),i\in[3,+\infty) \end{cases} \tag{4.25}$$

式中：$dt^s_{\mathrm{IF},i}(t)$为第 i 频点上非差观测值对应的卫星钟差；$\beta_{\mathrm{UC},i}$为第 i 频点上的伪距偏差，其可以看作伪距 IFCB 或伪距 OSB；$\delta_{\mathrm{UC},i}$为第 i 频点上的相位时变 OSB。

以 UC 多频 PPP 模型为例，改正对应误差项和非组合卫星钟差的多频原始观测值可以表示为

$$\begin{cases}p_{r,1}^{s}(t)=\rho_{r}^{s}(t)+d\bar{t}_{r}(t)+T_{r}^{s}(t)+\bar{I}_{r,1}^{s}(t)+\varepsilon_{p,1}^{s}(t)\\p_{r,2}^{s}(t)=\rho_{r}^{s}(t)+d\bar{t}_{r}(t)+T_{r}^{s}(t)+\mu_{2}\cdot\bar{I}_{r,1}^{s}(t)+\varepsilon_{p,2}^{s}(t)\\p_{r,\tau}^{s}(t)=\rho_{r}^{s}(t)+d\bar{t}_{r}(t)+T_{r}^{s}(t)+\mu_{\tau}\cdot I_{r,1}^{s}(t)+ifb_{\tau}+\varepsilon_{p,\tau}^{s}(t),\tau\in[3,+\infty)\\\phi_{r,1}^{s}(t)=\rho_{r}^{s}(t)+d\bar{t}_{r}(t)+T_{r}^{s}(t)-\bar{I}_{r,1}^{s}(t)+\bar{N}_{r,1}^{s}-\delta_{\mathrm{UC},1}(t)+\varepsilon_{\phi,1}^{s}(t)\\\phi_{r,2}^{s}(t)=\rho_{r}^{s}(t)+d\bar{t}_{r}(t)+T_{r}^{s}(t)-\mu_{2}\cdot\bar{I}_{r,1}^{s}(t)+\bar{N}_{r,2}^{s}-\delta_{\mathrm{UC},2}(t)+\varepsilon_{\phi,2}^{s}(t)\\\phi_{r,\tau}^{s}(t)=\rho_{r}^{s}(t)+d\bar{t}_{r}(t)+T_{r}^{s}(t)-\mu_{\tau}\cdot\bar{I}_{r,1}^{s}(t)+\bar{N}_{r,\tau}^{s}-\delta_{\mathrm{UC},\tau}(t)+\varepsilon_{\phi,\tau}^{s}(t),\tau\in[3,+\infty)\end{cases}\tag{4.26}$$

其中

$$\begin{cases}d\bar{t}_{r}(t)=dt_{r}(t)+d_{r,\mathrm{IF},12}\\\bar{I}_{r,1}^{s}(t)=I_{r,1}^{s}(t)+\mu_{\mathrm{GF},12}^{-1}\cdot d_{r,\mathrm{GF},12}+\mu_{\mathrm{GF},12}^{-1}\cdot b_{v,\mathrm{GF},12}^{s}(t)\\ifb_{\tau}=\beta_{12}/\beta_{1\tau}\cdot d_{r,\mathrm{GF},12}-d_{r,\mathrm{GF},1\tau},\tau\in[3,+\infty)\\\bar{N}_{r,\tau}^{s}=N_{r,\tau}^{s}+b_{r,\tau}-b_{\tau}^{s}-d_{r,\mathrm{IF},12}+\mu_{\tau}\cdot\mu_{\mathrm{GF},12}^{-1}\cdot d_{r,\mathrm{GF},12}+d_{\mathrm{IF},12}^{s},\tau\in[1,+\infty)\end{cases}\tag{4.27}$$

式中：ifb_{τ} 为第 i 频点的接收机伪距 IFB。

其中，电离层参数吸收了接收机 IF 伪距偏差和卫星相位偏差时变部分，因此，对于 L1 和 L2 频点的观测值，其对应的相位时变 OSB 值可以理解成 0。其他频点观测值并不适用于估计的同一个电离层参数，因此其他频点上的相位时变 OSB 值并不为 0。由于伪距观测值噪声远大于相位观测值噪声，卫星 UPD 时变部分并未在伪距观测值中显现。

基于式（4.26）和式（4.27），相位时变 OSB 可以表示为

$$\begin{cases}\delta_{\mathrm{UC},1}^{s}(t)=0\\\delta_{\mathrm{UC},2}^{s}(t)=0\\\delta_{\mathrm{UC},i}^{s}(t)=\alpha_{12}\cdot(\mu_{i}/\mu_{2}-1)\cdot b_{v,1}^{s}(t)+\beta_{12}\cdot(\mu_{i}-1)\cdot b_{v,2}^{s}(t)+b_{v,i}^{s}(t),i\in[3,+\infty)\end{cases}\tag{4.28}$$

式（4.28）表明载波相位时变 OSB 是由不同频率的时变相位偏差构成。

4.2.2 相位时变 OSB 概念的合理性

由于 IF 组合可以消除电离层一阶项的影响，L1/Li 和 L1/L2 与 Li/Lj 和 L1/L2 IF 组合相位 IFCB 可以表示为

$$\begin{cases}\delta_{\mathrm{IF},1i}^{s}(t)=b_{v,\mathrm{IF},1i}^{s}(t)-b_{v,\mathrm{IF},12}^{s}(t)=(\alpha_{1i}-\alpha_{12})\cdot b_{v,1}^{s}(t)-\beta_{12}\cdot b_{v,2}^{s}(t)+\beta_{1i}\cdot b_{v,i}^{s}(t)\\ \qquad =\alpha_{1i}\cdot\delta_{\mathrm{UC},1}^{s}(t)+\beta_{1i}\cdot\delta_{\mathrm{UC},i}^{s}(t),i\in[3,+\infty)\\ \delta_{\mathrm{IF},ij}^{s}(t)=b_{v,\mathrm{IF},ij}^{s}(t)-b_{v,\mathrm{IF},12}^{s}(t)=-\alpha_{12}\cdot b_{v,1}^{s}(t)-\beta_{12}\cdot b_{v,2}^{s}(t)+\alpha_{ij}\cdot b_{v,i}^{s}(t)+\beta_{ij}\cdot b_{v,j}^{s}(t)\\ \qquad =\alpha_{ij}\cdot\delta_{\mathrm{UC},i}^{s}(t)+\beta_{ij}\cdot\delta_{\mathrm{UC},j}^{s}(t),i,j\in[3,+\infty),i<j\end{cases}\tag{4.29}$$

从式（4.29）可知，双频 IF 组合相位 IFCB 可以看作相位时变 OSB 的线性表达式。当可观测到 k 频观测数据时，多频观测值可以根据不同要求组合成一个观测值。其中，两个最基本的要求是消除电离层延迟一阶项并且保持几何距离不变，其可以表示为

$$\begin{cases}\sum_{i=1}^{k}\eta_i=1\\ \sum_{i=1}^{k}\eta_i\cdot\mu_i=0\end{cases}\tag{4.30}$$

这两个基本条件并不能直接求得所需要的组合系数，还要通过附加额外条件，如波长长度、整周模糊度特性以及最小组合噪声等限制条件，才能求得所需要的组合系数。

多频组合观测值和 L1/L2 IF 相位 IFCB 可以表示为

$$\begin{aligned}\delta_{\mathrm{IF},12\cdots k}(t)&=b_{v,\mathrm{IF},12\cdots k}^{s}(t)-b_{v,\mathrm{IF},12}^{s}(t)\\ &=(\eta_1-\alpha_{12})\cdot b_{v,1}^{s}(t)+(\eta_2-\beta_{12})\cdot b_{v,2}^{s}(t)+\sum_{i=3}^{k}\eta_i\cdot b_{v,i}^{s}(t)\\ &=\sum_{i=1}^{k}c_i\cdot b_{v,i}^{s}(t)\end{aligned}\tag{4.31}$$

式中：c_i为 IFCB 组合系数。c_i组合系数满足以下条件：

$$\begin{cases}\sum_{i=1}^{k}c_i=0\\ \sum_{i=1}^{k}c_i\cdot\mu_i=0\end{cases}\tag{4.32}$$

因此，c_1和 c_2系数可以进一步表示为

$$\begin{cases}c_1=\sum_{i=3}^{k}\dfrac{\mu_i-\mu_2}{\mu_2-\mu_1}\cdot c_i\\ c_2=\sum_{i=3}^{k}\dfrac{1-\mu_i}{\mu_2-\mu_1}\cdot c_i\end{cases}\tag{4.33}$$

将式（4.33）代入式（4.31），得

$$\delta^s_{\mathrm{IF},12\cdots k}(t)=\sum_{i=3}^{k}\left[\left(\frac{\mu_i-\mu_2}{\mu_2-\mu_1}\cdot b^s_{v,1}(t)+\frac{1-\mu_i}{\mu_2-\mu_1}\cdot b^s_{v,2}(t)+b^s_{v,i}(t)\right)\cdot c_i\right]=\sum_{i=1}^{k}\left[\delta^s_{\mathrm{UC},i}(t)\cdot\eta_i\right] \tag{4.34}$$

与双频 IF 相位 IFCB 一致，多频 IF 相位 IFCB 也可以看作由相应的载波相位时变 OSB 线性组合而成。因此，UC 相位 IFCB 可以理解或定义为相位时变 OSB[185]。为了说明相位时变 OSB 概念的充分必要性，以 SINEX_BIAS Version 1.00 中 OSB 参数定义为规范，其中 OSB 和 IF 组合参数的关系可以表示为[110]

$$(\cdot)_{\mathrm{IF},ij}=\alpha_{ij}\cdot(\cdot)_i+\beta_{ij}\cdot(\cdot)_j \tag{4.35}$$

其中，载波相位时变硬件延迟的 IF 组合指的是相位 IFCB。由式（4.31）和式（4.34）可知，相位时变 OSB 和相位 IFCB 满足式（4.35）的要求。因此，相位时变 OSB 定义符合规范。相位时变 OSB 可以直接改正到原始载波相位观测值上，从而可以消除相位时变 UPD 的影响。当每个频率信号上的载波相位时变 OSB 已知时，我们可以计算出对应的多频相位 IFCB 值，并通过协方差传播速率来计算多频相位 IFCB 的精度。

4.2.3 相位时变偏差的计算方法

历元间单差法可以消除相位模糊度值，其可以快速估计出相位时变偏差，它被广泛应用于相位 IFCB 研究中[16,186-187]。当观测站点数量足够时，相位 IFCB 估计值的准确性和可靠性可以得到保证[188]。本章将介绍历元间单差法，该方法可以保证计算效率和时效性要求。

L1/Li 和 L1/L2 IF 组合相位 IFCB 可以从 GFIF 相位观测值中得到，其可以表示为

$$\phi^s_{r,\mathrm{GFIF},12i}(t)=\phi^s_{r,\mathrm{IF},12}(t)-\phi^s_{r,\mathrm{IF},1i}(t)=\delta^s_{r,\mathrm{GFIF},12i}(t)+\bar{N}^s_{r,\mathrm{GFIF},12i}(t) \tag{4.36}$$

其中，$\bar{N}^s_{r,\mathrm{GFIF},12i}(t)$表示差分 IF 相位模糊度值。

将式（4.36）重新整理，得

$$\delta^s_{r,\mathrm{GFIF},12i}(t)=\phi^s_{r,\mathrm{GFIF},12i}(t)-\bar{N}^s_{r,\mathrm{GFIF},12i}(t) \tag{4.37}$$

从式（4.37）可知，IF 相位 IFCB 是由对应相位观测值和模糊度参数组合而成，在未发生周跳的情况下，采用历元差分方法可以消除模糊度参数，即

$$\Delta\delta^s_{r,\mathrm{GFIF},12i}(t,t-1)=\phi^s_{r,\mathrm{GFIF},12i}(t)-\phi^s_{r,\mathrm{GFIF},12i}(t-1) \tag{4.38}$$

式中：$\Delta\delta^s_{r,\mathrm{GFIF},12i}(t,t-1)$为接收机 r 在 t 时刻对应卫星 s 的历元 GFIF 相位 IFCB 值。

假定观测网中在历元 t 和 $t-1$ 时刻一共有 n 个共视站可以观测到卫星 s，

历元差分 IFCB 可以表示为

$$\begin{cases}\Delta\delta^s_{\mathrm{GFIF},12i}(t,t-1)=\dfrac{\sum\limits_{r=1}^{n}\left[\Delta\delta^s_{r,\mathrm{GFIF},12i}(t,t-1)\cdot\omega^s_r(t,t-1)\right]}{\sum\limits_{r=1}^{n}\left[\omega^s_r(t,t-1)\right]}\\ \omega^s_r(t,t-1)=\begin{cases}\sin(\omega^s_r(t,t-1)),E^s_r(t,t-1)<40°\\1,E^s_r(t,t-1)\geqslant 40°\end{cases}\end{cases} \tag{4.39}$$

式中：$E^s_r(t,t-1)$为历元 t 和 $t-1$ 时刻卫星 s 的平均高度角。

于是，所有历元时刻的 IF 相位 IFCB 可以通过历元差分 IFCB 累计得到，即

$$\delta^s_{\mathrm{GFIF},12i}(t)=\delta^s_{\mathrm{GFIF},12i}(t_0)+\sum_{i=t_0+1}^{t}\Delta\delta^s_{\mathrm{GFIF},12i}(t,t-1) \tag{4.40}$$

式中：t_0为初始历元时刻，每天初始时刻的 IF 组合相位 IFCB 值可以设置为 0。

由于 L1 频点的相位时变 OSB 值为 0，因此，第 i 频点的相位时变 OSB 和相位 IFCB 的关系可以表示为

$$\delta^s_{\mathrm{UC},i}(t)=\delta^s_{\mathrm{GFIF},12i}(t)/\beta_{1i} \tag{4.41}$$

基于此，所有频点上的相位时变 OSB 值可以依次求出。

4.2.4 GNSS 相位时变偏差特性

为了分析各 GNSS 系统各频点的相位时变偏差特性，图 4.7 给出了 2020 年 DOY 288 日 GPS L5，BDS-2 B2I，BDS-3 B1C、B2a、B2b、B2，Galileo E5b、E5、E6，以及 QZSS L5 信号相位时变 OSB 时间序列。相位时变 OSB 的时间分辨率为 30s。对应地，图 4.8 给出了相应频点相位时变 OSB 振幅。当卫星观测数量较少时，估计的相位时变 OSB 精度较低，因此图中没有给出每天平均观测数小于 10 颗的卫星[188]。不难发现，GPS、BDS-2 和 BDS-3 卫星具有较为明显的相位时变 OSB 振幅，而 Galileo 和 QZSS 相位时变 OSB 振幅相对较小。其中，GPS 卫星 L5 信号相位时变 OSB 振幅在分米级，GPS 相位时变偏差的变化具有周期性，并与太阳-航天器-地球几何结构有关[183,189]。因此，通常利用经验周期函数可以对 GPS 相位时变偏差进行高精度的预测和建模[187]。BDS-2 B2I 和 BDS-3 B1C、B2a 信号相位时变 OSB 振幅为厘米级[189-190]。需要说明的一点是，当前 MGEX 网可观测 B2b 和 B2 信号的测站相对较少，因此其相位时变 OSB 波动相对较大，时间序列稳定性较差。Galileo E5b、E5 和 QZSS L5 相位观测值具有很强的一致性，其相位时变 OSB 振幅基本小于 1cm，Galileo E6

信号相位时变 OSB 振幅也基本在 2cm 以内，同时 Galileo 和 QZSS 相位时变 OSB 单历元变化量在 2mm 以内[184,191-192]。

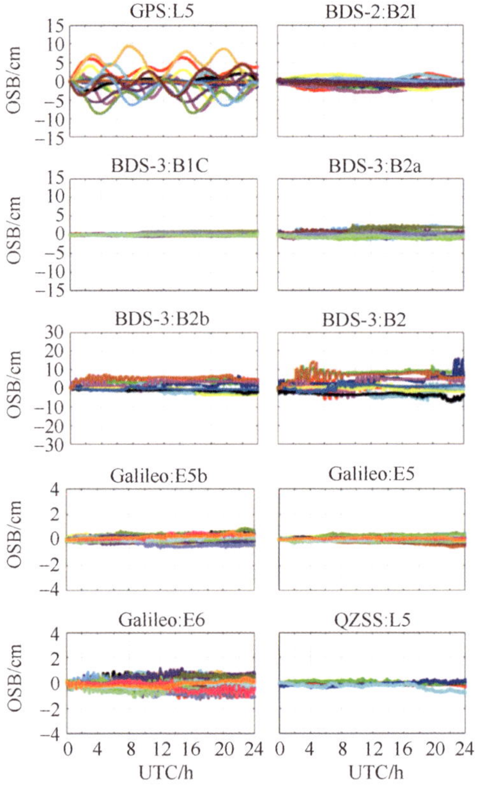

图 4.7 2020 年 DOY 288 日 GPS L5，BDS-2 B2I，BDS-3 B1C、B2a、B2b、B2，Galileo E5b、E5、E6，以及 QZSS L5 信号相位时变 OSB 时间序列

图 4.9 和图 4.10 给出了 2020 年 10 月 GPS L5，BDS-2 B2I，BDS-3 B1C、B2a、B2 和 B2b 信号相位时变 OSB 时间序列。可以看到，GNSS 相位时变 OSB 随时间变化且相位时变 OSB 振幅表现为周期性的信号。GPS G24 卫星 L5 相位时变 OSB 单天峰值振幅最大，其值约为 15cm，G18 和 G23 卫星振幅最小，其值约为 2cm。根据文献 [189]，相位时变偏差与太阳相对于卫星轨道的高度角有关。当太阳高度角绝对值大于 14°时，相位时变 OSB 振幅较小。反之，相位时变振幅将会增加到 10 倍以上。对于 BDS-2 B2I 相位时变 OSB，GEO 卫星（C01、C02、C03、C04 和 C05）和年龄最长的 IGSO 卫星（C06）具有明显的振幅，最大值约为 3cm。而对于其他 BDS-2 卫星，相位时变 OSB 振幅几乎在 2cm 以内。BDS-2 相位时变 OSB 时间序列也存在显著的周期性规律。对于整

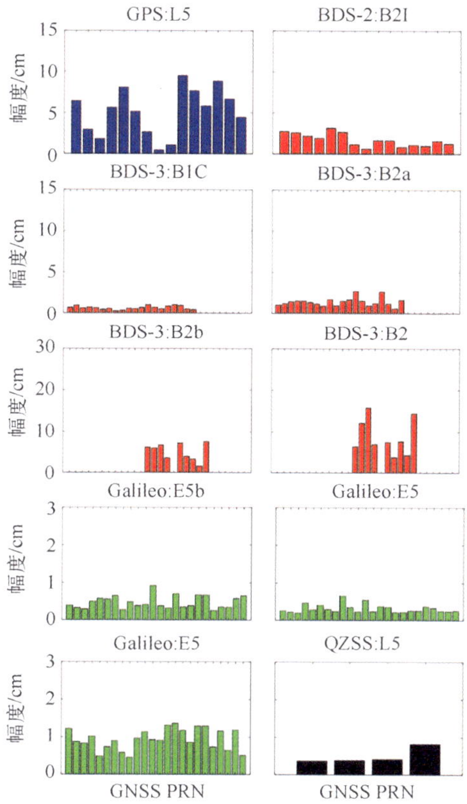

图4.8　2020年DOY 288日GPS L5，BDS-2 B2I，BDS-3 B1C、B2a、B2b、B2，Galileo E5b、E5、E6，以及QZSS L5信号相位时变OSB振幅

个测站网，部分BDS-3卫星可观测卫星数量过少，这导致了其相位时变OSB时间序列不可靠。对于BDS-3 C19~C40卫星B1C和B2a信号来说，B2a信号相比于B1C信号振幅更大，稳定性更差。此外，BDS-3 B2b和B2相位时变OSB值表现出更大的振幅和噪声水平，这是由于跟踪相应BDS-3信号的MGEX站的数量较少，估计的相位时变OSB准确性和可靠性较差，并且容易受到接收机天线环境、接收机和天线质量的影响。在实际应用中，当跟踪卫星的单日平均观测站数小于10个时，可以认定此时对应相位时变OSB值是不可用的。

GNSS相位时变偏差对PPP性能也会产生影响，在改正相位时变偏差后，GPS、BDS-2和BDS-3多频定位精度均有不同程度的提升，其中GPS PPP性能提升最明显，BDS-2和BDS-3 PPP性能也有小幅度提升[185,193]。

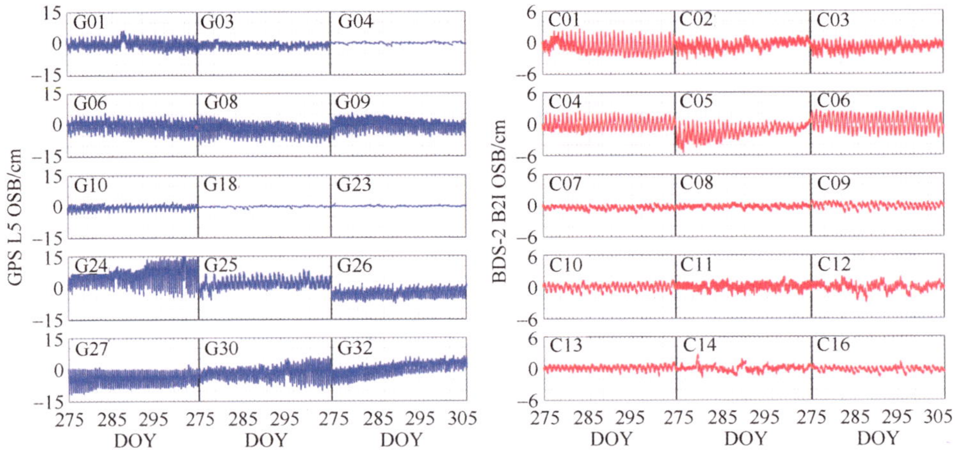

图 4.9　2020 年 10 月 GPS L5 和 BDS-2 B2I 信号相位时变 OSB 时间序列

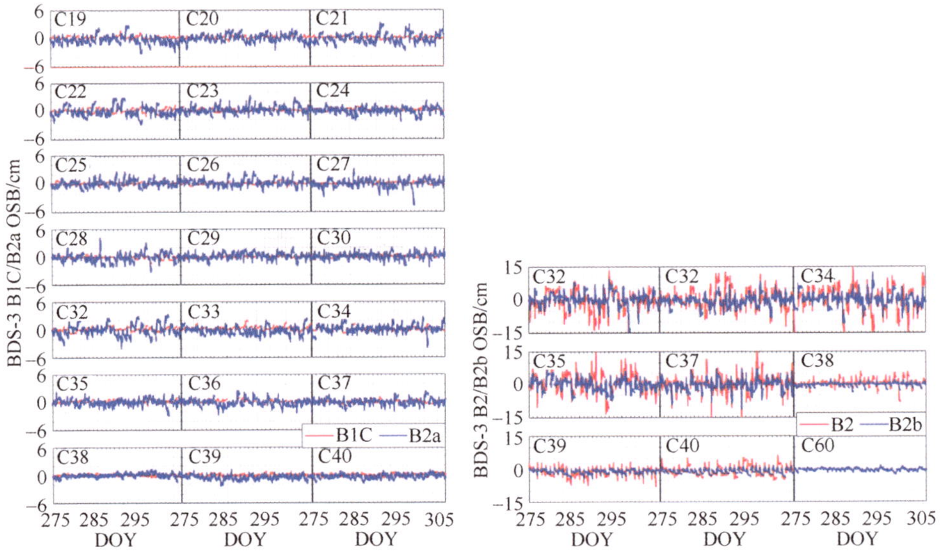

图 4.10　2020 年 10 月 BDS-3 B1C、B2a、B2 和 B2b 信号相位时变 OSB 时间序列

第 5 章

GNSS定位技术与方法

单站绝对定位在起始阶段利用的是SPP，但是在SPP中伪距观测值多路径噪声会掩盖原子钟的短期稳定性，获得更高的稳定性的一个有效方法是通过联合载波相位观测值进行定位。相比传统的双差相对定位，PPP则是利用非差伪距和相位观测值以及精密产品获得高精度的位置信息，因此其不需要参考站共视的观测值[194]。PPP在参数估计上具有显著的优越性，可以精确估计出接收机绝对位置信息、接收机钟差、大气信息和相位模糊度等参数[33,195]。卫星导航系统的快速发展，给全球用户提供了更多频率可使用的观测值，优化了导航卫星几何构型，这有助于进一步提高PPP性能[196]。本章系统性地介绍和总结GNSS PPP理论模型，包括PPP、PPPAR和PPP-RTK。其中，多频多系统PPP模型主要介绍GNSS单频、双频到五频PPP模型，多频GNSS PPPAR介绍基于不同产品PPPAR实现方法以及多频IF组合和UC PPPAR模型与性能，PPP-RTK介绍多频PPP-RTK概念、方法和性能。

5.1 GNSS PPP

本节从GNSS基本观测方程出发，可以构建不同的PPP函数模型。第4章中已经简要介绍常用的IF组合模型和多频UC模型。PPP函数模型是描述相应观测量与待估参数之间的函数关系。本节将系统性地介绍多频多系统PPP函数模型，PPP函数模型主要分为单频、双频、三频、四频和五频PPP函数模型。

为了表述方便，先定义以下变量：

(1) $\boldsymbol{e}_m$ 表示 m 行向量，其所有值为 1；

(2) $\boldsymbol{o}_m$ 表示 m 行向量，其所有值为 0；

(3) $\boldsymbol{I}_m$ 表示 m 维单位矩阵；

(4) $\boldsymbol{n}_2=[1,-1]^{\mathrm{T}}$；$\boldsymbol{n}_k=[\boldsymbol{e}_{k-1},-1\cdot\boldsymbol{I}_{k-1}]^{\mathrm{T}}$；

(5) $\boldsymbol{z}_2=[0,1]^{\mathrm{T}}$，$\boldsymbol{z}_3=[0,0,1]^{\mathrm{T}}$，$\boldsymbol{z}_4=\begin{bmatrix}0&0&1&0\\0&0&0&1\end{bmatrix}^{\mathrm{T}}$，$\boldsymbol{z}_4'=\begin{bmatrix}0&1&0&0\\0&0&1&0\\0&0&0&1\end{bmatrix}^{\mathrm{T}}$，$\boldsymbol{z}_5=\begin{bmatrix}0&0&1&0&0\\0&0&0&1&0\\0&0&0&0&1\end{bmatrix}^{\mathrm{T}}$；

(6) $\boldsymbol{\mu}_2=[\mu_i,\mu_j]^{\mathrm{T}}$，$\boldsymbol{\mu}_3=[\mu_i,\mu_j,\mu_k]^{\mathrm{T}}$，$\boldsymbol{\mu}_4=[\mu_i,\mu_j,\mu_k,\mu_l]^{\mathrm{T}}$，$\boldsymbol{\mu}_5=[\mu_i,\mu_j,\mu_k,\mu_l,\mu_o]^{\mathrm{T}}$；

(7) $\boldsymbol{\eta}_2=[\alpha_{ij},\beta_{ij}]^{\mathrm{T}}$，$\boldsymbol{\eta}_3=[\eta_i,\eta_j,\eta_k]^{\mathrm{T}}$，$\boldsymbol{\eta}_4=[\eta_i,\eta_j,\eta_k,\eta_l]^{\mathrm{T}}$，$\boldsymbol{\eta}_5=[\eta_i,\eta_j,\eta_k,\eta_l,\eta_o]^{\mathrm{T}}$；

(8) $\boldsymbol{\kappa}_2=\begin{bmatrix}\frac{1}{2}&0&\frac{1}{2}&0\\0&\frac{1}{2}&0&\frac{1}{2}\\0&0&\alpha_{ij}&\beta_{ij}\end{bmatrix}^{\mathrm{T}}$，$\boldsymbol{\kappa}_3=\begin{bmatrix}\alpha_{ij}&\beta_{ij}&0\\\alpha_{ik}&0&\beta_{ik}\end{bmatrix}^{\mathrm{T}}$，$\boldsymbol{\kappa}_4=\begin{bmatrix}\alpha_{ij}&\beta_{ij}&0&0\\0&0&\alpha_{kl}&\beta_{kl}\end{bmatrix}^{\mathrm{T}}$，$\boldsymbol{\kappa}_5=\begin{bmatrix}\alpha_{ij}&\beta_{ij}&0&0&0\\\alpha_{ik}&0&\beta_{ik}&0&0\\\alpha_{il}&0&0&\beta_{il}&0\\\alpha_{io}&0&0&0&\beta_{io}\end{bmatrix}^{\mathrm{T}}$；

(9) $\boldsymbol{d}_2=[-\beta_{ij},\alpha_{ij}]^{\mathrm{T}}$，$\boldsymbol{d}_3=[-\beta_{ij},\alpha_{ij},\mu_k\cdot\beta_{ij}]^{\mathrm{T}}$，$\boldsymbol{d}_4=[-\beta_{ij},\alpha_{ij},\mu_k\cdot\beta_{ij},\mu_l\cdot\beta_{ij}]^{\mathrm{T}}$，$\boldsymbol{d}_5=[-\beta_{ij},\alpha_{ij},\mu_k\cdot\beta_{ij},\mu_l\cdot\beta_{ij},\mu_o\cdot\beta_{ij}]^{\mathrm{T}}$；

(10) $\boldsymbol{v}_2=[1,0]^{\mathrm{T}}$；

(11) $\boldsymbol{q}_2=\mathrm{diag}(q_i^2,q_j^2)$，$\boldsymbol{q}_3=\mathrm{diag}(q_i^2,q_j^2,q_k^2)$，$\boldsymbol{q}_4=\mathrm{diag}(q_i^2,q_j^2,q_k^2,q_l^2)$，$\boldsymbol{q}_5=\mathrm{diag}(q_i^2,q_j^2,q_k^2,q_l^2,q_o^2)$，$q_i$ 为第 i 频点上的观测值噪声比值。

5.1.1 PPP 函数模型

PPP 函数模型主要包括从单频到五频相关模型。

1. SF1：单频电离层浮点 PPP 模型

在 SF1 模型中，接收机 UCD 会被接收机钟差和斜电离层延迟等参数吸收，

当可观测 m 颗观测卫星第 j 频点的观测值时，SF1 模型可以表示为[197]

$$\begin{bmatrix}\boldsymbol{P}_{\mathrm{SF1},j}\\ \boldsymbol{\Phi}_{\mathrm{SF1},j}\end{bmatrix}=[\boldsymbol{e}_2\otimes\boldsymbol{G}_r,\boldsymbol{e}_{2m},\mu_j\cdot\boldsymbol{n}_2\otimes\boldsymbol{I}_m,z_2\otimes\boldsymbol{I}_m]\cdot\boldsymbol{\xi}_{\mathrm{SF1}}+\begin{bmatrix}\boldsymbol{\varepsilon}_{\boldsymbol{P}_{\mathrm{SF1},j}}\\ \boldsymbol{\varepsilon}_{\boldsymbol{\Phi}_{\mathrm{SF1},j}}\end{bmatrix},\boldsymbol{Q}_r\otimes\boldsymbol{Q}_m \tag{5.1}$$

式中：$\boldsymbol{P}_{\mathrm{SF1},j}$ 和 $\boldsymbol{\Phi}_{\mathrm{SF1},j}$ 为第 j 频率伪距和相位观测减计算（Observed Minus Computed，OMC）向量值，$\boldsymbol{P}_{\mathrm{SF1},j}=\boldsymbol{P}_j=[\bar{p}_{r,j}^1(t),\cdots,\bar{p}_{r,j}^m(t)]^{\mathrm{T}}$ 和 $\boldsymbol{\Phi}_{\mathrm{SF1},j}=\boldsymbol{\Phi}_j=[\bar{\phi}_{r,j}^1(t),\cdots,\bar{\phi}_{r,j}^m(t)]^{\mathrm{T}}$；$\boldsymbol{G}_r=[\boldsymbol{B}_r,\boldsymbol{M}_r]$，其中 $\boldsymbol{B}_r$ 为接收机位置增量设计矩阵，$\boldsymbol{M}_r=[mf_r^1(t),\cdots,mf_r^m(t)]^{\mathrm{T}}$ 为对流层湿延迟（Zenith Wet Delay，ZWD）映射函数设计矩阵；$\boldsymbol{\xi}_{\mathrm{SF1}}$ 为 SF1 模型的估计参数，$\boldsymbol{\xi}_{\mathrm{SF1}}=[\boldsymbol{x},\mathrm{ZWD}_r(t),d\bar{t}_r(t),\boldsymbol{\tau},\boldsymbol{a}_1]^{\mathrm{T}}$；$\boldsymbol{x}$ 为接收机位置参数增量，$\mathrm{ZWD}_r(t)$ 为 ZWD，$d\bar{t}_r(t)$ 为接收机钟差，$\boldsymbol{\tau}=[\bar{I}_{r,1}^1(t),\cdots,\bar{I}_{r,1}^m(t)]^{\mathrm{T}}$，$\boldsymbol{a}_1=[\bar{N}_{r,j}^1,\cdots,\bar{N}_{r,j}^m]^{\mathrm{T}}$；$\boldsymbol{\varepsilon}_{\boldsymbol{P}_{\mathrm{SF1},j}}=\boldsymbol{\varepsilon}_{\boldsymbol{P}_j}=[\varepsilon_{p,j}^1(t),\cdots,\varepsilon_{p,j}^m(t)]^{\mathrm{T}}$；$\boldsymbol{\varepsilon}_{\boldsymbol{\Phi}_{\mathrm{SF1},j}}=\boldsymbol{\varepsilon}_{\boldsymbol{\Phi}_j}=[\varepsilon_{\phi,j}^1(t),\cdots,\varepsilon_{\phi,j}^m(t)]^{\mathrm{T}}$；$\boldsymbol{Q}_r$ 为伪距和相位观测值天顶方向精度矩阵，$\boldsymbol{Q}_r=\mathrm{diag}(\delta_p^2,\delta_\phi^2)$；$\boldsymbol{Q}_m$ 为卫星高度角因子矩阵。

式（5.1）通过对 SF1 模型进行参数重组得到其满秩的函数模型，接收机钟差、电离层斜延迟和模糊度等参数可表示为

$$\begin{cases}D_1^1=dt_r(1)+d_{r,j}\\ d\bar{t}_r(t)=dt_r(t)+d_{r,j}-D_1^1\\ \bar{I}_{r,1}^s(t)=I_{r,1}^s(t)+D_1^1/\mu_j\\ \bar{N}_{r,j}^s=N_{r,j}^s+b_{r,j}-b_j^s-d_{r,j}+2D_1^1\end{cases} \tag{5.2}$$

式中：¯为标识符，表示相应的参数重组变量。

2. SF2：单频 IF 组合 PPP 模型

在 SF2 模型中，观测值中的电离层一阶延迟可以通过对单频伪距和载波相位观测值求和后取平均消除，当可观测 m 颗观测卫星第 j 频点的观测值时，SF2 模型可以表示为[198]

$$\boldsymbol{P}_{\mathrm{SF2},j}=\left[\boldsymbol{G}_r,\boldsymbol{e}_m,\frac{1}{2}\boldsymbol{I}_m\right]\cdot\boldsymbol{\xi}_{\mathrm{SF2}}+\boldsymbol{\varepsilon}_{\boldsymbol{P}_{\mathrm{SF2},j}},\frac{1}{4}\boldsymbol{e}_2^{\mathrm{T}}\cdot\boldsymbol{Q}_r\cdot\boldsymbol{e}_2\cdot\boldsymbol{Q}_m \tag{5.3}$$

式中：$\boldsymbol{P}_{\mathrm{SF2},j}=\dfrac{\boldsymbol{P}_j+\boldsymbol{\Phi}_j}{2}$；$\boldsymbol{\xi}_{\mathrm{SF2}}$ 为 SF2 模型的估计参数；$\boldsymbol{\xi}_{\mathrm{SF2}}=[\boldsymbol{x},\mathrm{ZWD}_r(t),d\bar{t}_r(t),\boldsymbol{a}_1]^{\mathrm{T}}$。

为了避免 SF2 模型的秩亏问题，可将接收机钟差和模糊度参数重组为

$$\begin{cases}D_1^1=dt_r(1)+\dfrac{1}{2}d_{r,j}+\dfrac{1}{2}b_{r,j}\\ d\bar{t}_r(t)=dt_r(t)+\dfrac{1}{2}d_{r,j}+\dfrac{1}{2}b_{r,j}-D_1^1\\ \bar{N}_{r,j}^s=N_{r,j}^s-b_j^s+2D_1^1\end{cases} \tag{5.4}$$

3. SF3：单频电离层改正 PPP 模型

在 SF3 模型中，电离层延迟可以通过电离层模型直接改正，如全球电离层地图（Global Ionospheric Map，GIM）。当可观测 m 颗观测卫星第 j 频点的观测值时，SF3 模型可以表示为[199]

$$\begin{bmatrix} \boldsymbol{P}_{\mathrm{SF3},j} \\ \boldsymbol{\Phi}_{\mathrm{SF3},j} \end{bmatrix} = [\boldsymbol{e}_2 \otimes \boldsymbol{G}_r, \boldsymbol{e}_{2m}, \boldsymbol{z}_2 \otimes \boldsymbol{I}_m] \cdot \boldsymbol{\xi}_{\mathrm{SF3}} + \begin{bmatrix} \boldsymbol{\varepsilon}_{\boldsymbol{P}_{\mathrm{SF3},j}} \\ \boldsymbol{\varepsilon}_{\boldsymbol{\Phi}_{\mathrm{SF3},j}} \end{bmatrix}, \quad \boldsymbol{Q}_r \otimes \boldsymbol{Q}_m + \mu_j^2 \cdot \boldsymbol{Q}_{\mathrm{ion}} \tag{5.5}$$

式中：$\boldsymbol{\xi}_{\mathrm{SF3}}$ 为 SF3 模型的估计参数，$\boldsymbol{\xi}_{\mathrm{SF3}} = [\boldsymbol{x}, \mathrm{ZWD}_r(t), d\bar{t}_r(t), \boldsymbol{a}_1]^{\mathrm{T}}$；$\boldsymbol{Q}_{\mathrm{ion}}$ 为电离层模型方差矩阵。

SF3 模型的估计参数可以表示为

$$\begin{cases} d\bar{t}_r(t) = dt_r(t) + d_{r,j} \\ \bar{N}_{r,j}^s = N_{r,j}^s + b_{r,j} - b_j^s - d_{r,j} \end{cases} \tag{5.6}$$

4. SF4：单频电离层加权 PPP 模型

相比于 SF1 模型，SF4 模型增加了电离层外部虚拟观测值及其相应的约束方差，当可观测 m 颗观测卫星第 j 频点的观测值时，SF4 模型可以表示为[200]

$$\begin{cases} \begin{bmatrix} \boldsymbol{P}_{\mathrm{SF4},j} \\ \boldsymbol{\Phi}_{\mathrm{SF4},j} \end{bmatrix} = [\boldsymbol{e}_2 \otimes \boldsymbol{G}_r, \boldsymbol{e}_{2m}, \mu_j \cdot \boldsymbol{n}_2 \otimes \boldsymbol{I}_m, \boldsymbol{z}_2 \otimes \boldsymbol{I}_m] \cdot \boldsymbol{\xi}_{\mathrm{SF4}} + \begin{bmatrix} \boldsymbol{\varepsilon}_{\boldsymbol{P}_{\mathrm{SF4},j}} \\ \boldsymbol{\varepsilon}_{\boldsymbol{\Phi}_{\mathrm{SF4},j}} \end{bmatrix}, \quad \boldsymbol{Q}_r \otimes \boldsymbol{Q}_m \\ \boldsymbol{\tau} = \boldsymbol{\tau} + \boldsymbol{\varepsilon}_{\tau}, \quad \boldsymbol{Q}_{\mathrm{ion}} \end{cases} \tag{5.7}$$

式中：$\boldsymbol{\xi}_{\mathrm{SF4}}$ 为 SF4 模型的估计参数，$\boldsymbol{\xi}_{\mathrm{SF4}} = [\boldsymbol{x}, \mathrm{ZWD}_r(t), d\bar{t}_r(t), \boldsymbol{\tau}, \boldsymbol{a}_1]^{\mathrm{T}}$。

SF4 模型的估计参数可以表示为

$$\begin{cases} d\bar{t}_r(t) = dt_r(t) + d_{r,j} \\ \bar{I}_{r,1}^s(t) = I_{r,1}^s(t) \\ \bar{N}_{r,j}^s = N_{r,j}^s + b_{r,j} - b_j^s - d_{r,j} \end{cases} \tag{5.8}$$

5. DF1：双频电离层浮点 PPP 模型

在 DF1 模型中，接收机 UCD 会被接收机钟差和斜电离层延迟等参数吸收，当共有可观测到第 i 频点和第 j 频点上的观测值 m 颗卫星时，DF1 模型可以表示为[200]

$$\begin{bmatrix} \boldsymbol{P}_{\mathrm{DF1},ij} \\ \boldsymbol{\Phi}_{\mathrm{DF1},ij} \end{bmatrix} = [\boldsymbol{e}_4 \otimes \boldsymbol{G}_r, \boldsymbol{e}_{4m}, \boldsymbol{n}_2 \otimes \boldsymbol{\mu}_2 \otimes \boldsymbol{I}_m, \boldsymbol{z}_2 \otimes \boldsymbol{I}_{2m}] \cdot \boldsymbol{\xi}_{\mathrm{DF1}} + \begin{bmatrix} \boldsymbol{\varepsilon}_{\boldsymbol{P}_{\mathrm{DF1},ij}} \\ \boldsymbol{\varepsilon}_{\boldsymbol{\Phi}_{\mathrm{DF1},ij}} \end{bmatrix}, \quad \boldsymbol{q}_2 \otimes \boldsymbol{Q}_r \otimes \boldsymbol{Q}_m \tag{5.9}$$

其中

$$\boldsymbol{P}_{\mathrm{DF1},ij}=[p_{r,i}^{1}(t),p_{r,i}^{2}(t),\cdots,p_{r,j}^{m}(t)]^{\mathrm{T}}$$
$$\boldsymbol{\Phi}_{\mathrm{DF1},ij}=[\phi_{r,i}^{1}(t),\phi_{r,i}^{2}(t),\cdots,\phi_{r,j}^{m}(t)]^{\mathrm{T}}$$
$$\boldsymbol{\xi}_{\mathrm{DF1}}=[\boldsymbol{x},\mathrm{ZWD}_{r}(t),d\bar{t}_{r}(t),\boldsymbol{\tau},\boldsymbol{a}_{2}]^{\mathrm{T}}$$

式中：$\boldsymbol{\xi}_{\mathrm{DF1}}$为 DF1 模型的估计参数。

$$\boldsymbol{a}_{2}=[\bar{N}_{r,i}^{1},\bar{N}_{r,i}^{2},\cdots,\bar{N}_{r,j}^{m}]^{\mathrm{T}}$$

DF1 模型的估计参数可以表示为

$$\begin{cases}d\bar{t}_{r}(t)=dt_{r}(t)+d_{r,\mathrm{IF},ij}\\ \bar{I}_{r,1}^{s}(t)=I_{r,1}^{s}(t)+\mu_{\mathrm{GF},ij}^{-1}\cdot d_{r,\mathrm{GF},ij}\\ \bar{N}_{r,\varsigma}^{s}=N_{r,\varsigma}^{s}+b_{r,\varsigma}-b_{\varsigma}^{s}-d_{r,\mathrm{IF},ij}+\mu_{\varsigma}\cdot\mu_{\mathrm{GF},ij}^{-1}\cdot d_{r,\mathrm{GF},ij},\quad \varsigma=i,j\end{cases}\tag{5.10}$$

6. DF2：双频 IF 组合 PPP 模型

当共有可观测到第 i 频点和第 j 频点上的观测值 m 颗卫星时，DF2 模型可以表示为[201]

$$\begin{bmatrix}\boldsymbol{P}_{\mathrm{DF2},ij}\\ \boldsymbol{\Phi}_{\mathrm{DF2},ij}\end{bmatrix}=[\boldsymbol{e}_{2}\otimes\boldsymbol{G}_{r},\boldsymbol{e}_{2m},\boldsymbol{z}_{2}\otimes\boldsymbol{I}_{m}]\cdot\boldsymbol{\xi}_{\mathrm{DF2}}+\begin{bmatrix}\boldsymbol{\varepsilon}_{\boldsymbol{P}_{\mathrm{DF2},ij}}\\ \boldsymbol{\varepsilon}_{\boldsymbol{\Phi}_{\mathrm{DF2},ij}}\end{bmatrix},\quad \boldsymbol{\eta}_{2}^{\mathrm{T}}\cdot\boldsymbol{q}_{2}\cdot\boldsymbol{\eta}_{2}\otimes\boldsymbol{Q}_{r}\otimes\boldsymbol{Q}_{m}\tag{5.11}$$

其中

$$\boldsymbol{P}_{\mathrm{DF2},ij}=\boldsymbol{P}_{\mathrm{IF},ij}$$
$$\boldsymbol{\Phi}_{\mathrm{DF2},ij}=\boldsymbol{\Phi}_{\mathrm{IF},ij}$$
$$\boldsymbol{\xi}_{\mathrm{DF2}}=[\boldsymbol{x},\mathrm{ZWD}_{r}(t),d\bar{t}_{r}(t),\boldsymbol{a}_{1}]^{\mathrm{T}}$$

式中：$\boldsymbol{\xi}_{\mathrm{DF2}}$为 DF2 模型的估计参数。

$$\boldsymbol{a}_{1}=[\bar{N}_{r,\mathrm{IF},ij}^{1},\cdots,\bar{N}_{r,\mathrm{IF},ij}^{m}]^{\mathrm{T}}$$

DF2 模型的估计参数可以表示为

$$\begin{cases}d\bar{t}_{r}(t)=dt_{r}(t)+d_{r,\mathrm{IF},ij}\\ \bar{N}_{r,\mathrm{IF},ij}^{s}=N_{r,\mathrm{IF},ij}^{s}+b_{r,\mathrm{IF},ij}-b_{\mathrm{IF},ij}^{s}-d_{r,\mathrm{IF},ij}+d_{\mathrm{IF},ij}^{s}\end{cases}\tag{5.12}$$

7. DF3：双频 UofC PPP 模型

DF3 模型利用了 IF 组合的相位观测值和双频伪距和相位观测值的平均值。当共有可观测到第 i 频点和第 j 频点上的观测值 m 颗卫星时，DF3 模型可以表示为[202]

$$\begin{bmatrix}\boldsymbol{P}_{\mathrm{DF3},i}\\ \boldsymbol{P}_{\mathrm{DF3},j}\\ \boldsymbol{\Phi}_{\mathrm{DF3},ij}\end{bmatrix}=[\boldsymbol{e}_{3}\otimes\boldsymbol{G}_{r},\boldsymbol{e}_{3m},\boldsymbol{\Lambda}\otimes\boldsymbol{I}_{m}]\cdot\boldsymbol{\xi}_{\mathrm{DF3}}+\begin{bmatrix}\boldsymbol{\varepsilon}_{\mathrm{DF3},i}\\ \boldsymbol{\varepsilon}_{\mathrm{DF3},j}\\ \boldsymbol{\varepsilon}_{\Phi_{\mathrm{DF3,IF},ij}}\end{bmatrix},\quad \boldsymbol{\kappa}_{2}^{\mathrm{T}}\cdot(\boldsymbol{q}_{2}\otimes\boldsymbol{Q}_{r})\cdot\boldsymbol{\kappa}_{2}\otimes\boldsymbol{Q}_{m}\tag{5.13}$$

式中：$\boldsymbol{P}_{\mathrm{DF3},i}=\dfrac{\boldsymbol{P}_i+\boldsymbol{\Phi}_i}{2}$，$\boldsymbol{P}_{\mathrm{DF3},j}=\dfrac{\boldsymbol{P}_j+\boldsymbol{\Phi}_j}{2}$，$\boldsymbol{\Phi}_{\mathrm{DF3},ij}=\boldsymbol{\Phi}_{\mathrm{IF},ij}$；$\boldsymbol{\Lambda}=\begin{bmatrix}\dfrac{1}{2} & 0 & \alpha_{ij}\\ 0 & \dfrac{1}{2} & \beta_{ij}\end{bmatrix}^{\mathrm{T}}$；$\boldsymbol{\xi}_{\mathrm{DF3}}$为DF3模型的估计参数，$\boldsymbol{\xi}_{\mathrm{DF3}}=[\boldsymbol{x},\mathrm{ZWD}_r(t),d\bar{t}_r(t),\boldsymbol{a}_2]^{\mathrm{T}}$。

DF3模型的估计参数可以表示为

$$\begin{cases}d\bar{t}_r(t)=dt_r(t)+d_{r,\mathrm{IF},ij}\\ \bar{N}^s_{r,\varsigma}=N^s_{r,\varsigma}+b_{r,\varsigma}-b^s_{\varsigma}+d_{r,\varsigma}-2d_{r,\mathrm{IF},ij},\quad \varsigma=i,j\end{cases}\tag{5.14}$$

8. DF4：双频电离层加权PPP模型

相比于DF1模型，DF4模型增加了电离层外部虚拟观测值及其对应约束方差，当共有可观测到第i频点和第j频点上的观测值m颗卫星时，DF4模型可以表示为[203]

$$\begin{cases}\begin{bmatrix}\boldsymbol{P}_{\mathrm{DF4},ij}\\ \boldsymbol{\Phi}_{\mathrm{DF4},ij}\end{bmatrix}=[\boldsymbol{e}_4\otimes\boldsymbol{G}_r,\boldsymbol{e}_{4m},\boldsymbol{v}_2\otimes\boldsymbol{d}_2\otimes\boldsymbol{e}_m,\boldsymbol{n}_2\otimes\boldsymbol{\mu}_2\otimes\boldsymbol{I}_m,\boldsymbol{z}_2\otimes\boldsymbol{I}_{2m}]\cdot\boldsymbol{\xi}_{\mathrm{DF4}}+\begin{bmatrix}\boldsymbol{\varepsilon}_{\boldsymbol{P}_{\mathrm{DF4},ij}}\\ \boldsymbol{\varepsilon}_{\boldsymbol{\Phi}_{\mathrm{DF4},ij}}\end{bmatrix},\\ \qquad\qquad \boldsymbol{q}_2\otimes\boldsymbol{Q}_r\otimes\boldsymbol{Q}_m\\ \boldsymbol{\tau}=\boldsymbol{\tau}+\boldsymbol{\varepsilon}_{\tau},\quad \boldsymbol{Q}_{\mathrm{ion}}\end{cases}\tag{5.15}$$

式中：$\boldsymbol{P}_{\mathrm{DF4},ij}=\boldsymbol{P}_{\mathrm{DF1},ij}$；$\boldsymbol{\Phi}_{\mathrm{DF4},ij}=\boldsymbol{\Phi}_{\mathrm{DF1},ij}$；$\boldsymbol{\xi}_{\mathrm{DF4}}$为DF4模型的估计参数，$\boldsymbol{\xi}_{\mathrm{DF4}}=[\boldsymbol{x},\mathrm{ZWD}_r(t),d\bar{t}_r(t),d_{r,\mathrm{GF},ij},\boldsymbol{\tau},\boldsymbol{a}_2]^{\mathrm{T}}$。

DF4模型的估计参数可以表示为

$$\begin{cases}d\bar{t}_r(t)=dt_r(t)+d_{r,\mathrm{IF},ij}\\ \bar{I}^s_{r,1}(t)=I^s_{r,1}(t)\\ \bar{N}^s_{r,\varsigma}=N^s_{r,\varsigma}+b_{r,\varsigma}-b^s_{\varsigma}-d_{r,\mathrm{IF},ij},\quad \varsigma=i,j\end{cases}\tag{5.16}$$

9. TF1：三频电离层浮点PPP模型

TF1模型将电离层斜延迟当作未知参数估计。由于电离层斜延迟和接收机DCB是频率相关的，这意味着所有参数不能无偏估计，即估计得到的参数是其相应组合值。同样，由于第三频点上的观测值估计的电离层参数不能直接吸收接收机DCB，我们需要一个额外的接收机IFB参数来补偿其影响。因此，当共有可观测到第i频点、第j频点和第k频点上的观测值m颗卫星时，TF1模型可以表示为[204]

$$\begin{bmatrix}\boldsymbol{P}_{\mathrm{TF1},ijk}\\ \boldsymbol{\Phi}_{\mathrm{TF1},ijk}\end{bmatrix}=[\boldsymbol{e}_6\otimes\boldsymbol{G}_r,\boldsymbol{e}_{6m},\boldsymbol{v}_2\otimes\boldsymbol{z}_3\otimes\boldsymbol{e}_m,\boldsymbol{n}_2\otimes\boldsymbol{\mu}_3\otimes\boldsymbol{I}_m,\boldsymbol{z}_2\otimes\boldsymbol{I}_{3m}]\cdot\boldsymbol{\xi}_{\mathrm{TF1}}+\begin{bmatrix}\boldsymbol{\varepsilon}_{\boldsymbol{P}_{\mathrm{TF1},ijk}}\\ \boldsymbol{\varepsilon}_{\boldsymbol{\Phi}_{\mathrm{TF1},ijk}}\end{bmatrix},$$
$$\boldsymbol{q}_3\otimes\boldsymbol{Q}_r\otimes\boldsymbol{Q}_m\tag{5.17}$$

其中

$$\boldsymbol{P}_{\mathrm{TF1},ijk}=[p_{r,i}^{1}(t),p_{r,i}^{2}(t),\cdots,p_{r,j}^{m}(t),\cdots,p_{r,k}^{m}(t)]^{\mathrm{T}}$$
$$\boldsymbol{\Phi}_{\mathrm{TF1},ijk}=[\phi_{r,i}^{1}(t),\phi_{r,i}^{2}(t),\cdots,\phi_{r,j}^{m}(t),\cdots,\phi_{r,k}^{m}(t)]^{\mathrm{T}}$$
$$\boldsymbol{\xi}_{\mathrm{TF1}}=[\boldsymbol{x},\mathrm{ZWD}_r(t),d\bar{t}_r(t),ifb_{\mathrm{TF1}},\boldsymbol{\tau},\boldsymbol{a}_3]^{\mathrm{T}}$$
$$\boldsymbol{a}_3=[\bar{N}_{r,i}^{1},\bar{N}_{r,i}^{2},\cdots,\bar{N}_{r,j}^{m},\cdots,\bar{N}_{r,k}^{m}]^{\mathrm{T}}$$

式中：$\boldsymbol{\xi}_{\mathrm{TF1}}$为 TF1 模型的估计参数。

TF1 模型的估计参数可以表示为

$$\begin{cases}d\bar{t}_r(t)=dt_r(t)+d_{r,\mathrm{IF},ij}\\ \bar{I}_{r,1}^{s}(t)=I_{r,1}^{s}(t)+\mu_{\mathrm{GF},ij}^{-1}\cdot d_{r,\mathrm{GF},ij}\\ ifb_{\mathrm{TF1}}=\mu_{\mathrm{GF},ik}\cdot\mu_{\mathrm{GF},ij}^{-1}\cdot d_{r,\mathrm{GF},ij}-d_{r,\mathrm{GF},ik}\\ \bar{N}_{r,\varsigma}^{s}=N_{r,\varsigma}^{s}+b_{r,\varsigma}-b_{\varsigma}^{s}-d_{r,\mathrm{IF},ij}+\mu_{\varsigma}\cdot\mu_{\mathrm{GF},ij}^{-1}\cdot d_{r,\mathrm{GF},ij},\quad \varsigma=i,j,k\end{cases}\tag{5.18}$$

10. TF2：三频 IF 双组合 PPP 模型

当有三频 GNSS 观测值时，可以使用两组 IF 组合来消除各自观测值电离层一阶项的影响。由于每个 IF 组合上的接收机 UCD 是不同的，只估计一个接收机钟差来消除所有偏差是不可行的，本节引入一个待估计的接收机 IFB 参数，该参数对所有卫星观测值可以看成是相同的。因此，当共有可观测到第 i 频点、第 j 频点和第 k 频点上的观测值 m 颗卫星时，TF2 模型可以表示为[205]

$$\begin{bmatrix}\boldsymbol{P}_{\mathrm{TF2},ijk}\\ \boldsymbol{\Phi}_{\mathrm{TF2},ijk}\end{bmatrix}=[\boldsymbol{e}_4\otimes\boldsymbol{G}_r,\boldsymbol{e}_{4m},\boldsymbol{v}_2\otimes\boldsymbol{z}_2\otimes\boldsymbol{e}_m,\boldsymbol{z}_2\otimes\boldsymbol{I}_{2m}]\cdot\boldsymbol{\xi}_{\mathrm{TF2}}+\begin{bmatrix}\boldsymbol{\varepsilon}_{\boldsymbol{P}_{\mathrm{TF2},ijk}}\\ \boldsymbol{\varepsilon}_{\boldsymbol{\Phi}_{\mathrm{TF2},ijk}}\end{bmatrix},$$
$$\boldsymbol{\kappa}_3^{\mathrm{T}}\cdot\boldsymbol{q}_3\cdot\boldsymbol{\kappa}_3\otimes\boldsymbol{Q}_r\otimes\boldsymbol{Q}_m\tag{5.19}$$

其中

$$\boldsymbol{P}_{\mathrm{TF2},ijk}=[\boldsymbol{P}_{\mathrm{IF},ij},\boldsymbol{P}_{\mathrm{IF},ik}]^{\mathrm{T}}$$
$$\boldsymbol{\Phi}_{\mathrm{TF2},ijk}=[\boldsymbol{\Phi}_{\mathrm{IF},ij},\boldsymbol{\Phi}_{\mathrm{IF},ik}]^{\mathrm{T}}$$
$$\boldsymbol{\xi}_{\mathrm{TF2}}=[\boldsymbol{x},\mathrm{ZWD}_r(t),d\bar{t}_r(t),ifb_{\mathrm{TF2}},\boldsymbol{a}_2]^{\mathrm{T}}$$
$$\boldsymbol{a}_2=[\bar{N}_{r,\mathrm{IF},ij}^{1},\cdots,\bar{N}_{r,\mathrm{IF},ij}^{m},\cdots,\bar{N}_{r,\mathrm{IF},ik}^{m}]^{\mathrm{T}}$$

式中：$\boldsymbol{\xi}_{\mathrm{TF2}}$为 TF2 模型的估计参数。

TF2 模型的估计参数可以表示为

$$\begin{cases}d\bar{t}_r(t)=dt_r(t)+d_{r,\mathrm{IF},ij}\\ ifb_{\mathrm{TF2}}=\beta_{ij}\cdot d_{r,\mathrm{GF},ij}-\beta_{ik}\cdot d_{r,\mathrm{GF},ik}\\ \bar{N}_{r,\mathrm{IF},i\varsigma}^{s}=N_{r,\mathrm{IF},i\varsigma}^{s}+b_{r,\mathrm{IF},i\varsigma}-b_{\mathrm{IF},i\varsigma}^{s}-d_{r,\mathrm{IF},ij},\quad \varsigma=j,k\end{cases}\tag{5.20}$$

11. TF3：三频 IF 组合 PPP 模型

类似于 DF2 模型，估计的接收机钟差会吸收对应三个频点观测值接收机端 UCD。因此，当共有可观测到第 i 频点、第 j 频点和第 k 频点上的观测值 m 颗卫星时，TF3 模型可以表示为[206]

$$\begin{bmatrix}\boldsymbol{P}_{\mathrm{TF3},ijk}\\ \boldsymbol{\Phi}_{\mathrm{TF3},ijk}\end{bmatrix}=[\boldsymbol{e}_2\otimes\boldsymbol{G}_r,\boldsymbol{e}_{2m},\boldsymbol{z}_2\otimes\boldsymbol{I}_m]\cdot\boldsymbol{\xi}_{\mathrm{TF3}}+\begin{bmatrix}\boldsymbol{\varepsilon}_{\boldsymbol{P}_{\mathrm{TF3},ijk}}\\ \boldsymbol{\varepsilon}_{\boldsymbol{\Phi}_{\mathrm{TF3},ijk}}\end{bmatrix},\quad \boldsymbol{\eta}_3^{\mathrm{T}}\cdot\boldsymbol{q}_3\cdot\boldsymbol{\eta}_3\otimes\boldsymbol{Q}_r\otimes\boldsymbol{Q}_m \tag{5.21}$$

式中：$\boldsymbol{P}_{\mathrm{TF3},ijk}=\boldsymbol{P}_{\mathrm{IF},ijk}$，$\boldsymbol{\Phi}_{\mathrm{TF3},ijk}=\boldsymbol{\Phi}_{\mathrm{IF},ijk}$；$\boldsymbol{\xi}_{\mathrm{TF3}}$ 为 TF3 模型的估计参数，$\boldsymbol{\xi}_{\mathrm{TF3}}=[\boldsymbol{x},\mathrm{ZWD}_r(t),d\bar{t}_r(t),\boldsymbol{a}_1]^{\mathrm{T}}$，$\boldsymbol{a}_1=[\bar{N}^1_{r,\mathrm{IF},ijk},\cdots,\bar{N}^m_{r,\mathrm{IF},ijk}]^{\mathrm{T}}$。

TF3 模型的估计参数可以表示为

$$\begin{cases}d\bar{t}_r(t)=dt_r(t)+d_{r,\mathrm{IF},ijk}\\ \bar{N}^s_{r,\mathrm{IF},ijk}=N^s_{r,\mathrm{IF},ijk}+b_{r,\mathrm{IF},ijk}-b^s_{\mathrm{IF},ijk}-d_{r,\mathrm{IF},ijk}\end{cases} \tag{5.22}$$

12. TF4：三频电离层加权 PPP 模型

当共有可观测到第 i 频点、第 j 频点和第 k 频点上的观测值 m 颗卫星时，TF4 模型可以表示为[207]

$$\begin{cases}\begin{bmatrix}\boldsymbol{P}_{\mathrm{TF4},ijk}\\ \boldsymbol{\Phi}_{\mathrm{TF4},ijk}\end{bmatrix}=[\boldsymbol{e}_6\otimes\boldsymbol{G}_r,\boldsymbol{e}_{6m},\boldsymbol{v}_2\otimes\boldsymbol{d}_3\otimes\boldsymbol{e}_m,\boldsymbol{v}_2\otimes\boldsymbol{z}_3\otimes\boldsymbol{e}_m,\boldsymbol{n}_2\otimes\boldsymbol{\mu}_3\otimes\boldsymbol{I}_m,\boldsymbol{z}_2\otimes\boldsymbol{I}_{3m}]\cdot\\ \qquad\qquad \boldsymbol{\xi}_{\mathrm{TF4}}+\begin{bmatrix}\boldsymbol{\varepsilon}_{\boldsymbol{P}_{\mathrm{TF4},ijk}}\\ \boldsymbol{\varepsilon}_{\boldsymbol{\Phi}_{\mathrm{TF4},ijk}}\end{bmatrix},\quad \boldsymbol{q}_3\otimes\boldsymbol{Q}_r\otimes\boldsymbol{Q}_m\\ \boldsymbol{\tau}=\boldsymbol{\tau}+\boldsymbol{\varepsilon}_{\tau},\quad \boldsymbol{Q}_{\mathrm{ion}}\end{cases} \tag{5.23}$$

式中：$\boldsymbol{P}_{\mathrm{TF4},ijk}=\boldsymbol{P}_{\mathrm{TF1},ijk}$；$\boldsymbol{\Phi}_{\mathrm{TF4},ijk}=\boldsymbol{\Phi}_{\mathrm{TF1},ijk}$；$\boldsymbol{\xi}_{\mathrm{TF4}}$ 为 TF4 模型的估计参数，$\boldsymbol{\xi}_{\mathrm{TF4}}=[\boldsymbol{x},\mathrm{ZWD}_r(t),d\bar{t}_r(t),d_{r,\mathrm{GF},ij},ifb_{\mathrm{TF4}},\boldsymbol{\tau},\boldsymbol{a}_3]^{\mathrm{T}}$。

TF4 模型的估计参数可以表示为

$$\begin{cases}d\bar{t}_r(t)=dt_r(t)+d_{r,\mathrm{IF},ij}\\ \bar{I}^s_{r,1}(t)=I^s_{r,1}(t)\\ ifb_{\mathrm{TF4}}=\mu_{\mathrm{GF},ik}\cdot\mu^{-1}_{\mathrm{GF},ij}\cdot d_{r,\mathrm{GF},ij}-d_{r,\mathrm{GF},ik}\\ \bar{N}^s_{r,\varsigma}=N^s_{r,\varsigma}+b_{r,\varsigma}-b^s_{\varsigma}-d_{r,\mathrm{IF},ij},\quad \varsigma=i,j,k\end{cases} \tag{5.24}$$

13. QF1：四频电离层浮点 PPP 模型

当共有可观测到第 i 频点、第 j 频点、第 k 频点和第 l 频点上的观测值 m 颗卫星时，QF1 模型可以表示为[208]

$$\begin{bmatrix}\boldsymbol{P}_{\mathrm{QF1},ijkl}\\ \boldsymbol{\Phi}_{\mathrm{QF1},ijkl}\end{bmatrix}=[\boldsymbol{e}_8\otimes\boldsymbol{G}_r,\boldsymbol{e}_{8m},\boldsymbol{v}_2\otimes\boldsymbol{z}_4\otimes\boldsymbol{e}_m,\boldsymbol{n}_2\otimes\boldsymbol{\mu}_4\otimes\boldsymbol{I}_m,\boldsymbol{z}_2\otimes\boldsymbol{I}_{4m}]\cdot\boldsymbol{\xi}_{\mathrm{QF1}}+\begin{bmatrix}\boldsymbol{\varepsilon}_{\boldsymbol{P}_{\mathrm{QF1},ijkl}}\\ \boldsymbol{\varepsilon}_{\boldsymbol{\Phi}_{\mathrm{QF1},ijkl}}\end{bmatrix},$$
$$\boldsymbol{q}_4\otimes\boldsymbol{Q}_r\otimes\boldsymbol{Q}_m \tag{5.25}$$

其中

$$
\begin{aligned}
\boldsymbol{P}_{\mathrm{QF1},ijkl}&=[p_{r,i}^{1}(t),p_{r,i}^{2}(t),\cdots,p_{r,j}^{m}(t),\cdots,p_{r,k}^{m}(t),\cdots,p_{r,l}^{m}(t)]^{\mathrm{T}}\\
\boldsymbol{\Phi}_{\mathrm{QF1},ijkl}&=[\phi_{r,i}^{1}(t),\phi_{r,i}^{2}(t),\cdots,\phi_{r,j}^{m}(t),\cdots,\phi_{r,k}^{m}(t),\cdots,\phi_{r,l}^{m}(t)]^{\mathrm{T}}\\
\boldsymbol{\xi}_{\mathrm{QF1}}&=[\boldsymbol{x},\mathrm{ZWD}_{r}(t),d\bar{t}_{r}(t),ifb_{\mathrm{QF1},k},ifb_{\mathrm{QF1},l},\boldsymbol{\tau},\boldsymbol{a}_{4}]^{\mathrm{T}}\\
\boldsymbol{a}_{4}&=[\bar{N}_{r,i}^{1},\bar{N}_{r,i}^{2},\cdots,\bar{N}_{r,j}^{m},\cdots,\bar{N}_{r,k}^{m},\cdots,\bar{N}_{r,l}^{m}]^{\mathrm{T}}
\end{aligned}
$$

式中：$\boldsymbol{\xi}_{\mathrm{QF1}}$为 QF1 模型的估计参数。

QF1 模型的估计参数可以表示为

$$
\begin{cases}
d\bar{t}_{r}(t)=dt_{r}(t)+d_{r,\mathrm{IF},ij}\\
\bar{I}_{r,1}^{s}(t)=I_{r,1}^{s}(t)+\mu_{\mathrm{GF},ij}^{-1}\cdot d_{r,\mathrm{GF},ij}\\
ifb_{\mathrm{QF1},\varsigma}=\mu_{\mathrm{GF},i\varsigma}\cdot\mu_{\mathrm{GF},ij}^{-1}\cdot d_{r,\mathrm{GF},ij}-d_{r,\mathrm{GF},i\varsigma},\quad \varsigma=k,l\\
\bar{N}_{r,\varsigma}^{s}=N_{r,\varsigma}^{s}+b_{r,\varsigma}-b_{\varsigma}^{s}-d_{r,\mathrm{IF},ij}+\mu_{\varsigma}\cdot\mu_{\mathrm{GF},ij}^{-1}\cdot d_{r,\mathrm{GF},ij},\quad \varsigma=i,j,k,l
\end{cases}
\tag{5.26}
$$

14. QF2：四频 IF 双组合 PPP 模型

当共有可观测到第 i 频点、第 j 频点、第 k 频点和第 l 频点上的观测值 m 颗卫星时，四频 IF 双组合 PPP（QF2）模型可以表示为[209]

$$
\begin{bmatrix}\boldsymbol{P}_{\mathrm{QF2},ijkl}\\ \boldsymbol{\Phi}_{\mathrm{QF2},ijkl}\end{bmatrix}=[\boldsymbol{e}_{4}\otimes\boldsymbol{G}_{r},\boldsymbol{e}_{4m},\boldsymbol{v}_{2}\otimes\boldsymbol{z}_{2}\otimes\boldsymbol{e}_{m},\boldsymbol{z}_{2}\otimes\boldsymbol{I}_{2m}]\cdot\boldsymbol{\xi}_{\mathrm{QF2}}+\begin{bmatrix}\boldsymbol{\varepsilon}_{\boldsymbol{P}_{\mathrm{QF2},ijkl}}\\ \boldsymbol{\varepsilon}_{\boldsymbol{\Phi}_{\mathrm{QF2},ijkl}}\end{bmatrix},
$$

$$
\boldsymbol{\kappa}_{4}^{\mathrm{T}}\cdot\boldsymbol{q}_{4}\cdot\boldsymbol{\kappa}_{4}\otimes\boldsymbol{Q}_{r}\otimes\boldsymbol{Q}_{m}
\tag{5.27}
$$

其中

$$
\begin{aligned}
\boldsymbol{P}_{\mathrm{QF2},ijkl}&=[\boldsymbol{P}_{\mathrm{IF},ij},\boldsymbol{P}_{\mathrm{IF},kl}]^{\mathrm{T}}\\
\boldsymbol{\Phi}_{\mathrm{QF2},ijkl}&=[\boldsymbol{\Phi}_{\mathrm{IF},ij},\boldsymbol{\Phi}_{\mathrm{IF},kl}]^{\mathrm{T}}\\
\boldsymbol{\xi}_{\mathrm{QF2}}&=[\boldsymbol{x},\mathrm{ZWD}_{r}(t),d\bar{t}_{r}(t),ifb_{\mathrm{QF2}},\boldsymbol{a}_{2}]^{\mathrm{T}}\\
\boldsymbol{a}_{2}&=[\bar{N}_{r,\mathrm{IF},ij}^{1},\cdots,\bar{N}_{r,\mathrm{IF},ij}^{m},\cdots,\bar{N}_{r,\mathrm{IF},kl}^{m}]^{\mathrm{T}}
\end{aligned}
$$

式中：$\boldsymbol{\xi}_{\mathrm{QF2}}$为 QF2 模型的估计参数。

QF2 模型的估计参数可以表示为

$$
\begin{cases}
d\bar{t}_{r}(t)=dt_{r}(t)+d_{r,\mathrm{IF},ij}\\
ifb_{\mathrm{QF2}}=d_{r,\mathrm{IF},kl}-d_{r,\mathrm{IF},ij}\\
\bar{N}_{r,\mathrm{IF},ij}^{s}=N_{r,\mathrm{IF},ij}^{s}+b_{r,\mathrm{IF},ij}-b_{\mathrm{IF},ij}^{s}-d_{r,\mathrm{IF},ij}\\
\bar{N}_{r,\mathrm{IF},kl}^{s}=N_{r,\mathrm{IF},kl}^{s}+b_{r,\mathrm{IF},kl}-b_{\mathrm{IF},kl}^{s}-d_{r,\mathrm{IF},ij}
\end{cases}
\tag{5.28}
$$

15. QF3：四频 IF 组合 PPP 模型

当共有可观测到第 i 频点、第 j 频点、第 k 频点和第 l 频点上的观测值 m 颗卫星时，QF3 模型可以表示为[210]

$$\begin{bmatrix} \boldsymbol{P}_{\mathrm{QF3},ijkl} \\ \boldsymbol{\Phi}_{\mathrm{QF3},ijkl} \end{bmatrix} = [\boldsymbol{e}_2 \otimes \boldsymbol{G}_r, \boldsymbol{e}_{2m}, \boldsymbol{z}_2 \otimes \boldsymbol{I}_m] \cdot \boldsymbol{\xi}_{\mathrm{QF3}} + \begin{bmatrix} \boldsymbol{\varepsilon}_{\boldsymbol{P}_{\mathrm{QF3},ijkl}} \\ \boldsymbol{\varepsilon}_{\boldsymbol{\Phi}_{\mathrm{QF3},ijkl}} \end{bmatrix}, \quad \boldsymbol{\eta}_4^{\mathrm{T}} \cdot \boldsymbol{q}_4 \cdot \boldsymbol{\eta}_4 \otimes \boldsymbol{Q}_r \otimes \boldsymbol{Q}_m \tag{5.29}$$

其中

$$\boldsymbol{P}_{\mathrm{QF3},ijkl} = \boldsymbol{P}_{\mathrm{IF},ijkl}$$
$$\boldsymbol{\Phi}_{\mathrm{QF3},ijkl} = \boldsymbol{\Phi}_{\mathrm{IF},ijkl}$$
$$\boldsymbol{\xi}_{\mathrm{QF3}} = [\boldsymbol{x}, \mathrm{ZWD}_r(t), d\bar{t}_r(t), \boldsymbol{a}_1]^{\mathrm{T}}$$
$$\boldsymbol{a}_1 = [\bar{N}^1_{r,\mathrm{IF},ijkl}, \cdots, \bar{N}^m_{r,\mathrm{IF},ijkl}]^{\mathrm{T}}$$

式中：$\boldsymbol{\xi}_{\mathrm{QF3}}$为 QF3 模型的估计参数。

QF3 模型的估计参数可以表示为

$$\begin{cases} d\bar{t}_r(t) = dt_r(t) + d_{r,\mathrm{IF},ijkl} \\ \bar{N}^s_{r,\mathrm{IF},ijkl} = N^s_{r,\mathrm{IF},ijkl} + b_{r,\mathrm{IF},ijkl} - b^s_{\mathrm{IF},ijkl} - d_{r,\mathrm{IF},ijkl} \end{cases} \tag{5.30}$$

16. QF4：四频电离层加权 PPP 模型

当共有可观测到第 i 频点、第 j 频点、第 k 频点和第 l 频点上的观测值 m 颗卫星时，QF4 模型可以表示为[211]

$$\begin{cases} \begin{bmatrix} \boldsymbol{P}_{\mathrm{QF4},ijkl} \\ \boldsymbol{\Phi}_{\mathrm{QF4},ijkl} \end{bmatrix} = [\boldsymbol{e}_8 \otimes \boldsymbol{G}_r, \boldsymbol{e}_{8m}, \boldsymbol{v}_2 \otimes \boldsymbol{d}_4 \otimes \boldsymbol{e}_m, \boldsymbol{v}_2 \otimes \boldsymbol{z}_4 \otimes \boldsymbol{e}_m, \boldsymbol{n}_2 \otimes \boldsymbol{\mu}_4 \otimes \boldsymbol{I}_m, \boldsymbol{z}_2 \otimes \boldsymbol{I}_{4m}] \cdot \\ \qquad \boldsymbol{\xi}_{\mathrm{QF4}} + \begin{bmatrix} \boldsymbol{\varepsilon}_{\boldsymbol{P}_{\mathrm{QF4},ijkl}} \\ \boldsymbol{\varepsilon}_{\boldsymbol{\Phi}_{\mathrm{QF4},ijkl}} \end{bmatrix}, \quad \boldsymbol{q}_4 \otimes \boldsymbol{Q}_r \otimes \boldsymbol{Q}_m \\ \boldsymbol{\tau} = \boldsymbol{\tau} + \boldsymbol{\varepsilon}_\tau, \boldsymbol{Q}_{\mathrm{ion}} \end{cases} \tag{5.31}$$

式中：$\boldsymbol{P}_{\mathrm{QF4},ijkl} = \boldsymbol{P}_{\mathrm{QF1},ijkl}$；$\boldsymbol{\Phi}_{\mathrm{QF4},ijkl} = \boldsymbol{\Phi}_{\mathrm{QF1},ijkl}$；$\boldsymbol{\xi}_{\mathrm{QF4}}$为 QF4 模型的估计参数，$\boldsymbol{\xi}_{\mathrm{QF4}} = [\boldsymbol{x}, \mathrm{ZWD}_r(t), d\bar{t}_r(t), d_{r,\mathrm{GF},ij}, ifb_{\mathrm{QF4},k}, ifb_{\mathrm{QF4},l}, \boldsymbol{\tau}, \boldsymbol{a}_4]^{\mathrm{T}}$。

QF4 模型的估计参数可以表示为

$$\begin{cases} d\bar{t}_r(t) = dt_r(t) + d_{r,\mathrm{IF},ij} \\ \bar{I}^s_{r,1}(t) = I^s_{r,1}(t) \\ ifb_{\mathrm{QF4},\varsigma} = \mu_{\mathrm{GF},i\varsigma} \cdot \mu^{-1}_{\mathrm{GF},ij} \cdot d_{r,\mathrm{GF},ij} - d_{r,\mathrm{GF},i\varsigma}, \quad \varsigma = k, l \\ \bar{N}^s_{r,\varsigma} = N^s_{r,\varsigma} + b_{r,\varsigma} - b^s_\varsigma - d_{r,\mathrm{IF},ij}, \quad \varsigma = i, j, k, l \end{cases} \tag{5.32}$$

17. FF1：五频电离层浮点 PPP 模型

当共有可观测到第 i 频点、第 j 频点、第 k 频点、第 l 和第 o 频点上的观测值 m 颗卫星时，FF1 模型可以表示为[211]

$$\begin{bmatrix} \boldsymbol{P}_{\mathrm{FF1},ijklo} \\ \boldsymbol{\Phi}_{\mathrm{FF1},ijklo} \end{bmatrix} = [\boldsymbol{e}_{10} \otimes \boldsymbol{G}_r, e_{10m}, \boldsymbol{v}_2 \otimes \boldsymbol{z}_5 \otimes \boldsymbol{e}_m, \boldsymbol{n}_2 \otimes \boldsymbol{\mu}_5 \otimes \boldsymbol{I}_m, z_2 \otimes \boldsymbol{I}_{5m}] \cdot \boldsymbol{\xi}_{\mathrm{FF1}} + \begin{bmatrix} \boldsymbol{\varepsilon}_{P_{\mathrm{FF1},ijklo}} \\ \boldsymbol{\varepsilon}_{\Phi_{\mathrm{FF1},ijklo}} \end{bmatrix},$$

$$\boldsymbol{q}_5 \otimes \boldsymbol{Q}_r \otimes \boldsymbol{Q}_m \tag{5.33}$$

其中

$$\boldsymbol{P}_{\mathrm{FF1},ijklo} = [p_{r,i}^1(t), p_{r,i}^2(t), \cdots, p_{r,j}^m(t), \cdots, p_{r,k}^m(t), \cdots, p_{r,l}^m(t), \cdots, p_{r,o}^m(t)]^{\mathrm{T}}$$

$$\boldsymbol{\Phi}_{\mathrm{FF1},ijklo} = [\phi_{r,i}^1(t), \phi_{r,i}^2(t), \cdots, \phi_{r,j}^m(t), \cdots, \phi_{r,k}^m(t), \cdots, \phi_{r,l}^m(t), \cdots, \phi_{r,o}^m(t)]^{\mathrm{T}}$$

$$\boldsymbol{\xi}_{\mathrm{FF1}} = [\boldsymbol{x}, \mathrm{ZWD}_r(t), d\bar{t}_r(t), ifb_{\mathrm{FF1},k}, ifb_{\mathrm{FF1},l}, ifb_{\mathrm{FF1},o}, \boldsymbol{\tau}, \boldsymbol{a}_5]^{\mathrm{T}}$$

$$\boldsymbol{a}_5 = [\bar{N}_{r,i}^1, \bar{N}_{r,i}^2, \cdots, \bar{N}_{r,j}^m, \cdots, \bar{N}_{r,k}^m, \cdots, \bar{N}_{r,l}^m, \cdots, \bar{N}_{r,o}^m]^{\mathrm{T}}$$

式中：$\boldsymbol{\xi}_{\mathrm{FF1}}$为 FF1 模型的估计参数。

FF1 模型的估计参数可以表示为

$$\begin{cases} d\bar{t}_r(t) = dt_r(t) + d_{r,\mathrm{IF},ij} \\ \bar{I}_{r,1}^s(t) = I_{r,1}^s(t) + \mu_{\mathrm{GF},ij}^{-1} \cdot d_{r,\mathrm{GF},ij} \\ ifb_{\mathrm{FF1},\varsigma} = \mu_{\mathrm{GF},i\varsigma} \cdot \mu_{\mathrm{GF},ij}^{-1} \cdot d_{r,\mathrm{GF},ij} - d_{r,\mathrm{GF},i\varsigma}, \quad \varsigma = k, l, o \\ \bar{N}_{r,\varsigma}^s = N_{r,\varsigma}^s + b_{r,\varsigma} - b_\varsigma^s - d_{r,\mathrm{IF},ij} + \mu_\varsigma \cdot \mu_{\mathrm{GF},ij}^{-1} \cdot d_{r,\mathrm{GF},ij}, \quad \varsigma = i, j, k, l, o \end{cases} \tag{5.34}$$

18. FF2：五频 IF 四组合 PPP 模型

当共有可观测到第 i 频点、第 j 频点、第 k 频点、第 l 和第 o 频点上的观测值 m 颗卫星时，FF2 模型可以表示为[211]

$$\begin{bmatrix} \boldsymbol{P}_{\mathrm{FF2},ijklo} \\ \boldsymbol{\Phi}_{\mathrm{FF2},ijklo} \end{bmatrix} = [\boldsymbol{e}_8 \otimes \boldsymbol{G}_r, \boldsymbol{e}_{8m}, \boldsymbol{v}_2 \otimes \boldsymbol{z}_4' \otimes \boldsymbol{e}_m, z_2 \otimes \boldsymbol{I}_{4m}] \cdot \boldsymbol{\xi}_{\mathrm{FF2}} + \begin{bmatrix} \boldsymbol{\varepsilon}_{P_{\mathrm{FF2},ijklo}} \\ \boldsymbol{\varepsilon}_{\Phi_{\mathrm{FF2},ijklo}} \end{bmatrix},$$

$$\boldsymbol{\kappa}_5^{\mathrm{T}} \cdot \boldsymbol{q}_5 \cdot \boldsymbol{\kappa}_5 \otimes \boldsymbol{Q}_r \otimes \boldsymbol{Q}_m \tag{5.35}$$

其中

$$\boldsymbol{P}_{\mathrm{FF2},ijklo} = [\boldsymbol{P}_{\mathrm{IF},ij}, \boldsymbol{P}_{\mathrm{IF},ik}, \boldsymbol{P}_{\mathrm{IF},il}, \boldsymbol{P}_{\mathrm{IF},io}]^{\mathrm{T}}$$

$$\boldsymbol{\Phi}_{\mathrm{FF2},ijklo} = [\boldsymbol{\Phi}_{\mathrm{IF},ij}, \boldsymbol{\Phi}_{\mathrm{IF},ik}, \boldsymbol{\Phi}_{\mathrm{IF},il}, \boldsymbol{\Phi}_{\mathrm{IF},io}]^{\mathrm{T}}$$

$$\boldsymbol{\xi}_{\mathrm{FF2}} = [\boldsymbol{x}, \mathrm{ZWD}_r(t), d\bar{t}_r(t), ifb_{\mathrm{FF2},k}, ifb_{\mathrm{FF2},l}, ifb_{\mathrm{FF2},o}, \boldsymbol{a}_4]^{\mathrm{T}}$$

$$\boldsymbol{a}_4 = [\bar{N}_{r,\mathrm{IF},ij}^1, \cdots, \bar{N}_{r,\mathrm{IF},ij}^m, \cdots, \bar{N}_{r,\mathrm{IF},ik}^m, \cdots, \bar{N}_{r,\mathrm{IF},il}^m, \cdots, \bar{N}_{r,\mathrm{IF},io}^m]^{\mathrm{T}}$$

式中：$\boldsymbol{\xi}_{\mathrm{FF2}}$为 FF2 模型的估计参数。

FF2 模型的估计参数可以表示为

$$\begin{cases} d\bar{t}_r(t) = dt_r(t) + d_{r,\mathrm{IF},ij} \\ ifb_{\mathrm{FF2},\varsigma} = \beta_{ij} \cdot d_{r,\mathrm{GF},ij} - \beta_{i\varsigma} \cdot d_{r,\mathrm{GF},i\varsigma}, \quad \varsigma = k, l, o \\ \bar{N}_{r,\mathrm{IF},i\varsigma}^s = N_{r,\mathrm{IF},i\varsigma}^s + b_{r,\mathrm{IF},i\varsigma} - b_{\mathrm{IF},i\varsigma}^s - d_{r,\mathrm{IF},ij}, \quad \varsigma = j, k, l, o \end{cases} \tag{5.36}$$

19. FF3：五频 IF 组合 PPP 模型

当共有可观测到第 i 频点、第 j 频点、第 k 频点、第 l 频点和第 o 频点上的

观测值 m 颗卫星时，FF3 模型可以表示为[211]

$$\begin{bmatrix} \boldsymbol{P}_{\mathrm{FF3},ijklo} \\ \boldsymbol{\Phi}_{\mathrm{FF3},ijklo} \end{bmatrix} = [\boldsymbol{e}_2 \otimes \boldsymbol{G}_r, \boldsymbol{e}_{2m}, \boldsymbol{z}_2 \otimes \boldsymbol{I}_m] \cdot \boldsymbol{\xi}_{\mathrm{FF3}} + \begin{bmatrix} \boldsymbol{\varepsilon}_{\boldsymbol{P}_{\mathrm{FF3},ijklo}} \\ \boldsymbol{\varepsilon}_{\boldsymbol{\Phi}_{\mathrm{FF3},ijklo}} \end{bmatrix}, \quad \boldsymbol{\eta}_5^{\mathrm{T}} \cdot \boldsymbol{q}_5 \cdot \boldsymbol{\eta}_5 \otimes \boldsymbol{Q}_r \otimes \boldsymbol{Q}_m \tag{5.37}$$

式中：$\boldsymbol{P}_{\mathrm{FF3},ijklo} = \boldsymbol{P}_{\mathrm{IF},ijklo}$，$\boldsymbol{\Phi}_{\mathrm{FF3},ijklo} = \boldsymbol{\Phi}_{\mathrm{IF},ijklo}$；$\boldsymbol{\xi}_{\mathrm{FF3}}$ 为 FF3 模型的估计参数，$\boldsymbol{\xi}_{\mathrm{FF3}} = [\boldsymbol{x}, \mathrm{ZWD}_r(t), d\bar{t}_r(t), \boldsymbol{a}_1]^{\mathrm{T}}$，$\boldsymbol{a}_1 = [\bar{N}^1_{r,\mathrm{IF},ijklo}, \cdots, \bar{N}^m_{r,\mathrm{IF},ijklo}]^{\mathrm{T}}$。

FF3 模型的估计参数可以表示为

$$\begin{cases} d\bar{t}_r(t) = dt_r(t) + d_{r,\mathrm{IF},ijklo} \\ \bar{N}^s_{r,\mathrm{IF},ijklo} = N^s_{r,\mathrm{IF},ijklo} + b_{r,\mathrm{IF},ijklo} - b^s_{\mathrm{IF},ijklo} - d_{r,\mathrm{IF},ijklo} \end{cases} \tag{5.38}$$

20. FF4：五频电离层加权 PPP 模型

当共有可观测到第 i 频点、第 j 频点、第 k 频点、第 l 频点和第 o 频点上的观测值 m 颗卫星时，FF4 模型可以表示为[211]

$$\begin{cases} \begin{bmatrix} \boldsymbol{P}_{\mathrm{FF4},ijklo} \\ \boldsymbol{\Phi}_{\mathrm{FF4},ijklo} \end{bmatrix} = [\boldsymbol{e}_{10} \otimes \boldsymbol{G}_r, \boldsymbol{e}_{10m}, \boldsymbol{v}_2 \otimes \boldsymbol{d}_5 \otimes \boldsymbol{e}_m, \boldsymbol{v}_2 \otimes \boldsymbol{z}_5 \otimes \boldsymbol{e}_m, \boldsymbol{n}_2 \otimes \boldsymbol{\mu}_5 \otimes \boldsymbol{I}_m, \boldsymbol{z}_2 \otimes \boldsymbol{I}_{5m}] \cdot \\ \qquad \boldsymbol{\xi}_{\mathrm{FF4}} + \begin{bmatrix} \boldsymbol{\varepsilon}_{\boldsymbol{P}_{\mathrm{FF4},ijklo}} \\ \boldsymbol{\varepsilon}_{\boldsymbol{\Phi}_{\mathrm{FF4},ijklo}} \end{bmatrix}, \quad \boldsymbol{q}_5 \otimes \boldsymbol{Q}_r \otimes \boldsymbol{Q}_m \\ \boldsymbol{\tau} = \boldsymbol{\tau} + \boldsymbol{\varepsilon}_{\tau}, \quad \boldsymbol{Q}_{\mathrm{ion}} \end{cases} \tag{5.39}$$

式中：$\boldsymbol{P}_{\mathrm{FF4},ijklo} = \boldsymbol{P}_{\mathrm{FF1},ijklo}$；$\boldsymbol{\Phi}_{\mathrm{FF4},ijklo} = \boldsymbol{\Phi}_{\mathrm{FF1},ijklo}$；

$\boldsymbol{\xi}_{\mathrm{FF4}}$ 为 FF4 模型的估计参数，$\boldsymbol{\xi}_{\mathrm{FF4}} = [\boldsymbol{x}, \mathrm{ZWD}_r(t), d\bar{t}_r(t), d_{r,\mathrm{GF},ij}, ifb_{\mathrm{FF4},k}, ifb_{\mathrm{FF4},l}, ifb_{\mathrm{FF4},o}, \boldsymbol{\tau}, \boldsymbol{a}_5]^{\mathrm{T}}$。

FF4 模型的估计参数可以表示为

$$\begin{cases} d\bar{t}_r(t) = dt_r(t) + d_{r,\mathrm{IF},ij} \\ \bar{I}^s_{r,1}(t) = I^s_{r,1}(t) \\ ifb_{\mathrm{FF4},\varsigma} = \mu_{\mathrm{GF},i\varsigma} \cdot \mu^{-1}_{\mathrm{GF},ij} \cdot d_{r,\mathrm{GF},ij} - d_{r,\mathrm{GF},i\varsigma}, \quad \varsigma = k, l, o \\ \bar{N}^s_{r,\varsigma} = N^s_{r,\varsigma} + b_{r,\varsigma} - b^s_{\varsigma} - d_{r,\mathrm{IF},ij}, \quad \varsigma = i, j, k, l, o \end{cases} \tag{5.40}$$

5.1.2 PPP 随机模型

PPP 随机模型可反映出观测值的统计特性，最常采用的是基于高度角的随机模型和基于信噪比的随机模型。

1. 基于高度角的随机模型

GNSS 卫星的高度角越低，信号传播路径就越长，GNSS 观测值受到的大气延迟和多路径效应影响就越大。高度角随机模型将观测值测量噪声描述为卫星高度角的函数，即 $\delta^2=f(E)$，如 Bernese[212]、GAMIT[213]和 PANDA (Positioning And Navigation Data Analyst)[214] 软件采用的高度角随机模型分别为

$$\begin{cases}\delta^2=a^2+b^2\cos^2E \\ \delta^2=a^2+\dfrac{b^2}{\sin^2E} \\ \delta^2=\begin{cases}a^2, & E\geqslant 30 \\ \dfrac{a^2}{4\sin^2E}, & \text{其他}\end{cases}\end{cases} \tag{5.41}$$

式中：a，b 为常数；E 为卫星高度角。

2. 基于信噪比的随机模型

信噪比（Signal to Noise Ratio，SNR）是指信号功率和噪声功率的比值。影响 SNR 的因素包括大气层、多路径、接收机天线增益和接收机内部电路等，信噪比越高，观测值的质量越好。文献［215］提出的基于 SNR 观测值的随机模型为

$$\sigma^2=B_i\left(\frac{\lambda_i}{2\pi}\right)^2\cdot 10^{-\frac{S}{10}} \tag{5.42}$$

式中：B_i 为相位跟踪环带宽；S 为信噪比；λ_i 为波长。

5.1.3 PPP 模型理论比较

为了证明相应多频 PPP 模型的一致性，先引入等价性原则[203,216]：

当使用分别包含 $n-t$ 和 t 个参数的向量 $\boldsymbol{x}_1$ 和 $\boldsymbol{x}_2$ 时，观测方程可以表示为[217]

$$\boldsymbol{y}=\boldsymbol{A}_1\cdot\boldsymbol{x}_1+\boldsymbol{A}_2\cdot\boldsymbol{x}_2+\boldsymbol{\varepsilon},\boldsymbol{Q} \tag{5.43}$$

通过最小二乘方法，可以求得 $\hat{\boldsymbol{x}}_1$ 向量的估值为[218]

$$\begin{cases}\hat{\boldsymbol{x}}_1=[\boldsymbol{A}_1^{\mathrm{T}}\cdot(\boldsymbol{I}-\boldsymbol{Q}^{-1}\cdot\boldsymbol{A}_2\cdot\boldsymbol{N}_{22}^{-1}\cdot\boldsymbol{A}_2^{\mathrm{T}})\cdot\boldsymbol{Q}^{-1}\cdot\boldsymbol{A}_1]^{-1}\cdot\boldsymbol{A}_1^{\mathrm{T}}\cdot \\ \qquad(\boldsymbol{I}-\boldsymbol{Q}^{-1}\cdot\boldsymbol{A}_2\cdot\boldsymbol{N}_{22}^{-1}\cdot\boldsymbol{A}_2^{\mathrm{T}})\cdot\boldsymbol{Q}^{-1}\cdot\boldsymbol{y} \\ \boldsymbol{Q}_{\hat{x}_1\hat{x}_1}=[\boldsymbol{A}_1^{\mathrm{T}}\cdot(\boldsymbol{I}-\boldsymbol{Q}^{-1}\cdot\boldsymbol{A}_2\cdot\boldsymbol{N}_{22}^{-1}\cdot\boldsymbol{A}_2^{\mathrm{T}})\cdot\boldsymbol{Q}^{-1}\cdot\boldsymbol{A}_1]^{-1}\end{cases} \tag{5.44}$$

若存在转换矩阵 $\boldsymbol{T}$ 满足以下条件：

$$\begin{cases}\boldsymbol{T}^{\mathrm{T}}\cdot\boldsymbol{A}_2=0\\ \operatorname{rank}(\boldsymbol{T})\cdot\boldsymbol{A}_2=n-t\end{cases}\tag{5.45}$$

则观测值向量也可以表示为

$$\boldsymbol{y}'=\boldsymbol{T}^{\mathrm{T}}\cdot\boldsymbol{y}=\boldsymbol{T}^{\mathrm{T}}\cdot\boldsymbol{A}_1\cdot\boldsymbol{x}_1'+\boldsymbol{T}^{\mathrm{T}}\cdot\varepsilon,\boldsymbol{T}^{\mathrm{T}}\cdot\boldsymbol{Q}\cdot\boldsymbol{T}\tag{5.46}$$

因此，$\hat{\boldsymbol{x}}_1'$ 可以求解为

$$\begin{cases}\hat{\boldsymbol{x}}_1'=[\boldsymbol{A}_1^{\mathrm{T}}\cdot\boldsymbol{T}\cdot(\boldsymbol{T}^{\mathrm{T}}\cdot\boldsymbol{Q}\cdot\boldsymbol{T})^{-1}\cdot\boldsymbol{T}^{\mathrm{T}}\cdot\boldsymbol{A}_1]^{-1}\cdot\boldsymbol{A}_1^{\mathrm{T}}\cdot\boldsymbol{T}\cdot(\boldsymbol{T}^{\mathrm{T}}\cdot\boldsymbol{Q}\cdot\boldsymbol{T})^{-1}\cdot\boldsymbol{T}^{\mathrm{T}}\cdot\boldsymbol{y}\\ \boldsymbol{Q}_{\hat{x}_1'\hat{x}_1'}=[\boldsymbol{A}_1^{\mathrm{T}}\cdot\boldsymbol{T}\cdot(\boldsymbol{T}^{\mathrm{T}}\cdot\boldsymbol{Q}\cdot\boldsymbol{T})^{-1}\cdot\boldsymbol{T}^{\mathrm{T}}\cdot\boldsymbol{A}_1]^{-1}\end{cases}\tag{5.47}$$

从式（5.47）可以看出，式（5.44）和式（5.47）是否等价取决于是否存在转换矩阵 $\boldsymbol{T}$。文献［15］证明了差分和非差观测值理论上在平差过程中是等价的。为了将观测值向量简化以及消除接收机端伪距和相位硬件延迟等参数，本章使用星间单差观测值表示对应 PPP 模型。其中，SF1、DF1、TF1、QF1 和 FF1 模型星间单差设计矩阵和观测值可以表示为

$$\begin{cases}\text{SF1}\Rightarrow\begin{cases}\boldsymbol{A}_1=[\boldsymbol{e}_2\otimes\boldsymbol{G}_r,\boldsymbol{e}_{2m},\boldsymbol{z}_2\otimes\boldsymbol{I}_m],\boldsymbol{A}_2=[\mu_j\cdot\boldsymbol{n}_2\otimes\boldsymbol{I}_m]\\ \boldsymbol{x}_1=[\boldsymbol{x},\mathrm{ZWD}_r(t),d\bar{t}_r(t),\boldsymbol{a}_1]^{\mathrm{T}},\boldsymbol{x}_2=\boldsymbol{\tau}^{\mathrm{T}}\end{cases}\\ \text{DF1}\Rightarrow\begin{cases}\boldsymbol{A}_1=[\boldsymbol{e}_4\otimes\boldsymbol{G}_r,\boldsymbol{e}_{4m},\boldsymbol{z}_2\otimes\boldsymbol{I}_{2m}],\boldsymbol{A}_2=[\boldsymbol{n}_2\otimes\boldsymbol{\mu}_2\otimes\boldsymbol{I}_m]\\ \boldsymbol{x}_1=[\boldsymbol{x},\mathrm{ZWD}_r(t),d\bar{t}_r(t),\boldsymbol{a}_2]^{\mathrm{T}},\boldsymbol{x}_2=\boldsymbol{\tau}^{\mathrm{T}}\end{cases}\\ \text{TF1}\Rightarrow\begin{cases}\boldsymbol{A}_1=[\boldsymbol{e}_6\otimes\boldsymbol{G}_r,\boldsymbol{e}_{6m},\boldsymbol{z}_2\otimes\boldsymbol{I}_{3m}],\boldsymbol{A}_2=[\boldsymbol{n}_2\otimes\boldsymbol{\mu}_3\otimes\boldsymbol{I}_m]\\ \boldsymbol{x}_1=[\boldsymbol{x},\mathrm{ZWD}_r(t),d\bar{t}_r(t),\boldsymbol{a}_3]^{\mathrm{T}},\boldsymbol{x}_2=\boldsymbol{\tau}^{\mathrm{T}}\end{cases}\\ \text{QF1}\Rightarrow\begin{cases}\boldsymbol{A}_1=[\boldsymbol{e}_8\otimes\boldsymbol{G}_r,\boldsymbol{e}_{8m},\boldsymbol{z}_2\otimes\boldsymbol{I}_{4m}],\boldsymbol{A}_2=[\boldsymbol{n}_2\otimes\boldsymbol{\mu}_4\otimes\boldsymbol{I}_m]\\ \boldsymbol{x}_1=[\boldsymbol{x},\mathrm{ZWD}_r(t),d\bar{t}_r(t),\boldsymbol{a}_4]^{\mathrm{T}},\boldsymbol{x}_2=\boldsymbol{\tau}^{\mathrm{T}}\end{cases}\\ \text{FF1}\Rightarrow\begin{cases}\boldsymbol{A}_1=[\boldsymbol{e}_{10}\otimes\boldsymbol{G}_r,\boldsymbol{e}_{10m},\boldsymbol{z}_2\otimes\boldsymbol{I}_{5m}],\boldsymbol{A}_2=[\boldsymbol{n}_2\otimes\boldsymbol{\mu}_5\otimes\boldsymbol{I}_m]\\ \boldsymbol{x}_1=[\boldsymbol{x},\mathrm{ZWD}_r(t),d\bar{t}_r(t),\boldsymbol{a}_5]^{\mathrm{T}},\boldsymbol{x}_2=\boldsymbol{\tau}^{\mathrm{T}}\end{cases}\end{cases}\tag{5.48}$$

对于不同多频 PPP 模型，满足式（5.45）条件的转换矩阵分别为

$$\begin{cases}\boldsymbol{T}_{\mathrm{SF2}}^{\mathrm{T}}=\left[\dfrac{1}{2},\dfrac{1}{2}\right]\otimes\boldsymbol{I}_m\\ \boldsymbol{T}_{\mathrm{DF2}}^{\mathrm{T}}=\boldsymbol{\eta}_2^{\mathrm{T}}\otimes\boldsymbol{I}_m,\boldsymbol{T}_{\mathrm{DF3}}^{\mathrm{T}}=\boldsymbol{\kappa}_2^{\mathrm{T}}\otimes\boldsymbol{I}_m\\ \boldsymbol{T}_{\mathrm{TF2}}^{\mathrm{T}}=\boldsymbol{\kappa}_3^{\mathrm{T}}\otimes\boldsymbol{I}_m,\boldsymbol{T}_{\mathrm{TF3}}^{\mathrm{T}}=\boldsymbol{\eta}_3^{\mathrm{T}}\otimes\boldsymbol{I}_m\\ \boldsymbol{T}_{\mathrm{QF2}}^{\mathrm{T}}=\boldsymbol{\kappa}_4^{\mathrm{T}}\otimes\boldsymbol{I}_m,\boldsymbol{T}_{\mathrm{QF3}}^{\mathrm{T}}=\boldsymbol{\eta}_4^{\mathrm{T}}\otimes\boldsymbol{I}_m\\ \boldsymbol{T}_{\mathrm{FF2}}^{\mathrm{T}}=\boldsymbol{\kappa}_5^{\mathrm{T}}\otimes\boldsymbol{I}_m,\boldsymbol{T}_{\mathrm{FF3}}^{\mathrm{T}}=\boldsymbol{\eta}_5^{\mathrm{T}}\otimes\boldsymbol{I}_m\end{cases}\tag{5.49}$$

上述分析表明，通过线性组合来消除待估参数和直接估计参数的定位性能是等价的。因此，可以认为 SF1/SF2、DF1/DF2/DF3、TF1/TF2/TF3、QF1/QF2/QF3 和 FF1/FF2/FF3 模型理论上是等价的。也就是说，当对应的 PPP 模型方差协方差矩阵遵循误差传播率时，PPP 模型性能在定位误差收敛后会表现一致，但是对于 SF4、DF4、TF4 和 FF4 模型，由于受到外部电离层附加约束，其模型性能会受到额外引入的观测值影响。

5.1.4 PPP 数据预处理和质量控制

PPP 数据预处理主要包括伪距观测值粗差探测、载波观测值周跳探测和接收机钟跳探测与修复等。伪距观测值在 PPP 解算中权重较低，在观测中可能存在较大的粗差。当伪距观测值粗差较大时，其会影响 MW 组合观测值的周跳探测。伪距观测值粗差探测常采用码观测值差分法[116]。载波观测值周跳探测常采用的是 GF 和 MW 组合观测值进行周跳探测方法[219]。当接收机发生钟跳时，GNSS 伪距、相位和时标观测值一致性将会被破坏，接收机钟跳探测与修复方法可参照文献［29］。

5.1.5 PPP 模型性能分析

以 BDS 系统为例，本章选取了 20 个测站 2020 年 10 月的数据，分析了不同单频、双频到五频 PPP 模型的性能，这些测站可以观测到 BDS-3 B1I/B3I/B1C/B2a/B2/B2b 数据，分别来自 JAVAD 和 CHC 等接收机厂家。在电离层浮点解和加权 PPP 模型中，电离层参数当作随机游走来估计。在静态定位模式下，接收机坐标误差当作常数估计。而在动态 PPP 中，接收机坐标当作白噪声估计。单频和多频 PPP 的收敛阈值分别设置为 0.3m 和 0.1m，收敛标准为当前历元和接下来 20 个历元定位误差小于收敛阈值。

图 5.1 给出了 2020 年 DOY 275 日 FFMJ 测站和 DOY 280 日 WIND 测站 BDS-3 B1I 单频、B1I+B3I 双频、B1I+B3I+B2a 三频、B1I+B3I+B1C+B2a 四频和 B1I+B3I+B2b+B2a+B2 五频静态 PPP 定位误差，图 5.2 给出了 2020 年 DOY 276 日 POTS 测站和 DOY 279 日 WUH2 测站 BDS-3 对应频点的单频、双频、三频、四频和五频动态 PPP 定位误差。可以看出，BDS 静态单频 PPP 定位误差收敛后在北、东和天顶方向的定位精度为厘米到分米级，BDS 静态多频 PPP 接收机坐标误差收敛后三维定位精度为毫米到厘米级，BDS 动态单频 PPP 定位误差收敛后三维定位精度为分米到米级，多频动态 PPP 接收机坐标误差在收敛后三维定位精度为厘米到分米级。

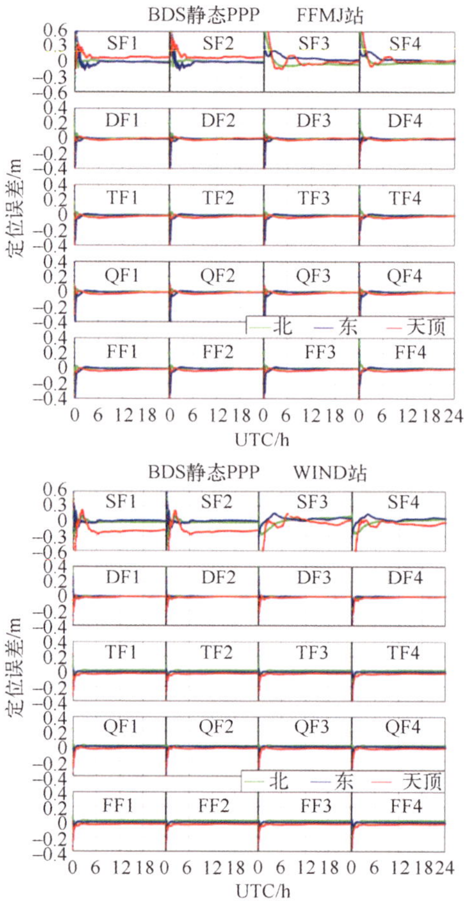

图 5.1 FFMJ 和 WIND 测站 BDS-3 B1I 单频、B1I+B3I 双频、B1I+B3I+B2a 三频、B1I+B3I+B1C+B2a 四频和 B1I+B3I+B2b+B2a+B2 五频静态 PPP 定位误差

图 5.3 给出了 2020 年 DOY 286 日 HUEG 测站和 DOY 295 日 MET3 测站 BDS 单系统、GPS 单系统、Galileo 单系统、BDS+GPS 双系统、BDS+Galileo 双系统和 BDS+GPS+Galileo+GLONASS+QZSS 五系统静态双频 DF2 模型 PPP 定位误差，图 5.4 给出了 2020 年 DOY 279 日 ENAO 测站和 DOY 283 日 LEIJ 测站五系统对应动态双频 DF2 模型 PPP 定位误差。可以看出，相比于单系统定位，多系统组合增加了可视卫星数量，有效地改进了卫星几何构型，增强了模型强度，从而进一步缩短定位收敛时间以及提高定位精度。

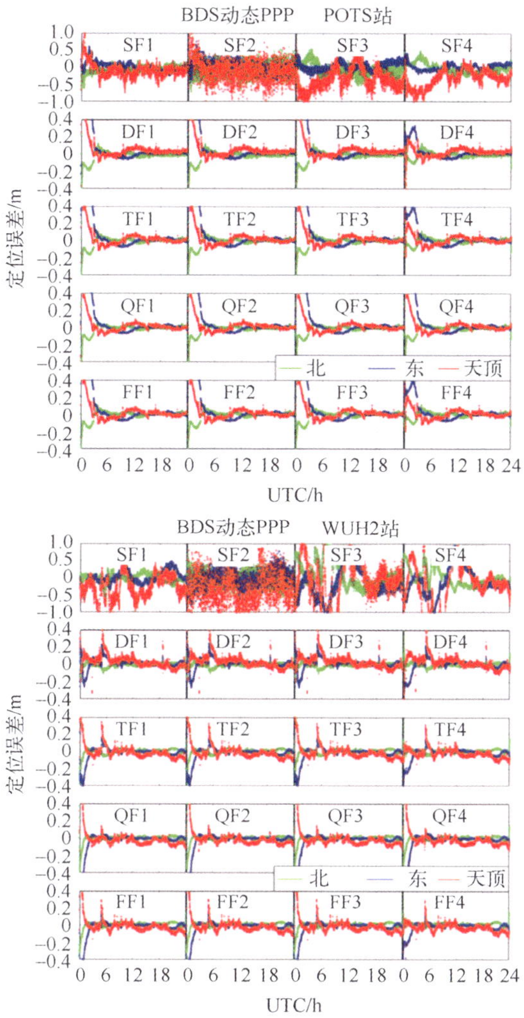

图 5.2 POTS 和 WUH2 测站 BDS-3 单频、双频、三频、四频和五频动态 PPP 定位误差

图 5.5 和图 5.6 提供了 BDS B1I 单频、B1I+B3I 双频、B1I+B3I+B2a 三频、B1I+B3I+B1C+B2a 四频和 B1I+B3I+B2b+B2a+B2 五频静态和动态 PPP 收敛时间以及三维定位误差均方根误差（Root Mean Square，RMS）箱形图。图 5.7 和图 5.8 给出了 BDS 单系统、GPS 单系统、Galileo 单系统、BDS+GPS 双系统、BDS+Galileo 双系统、BDS+GPS+Galileo+GLONASS+QZSS 五系统静态和动态双频 PPP 收敛时间以及三维定位误差 RMS 箱形图。每个箱型图有 5 条直线，从底部到顶部分别代表误差 RMS 的 0%、25%、50%、75%和 100%，每个图也提

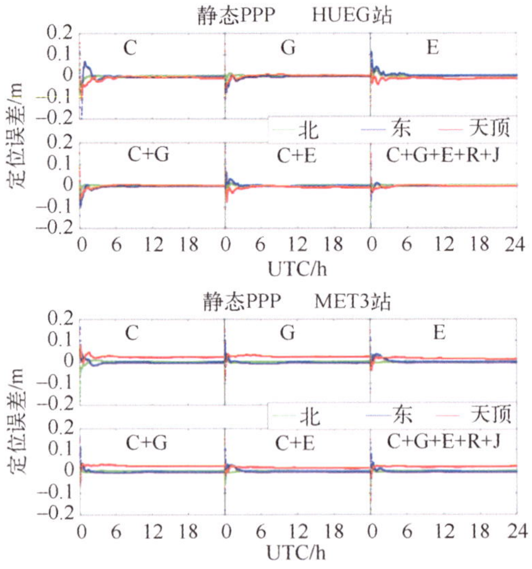

图 5.3　HUEG 和 MET3 测站 BDS 单系统、GPS 单系统、Galileo 单系统、BDS+GPS 双系统、BDS+Galileo 双系统和 BDS+GPS+Galileo+GLONASS+QZSS 五系统静态双频 DF2 模型 PPP 定位误差

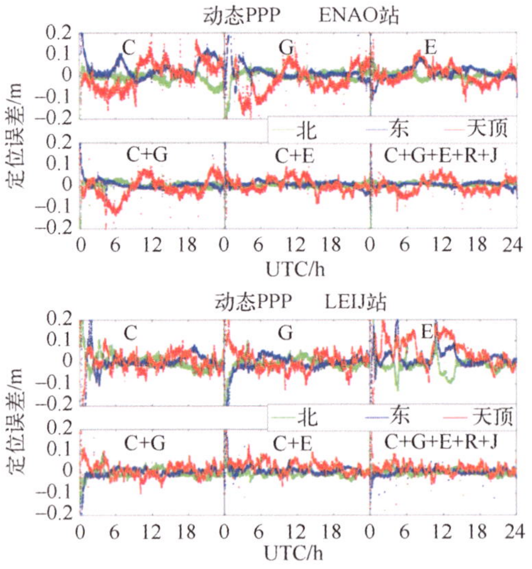

图 5.4　ENAO 和 LEIJ 测站 BDS 单系统、GPS 单系统、Galileo 单系统、BDS+GPS 双系统、BDS+Galileo 双系统和 BDS+GPS+Galileo+GLONASS+QZSS 五系统动态双频 DF2 模型 PPP 定位误差

供了对应统计值的中位数和平均值。由图可知，对于使用相同频率观测值的 PPP 模型，当 PPP 方程是通过线性转换得到时，PPP 模型的性能基本上是一致的，如 BDS QF1、QF2 和 QF3 模型静态 PPP 平均收敛时间分别为 37.8min、38.0min 和 38.1min。相比于双频 PPP 模型，多频 PPP 模型定位性能要优于双频 PPP。通过附加外部电离层约束，PPP 性能会一定程度上受到影响，如电离层约束导致了 BDS 三频动态 PPP 收敛时间变长，这是由于初始阶段 GIM 模型精度较低造成的[120]。相比于单系统定位，多系统组合定位 PPP 性能得到明显提升，如 BDS 单系统、GPS 单系统、Galileo 单系统、BDS+GPS、BDS+Galileo、五系统动态双频 PPP 的收敛时间分别为 118.4min、55.0min、60.5min、28.9min、32.3min 和 20.4min。相比于 BDS 单系统动态 PPP 定位，多系统组合 PPP 三维定位精度分别提高了 70.5%、68.6%和 56.0%。

图 5.5 BDS B1I 单频、B1I+B3I 双频、B1I+B3I+B2a 三频、B1I+B3I+B1C+B2a 四频和 B1I+B3I+B2b+B2a+B2 五频静态和动态 PPP 收敛时间

为了验证多频多系统 GNSS 实测动态 PPP 的定位性能，作者于 2020 年 9 月 9 日在某大学校园操场进行了动态 GNSS 试验，移动站接收机在静置约 30min 后，试验者用推车推动接收机在操场开始移动，整个试验过程持续了 1h38min，数据采样率为 1Hz。本章以 BDS+GPS+Galileo+QZSS 多系统 RTK 结果当作动态 PPP 结果的

真值，基站距离操场大约 1km。图 5.9 给出了移动站轨迹和参考站位置。两台接收机都配备了 Trimble Alloy 接收机，天线类型为 TRM57971.00。

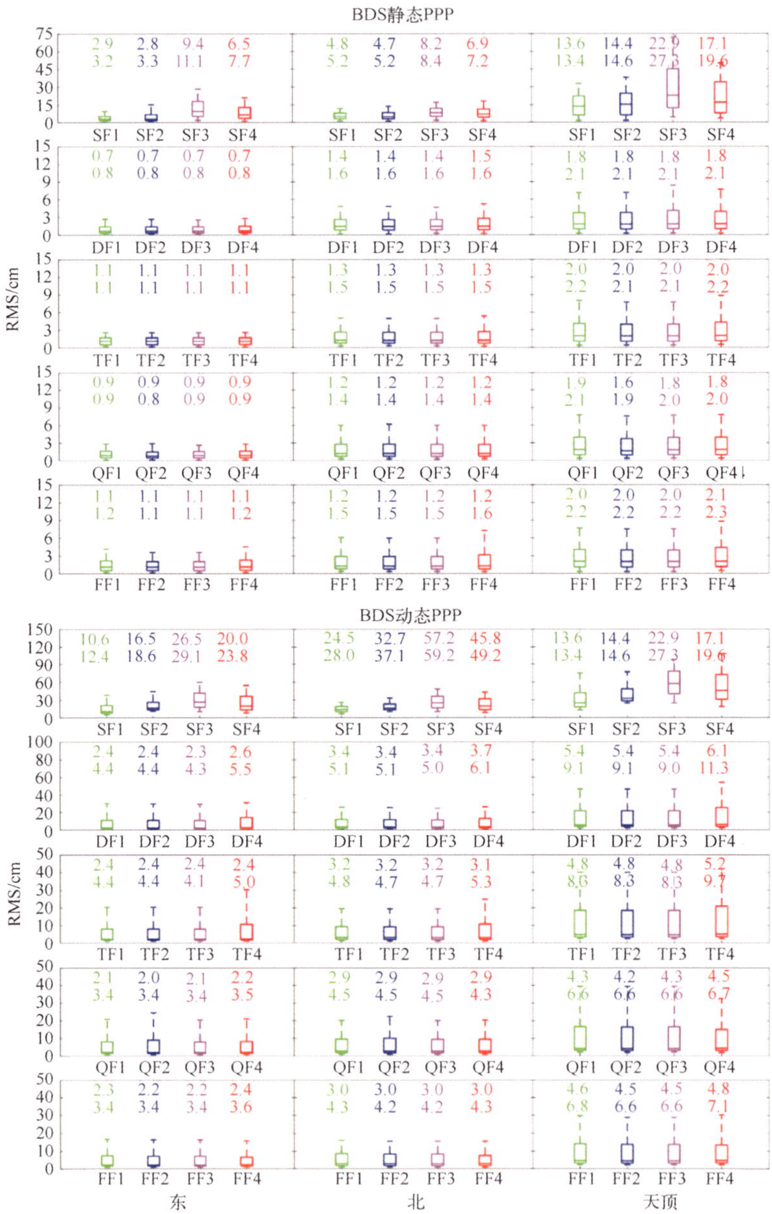

图 5.6　BDS B1I 单频、B1I+B3I 双频、B1I+B3I+B2a 三频、B1I+B3I+B1C+B2a 四频和 B1I+B3I+B2b+B2a+B2 五频静态和动态 PPP 三维定位误差均方根误差箱形图

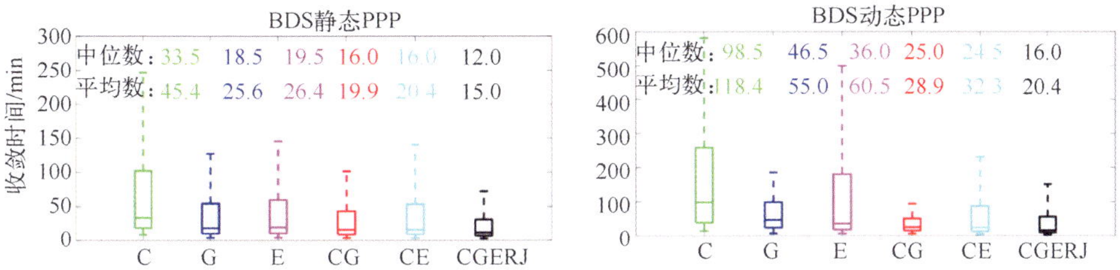

图 5.7　BDS 单系统、GPS 单系统、Galileo 单系统、BDS+GPS 双系统、BDS+Galileo 双系统和 BDS+GPS+Galileo+GLONASS+QZSS 五系统静态和动态双频 PPP 收敛时间

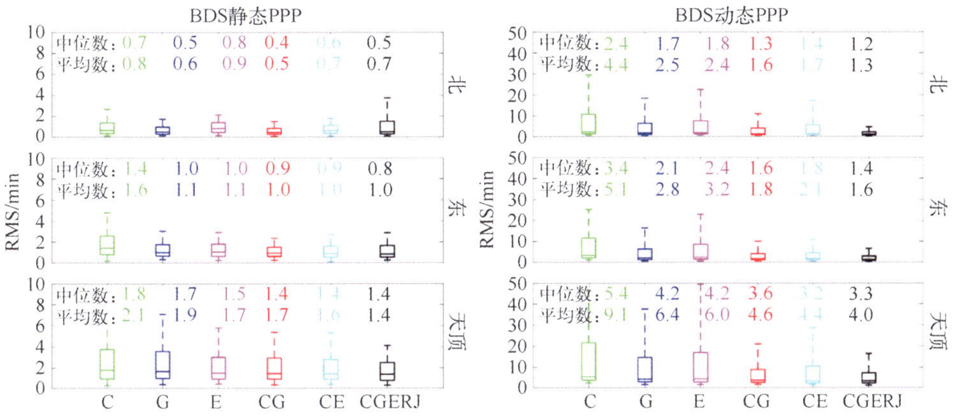

图 5.8　BDS 单系统、GPS 单系统、Galileo 单系统、BDS+GPS 双系统、BDS+Galileo 双系统、BDS+GPS+Galileo+GLONASS+QZSS 五系统静态和动态双频 PPP 三维定位误差 RMS 箱形图

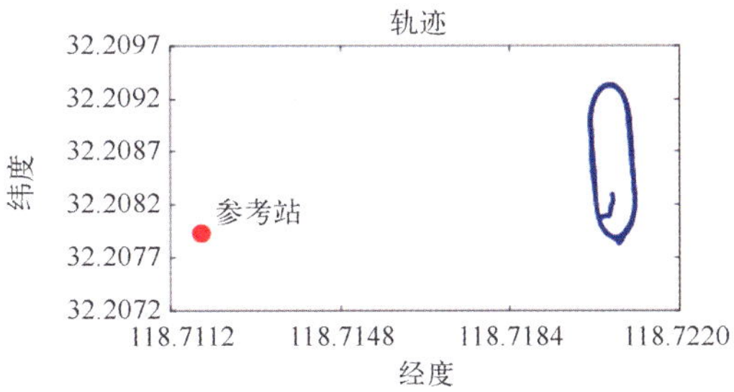

图 5.9　移动站轨迹和参考站位置

移动站接收机在试验期间可以接收到 BDS-3 B1I+B3I+B1C 频点的观测值，图 5.10 给出了移动站 BDS-3 B1I 单频、B1I+B3I 双频和 B1I+B3I+B1C 三频动态 PPP 定位误差，以及接收机在运动状态下定位误差三维 RMS 值。可以看

出，多频 PPP 的定位精度要明显优于单频 PPP，相比于双频 PPP，三频 PPP 定位精度有所提升，附加外部电离层参数约束对多频 PPP 定位精度影响并不明显。

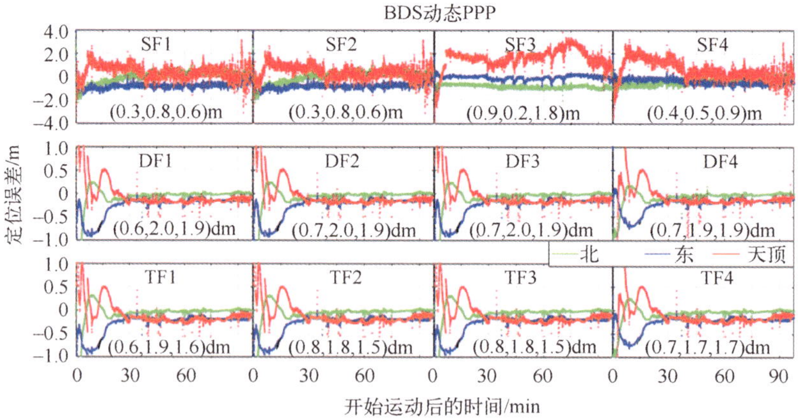

图 5.10 移动站 BDS-3 B1I 单频、B1I+B3I 双频和 B1I+B3I+B1C 三频动态 PPP 定位误差

图 5.11 给出了移动站 BDS 单系统、GPS 单系统、BDS+GPS 双系统以及五系统动态 PPP 定位误差示意图。图 5.12 和图 5.13 也给出了 BDS 单系统、GPS 单系统、BDS+GPS 双系统以及五系统可视卫星，定位精度因子（Position Dilution Of Precision，PDOP）值和卫星天空可视图。可以看到，BDS 单系统 PPP 定位精度要优于 GPS 单系统 PPP，这是由于 BDS 系统可视卫星数量更多和卫星分布几何构型更优，BDS 单系统、GPS 单系统、BDS+GPS 双系统以及五系统可视卫星和 PDOP 值分别为（9.5，6.5，16.0，35.8）和（1.8，3.4，1.6，0.9），由于使用了更多的 GNSS 观测卫星，多系统组合可以明显提高 GNSS 动

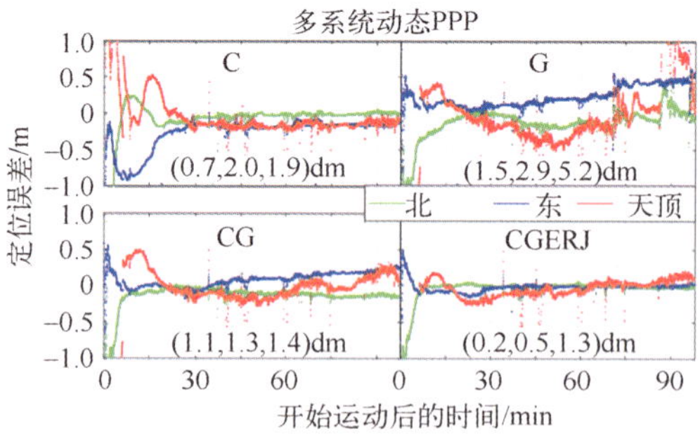

图 5.11 移动站 BDS 单系统、GPS 单系统、BDS+GPS 双系统以及五系统动态 PPP 定位误差

态 PPP 的定位精度，如相比于 BDS 动态 PPP，BDS+GPS 双系统动态 PPP 三维定位精度分别提高了 57.1%、35%和 26.3%，五系统 PPP 定位精度相比于 BDS PPP 三维定位精度分别提高了 71.4%、75.0%和 31.6%。

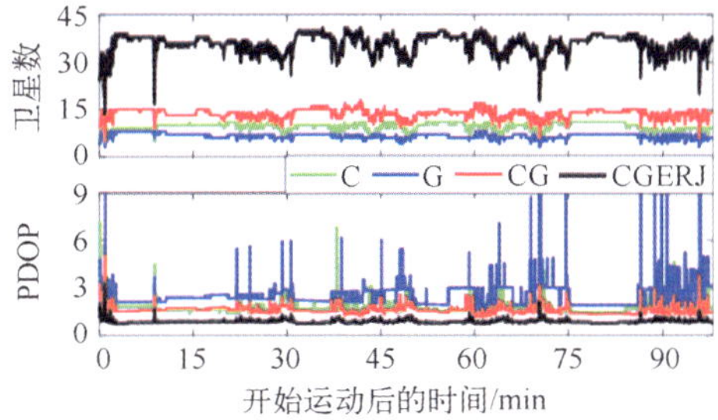

图 5.12 BDS 单系统、GPS 单系统、BDS+GPS 双系统以及五系统可视卫星和 PDOP 值

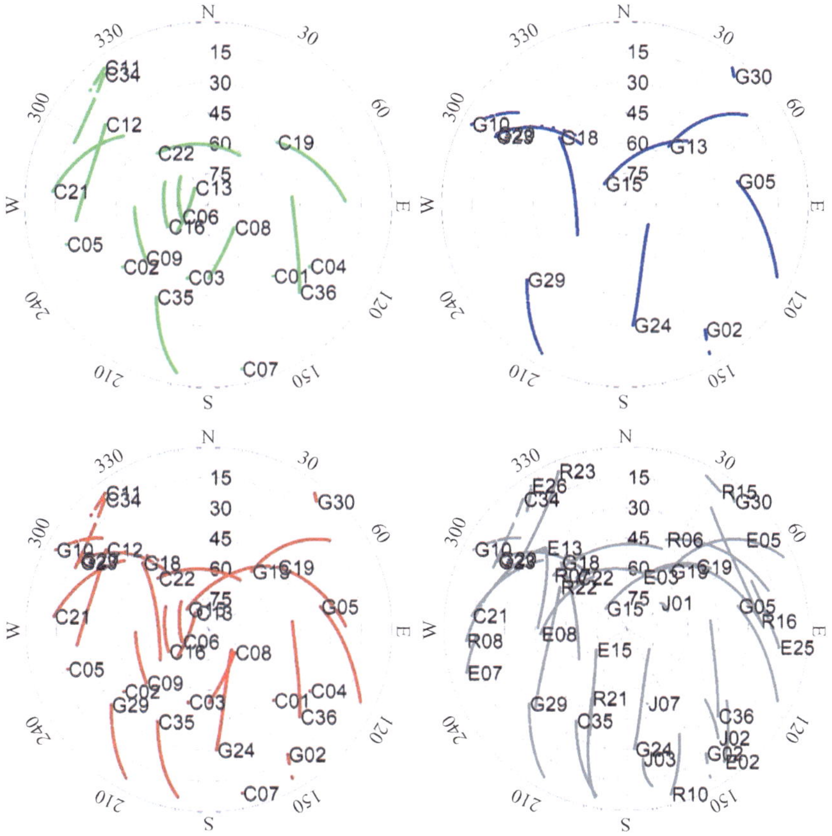

图 5.13 BDS 单系统、GPS 单系统、BDS+GPS 双系统以及五系统卫星天空可视图

5.2 GNSS PPPAR

恢复非差模糊度的整数特性并将其固定成整数是实现 PPPAR 的关键。本节将介绍 UPD 方法、IRC 和相位钟三种 PPPAR 方法比较以及多频 PPPAR 的实现。

5.2.1 几种 PPPAR 方法比较

本节以双频 IF 组合模型为例，介绍 UPD 方法、IRC 和相位钟实现 PPPAR 的方法，并对比几种 PPPAR 的定位性能。

1. UPD 方法

式（4.17）给出了 WL 和 NL 模糊度理论表达形式，在服务端，获取到 WL 模糊度后，通过上一章介绍的方法，即可获得 WL UPD 产品。在固定 WL 模糊度后，与 IF 组合模糊度线性组合即可求得 NL 模糊度，进一步可以获得 NL UPD。在用户端，在固定 WL 模糊度后，对 IF 组合模型消除整周 WL 模糊度，方程可以表示为

$$\begin{cases} p_{r,\mathrm{IF},12}^{s}(t)=\rho_{r}^{s}(t)+d\bar{t}_{r}(t)+T_{r}^{s}(t)+\varepsilon_{p,\mathrm{IF},12}^{s}(t) \\ \phi_{r,\mathrm{IF},12}^{s}(t)=\rho_{r}^{s}(t)+d\bar{t}_{r}(t)+T_{r}^{s}(t)+\bar{N}_{r,\mathrm{N},12}^{s}+\varepsilon_{\phi,\mathrm{IF},12}^{s}(t) \end{cases} \tag{5.50}$$

其中

$$\begin{aligned} \bar{N}_{r,\mathrm{N},ij}^{s} &= N_{r,\mathrm{N},ij}^{s}+B_{r,\mathrm{N},ij}-B_{\mathrm{N},ij}^{s} \\ &= \frac{c}{f_i+f_j}\cdot n_{r,i}^{s}+(b_{r,\mathrm{IF},ij}-d_{r,\mathrm{IF},ij})-(b_{\mathrm{IF},ij}^{s}-d_{\mathrm{IF},ij}^{s}) \end{aligned} \tag{5.51}$$

利用 NL UPD 产品对 NL 模糊度进行相位偏差修正，利用 LAMBDA 或其他搜索方法确定 NL 模糊度整数解，从而实现 NL 模糊度的固定。对于卫星 k 和 l，方程可以表示为

$$\begin{cases} p_{r,\mathrm{IF},12}^{k}(t)=\rho_{r}^{k}(t)+d\bar{t}_{r}(t)+T_{r}^{k}(t)+\varepsilon_{p,\mathrm{IF},12}^{k}(t) \\ p_{r,\mathrm{IF},12}^{l}(t)=\rho_{r}^{l}(t)+d\bar{t}_{r}(t)+T_{r}^{l}(t)+\varepsilon_{p,\mathrm{IF},12}^{l}(t) \\ \phi_{r,\mathrm{IF},12}^{k}(t)=\rho_{r}^{k}(t)+d\bar{t}_{r}(t)+T_{r}^{k}(t)+\bar{N}_{r,\mathrm{N},12}^{k}+\varepsilon_{\phi,\mathrm{IF},12}^{k}(t) \\ \phi_{r,\mathrm{IF},12}^{l}(t)=\rho_{r}^{l}(t)+d\bar{t}_{r}(t)+T_{r}^{l}(t)+\bar{N}_{r,\mathrm{N},12}^{l}+\varepsilon_{\phi,\mathrm{IF},12}^{l}(t) \\ \lambda_{\mathrm{N},12}\cdot[n_{r,1}^{kl}]-B_{\mathrm{N},12}^{kl}=\bar{N}_{r,\mathrm{N},12}^{k}-\bar{N}_{r,\mathrm{N},12}^{l} \end{cases} \tag{5.52}$$

通过式（5.52），则可以实现用户端的 PPPAR，通常模糊度约束采用的是星间单差的模糊度约束，而不是非差的 NL 模糊度值。

2. IRC

与UPD方法不同的是，IRC钟差是以相位为基准的钟差。因此，在用户端，WL UPD处理方法与UPD方法一致，NL模糊度则不需要进行UPD改正，只需要利用IRC钟差产品进行PPP解算就可以直接获得具有整数特性的NL模糊度，在利用WL UPD搜索到WL模糊度后，消除WL模糊度的方程可以表示为

$$\begin{cases} p_{r,\mathrm{IF},12}^{s}(t)=\rho_{r}^{s}(t)+d\,\bar{t}_{r}(t)+T_{r}^{s}(t)+\varepsilon_{p,\mathrm{IF},12}^{s}(t) \\ \phi_{r,\mathrm{IF},12}^{s}(t)=\rho_{r}^{s}(t)+d\,\bar{t}_{r}(t)+T_{r}^{s}(t)+\bar{N}_{r,\mathrm{N},12}^{s}+\varepsilon_{\phi,\mathrm{IF},12}^{s}(t) \\ \lambda_{\mathrm{N},12}\cdot[n_{r,1}^{s}]=\bar{N}_{r,\mathrm{N},12}^{s} \end{cases} \tag{5.53}$$

IRC产品是以相位为基准，其吸收了相位端的硬件延迟，因此不需要像UPD方法一样改正NL相位偏差，用户可以直接获取整周NL模糊度，从而实现PPPAR。

3. 相位钟

通过前文所述，相位钟包括相位钟差产品和相位偏差产品，相位偏差是以观测值域的形式给出，相位钟在获得与IRC同样严谨的理论模型基础上，仍然维持了IGS原有的卫星钟差基准，因此，用户端的处理策略与UPD方法一致[149]。目前WHU和CODE分析中心提供的相位偏差产品采用的就是该理论生成的产品。

4. 性能分析比较

图5.14给出了UPD方法REDU测站GPS、BDS-3以及Galileo的双频IF组合模型PPPAR定位误差。可以看出，PPPAR收敛速度与PPP浮点解相比明显加快，定位精度也要优于PPP浮点解结果。GPS、BDS-3和Galileo PPPAR在北、东和天顶方向上的定位精度分别为0.12cm、0.01cm、0.85cm，0.02cm、0.30cm、1.08cm和0.05cm、0.18cm、0.76cm；PPP浮点解三个方向的定位精度分别为0.14cm、0.07cm、0.92cm，0.05cm、0.60cm、1.36cm和0.09cm、0.23cm、0.99cm。

图5.15和图5.16给出了GPS、BDS-3和Galileo PPP模糊度固定解、收敛时间和定位精度。GPS、BDS-3和Galileo PPPAR在北、东和天顶方向上的定位精度相对PPP浮点解可以提升17.2%、84.3%、5.2%，21.8%、78.1%、14.3%和30.0%、71.8%、17.6%，PPPAR定位精度得到了明显提升，在东方向上的定位精度提升效果尤为明显。GPS、BDS-3和Galileo PPPAR在北、东和天顶方向上的收敛速度相对PPP浮点解分别提升了26.7%、43.4%、

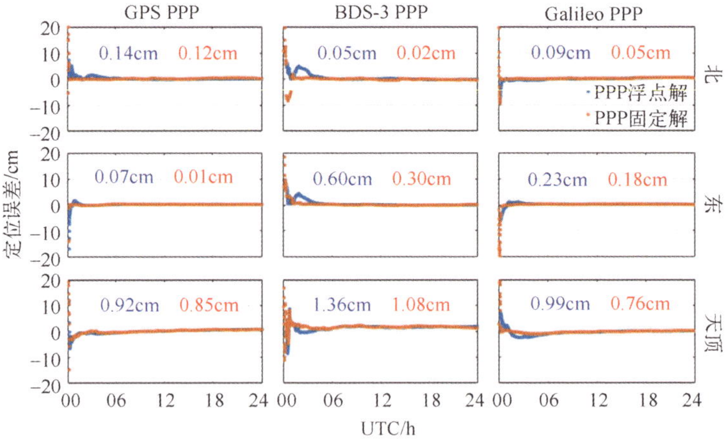

图 5.14 REDU 测站 GPS、BDS-3 和 Galileo 双频 IF 组合模型 PPPAR 的定位误差

12.5%，33.3%、29.2%、23.5%和 38.5%、22.7%、13.3%。相比于 PPP 浮点解，PPPAR 显著提升了定位性能。

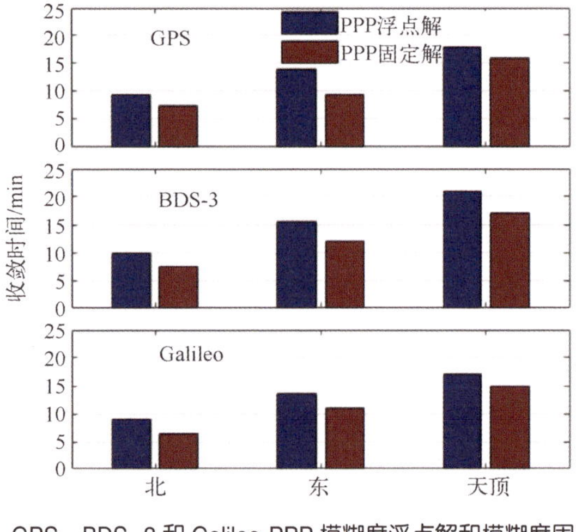

图 5.15 GPS、BDS-3 和 Galileo PPP 模糊度浮点解和模糊度固定解收敛时间

文献［149］处理了 2016 年近 500 组 IGS 测站来分析几种 PPPAR 方法的差异，表 5.1 给出了 PPPAR 模型和对应产品类型。表 5.2 给出了不同 PPPAR 单天解定位精度对比。图 5.17 给出了不同 PPPAR 方法单天解定位精度对比。整体上看，所有 PPPAR 方法的固定率都能达到很高的水平，PPPAR 各方法单天解都能达到 99%。这里的模糊度固定率指的是对独立的固定模糊度的统计值。各种方法在模糊度固定率的表现上是相当的，而不同方法定位精度上表现并不一致。

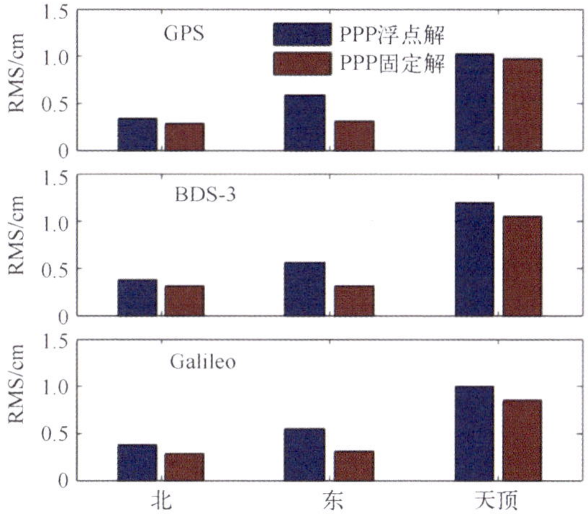

图 5.16 GPS、BDS-3 和 Galileo PPP 模糊度浮点解和模糊度固定解定位精度

表 5.1 PPPAR 模型和对应产品类型[149]

模 型	卫星钟差	相位偏差
UPD 方法[164]	经典卫星钟差	浮点 UPD
改进 UPD 方法[164]	经典卫星钟差	双差固定 UPD
IRC 方法[147]	整数钟差	无
相位钟[149]	相位钟	单差固定 UPD（单天）

PPP 单天解的精度评定通常以 IGS 周解为参考，在表 5.2 中，可以明显地发现 PPPAR 相对于 PPP 浮点解的性能提升。在东方向，PPPAR 的定位精度相对 PPP 浮点解提高了 35%~50%。而在北和天顶方向仅提高了约 6%~9%。在东方向上，不同 PPPAR 对 PPP 浮点解的提升并不一致，尤其是 UPD 方法，这是因为 UPD 来源于浮点解网解。然而，改进的 UPD 方法 UPD 的估值来自双差模糊度约束的网解。基于模糊度固定的网解重新估计卫星钟差后，定位精度有了进一步的提升，东方向上从 1.67mm 下降到 1.56mm，改进了约 14%。而在北方向和天顶方向则并不是很明显。从 IRC 和相位钟结果比较中可以发现，两种方法的定位精度一致，在第 4 章分析中两种方法在理论上也是完全等价的。不同 PPPAR 单天解结果定位精度都展现出良好的性能。

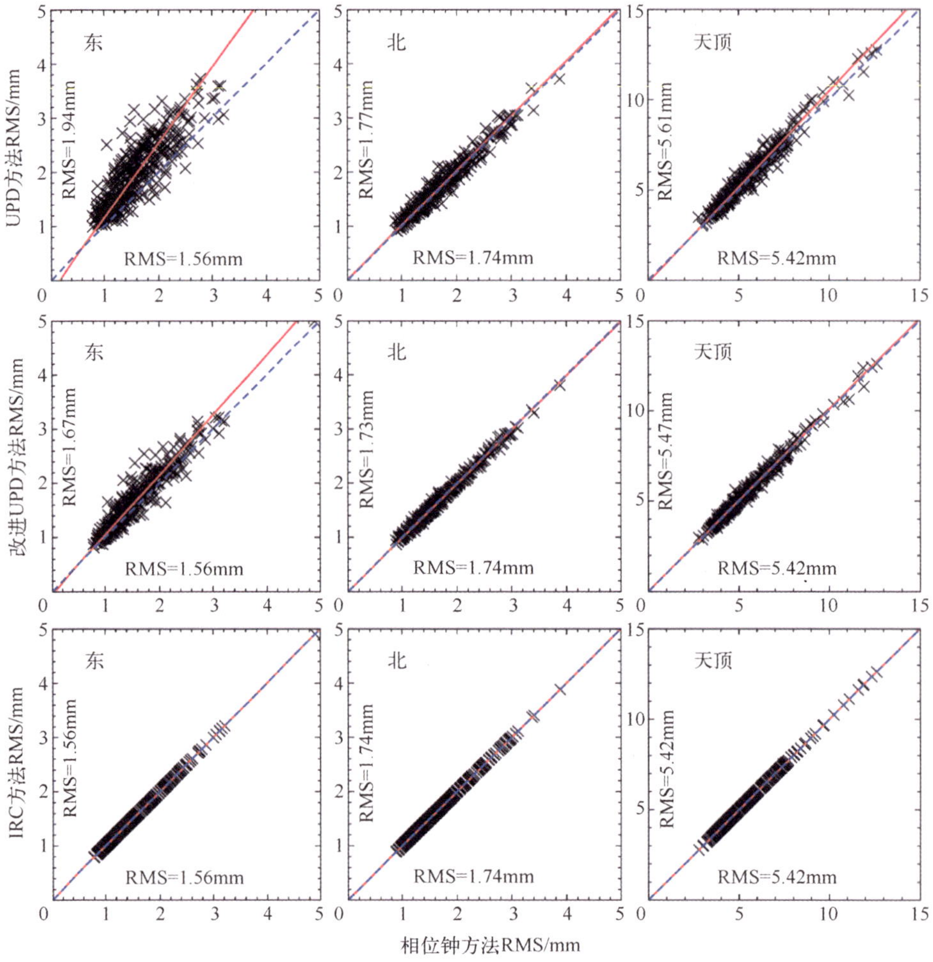

图 5.17 不同 PPPAR 方法单天解定位精度对比[149]

表 5.2 不同 PPPAR 单天解定位精度对比[149]

类　型	北/mm	东/mm	天顶/mm	固　定　率
PPP（经典钟）	1.84	3.06	5.92	—
PPP（相位钟）	1.81	3.05	5.90	—
PPPAR（UPD）	1.77	1.94	5.61	99.01%
PPPAR（改进 UPD）	1.73	1.67	5.47	99.00%
PPPAR（IRC）	1.74	1.56	5.42	98.88%
PPPAR（相位钟）	1.74	1.56	5.42	99.02%

在大地测量高精度数据处理中，亚天解数据处理也是常用方法。文献［149］对不同PPPAR方法的亚天解也进行了比较，将每个站的数据切割成以多个小时观测数据进行处理。选取IGS周解作为参考真值进行PPPAR精度评定，表5.3提供了不同PPPAR亚天解定位精度对比表，可以看到，几种PPPAR方法都能实现PPP模糊度固定解，相比于PPP浮点解，几种方法都能大幅度改善定位精度。相对于浮点解来说，PPPAR在北、东和天顶方向上精度分别能改进约50%、75%和32%。图5.18提供了不同PPPAR方法亚天解定位精度对比，可以看到，不同PPPAR亚天解结果差异几乎为0，要明显小于PPPAR单天解定位差异，从这一点来说，UPD方法不需要进行复杂的模糊度固定网解就可以实现较好的PPPAR定位性能，其具有一定的竞争优势。

表5.3 不同PPPAR亚天解定位精度对比表[149]

类　型	北/mm	东/mm	天顶/mm	固　定　率
PPP（经典钟）	10.8	20.7	27.9	—
PPP（相位钟）	10.9	20.7	28.0	—
PPPAR（UPD）	5.4	5.1	18.5	97.03%
PPPAR（改进UPD）	5.3	5.1	18.5	97.08%
PPPAR（IRC）	5.3	5.1	18.4	96.97%
PPPAR（相位钟）	5.3	5.0	18.4	97.09%

5.2.2 多频PPPAR

多频PPPAR的常用实现方式包括基于IF组合模型的多频PPPAR和UC模型的多频PPPAR。本节将分别介绍两种模型的非差模糊度固定实现方式。

1. 基于IF组合模型的多频PPPAR

在式（4.1）的基础上，任意多频IF组合模型可以表示为

$$\begin{cases} p_{r,\mathrm{IF},12}^{s}(t)=\rho_{r}^{s}(t)+d\bar{t}_{r}(t)+T_{r}^{s}(t)+\varepsilon_{p,\mathrm{IF},12}^{s}(t) \\ p_{r,\mathrm{IF},1\tau}^{s}(t)=\rho_{r}^{s}(t)+d\bar{t}_{r}(t)+T_{r}^{s}(t)+ifb_{1\tau}+\varepsilon_{p,\mathrm{IF},1\tau}^{s}(t),\tau\in[3,+\infty) \\ \phi_{r,\mathrm{IF},12}^{s}(t)=\rho_{r}^{s}(t)+d\bar{t}_{r}(t)+T_{r}^{s}(t)+\bar{N}_{r,\mathrm{IF},12}^{s}+\varepsilon_{\phi,\mathrm{IF},12}^{s}(t) \\ \phi_{r,\mathrm{IF},1\tau}^{s}(t)=\rho_{r}^{s}(t)+d\bar{t}_{r}(t)+T_{r}^{s}(t)+\bar{N}_{r,\mathrm{IF},1\tau}^{s}+\varepsilon_{\phi,\mathrm{IF},1\tau}^{s}(t),\tau\in[3,+\infty) \end{cases} \tag{5.54}$$

其中

$$\begin{cases} d\bar{t}_{r}(t)=dt_{r}(t)+d_{r,\mathrm{IF},12} \\ ifb_{1\tau}=d_{r,\mathrm{IF},12}-d_{r,\mathrm{IF},1\tau},\tau\in[3,+\infty) \\ \bar{N}_{r,\mathrm{IF},1\tau}^{s}=N_{r,\mathrm{IF},1\tau}^{s}+b_{r,\mathrm{IF},1\tau}-b_{\mathrm{IF},1\tau}^{s}-d_{r,\mathrm{IF},12}+d_{\mathrm{IF},12}^{s},\tau\in[2,+\infty) \end{cases} \tag{5.55}$$

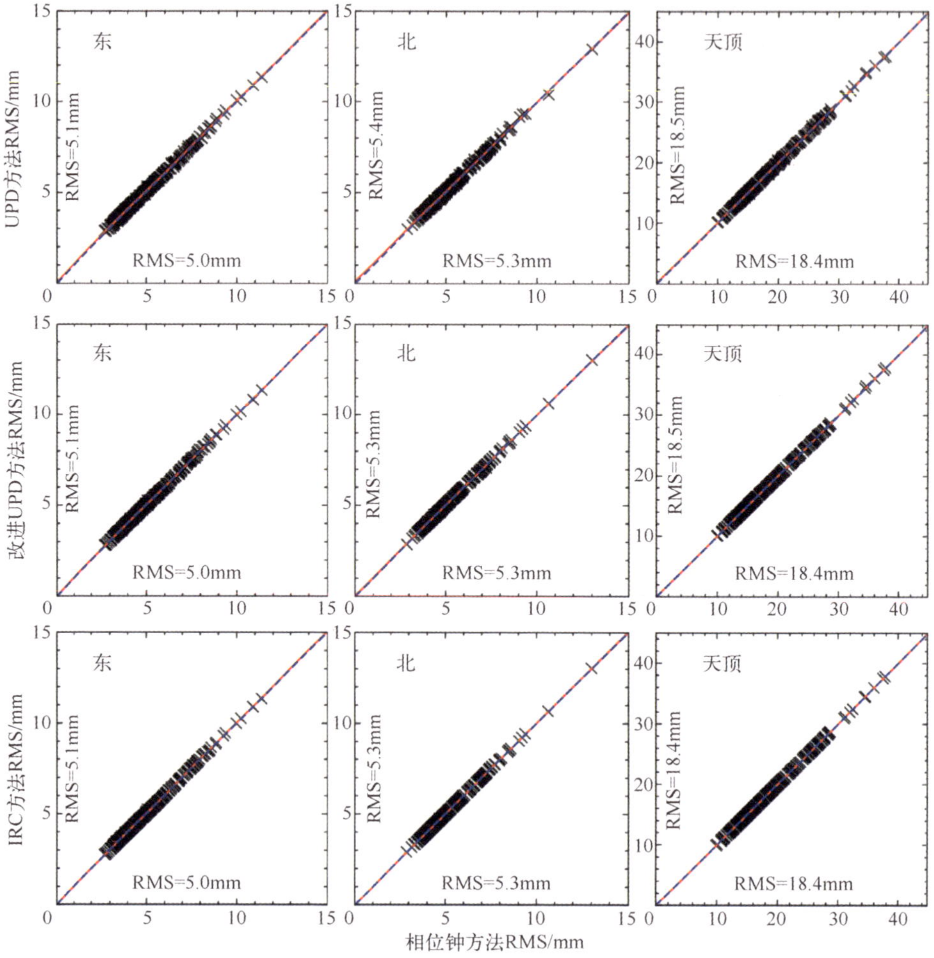

图 5.18　不同 PPPAR 方法亚天解定位精度对比图[149]

多频无电离层组合模型的待估计参数包括位置信息、接收机钟差、IFB 和模糊度参数。

借鉴双频非差模糊度固定方法和双差模糊度固定方法，多频 PPPAR 采用 EWL、WL 和 NL 逐级固定的方法。式（4.13）已经给出了 EWL 和 WL 模糊度表达方式，EWL 和 WL 模糊度包含了接收机端和卫星端的硬件延迟，卫星端 UPD 可以通过产品改正，而接收机端 UPD 则可以通过取平均计算得到。在扣除卫星和接收机端相位偏差之后，模糊度便具备了整数特性，通过对模糊度进一步取整可以消除未模型化和随机误差的影响[146,151]。

在固定 EWL 和 WL 模糊度后，通过整周 EWL 和 WL 模糊度以及相位偏差产品以及原始相位观测值即可构成一个 IF 的高精度 AFIF（Ambiguity-Fixed Ionosphere-Free）距离观测值，即[220]

$$p^s_{r,\mathrm{AFIF},12\tau}=\frac{f_1}{f_1-f_\tau}\phi^s_{r,\mathrm{WL},12}-\frac{f_\tau}{f_1-f_\tau}\phi^s_{r,\mathrm{EWL},2\tau},\tau\in[3,+\infty) \tag{5.56}$$

其中

$$\begin{cases}\phi^s_{r,\mathrm{WL},12}=\dfrac{f_1}{f_1-f_2}\phi^s_{r,1}-\dfrac{f_1}{f_1-f_2}\phi^s_{r,2}-(\lambda_{\mathrm{W},12}\cdot[n^s_{r,\mathrm{W},12}]+B_{r,\mathrm{W},12}-B^s_{\mathrm{W},12})\\ \phi^s_{r,\mathrm{EWL},2\tau}=\dfrac{f_2}{f_2-f_\tau}\phi^s_{r,2}-\dfrac{f_\tau}{f_2-f_\tau}\phi^s_{r,\tau}-(\lambda_{\mathrm{W},2\tau}\cdot[n^s_{r,\mathrm{W},2\tau}]+B_{r,\mathrm{W},2\tau}-B^s_{\mathrm{W},2\tau}),\tau\in[3,+\infty)\end{cases} \tag{5.57}$$

式（5.57）为 AFIF 组合观测值，其可以作为高精度的伪距观测值，用来约束法方程、缩小模糊度搜索空间，实现非差模糊度的快速固定，值得注意的是，构成 EWL 与 WL 组合的伪距观测值尽量与钟差产品采用的频点保持一致，即式（5.57）中的第 1 频点和 2 频点，这样可以直接消除 WL 和 EWL 组合观测值中伪距 IFB 的影响，这一点在上一节生成服务端 UPD 产品时也同样作过说明。AFIF 组合观测值虽然放大了相位观测值的噪声，但消除了电离层误差且不受伪距多路径误差和噪声的影响。随着 GNSS 信号频率的增多，可构造和利用的 AFIF 观测值也越多，其定位性能的提升效果也越明显[220-221]。

与双频模型相比，多频模型增加了 AFIF 组合观测值作为虚拟观测值参与 PPP 解算，这实际上相当于提供了一个更高精度的伪距观测值，将缩小窄巷模糊度的搜索空间，有效提高 NL 模糊度的固定效率。当前，AFIF 组合观测值也会受到残余大气误差的影响，当该误差较大时，AFIF 组合观测值对 NL 模糊度搜索提升效果也相对有限。表 5.4 提供了 GPS、BDS 和 Galileo 常用 AFIF 频率组合与其对应的噪声放大因子。GPS L1/L2/L5 对应的 AFIF 组合的噪声放大因子为 100.61。在使用 AFIF 观测值时，需要综合考虑噪声放大因子、EWL 和 WL 波长等因素，对 AFIF 组合施加合理的权重，才能有效加速 PPP 的收敛，提高模糊度的固定效率。

在 IF 组合模型中，模糊度固定都遵循着先固定 WL 模糊度再固定 NL 模糊的原则，在这一点上双频和多频模型对 NL 模糊度的处理方式一致。UPD 方法已经对 NL 模糊度处理方式作过说明，在这里不重复介绍。图 5.19 提供了多频 IF 组合 PPPAR 流程，相较于传统的双频 PPPAR 处理流程，多频模型利用 AFIF 组合约束定位方程求解待估参数实现 PPP 宽巷固定解。同时，AFIF 组合观测值约束解也可加速 NL 模糊度固定，将 NL UPD 从模糊度中分离，恢复 NL

模糊度的整周特性后，实现 PPPAR。

表 5.4 GPS、BDS 和 Galileo 常用 AFIF 频率组合与其对应的噪声放大因子

GNSS 系统	频　率	频率组合	噪声放大因子
GPS	L1/L2/L5	L1/L2/L5	100.6
Galileo	E1/E5a/E5b/E5/E6	E1/E5a/E5b	181.3
		E1/E5a/E5	339.6
		E1/E5a/ E6	77.7
BDS-2	B1I/B3I/B2I	B1I/B3I/B2I	127.2
BDS-3	B1I/B3I/B2a/B2b/B2a+b	B1I/B3I/B2a	63.9
		B1I/B3I/B2b	101.9
		B1I/B3I/B2a+b	78.8

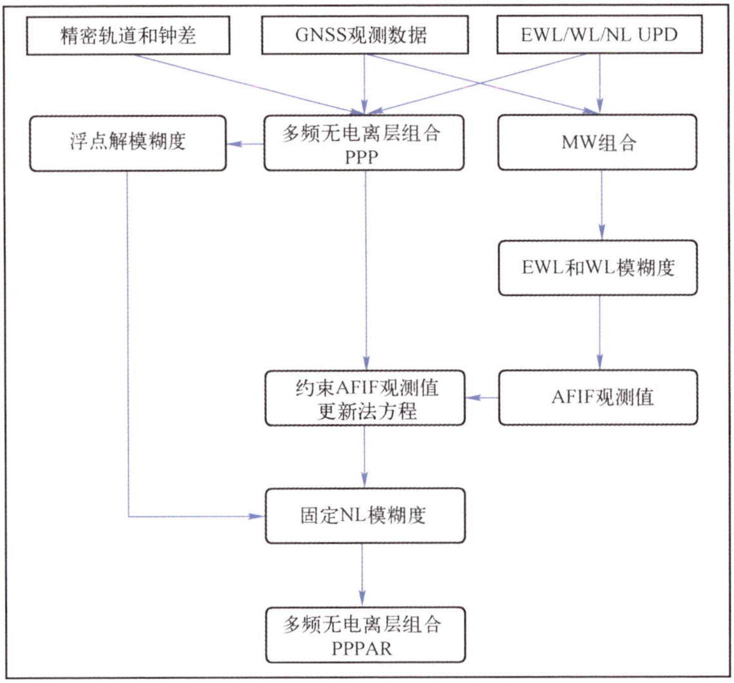

图 5.19 多频 IF 组合 PPPAR 流程

2. 基于 UC 模型的多频 PPPAR

式（4.3）提供了多频 UC 函数模型，相应浮点解模型在 5.1.1 节中进行介绍。基于非差非组合模型的多频 PPPAR 核心思路是综合考虑组合波长、噪

声水平、受电离层影响的程度等因素按照先易后难顺序依次固定不同组合形式的模糊度，最终实现多频非差模糊度的固定。

式（4.13）给出了 EWL 和 WL 模糊度组合形式，在扣除卫星端 UPD 后，EWL 和 WL 模糊度仍然受到接收机端 UPD 影响，进一步通过星间单差方式即可消除接收机端 UPD 影响，恢复 EWL 和 WL 模糊度整周特性，并通过 LAMBDA 等方法可将其固定为整数[222]。EWL 整周模糊度可以作为先验虚拟观测信息约束法方程，对于卫星 k 和 l，EWL 模糊度固定施加的约束方程可以表示为

$$\lambda_{\mathrm{W},2\tau}\cdot[n_{r,\mathrm{W},2\tau}^{kl}]-B_{\mathrm{W},2\tau}^{kl}=\lambda_{\mathrm{W},2\tau}\left(\frac{\overline{N}_{r,2}^{kl}}{\lambda_2}-\frac{\overline{N}_{r,\tau}^{kl}}{\lambda_\tau}\right)\tag{5.58}$$

当模糊度被固定即可认定为真值，式（5.58）即可赋值为无穷大的先验权重。在此条件下，满足 EWL 组合为整数的约束条件降低了模糊度参数与其他参数的相关性，在此情形下，可进一步地固定 WL 模糊度。类似地，WL 模糊度固定施加的约束方程可以表示为

$$\lambda_{\mathrm{W},12}\cdot[n_{r,\mathrm{W},12}^{kl}]-B_{\mathrm{W},12}^{kl}=\lambda_{\mathrm{W},12}\left(\frac{\overline{N}_{r,1}^{kl}}{\lambda_1}-\frac{\overline{N}_{r,2}^{kl}}{\lambda_2}\right)\tag{5.59}$$

在 PPP 解算中加入上述虚拟观测值，可进一步降低模糊度与其他参数的相关性，提升待估参数的估值精度，从而缩小 N1 模糊度的搜索空间，提升 N1 模糊度的固定效率，在消除 WL 整周模糊度影响后，NL 模糊度固定施加的约束方程可以表示为

$$\lambda_{\mathrm{N},12}\cdot[n_{r,\mathrm{N},12}^{kl}]-B_{\mathrm{N},12}^{kl}=\lambda_{\mathrm{N},12}\left(\frac{f_1}{f_1-f_2}\cdot\frac{\overline{N}_{r,1}^{kl}}{\lambda_1}-\frac{f_2}{f_1-f_2}\frac{\overline{N}_{r,2}^{kl}}{\lambda_2}\right)\tag{5.60}$$

在依次固定 EWL、WL 与 N1 模糊度后，即可实现 UC 模型的多频 PPPAR。图 5.20 提供了多频非差非组合 PPPAR 流程，通过进行多频 UC PPP 解算，获得原始观测值上的浮点模糊度，首先转换成 EWL 模糊度并固定 EWL 模糊度。其次将固定的 EWL 模糊度作为先验约束加入方程，更新模糊度参数，组成 WL 模糊度并固定。随后将固定的 WL 模糊度作为先验约束加入方程，更新模糊度参数，最终实现原始模糊度的固定。

3. 性能分析比较

文献［223］选择了 20 个 MGEX 测站 2020 年 DOY 111—120 日的观测数据进行 PPP 实验来验证评估多频多星座 PPPAR 的定位性能。观测值包括 GPS L1/L2/L5，Galileo E1/E5a/E5b/E5/E6，BDS B1I/B2I/B3I 观测值。基于对应

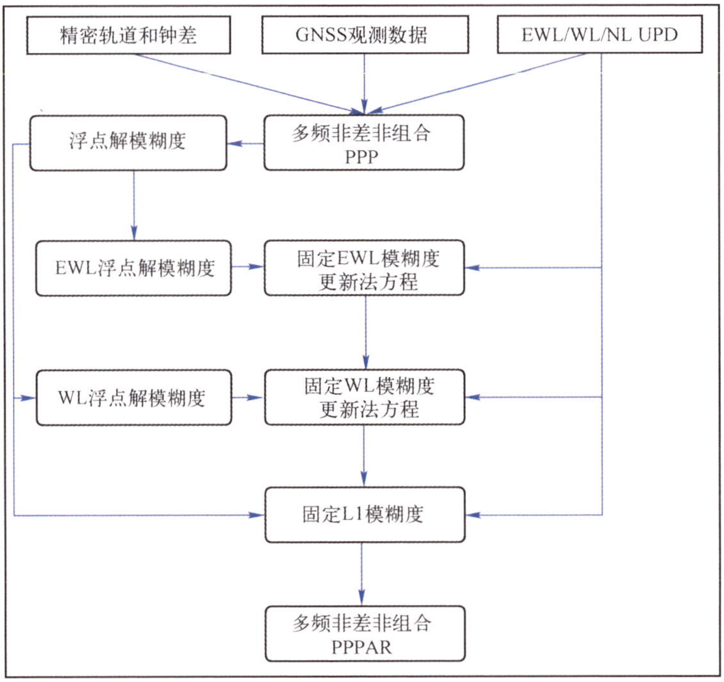

图 5.20　多频非差非组合 PPPAR 流程

数据，分别进行了 GPS 单系统、Galileo 单系统、GPS+BDS 双系统、GPS+Galileo 双系统以及 GPS+BDS+Galileo 三系统测试，分为双频、三频和五频浮点解和固定解模式，包括三频浮点解（TF-float）、双频固定解（DF-fixed）、三频固定解（TF-fixed）、五频固定解（FF-fixed）。

表 5.5 统计了不同系统组合、不同频率组合下的 IF 组合和 UC PPP 浮点解与固定解的平均收敛时间。以 IF 组合 PPP 为例，其中，Galileo 和 GPS 单系统三频 IF 组合 PPP 浮点解的收敛时间分别为 16.4min 和 11.0min，三系统的三频 IF 组合 PPP 收敛时间为 9.6min，多系统融合显著缩短了 PPP 收敛时间，模糊度固定后，收敛时间进一步缩短。三系统三频固定解的收敛时间为 6.4min，与浮点解 PPP 相比提升了 33.1%。各系统三频固定解的平均收敛时间普遍比双频固定解的收敛时间短，五频固定解收敛时间比三频固定解进一步缩短。三系统五频固定解所需的收敛时间最短。此外，无论是单系统还是多系统组合，基于 UC 模型的多频固定解在收敛速度上略优于基于 IF 组合模型的三频固定解，随着系统数量的增多，提升效果也更加明显。

表 5.5 多频多系统 PPP 平均收敛时间[223]

时间/min	E	G	GC	GE	GEC
IF 三频浮点	16.4	11.0	10.9	9.9	9.6
IF 双频固定	14.7	9.9	9.7	6.8	6.8
IF 三频固定	13.2	9.1	9.4	6.4	6.4
IF 五频固定	12.0	—	—	6.2	6.4
UC 三频浮点	16.5	12.9	10.8	9.9	9.6
UC 双频固定	13.5	9.4	8.5	6.6	5.4
UC 三频固定	12.2	8.6	8.4	5.8	5.0
UC 五频固定	12.1	—	—	5.9	4.6

表 5.6 给出了多频多系统静态 IF 组合和 UC PPPAR 平均首次固定时间的统计值。类似地，随着卫星系统的增加，模糊度首次固定时间逐渐减小，三系统 IF 组合 PPP 的首次固定时间为 6.2min。相较于双频固定解，三频以及五频 PPP 固定解可以进一步缩短首次固定时间，这在 Galileo 系统中最为明显。双系统和三系统的提升并不显著，多频对于模糊度固定的提升主要体现在可视卫星数目较少、观测几何构型较差的情况当中。

表 5.6 多频多系统 PPPAR 平均首次固定时间[223]

时间/min	E	G	GC	GE	GEC
IF 双频固定	25.1	14.6	12.6	6.9	6.2
IF 三频固定	20.3	14.4	12.4	6.2	6.0
IF 五频固定	19.7	—	—	6.3	5.7
UC 双频固定	23.7	13.5	10.6	5.9	4.5
UC 三频固定	19.5	13.4	10.4	5.2	4.2
UC 五频固定	18.8	—	—	5.2	4.1

图 5.21 统计了多频 IF 和 UC 模型下不同尺度下不同系统多频 PPP 浮点解与固定解的定位精度。可以看到，随着观测时段的增长以及卫星系统数量越多，PPP 定位精度越高。相较于 PPP 浮点解，PPP 模糊度固定解显著提升了定位精度，相较于双频固定解，三频以及五频固定解的定位精度更优，尤其是在前 10min 最为明显。多系统定位精度要明显优于单系统 PPP 结果，三系统 PPP 定位达到了最优的定位精度。以 IF 组合模型为例，对于三系统定位，在 5min 的双频 PPP 固定解在东、北、天顶三个方向上的定位精度分别为 4.2cm、1.6cm 和 5.2cm，五频固定解的定位精度在东、北、天顶三个方向上为 2.0cm、

0.6cm 和 3.2cm。对于单 Galileo 系统来说，五频固定解的定位精度明显优于三频固定解。

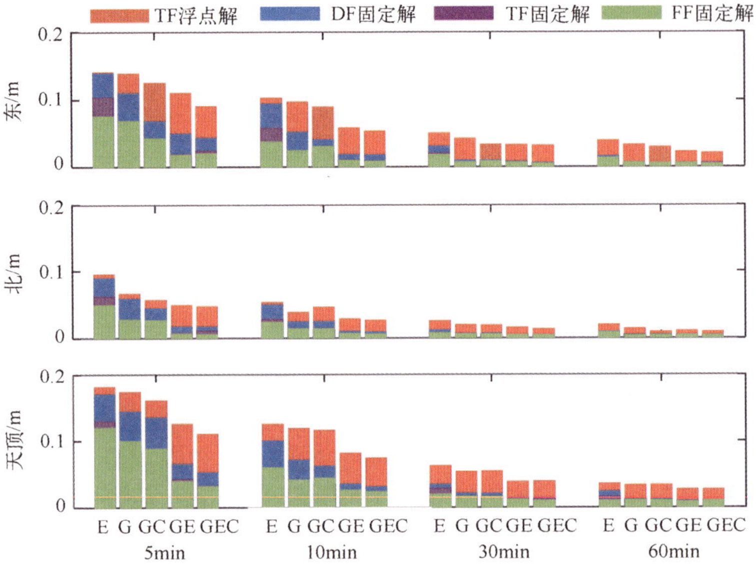

(a) IF组合PPP

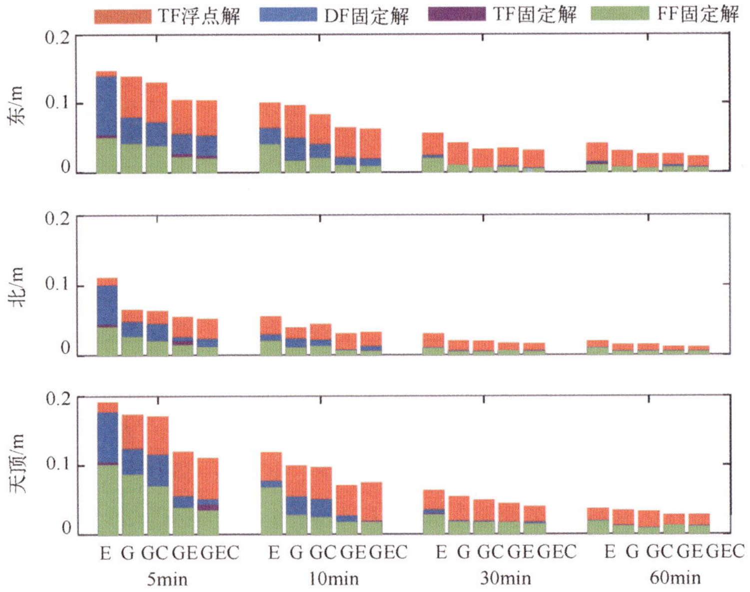

(b) UC PPP

图 5.21　不同时间尺度多频 PPP 精度统计[223]

对于 IF 组合和 UC PPPAR 模型，两种方法都能快速有效地实现多频多系统 PPP 快速模糊度固定。其中，UC 模型在定位性能上略优于 IF 组合模型，从观测域角度来看，IF 组合模型构建了高精度的 IF 组合模型的 AFIF 几何观测量，这显著地加速了模糊度收敛，但是 AFIF 观测值受到了残余大气等误差的影响，随机模型的建立和使用仍需要进一步精化。从参数域角度出发，UC 模型构建了 EWL 和 WL 组合模糊度，当模糊度固定成功时，其作为真值来约束参数，在可靠性上要优于 AFIF 观测值。

UC 模型简单可扩展性强，其更适用于多频信号处理，多系统融合为模糊度固定提供了数量更多的高精度模糊度，采用合理的部分模糊度固定策略与非差固定解检核方法可以显著缩短模糊度的首次固定时间，其主要体现在加快 PPP 收敛、加速 NL 模糊度固定方面。模糊度固定对单系统提升较为明显，而对多系统则相对有限，这是由于多系统几何构型较好，主要受到残余大气的影响。因此，模糊度固定在卫星数目较少、观测环境较弱的场景下效果最为明显。在有效地解决大气误差等因素后，PPP 有望实现数秒内甚至瞬时模糊度固定，即 GNSS PPP-RTK 技术。

5.3 GNSS PPP-RTK

本节介绍 PPP-RTK 概念、大气改正的方法，并分析 PPP-RTK 的定位性能。

5.3.1 PPP-RTK 概念

文献［224］首次提出了 PPP-RTK 的概念，PPP-RTK 的基本特征包括采用 PPP 定位模型、实时定位和快速固定模糊度。PPP-RTK 的核心是实现 PPP 模糊度的快速固定。文献［225］借鉴了网络 RTK 误差处理思路，通过密集基准站设施，采用 PPPAR 逐站提取精密大气延迟并进行时域和空域建模，通过播发改正数供用户使用，实现了非差模糊度的快速收敛，图 5.22 给出了 PPP-RTK 实现方案，这也是当前商业系统采用的主流方案。PPP-RTK 当前仍处于早期开发和应用阶段，学术界提出了多种不同新概念和新方法[165,226-228]，其理论和结果基本上等价，在实际工程应用中则存在较大差异，如需要考虑服务端提供的数据量、采样率和带宽等问题。

当前阶段，PPP-RTK 广泛用于各种应用。日本政府基于 QZSS 卫星组织建立了厘米级增强服务（Centimeter Level Augmentation Service，CLAS）系统，

表 5.7 给出了 CLAS 系统的定位服务性能。BDS-3 也可以通过 B2b 信号提供各种 PPP 增强服务和改正[196]。Galileo 增强服务系统高精度服务（High Accuracy Service，HAS）旨在提供全球用户分米级 PPPAR 服务。此外，许多商业公司也开始构建商业 PPP-RTK 系统，如 Trimble's CenterPoint-RTX Fast，NovAtel's TerraStar-X，Ublox PointPerfect，Qianxun XStar，UniStrong Atlas，Hi-Target HiRTP 等。这些商业系统软件都能快速提供厘米级定位服务。

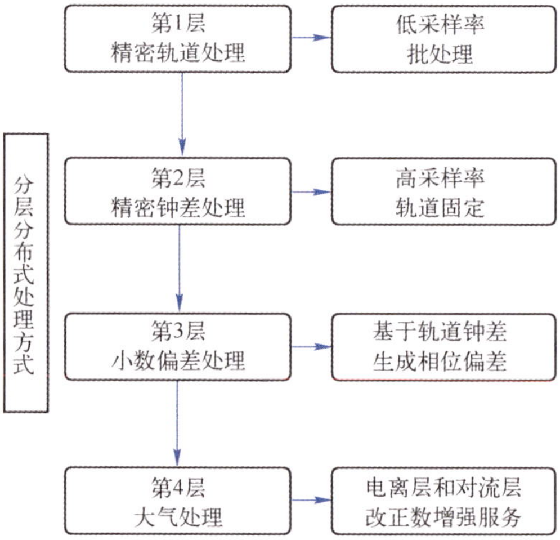

图 5.22 PPP-RTK 实现方案

表 5.7 CLAS 系统的定位服务性能

定位类型	定位误差	
	水平	垂直
静态	≤6cm（95%）（3.47cm RMS）	≤12cm（95%）（6.13cm RMS）
动态	≤12cm（95%）（6.94cm RMS）	≤24cm（95%）（12.25cm RMS）

PPP-RTK 快速精密定位系统通常由服务端与用户端两部分组成，服务端生成实时精密轨道和钟差产品，并进一步生成实时多频相位偏差产品，对参考站数据进行 PPPAR 并进一步提取大气电离层和对流层改正数，最后播发给用户精密轨道、钟差、相位偏差以及大气产品，用户端通过改正数从而实现 PPP 模糊度快速固定，进而获得高精度的定位结果。当前 PPP-RTK 研究热点主要是多频多系统 PPP-RTK、单频低成本 PPP-RTK、车载 PPP-RTK 和智能手机 PPP-RTK 等。

5.3.2 大气改正

精密的大气改正是实现 PPP-RTK 快速模糊度固定的关键，PPP-RTK 可以看成是在 PPPAR 的基础上增加了大气改正技术，进而实现非差模糊度快速固定，因此，UC 模型是实现 PPP-RTK 的常用方法，UPD 的估计方法与多频多系统 PPPAR 方法已经在前文进行详细介绍，这里不再赘述。

IF 组合模型和 UC 模型都可以提取大气改正，IF 组合模型的大气改正数提取过程较为烦琐，需要先将 WL 和 NL 整数模糊度恢复成原始整数模糊度，再从原始观测方程中扣除各种模型误差以及钟差、模糊度等参数获得对流层和电离层改正数[194]。UC 模型保留了电离层与对流层信息且可以获得原始的整周模糊度，在提取大气改正数过程中具有独特的优势[229]。

在基准站获取大气改正数产品后，基于表征误差项和距离的关系，采用大气改正数内插方法即可获取用户站高精度的大气增强信息，常用的内插方法包括线性组合模型[230]、线性内插模型[231]、改进线性内插方法[225]、反距离加权模型[232]和低阶曲面模型[231]等。在实际内插过程中，基于非差固定解提取的电离层延迟中包含了接收机端与卫星端的伪距硬件延迟部分，因此需要采取数学方法有效分离出电离层延迟与接收机端硬件延迟偏差，这样可以避免偏差基准不统一的问题。另外一种有效手段则是采用星间单差方法提取电离层延迟，可以有效消除接收机端硬件延迟，大大增加大气改正的可用数量[34]。

在获取大气延迟后，将电离层与对流层改正信息作为虚拟观测方程引入多频多系统 PPP 模型中，附加外部大气约束的 PPP 模型能够有效削弱大气误差的影响，加速模糊度的收敛。

5.3.3 PPP-RTK 性能

为了评估多频多系统 PPP-RTK 定位性能，文献［161］在 2021 年 3 月 18 日进行了车载动态试验，图 5.23 给出了相应参考站分布和 GNSS 站试验车轨迹图。其中，标记为蓝色和红色共 29 个测站用来生成相位偏差产品，10 个蓝色测站用来生成大气改正产品。第一组试验在开阔的郊区进行，GNSS 信号偶尔会被道路信号、树木和低楼遮挡。第二组试验在被建筑物、立交桥和隧道阻挡的市区进行测试，两组试验都持续大约半小时。移动站为 Novatel OEM729 GNSS 接收机并配备了 Trimble AT1675-540TS GNSS 天线，并配备了惯性导航系统用来计算参考真值。

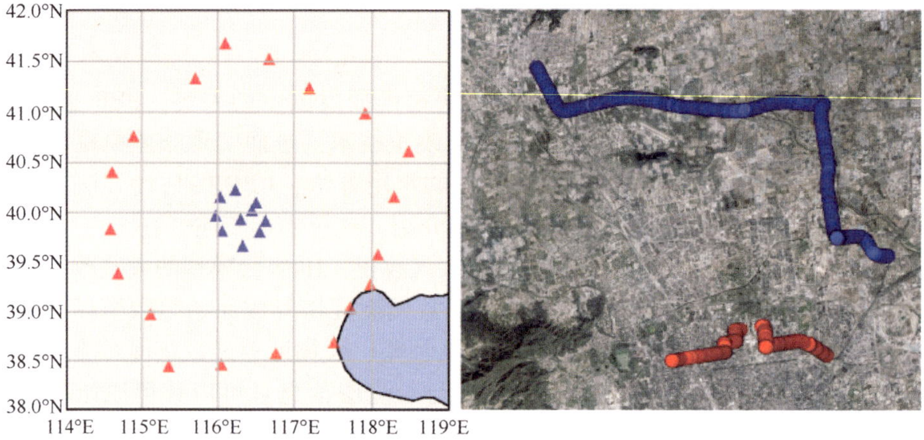

(a) (b)

图 5.23 29 个参考站测站分布和车载试验轨迹[161]

对于第一组试验，图 5.24 提供了第一组试验双频 GPS+BDS+Galileo PPP 和 PPP-RTK 定位性能，由于信号不断被遮挡，双频三系统 PPP 性能频繁出现重收敛现象，并且重收敛所需要的时间一般在 10min 以上，在部分时刻，PPP 的定位精度甚至下降到数米。与之相比，三系统 PPP-RTK 定位性能基本稳定，收敛速度基本为数秒。双频 PPP 和 PPP-RTK 在东、北和天顶方向上的精度分别为 0.725m、1.005m 和 1.467m，以及 0.035m、0.048m 和 0.099m。与 PPP 浮点解相比，PPP-RTK 能够快速缩短收敛时间，定位精度从米级提高到厘米级。

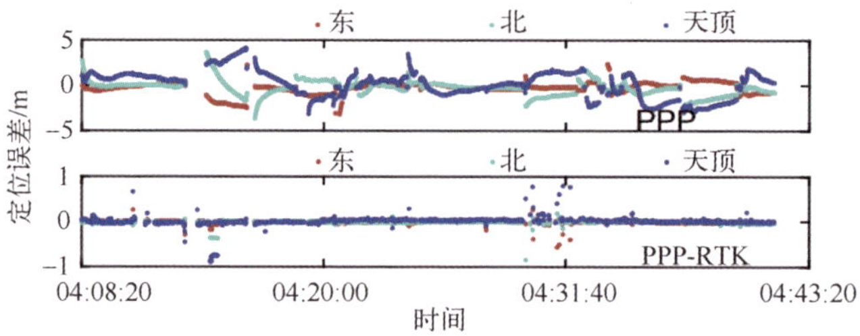

图 5.24 第一组试验双频 GPS+BDS+Galileo PPP 和 PPP-RTK 定位性能[161]

图 5.25 展示了第二组试验可视卫星、PDOP 值以及双频和多频 GPS+BDS+Galileo PPP-RTK 定位性能。在城市环境，三系统可视卫星数量在 12 颗左右，其中，GNSS 信号在 GPS 时 02:45:40 和 02:46:40 被高楼严重遮挡。与双频定位相比，多频定位结果更平滑稳定，尤其是在卫星数量较少时。多频 PPP-RTK 通过固定 EWL 模糊度依然可以取得较好的定位性能，双频定位则不具备这样的

特点。双频和多频定位在三个方向上的定位精度 0.217m、0.217m 和 0.346m，以及 0.040m、0.052m 和 0.134m，多频定位精度得到了显著提升。此外，双频和多频定位固定成功率分别为 62.66% 和 83.94%。总体来说，多频多系统 PPP-RTK 在城市环境能够达到厘米级定位精度。

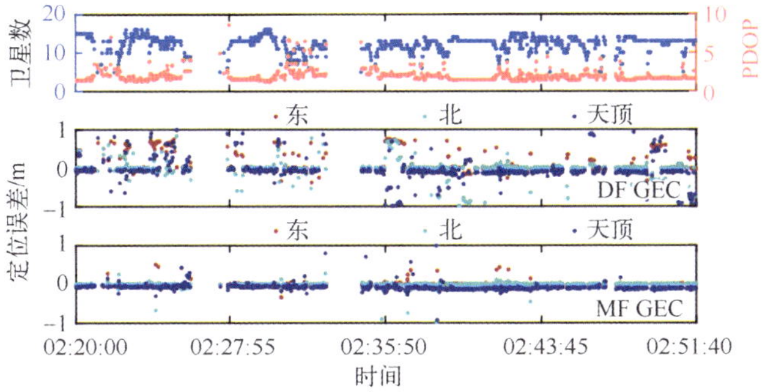

图 5.25 第二组试验可视卫星、PDOP 值以及双频和多频 GPS+BDS+Galileo PPP-RTK 定位性能[161]

第 6 章

GNSS测速技术与方法

在城市化和现代化进程中，智能交通的发展刺激了行业对精确速度测量的需求。在自动驾驶、车辆导航、精准农业以及重力测量等领域，速度测量都发挥着重要的作用。相比于定位服务，测速服务注重于在运动载体上的应用，在高精度动态应用中，需要同时精确确定移动载体的实时位置和瞬时速度。因此，对高精度测速方法的研究具有重要意义。速度是描述载体运动状态的重要参数之一，现阶段许多传感器可以用来测量载体速度值，主要包括惯性导航系统、里程计、加速度计、照相机以及 GNSS[233]。GNSS 测速具有成本低、可靠性高、精度较高、无须初始对准及无误差累积等优点[234]，已成为各种场景下测速的重要手段，可用于星载、机载、车载、船载、弹载、舰载以及武器试验和测试等速度测量上。目前 GNSS 测速方法较多，各种方法的区别在于 GNSS 伪距、相位以及多普勒观测值处理方式的不同[235]，为了探究不同 GNSS 测速方法的性能及其在不同场景下的适用性，统一论证各种方法仍具有重要的意义。本章针对位置差法测速、原始多普勒（Raw Dopoler，RD）、历元间伪距差分（Time-Differenced Pseudorange，TDPR）、历元间载波相位差分（Time-Differenced Carrier Phase，TDCP）、双差载波相位（Double-Differenced Carrier Phase，DDCP）以及 DPPP 这几种 GNSS 测速方法进行了原理论证，并介绍了其在不同场景下的测速性能。其中，DPPP 方法又分为常速度（Const Velocity，CV）和常加速度（Const Acceleration，CA）DPPP 模型。

6.1 GNSS 测速理论与方法

按照观测值使用策略的不同，GNSS 测速方法复杂多样。本节将介绍以下几种 GNSS 测速方法。

6.1.1 位置差法测速

利用 GNSS 技术获取到位移时间序列后，通过对其进行一阶离散差分便可获取到速度序列。已知载体在 t 时刻的位置向量为 $x(t)$，对应时刻的速度向量可以表示为[236]

$$\boldsymbol{v}(t)=\frac{\boldsymbol{x}(t+1)-\boldsymbol{x}(t-1)}{2\Delta t},\quad t>2 \tag{6.1}$$

式中：Δt 为时间间隔。

上式假定了 t 时刻的瞬时速度可以表示为该时刻的平均速度，当载体非匀速运动时，Δt 越短，平均速度越接近瞬时速度。可以看出，该方法计算的速度向量在时间上具有一定的滞后性。位置差法测速是对定位结果进行差分来获得速度信息，标准定位服务精度为米级，测速精度仅在分米/秒量级[237]。PPP 定位精度可以达到厘米量级，其测速精度可以达到毫米/秒量级。

6.1.2 RD：原始多普勒

多普勒效应指发出辐射的物体与观察者相对运动时，辐射波长发生变化的现象。GNSS 原始多普勒频移表示卫星发射和接收信号之间的载波相位频率之差，因此 RD 常用于速度测算当中[236,238]。多普勒观测值方程可以表示为[13]

$$D_{r,j,y}^{s}(t)=\dot{\rho}_{r}^{s}(t)+d\dot{t}_{r}(t)-d\dot{t}^{s}(t)+\dot{T}_{r}^{s}(t)-\dot{I}_{r,j}^{s}(t)+\varepsilon_{D,j,y}^{s}(t) \tag{6.2}$$

式中：$D_{r,j,y}^{s}(t)$ 为多普勒频移观测值；$\dot{\rho}_{r}^{s}(t)$ 为接收机 r 和卫星 s 距离变化率；$d\dot{t}_{r}(t)$ 为接收机钟差变化率；$d\dot{t}^{s}(t)$ 为卫星钟差变化率；$\dot{T}_{r}^{s}(t)$ 为对流层变化率；$\dot{I}_{r,j}^{s}(t)$ 为电离层变化率；$\varepsilon_{D,j,y}^{s}(t)$ 为未模型化误差和噪声等。

多普勒观测方程可以线性化为

$$D_{r,j,y}^{s}(t)=\frac{\boldsymbol{x}_{r}(t)-\boldsymbol{x}^{s}(t)}{\rho_{r}^{s}(t)}\cdot[\boldsymbol{v}_{r}(t)-\boldsymbol{v}^{s}(t)]+d\dot{t}_{r}(t)-d\dot{t}^{s}(t)+\varepsilon_{D,j,y}^{s}(t) \tag{6.3}$$

其中，卫星位置和速度可以由导航电文计算得到[239-246]，由于原子钟的稳定性较高，卫星钟漂可以忽略不计。电离层、对流层以及多路径效应等变量变化较小，其值也可以忽略不计[241]。基于以上线性方程，根据最小二乘原理即可求解得到接收机速度和钟速。

6.1.3 TDPR：历元间伪距差分

TDPR 测速的基本原理是通过前后两个历元的伪距观测值进行差分从而获取到测站的速度量。在 t 和 $t+1$ 时刻 GNSS 伪距观测值可以表示为

$$\begin{cases} p_{r,j}^{s}(t)=\boldsymbol{u}_{r}^{s}(t)\cdot\boldsymbol{x}(t)+dt_{r}(t)+T_{r}^{s}(t)+\mu_{j}\cdot I_{r,1}^{s}(t)+d_{r,j}(t)-d_{j}^{s}(t)+\varepsilon_{p,j}^{s}(t) \\ p_{r,j}^{s}(t+1)=\boldsymbol{u}_{r}^{s}(t+1)\cdot\boldsymbol{x}(t+1)+dt_{r}(t+1)+T_{r}^{s}(t+1)+\mu_{j}\cdot I_{r,1}^{s}(t+1)+ \\ \qquad d_{r,j}(t+1)-d_{j}^{s}(t+1)+\varepsilon_{p,j}^{s}(t+1) \end{cases} \tag{6.4}$$

对 t 和 $t+1$ 时刻之间的伪距观测值进行历元间差分，考虑到历元间隔较短的原因，卫星钟差、对流层和电离层延迟以及硬件延迟等偏差差异都可以忽略不计，差分伪距观测值可以表示为

$$\begin{aligned} \Delta p_{r,j}^{s}(t,t+1)&=p_{r,j}^{s}(t+1)-p_{r,j}^{s}(t) \\ &=[\boldsymbol{u}_{r}^{s}(t+1)\cdot\boldsymbol{x}(t+1)-\boldsymbol{u}_{r}^{s}(t)\cdot\boldsymbol{x}(t)]+\Delta dt_{r}(t,t+1)+\Delta\varepsilon_{p,j}^{s}(t,t+1) \end{aligned} \tag{6.5}$$

式中：$\Delta\boldsymbol{x}(t,t+1)$ 表示 t 和 $t+1$ 时刻相应的变化量。

考虑到卫星速度远大于接收机速度，$\boldsymbol{u}_{r}^{s}(t+1)$ 和 $\boldsymbol{u}_{r}^{s}(t)$ 可以近似相等，因此，式（6.5）可以进一步表示为

$$\Delta p_{r,j}^{s}(t,t+1)=\boldsymbol{u}_{r}^{s}(t+1)\cdot\Delta\boldsymbol{x}(t,t+1)+\Delta dt_{r}(t,t+1)+\Delta\varepsilon_{p,j}^{s}(t,t+1) \tag{6.6}$$

基于式（6.6）采用最小二乘的方法即可获得位移差 $\Delta\boldsymbol{x}(t,t+1)$，因此，变量 $v=\Delta\boldsymbol{x}(t,t+1)/\Delta t$ 可以近似为历元 $t+1$ 时刻的瞬时速度。TDPR 利用相邻历元间伪距观测值差分获得速度，测速精度与伪距精度、载体的观测环境和运动状态有关，最高可达分米/秒量级[242]。

6.1.4 TDCP：历元间载波相位差分

与 TDPR 类似，TDCP 测速方法的基本原理是对前后历元相位观测值进行差分，在 t 和 $t+1$ 时刻 GNSS 相位观测值可以表示为[243]

$$\begin{cases} \phi_{r,j}^{s}(t)=\boldsymbol{u}_{r}^{s}(t)\cdot\boldsymbol{x}(t)+dt_{r}(t)+T_{r}^{s}(t)-\mu_{j}\cdot I_{r,1}^{s}(t)+N_{r,j}^{s}+b_{r,j}(t)-b_{j}^{s}(t)+\varepsilon_{\phi,j}^{s}(t) \\ \phi_{r,j}^{s}(t+1)=\boldsymbol{u}_{r}^{s}(t+1)\cdot\boldsymbol{x}(t+1)+dt_{r}(t+1)+T_{r}^{s}(t+1)-\mu_{j}\cdot I_{r,1}^{s}(t+1)+N_{r,j}^{s}+ \\ \qquad b_{r,j}(t+1)-b_{j}^{s}(t+1)+\varepsilon_{\phi,j}^{s}(t+1) \end{cases} \tag{6.7}$$

当在 t 和 $t+1$ 时刻之间相位观测值未发生周跳时，可以通过历元间差分将卫星钟差、对流层、电离层延迟、模糊度和相位硬件延迟参数进行消除，即[240]

$$\begin{aligned}\Delta\phi_{r,j}^{s}(t,t+1)&=\phi_{r,j}^{s}(t+1)-\phi_{r,j}^{s}(t)\\&=[\boldsymbol{u}_{r}^{s}(t+1)\cdot\boldsymbol{x}(t+1)-\boldsymbol{u}_{r}^{s}(t)\cdot\boldsymbol{x}(t)]+\Delta dt_{r}(t,t+1)+\Delta\varepsilon_{\phi,j}^{s}(t,t+1)\\&=\boldsymbol{u}_{r}^{s}(t+1)\cdot\Delta\boldsymbol{x}(t,t+1)+\Delta dt_{r}(t,t+1)+\Delta\varepsilon_{\phi,j}^{s}(t,t+1)\end{aligned}\tag{6.8}$$

与伪距历元差分测速方法一致，TDCP 方法认为在时刻 t 和 $t+1$ 期间的站星几何关系一致，基于最小二乘方法同样可以获得对应的速度向量[244-245]。TDCP 方法是对相邻历元间的载波相位观测值进行差分，历元差分后显著削弱了电离层、对流层的影响，在连续无周跳条件下也消除了载波相位的整周模糊度，且只需要广播星历，利用单台接收机就可以实现毫米/秒的实时测速精度[246]。

6.1.5 DDCP：双差载波相位

DDCP 表示的是相位观测值进行历元和卫星间差分解算，在式（6.8）的基础上，对卫星 k 和 l 进行星间差分可以消除接收机钟误差的影响，对应方程可以表示为

$$\begin{aligned}\nabla\Delta\phi_{r,j}^{kl}(t,t+1)&=\Delta\phi_{r,j}^{k}(t,t+1)-\Delta\phi_{r,j}^{l}(t,t+1)\\&=[\boldsymbol{u}_{r}^{k}(t+1)-\boldsymbol{u}_{r}^{l}(t+1)]\cdot\Delta\boldsymbol{x}(t,t+1)+\nabla\Delta\varepsilon_{\phi,j}^{kl}(t,t+1)\end{aligned}\tag{6.9}$$

式中：∇为星间单差变量。

基于最小二乘方法可以获得对应的速度向量，相比于 TDCP，DDCP 不需要估计接收机钟误差参数。

6.1.6 DPPP

文献［247］首先提出了 PPP 测速的方法，并将其应用于快速估计地震位移中。在该方法的基础上，文献［248］融合了多普勒观测值提出了 CVDPPP 和 CADPPP 模型，与前面几种测速方法相比，DPPP 处理了更多类型的观测值，其测速精度理论上也最高。下面将介绍 DPPP 方法的基本原理。

运动载体的动态模型可以分为动力学模型和运动学模型。动力学模型一般是基于牛顿第二定律，如卫星动力学定轨。而运动学模型一般用来描述运动载体的状态。

CV 运动模型是一种较为理想化和简单的运动模型，其认为运动载体位置

随时间而随机变化，且其状态向量遵循一阶高斯马尔可夫过程。通常，当接收机数据采样率时间间隔 τ 小于 1s 时，可以认定运动载体遵循 CV 运动模型，其线性状态方程可以表示为[249]

$$\begin{bmatrix} \boldsymbol{x}_{t+1} \\ \dot{\boldsymbol{x}}_{t+1} \end{bmatrix} = \begin{bmatrix} 1 & \tau \\ 0 & 1 \end{bmatrix} \otimes \boldsymbol{I}_3 \cdot \begin{bmatrix} \boldsymbol{x}_t \\ \dot{\boldsymbol{x}}_t \end{bmatrix} + \boldsymbol{w}_t, \boldsymbol{w}_t = \tau \cdot \begin{bmatrix} \frac{1}{3} \cdot q_v^2 \cdot \tau^2 & \frac{1}{2} \cdot q_v^2 \cdot \tau \\ \frac{1}{2} \cdot q_v^2 \cdot \tau & q_v^2 \end{bmatrix} \otimes \boldsymbol{I}_3 \tag{6.10}$$

式中：$\boldsymbol{x}$ 和 $\dot{\boldsymbol{x}}$ 分别为三维位置和速度状态向量；$\boldsymbol{w}$ 为过程噪声矩阵；q_v 为速度动态噪声。

进一步地，当接收机载体处于一个稳定的加速状态，则可以构建出 CA 运动模型。相对于 CV 运动模型，CA 运动模型在 CV 模型的基础上增加了三个加速度分量。CA 运动模型认为状态向量遵循二阶高斯马尔可夫过程，当数据采样间隔为 1.0~3.0s 时，可以认定载体处于 CA 运动模型[250]，其相应的线性状态方程可以表示为[251]

$$\begin{bmatrix} \boldsymbol{x}_{t+1} \\ \dot{\boldsymbol{x}}_{t+1} \\ \ddot{\boldsymbol{x}}_{t+1} \end{bmatrix} = \begin{bmatrix} 1 & \tau & \frac{\tau^2}{2} \\ 0 & 1 & \tau \\ 0 & 0 & 1 \end{bmatrix} \otimes \boldsymbol{I}_3 \cdot \begin{bmatrix} \boldsymbol{x}_t \\ \dot{\boldsymbol{x}}_t \\ \ddot{\boldsymbol{x}}_t \end{bmatrix} + \boldsymbol{w}_t, \boldsymbol{w}_t = \tau \cdot \begin{bmatrix} \frac{\tau^4}{20} \cdot q_a^2 & \frac{\tau^3}{8} \cdot q_a^2 & \frac{\tau^2}{6} \cdot q_a^2 \\ \frac{\tau^3}{8} \cdot q_a^2 & \frac{\tau^2}{3} \cdot q_a^2 & \frac{\tau}{2} \cdot q_a^2 \\ \frac{\tau^2}{6} \cdot q_a^2 & \frac{\tau}{2} \cdot q_a^2 & q_a^2 \end{bmatrix} \otimes \boldsymbol{I}_3 \tag{6.11}$$

式中：$\ddot{\boldsymbol{x}}$ 为三维加速度状态向量；q_a 为加速度动态噪声。

在 DPPP 中，GNSS 伪距、相位和多普勒观测值线性方程可以表示为

$$\begin{cases} p_{r,j}^s(t) = \boldsymbol{u}_r^s(t) \cdot \boldsymbol{x}(t) + d\bar{t}_r(t) + mf_r^s(t) \cdot \mathrm{ZWD}_r(t) + \mu_j \cdot \bar{I}_{r,j}^s(t) + \varepsilon_{p,i}^s(t) \\ \phi_{r,j}^s(t) = \boldsymbol{u}_r^s(t) \cdot \boldsymbol{x}(t) + d\bar{t}_r(t) + mf_r^s(t) \cdot \mathrm{ZWD}_r(t) - \mu_j \cdot \bar{I}_{r,j}^s(t) + \bar{N}_{r,j}^s + \varepsilon_{\phi,j}^s(t) \\ D_{r,j}^s(t) = \boldsymbol{u}_r^s(t) \cdot \dot{\boldsymbol{x}}(t) + d\dot{t}_r(t) + \varepsilon_{D,j}^s(t) \end{cases} \tag{6.12}$$

式中：$mf_r^s(t)$ 为对流层湿投影函数；$\mathrm{ZWD}_r(t)$ 为对流层湿延迟。

多普勒观测值的主要贡献是其可以获得接收机速度值和钟速，一般来说，GNSS 卫星钟速非常小，而大气延迟对多普勒观测值几乎没有影响，由于它们随时间变化缓慢，可以忽略电离层和对流层时延变化率的影响。

对于 CVDPPP 和 CADPPP 模型，相应的观测方程和状态方程可以表示为

$$\begin{cases}\boldsymbol{L}_t=\boldsymbol{B}_t\cdot\boldsymbol{X}_t+\boldsymbol{V}_t,\boldsymbol{V}_t\sim\boldsymbol{N}(0,\boldsymbol{R}_t)\\ \boldsymbol{X}_t=\boldsymbol{F}_t\cdot\boldsymbol{X}_{t-1}+\boldsymbol{W}_t,\boldsymbol{W}_t\sim\boldsymbol{N}(0,\boldsymbol{Q}_w)\end{cases}\tag{6.13}$$

式中：$\boldsymbol{L}_t$ 为 t 时刻的观测值向量；$\boldsymbol{X}_t$ 为 t 时刻待估参数；$\boldsymbol{B}_t$ 为 t 时刻的设计矩阵；$\boldsymbol{V}_t$ 为 t 时刻的观测值噪声；$\boldsymbol{F}_t$ 为 t 时刻的状态转移矩阵；$\boldsymbol{W}_t$ 为 t 时刻的过程噪声。

对于 CVDPPP 模型，其位置信息状态转移矩阵和过程噪声可以依据式（6.10），其他参数与传统 PPP 保持一致。而 CVDPPP 设计矩阵和待估参数可以表示为

$$\begin{cases}\boldsymbol{B}_t=\begin{bmatrix}\boldsymbol{u}_r^s(t) & 0 & mf_r^s(t) & 1 & \mu_j & 0\\ \boldsymbol{u}_r^s(t) & 0 & mf_r^s(t) & 1 & -\mu_j & 1\\ 0 & \boldsymbol{u}_r^s(t) & 0 & 0 & 0 & 0\end{bmatrix}\\ \boldsymbol{X}_t=[\boldsymbol{x}(t),\dot{\boldsymbol{x}}(t),\mathrm{ZWD}_r(t),dt_r(t),d\dot{t}_r(t),\overline{N}_{r,j}^s(t)]^{\mathrm{T}}\end{cases}\tag{6.14}$$

对于 CADPPP 模型，其位置信息状态转移矩阵和过程噪声可以依据式（6.11）。CADPPP 设计矩阵和待估参数可以表示为

$$\begin{cases}\boldsymbol{B}_t=\begin{bmatrix}\boldsymbol{u}_r^s(t) & 0 & 0 & mf_r^s(t) & 1 & \mu_j & 0\\ \boldsymbol{u}_r^s(t) & 0 & 0 & mf_r^s(t) & 1 & -\mu_j & 1\\ 0 & \boldsymbol{u}_r^s(t) & 0 & 0 & 0 & 0 & 0\end{bmatrix}\\ \boldsymbol{X}_t=[\boldsymbol{x}(t),\dot{\boldsymbol{x}}(t),\ddot{\boldsymbol{x}}(t),\mathrm{ZWD}_r(t),dt_r(t),d\dot{t}_r(t),\overline{N}_{r,j}^s(t)]^{\mathrm{T}}\end{cases}\tag{6.15}$$

基于设计矩阵函数关系，两种 DPPP 模型可以直接获取接收机载体的加速度和速度信息。DPPP 模型的精度取决于观测值运动学模型假设的充分性，因此，过程噪声的设置是影响速度和加速度精度的重要因素。

此外，DPPP 模型也常用于地震同震位移监测当中，考虑到模型动态噪声的影响，通常并不直接选用 PPP 方程中直接估计的位置参数，而实际提供的位置信息可以通过速度或者加速度积分得到，两种 DPPP 方法在 t 时刻的位置信息可以分别表示为

$$\boldsymbol{x}'(t)=\begin{cases}\sum\limits_{i=1}^{t}[\dot{\boldsymbol{x}}(i)\cdot\tau],\mathrm{CVDPPP}\\ \sum\limits_{i=1}^{t}\left[\dot{\boldsymbol{x}}(i)\cdot\tau+\dfrac{1}{2}\cdot\ddot{\boldsymbol{x}}(i)\cdot\tau^2\right],\mathrm{CADPPP}\end{cases}\tag{6.16}$$

式中：$\boldsymbol{x}'(t)$为 DPPP 模型积分得到的位移。

DPPP 模型所求得的速度和加速度值的精度主要取决于观测值的精度和运动

学模型假设的充分性。DPPP 模型实际上可以看成两步，第一步通过载体的位置信息计算得到载体的速度或加速度实际上是对位置信息的一个微分过程，微分过程是一个不稳定的过程，如果假设的运动学模型不充分，所求得的速度和加速度结果将毫无意义，因此，DPPP 模型的过程噪声的设置要合理且慎重。而第二步则通过加速度和速度积分得到位置信息，虽然积分过程是一个相对稳定的过程，所求得的位置信息会受到初始状态误差的影响，可能出现一定的系统误差。

6.2 性能分析介绍

本节将比较几种测速方法的性能并重点分析 DPPP 测速的性能。

6.2.1 几种测速方法性能比较

位置差法测速是在 GNSS 位移基础上进行处理，该方法具有普适性。因此，本节将介绍常用的 4 种测速方法性能。

文献［252］选择了 2021 年 11 月 8 日 GNSS 数小时的静态测站数据来比对 RD、TDPR、TDCP 和 DDCP 方法测速的性能，该测站位于江苏省南京市某大学，数据采样率为 10Hz，包括 GPS 和 BDS 观测值。表 6.1 提供了 RD、TDPR、TDCP 和 DDCP 方法静态场景下的速度误差 RMS 及其最大值。图 6.1～图 6.3 提供了静态试验中几种方法在东、北和天顶方向的速度误差。结果显示，在空旷的静态环境下，这 4 种方法速度测量精度为厘米/秒量级。除了 TDPR 方法，其他 3 种方法精度上接近。其中，TDCP 方法性能要优于 RD 和 DDCP 方法，这是由于相位观测值本质上精度要优于多普勒频移观测值。由于放大了观测值误差，DDCP 方法精度有所下降。RD、TDCP 和 DDCP 方法中的最大误差同样体现这一规律。以 BDS 为例，TDCP 方法在东、北和天顶方向上的精度为 1.5cm/s、1.0cm/s 和 3.1cm/s，而 RD 方法对应的精度为 1.6cm/s、1.1cm/s 和 3.1cm/s，DDCP 方法对应的精度为 1.5cm/s、1.6cm/s 和 3.9cm/s，其中 TDCP 方法精度较好，这证明了 TDCP 方法在空旷和静态条件下结果更稳定和准确。此外，从表 6.1 可以看出，TDPR 方法精度最低，这是伪距观测值精度较差导致的。从图 6.1～图 6.3 可知，TDPR 速度序列抖动幅度也要大于其他方法，这也佐证了上述结论。

从卫星星座对比角度来看，BDS 测速比 GPS 结果更准确，以 TDCP 方法为例，BDS 和 GPS 测速在东、北和天顶方向上的对应精度分别为 1.5cm/s、1.0cm/s 和 2.9m/s 以及 2.5cm/s、2.0cm/s 和 4.7cm/s。而 BDS/GPS 双系统测速精度与 BDS 的结果接近，从图 6.1~图 6.3 还可知，BDS/GPS 双系统曲线的分布范围最小，并与 BDS 曲线结果接近。这是因为在空旷和静态条件下，对测速精度影响最大的是观测值的准确性，而不是可见卫星的数量。在 BDS 观测精度要求满足要求的条件下，BDS/GPS 双系统结果略优于单 GPS。

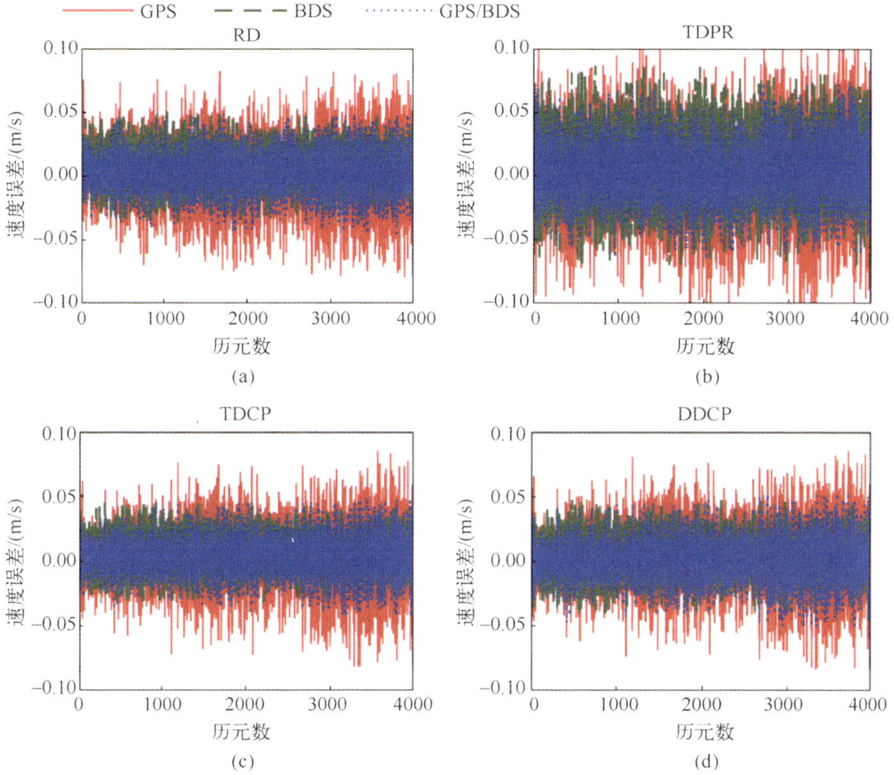

图 6.1　静态试验中使用 RD、TDPR、TDCP 和 DDCP 方法测速在东方向上的速度误差[252]

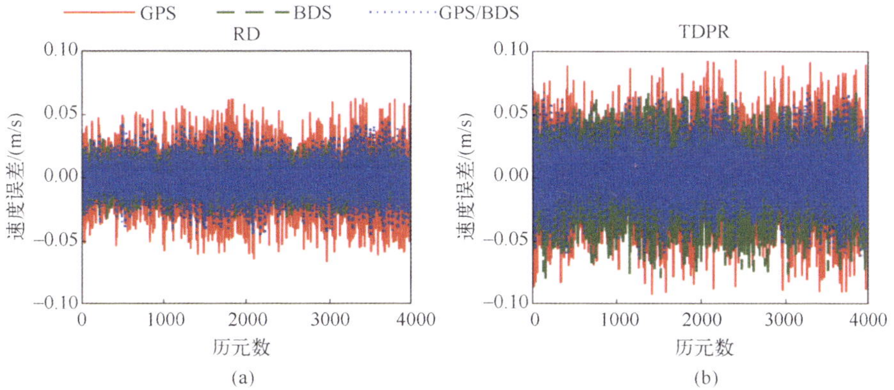

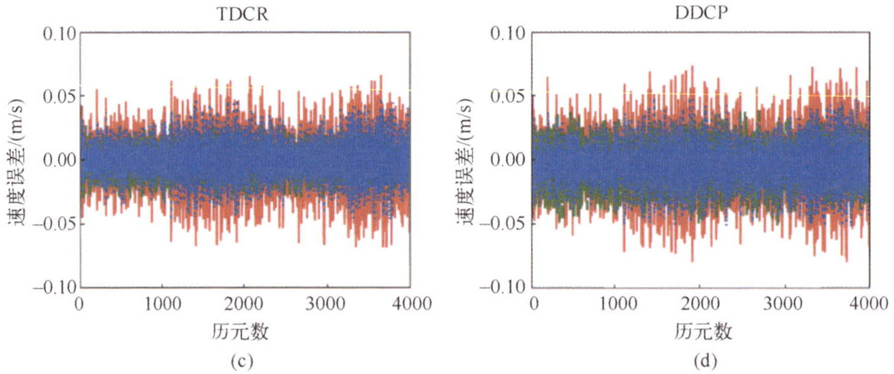

图 6.2 静态试验中使用 RD、TDPR、TDCP 和 DDCP 方法测速在北方向上的速度误差[252]

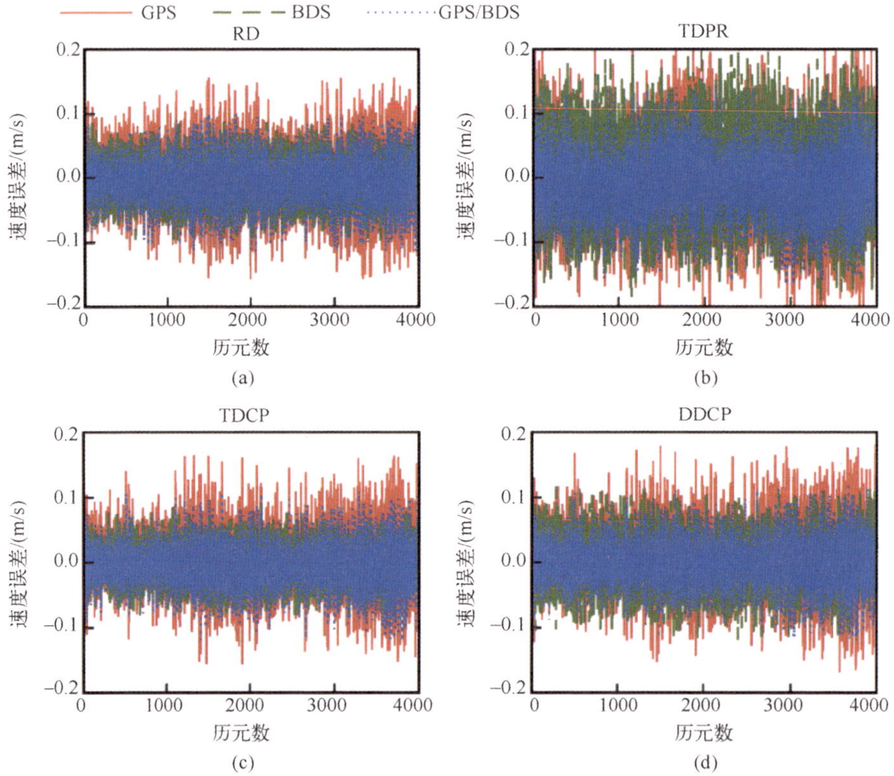

图 6.3 静态试验中使用 RD、TDPR、TDCP 和 DDCP 方法测速在天顶方向上的速度误差[252]

表 6.1 RD、TDPR、TDCP 和 DDCP 方法静态场景下的速度误差 RMS 及其最大值[252]

方法	星座	RMS/(m/s)			RMS 最大值/(m/s)		
		东	北	天顶	东	北	天顶
RD	C	0.016	0.011	0.031	0.050	0.033	0.097
	G	0.026	0.021	0.049	0.081	0.066	0.156
	CG	0.016	0.015	0.035	0.049	0.046	0.115
TDPR	C	0.028	0.025	0.066	0.087	0.079	0.203
	G	0.037	0.030	0.070	0.114	0.093	0.221
	CG	0.023	0.022	0.052	0.074	0.069	0.166
TDCP	C	0.015	0.010	0.029	0.046	0.031	0.085
	G	0.025	0.020	0.047	0.085	0.068	0.165
	CG	0.015	0.014	0.033	0.049	0.049	0.119
DDCP	C	0.015	0.016	0.039	0.048	0.051	0.119
	G	0.026	0.022	0.052	0.085	0.079	0.180
	CG	0.016	0.016	0.036	0.053	0.052	0.119

为了评估动态场景下4种测速方法的性能，文献［252］在南京城市地区进行了动态试验，接收机类型为 BDStar C520-AT，数据采样率为10Hz。第一组测试是在轻度城市化地区的一条宽阔的主干道上，第二次测试是在城市峡谷路段的一条街道上，参考真值通过后处理商业软件计算得到。

表6.2给出了RD、TDPR、TDCP、DDCP方法动态场景1中的测速精度，图6.4和图6.5给出了这4种方法在动态试验1中测速在东方向上的速度及其误差，其中在历元4230~4390期间信号被遮挡，由于单BDS、单GPS和BDS/GPS双系统在三维方向上量级基本一致，这里只给出了东方向上的结果。结果表明，RD、TDCP和DDCP方法比TDPR方法测速精度更高。以BDS单系统RD测速为例，其在东、北和天顶方向上的精度为5.1cm/s、7.7cm/s和14.7cm/s。而TDCP和DDCP和RD方法精度上基本一致，在水平和垂直方向上精度要分别低1.0cm/s和2.0cm/s左右，性能都要优于TDPR，TDPR对应的三维精度分别为0.173m/s、0.341m/s和0.857m/s。基于比对结果，可以看到TDPR方法精度只有米/秒精度，精度在量级上远远差于其他方法，这是由于伪距观测值精度远低于相位观测值。TDCP和DDCP方法在城市环境中更加可靠，它们受卫星信号的遮挡和反射影响较小。

此外，从表6.2可知TDPR方法测速有明显的粗差，这是卫星信号被周围建筑物阻挡或反射时产生的多径效应导致的。伪距测量值同样也会导致测速精度出现较大偏差，观测值频率越高，粗差频率也越高。在动态试验1中，可以看到

RD、TDCP 和 DDCP 方法测速精度都在 1m/s 以内。然而对于 TDPR 方法来说，以 BDS 方法为例，三维精度分别为 1.280m/s、2.789m/s 和 7.125m/s。在历元数 4620~4660 期间，接收机出现了明显的加速和减速，其中 RD 方法更符合实际特征而其他方法则出现了一定的偏差和波动，这是因为 RD 方法更加严格，采用瞬时速度表示当前的速度，而其他方法则是采用平均速度近似表示当前历元的速度。因此，RD 方法在载体状态出现变化（如加速和转弯）具有一定的优势。

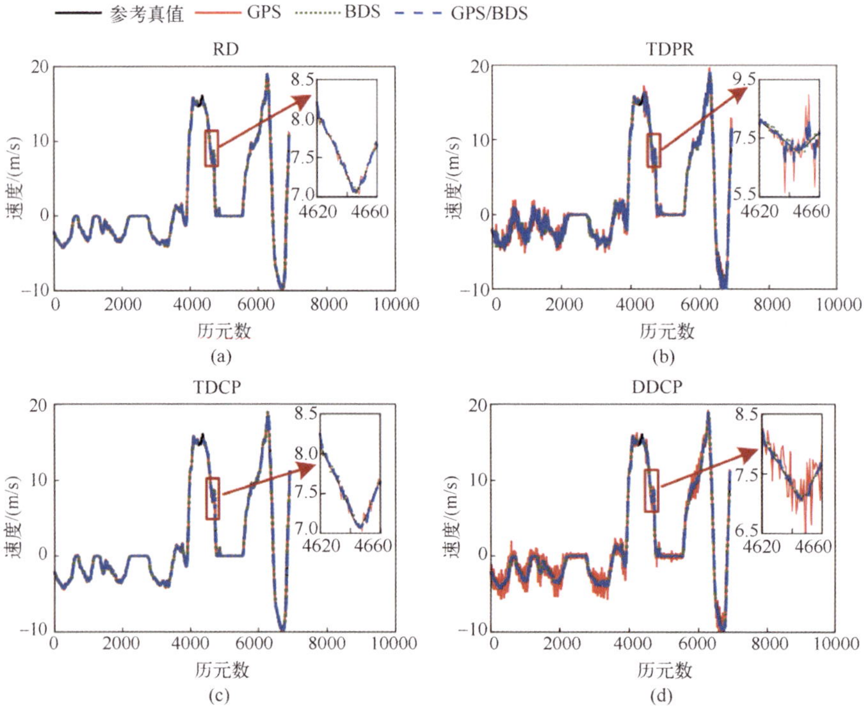

图 6.4　动态试验 1 中使用 RD、TDPR、TDCP 和 DDCP 方法测速在东方向上的速度[252]

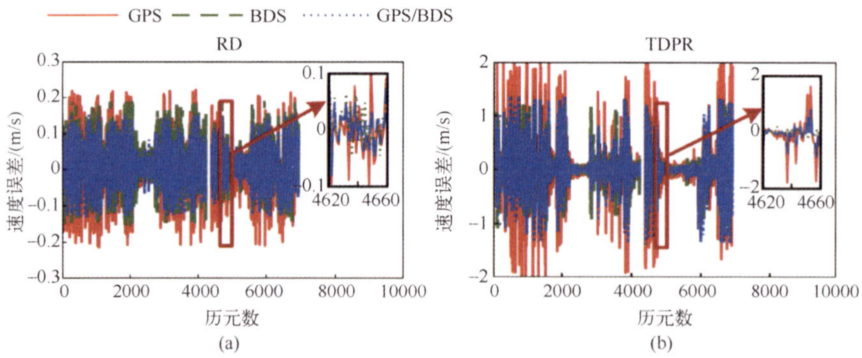

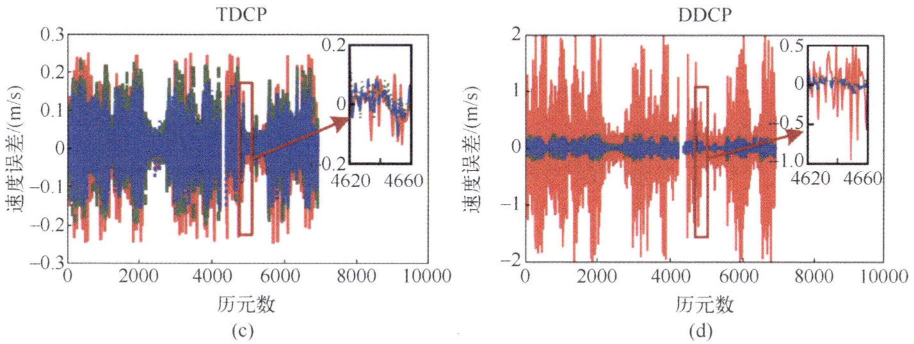

图 6.5 动态试验 1 中使用 RD、TDPR、TDCP 和 DDCP 方法测速在东方向上的速度误差[252]

表 6.2 RD、TDPR、TDCP、DDCP 方法动态试验 1 测速性能[252]

方 法	星 座	RMS/(m/s)			RMS 最大值/(m/s)		
		东	北	天顶	东	北	天顶
RD	C	0. 051	0. 077	0. 147	0. 192	0. 274	0. 561
	G	0. 057	0. 064	0. 134	0. 220	0. 256	0. 585
	CG	0. 042	0. 045	0. 087	0. 154	0. 158	0. 315
TDPR	C	0. 173	0. 341	0. 857	1. 280	2. 789	7. 125
	G	0. 334	0. 270	0. 799	2. 037	2. 258	5. 428
	CG	0. 235	0. 203	0. 513	1. 386	1. 294	2. 825
TDCP	C	0. 057	0. 087	0. 174	0. 231	0. 332	0. 721
	G	0. 058	0. 064	0. 136	0. 247	0. 269	0. 637
	CG	0. 045	0. 050	0. 093	0. 177	0. 180	0. 370
DDCP	C	0. 062	0. 092	0. 187	0. 258	0. 363	0. 814
	G	0. 454	0. 190	0. 166	2. 188	0. 940	0. 826
	CG	0. 055	0. 063	0. 115	0. 221	0. 241	0. 485

图 6.6 和图 6.7 给出了 RD、TDPR、TDCP 和 DDCP 方法在动态试验 2 下所测得的载体东向速度及其误差。表 6.3 给出了这 4 种方法在动态试验 2 下的测速精度，其中 RD、TDCP 和 DDCP 方法测速精度在 0.1～0.2m/s，然而 TDPR 方法的精度在分米/秒到米/秒，TDPR 方法精度低的原因是受到多路径的影响，试验 2 是在城市峡谷地区且周围有高层建筑环境下进行的，这严重影响了 TDPR 方法的测速精度。不同方法在使用不同星座组合时性能也不同，以 RD 方法为例，BDS 在东和北方向上的速度 RMS 误差分别为 0.081m/s 和 0.085m/s，性能要优于 GPS 结果，其对应的结果为 0.104m/s 和 0.142m/s。BDS 具有更好的信号精度和几何分布特性，在复杂环境下具有更好的性能。同

样地，在最大误差上指标上，两个系统也展现出类似的特性，这表明了 BDS 在城市环境中能够提供更稳定的观测值，对于亚太地区 BDS 在测速上比 GPS 具有一定的优势。从图 6.6 和图 6.7 可知，相比于单系统来说，双系统测速性能更稳定和可靠。一般来说，测速性能容易受到异常信号的干扰，BDS 和 GPS 融合对测速精度也有着显著的提升。

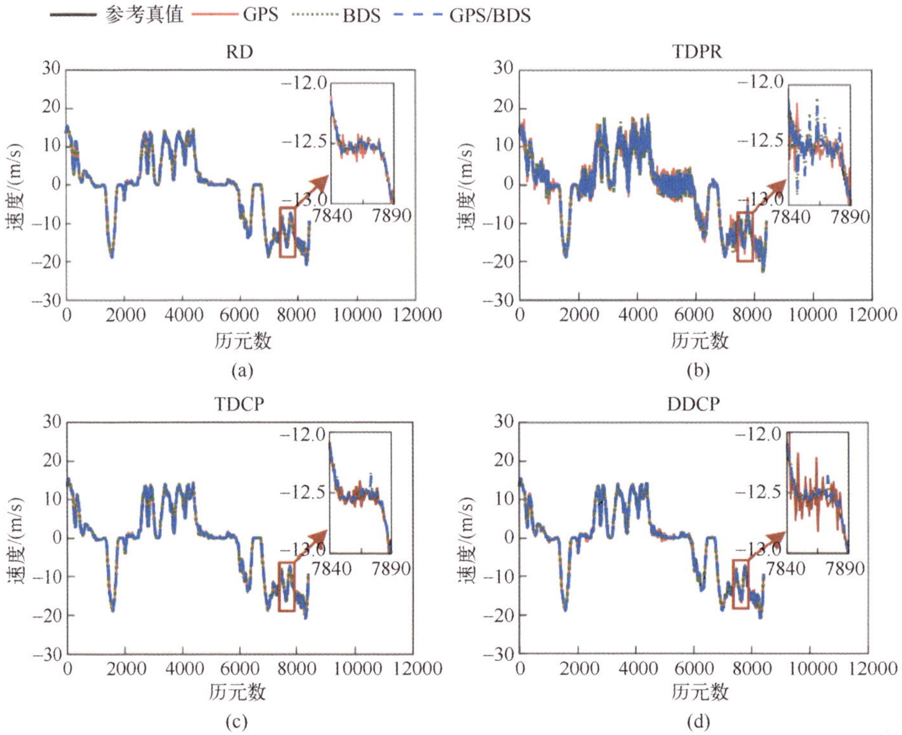

图 6.6　动态试验 2 中使用 RD、TDPR、TDCP 和 DDCP 方法测速在东方向上的速度误差[252]

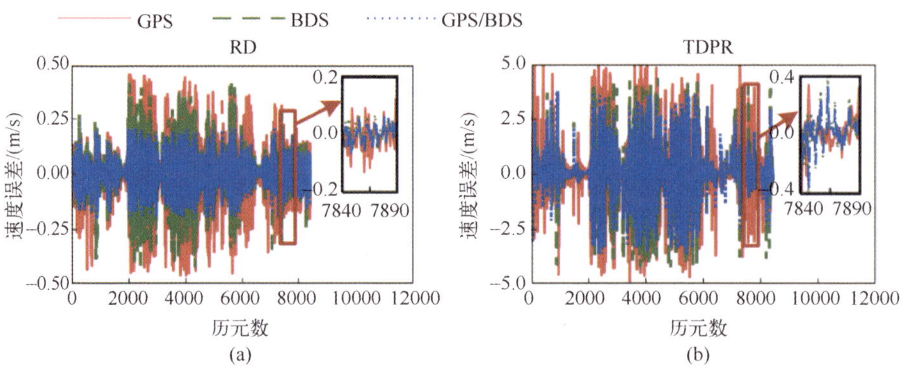

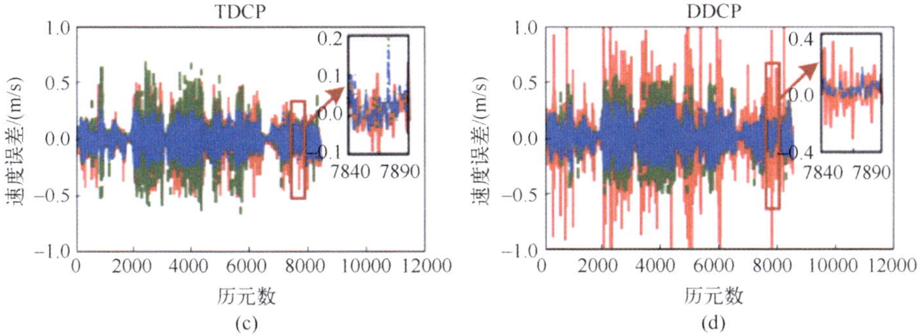

图6.7 动态试验2中使用RD、TDPR、TDCP和DDCP方法测速在东方向上的速度误差[252]

表6.3 RD、TDPR、TDCP、DDCP方法动态试验2测速性能[252]

方 法	星 座	RMS/(m/s)			RMS 最大值/(m/s)		
		东	北	天顶	东	北	天顶
RD	C	0. 081	0. 085	0. 184	0. 442	0. 476	1. 319
	G	0. 104	0. 142	0. 152	0. 462	0. 728	0. 627
	CG	0. 055	0. 065	0. 106	0. 211	0. 238	0. 446
TDPR	C	0. 579	0. 600	1. 266	4. 283	4. 687	9. 548
	G	0. 780	1. 177	1. 473	5. 000	7. 498	8. 764
	CG	0. 235	0. 203	0. 513	1. 386	1. 294	2. 825
TDCP	C	0. 107	0. 108	0. 238	0. 686	0. 796	1. 657
	G	0. 113	0. 150	0. 161	0. 521	0. 846	0. 668
	CG	0. 070	0. 074	0. 120	0. 269	0. 292	0. 535
DDCP	C	0. 107	0. 102	0. 229	0. 545	0. 468	1. 345
	G	0. 185	0. 121	0. 136	1. 121	0. 558	0. 559
	CG	0. 081	0. 082	0. 130	0. 323	0. 326	0. 580

6.2.2 DPPP 测速性能分析

本章选取了 MGEX 观测网 21 个 1Hz 高采样率数据测站评估了 CVDPPP 和 CADPPP 模型的性能，时间范围为 2020 年 DOY 275~281 日。图 6.8 给出了所选的 MGEX 1Hz 高采样率 GNSS 测站分布示意图，所选的测站分别是 AREG、ASCG、CHPG、DJIG、DYNG、FTNA、GAMG、GOP6、HARB、JFNG、KERG、KIRG、KOUG、MAYG、NRMG、OWMG、PTGG、SEYG、STJ3、THTG 和 YEL2。本章分别评估了 BDS 单系统、GPS 单系统、Galileo 单系统、

BDS+GPS 双系统、BDS+Galileo 双系统和 BDS+GPS+GLONASS+Galileo+QZSS 五系统 CVDPPP 和 CADPPP 模型的测速性能。

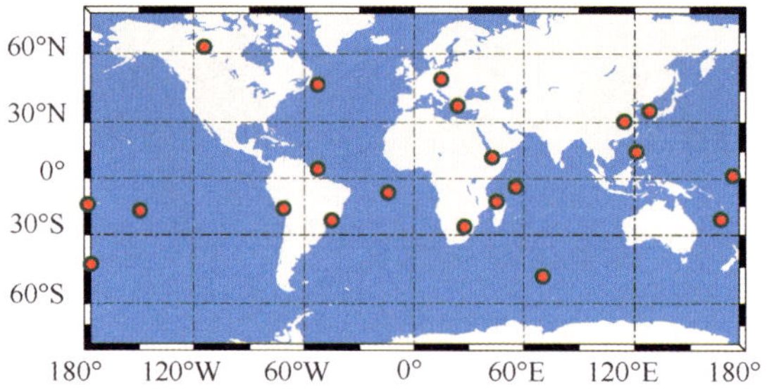

图 6.8 高采样率 GNSS 测站分布

以 2020 年 DOY 275 日 GAMG 站协调世界时（Coordinated Universal Time, UTC）00:00:00 到 03:00:00 时刻的观测数据为例，图 6.9 给出了 BDS 单系统、GPS 单系统、Galileo 单系统、BDS+GPS 双系统、BDS+Galileo 双系统和 BDS+GPS+GLONASS+Galileo+QZSS 五系统 CVDPPP 模型 GAMG 站估计的速度误差时间序列，对应地，图 6.10 和图 6.11 给出了 BDS 单系统、GPS 单系统、Galileo 单系统、BDS+GPS 双系统、BDS+Galileo 双系统和 BDS+GPS+GLONASS+Galileo+QZSS 五系统 CADPPP 模型 GAMG 站估计的加速度和速度误差时间序列。为了避免误差时间序列结果覆盖，相应的误差时间序列进行了平移。由于选取了静态数据进行仿动态测试，理论上测站对应的速度和加速度值应该为 0，从图 6.9~图 6.11 可知，CVDPPP 和 CADPPP 模型可以在短时间内快速获得高

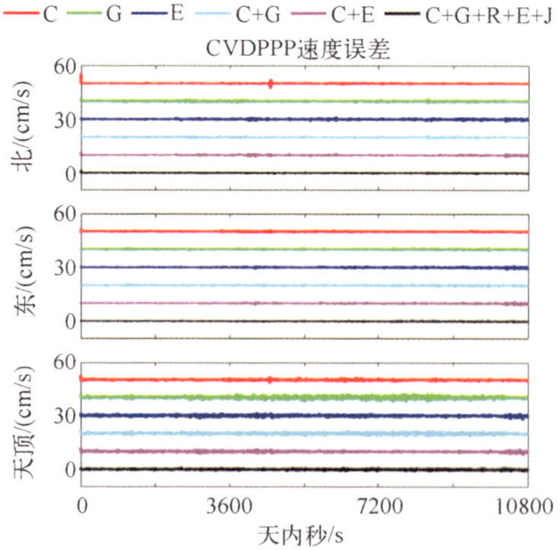

图 6.9 2020 年 DOY 275 日 BDS 单系统、GPS 单系统、Galileo 单系统、BDS+GPS 双系统、BDS+Galileo 双系统和 BDS+GPS+GLONASS+Galileo+QZSS 五系统 CVDPPP 模型 GAMG 站速度误差

精度的速度和加速度结果，表6.4给出了BDS单系统、GPS单系统、Galileo单系统、BDS+GPS双系统、BDS+Galileo双系统和BDS+GPS+GLONASS+Galileo+QZSS五系统GAMG站CVDPPP和CADPPP模型求解的加速度和速度在北、东和天顶方向上的误差RMS值，RMS值计算结果是基于3h的结果进行统计。由表3.4可知，多系统组合可以进一步平滑估计的加速度和速度时间序列，而五系统模型估计的速度和加速度精度最高。DPPP方法的测速精度明显高于RD、TDPR、TDCP和DDCP等方法。

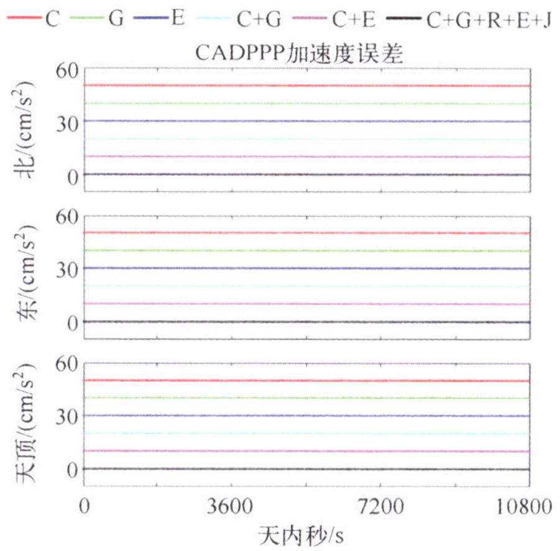

图6.10　2020年DOY 275日BDS单系统、GPS单系统、Galileo单系统、BDS+GPS双系统、BDS+Galileo双系统和BDS+GPS+GLONASS+Galileo+QZSS五系统CADPPP模型GAMG站加速度误差

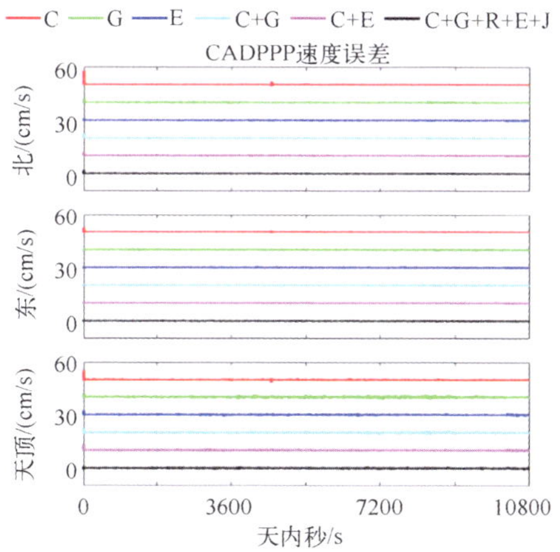

图6.11　2020年DOY 275日BDS单系统、GPS单系统、Galileo单系统、BDS+GPS双系统、BDS+Galileo双系统和BDS+GPS+GLONASS+Galileo+QZSS五系统CADPPP模型GAMG站速度误差

表 6.4 GAMG 站 CVDPPP 和 CADPPP 速度和加速度误差 RMS 值

模　型	方向	C	G	E	C+G	C+E	C+G+R+E+J
CVDPPP 速度 /(mm/s)	北	3.0	3.5	3.6	2.6	2.7	2.2
	东	3.0	3.3	3.1	2.8	2.6	2.2
	天顶	5.3	6.4	5.2	4.0	4.2	4.0
	3-D	6.8	8.1	7.0	5.5	5.7	5.1
CADPPP 加速度 /(mm/s^2)	北	1.1	1.2	1.0	0.6	1.0	0.8
	东	1.2	1.3	1.0	0.6	1.1	0.9
	天顶	1.4	1.6	1.1	0.7	1.3	1.0
	3-D	2.2	2.4	1.8	1.1	2.0	1.6
CADPPP 速度 /(mm/s)	北	1.8	2.1	1.9	1.6	1.6	1.5
	东	1.9	2.1	1.7	1.5	1.6	1.5
	天顶	2.9	3.5	2.6	2.2	2.6	2.2
	3-D	4.0	4.6	3.7	3.1	3.4	3.0

图 6.12 比较了 2020 年 DOY 275 日 BDS 单系统、GPS 单系统、Galileo 单系统、BDS+GPS 双系统、BDS+Galileo 双系统和 BDS+GPS+GLONASS+Galileo+QZSS 五系统 CVDPPP、CADPPP 和动态 PPP 模型 GAMG 站位移变化量时间序列。由图 6.12 可知，相比于传统的动态 PPP 方法，两种 DPPP 模型可以快速地恢复出高精度的位移结果，在 DPPP 模型中，初始阶段的速度或加速度误差只会导致恢复的位移结果存在一定的系统偏差，而对于位移变化量的精度并没有实质上的影响。表 6.5 给出了 BDS 单系统、GPS 单系统、Galileo 单系统、BDS+GPS 双系统、BDS+Galileo 双系统和 BDS+GPS+GLONASS+Galileo+QZSS 五系统 CVDPPP 模型、CADPPP 模型和传统动态 PPP 模型估计的位移误差 STD 值。其中，STD 计算结果是基于后面 2h 的位移变化量结果进行统计，在这期间，传统动态 PPP 得到的位移结果已经收敛，因此可以较好地进行分析比较。与表 6.4 一致，多系统组合可以明显提高位移变化量的精度。基于不同模型状态的假设，不同的动态噪声导致了传统动态 PPP 和 DPPP 模型位移结果存在明显的不一致性。在传统动态 PPP 模型中，坐标参数和模糊度参数存在直接的关联，因此其需要一定的收敛过程来估计得到高精度的模糊度参数。而对于 DPPP 模型，估计的速度和加速度参数仅仅取决于状态转移方程，与模糊度参数并不直接相关，而积分得到的位移量是通过速度或加速度得到，因此，DPPP 模型可以在短时间内估计出高精度的位移变化量。

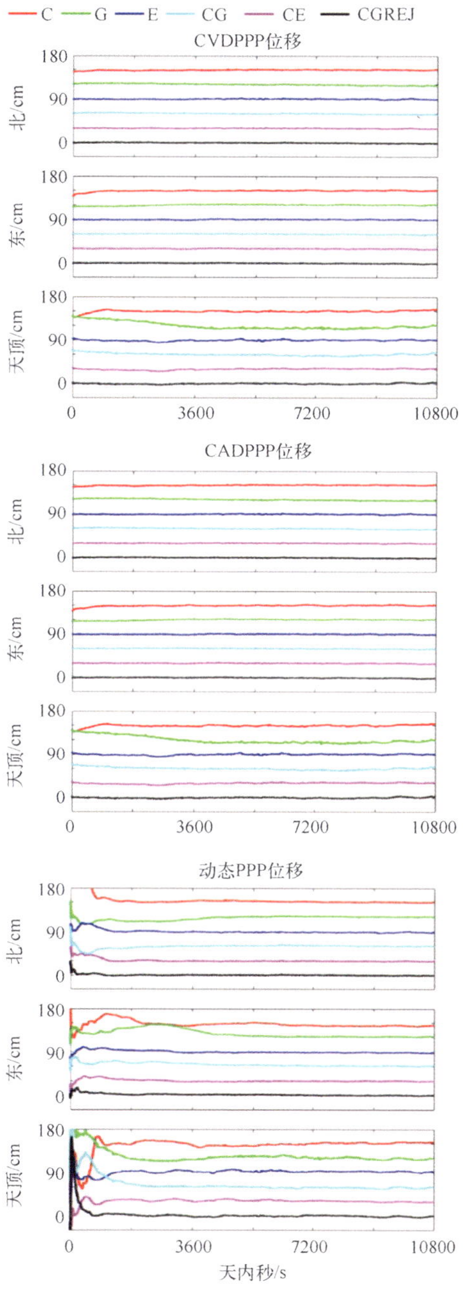

图6.12　2020年DOY 275日BDS单系统、GPS单系统、Galileo单系统、BDS+GPS双系统、BDS+Galileo双系统和BDS+GPS+GLONASS+Galileo+QZSS五系统CVDPPP、CADPPP和动态PPP模型GAMG站位移

表 6.5　GAMG 站 CVDPPP、CADPPP 和动态 PPP 位移误差 STD 值

模　型	方向	C	G	E	C+G	C+E	C+G+R+E+J
CVDPPP /cm	北	0.7	1.0	0.7	0.6	0.5	0.4
	东	0.6	0.6	0.5	0.8	0.5	0.5
	天顶	1.9	1.9	1.1	1.5	1.2	1.1
	3-D	2.1	2.2	1.4	1.8	1.4	1.2
CADPPP /cm	北	0.7	0.9	0.7	0.6	0.5	0.4
	东	0.6	0.6	0.5	0.8	0.6	0.6
	天顶	1.8	1.8	1.1	1.5	1.2	1.2
	3-D	2.1	2.1	1.4	1.8	1.4	1.2
动态 PPP /cm	北	1.3	1.3	0.7	0.7	0.4	0.4
	东	2.2	3.1	0.5	1.1	0.6	0.8
	天顶	3.2	2.7	1.6	1.7	1.8	1.3
	3-D	4.1	4.4	1.8	2.1	1.9	1.6

本章将所选的 21 测站一周的数据分成每三小时一弧段来处理，因此对于每个类型一共有 1176 组解算结果，图 6.13 给出了 BDS 单系统、GPS 单系统、Galileo 单系统、BDS+GPS 双系统、BDS+Galileo 双系统和 BDS+GPS+Galileo+GLONASS+QZSS 五系统 CVDPPP 和 CADPPP 模型收敛时间对比。其中，CVDPPP 和 CADPPP 的收敛阈值设置为 0.01m，收敛标准为当前历元和接下来 20 个历元误差变化 RMS 值都小于收敛阈值。图 6.13 中，BDS 单系统、GPS 单系统、Galileo 单系统、BDS+GPS 双系统、BDS+Galileo 双系统和 BDS+GPS+Galileo+GLONASS+QZSS 五系统 CVDPPP 的平均收敛时间分别为 50.2s、54.3s、55.4s、42.6s、45.7s 和 35.2s，CADPPP 的平均收敛时间分别为 36.4s、42.9s、43.5s、30.9s、32.9s 和 20.8s。因此，这两种 DPPP 模型都可以在短时间内快速得到高精度的位移时间序列。

进一步地，图 6.14 给出了 BDS 单系统、GPS 单系统、Galileo 单系统、BDS+GPS 双系统、BDS+Galileo 双系统、BDS+GPS+Galileo+GLONASS+QZSS 五系统 CVDPPP 和 CADPPP 方法估计的位移精度。可以看到，CVDPPP 和 CADPPP 方法估计的位移精度基本上一致，其精度在厘米级。多系统组合可以提高 CVDPPP 和 CADPPP 计算的位移精度。例如，相比于 BDS 单系统，五系统 CVDPPP 模型估计的三维位移精度可以提高 45.5%、52.0%和 28.3%，相比于 BDS 单系统，五系统 CADPPP 模型估计的三维位移精度可以提高 45.5%、48.0%和 25.5%。

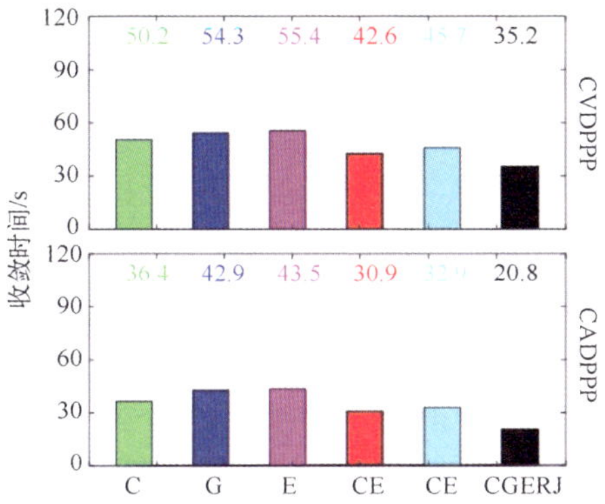

图 6.13 BDS 单系统、GPS 单系统、Galileo 单系统、BDS+GPS 双系统、BDS+Galileo 双系统和 BDS+GPS+Galileo+GLONASS+QZSS 五系统 CVDPPP 和 CADPPP 模型平均收敛时间

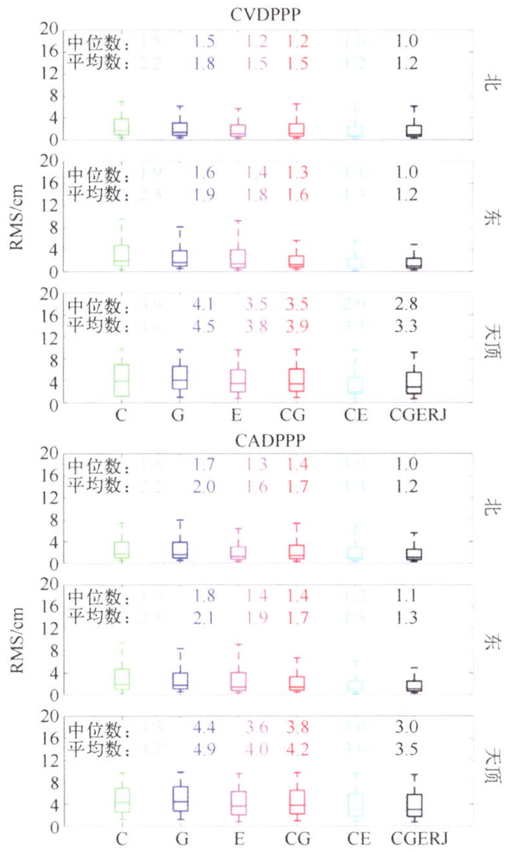

图 6.14 BDS 单系统、GPS 单系统、Galileo 单系统、BDS+GPS 双系统、BDS+Galileo 双系统、BDS+GPS+Galileo+GLONASS+QZSS 五系统 CVDPPP 和 CADPPP 方法估计的位移精度

前文分析了 DPPP 方法在静态场景下的性能，在实际动态场景中，DPPP 与过程噪声的设置也有一定的关系，图 6.15 给出了静态模拟动态条件下 JFNG 站 GPS 单系统 CADPPP 在不同加速度噪声下的测速结果，当加速度过程噪声设置为 $1m/s^{5/2}$ 时，测站在东、北和天顶方向上速度 RMS 误差为 5mm/s、7mm/s 和 17mm/s。当加速度过程噪声设置为 $0.1m/s^{5/2}$ 时，测站在东、北和天顶方向上速度 RMS 误差为 5mm/s、6mm/s 和 13mm/s。当加速度过程噪声设置为 $0.01m/s^{5/2}$ 时，测站在东、北和天顶方向上速度 RMS 误差为 3mm/s、3mm/s 和 6mm/s。可以看到，过程噪声设置得越小，DPPP 测速精度往往越高，即测速误差随着加速度噪声减小而降低[247]。由于使用的是静态数据，过程噪声的设置都能符合运动学模型假设，但在真实动态环境中，过程噪声的设置一定要符合模型假设的充分性，否则符合所求得的速度和加速度信息会脱离实际无意义。

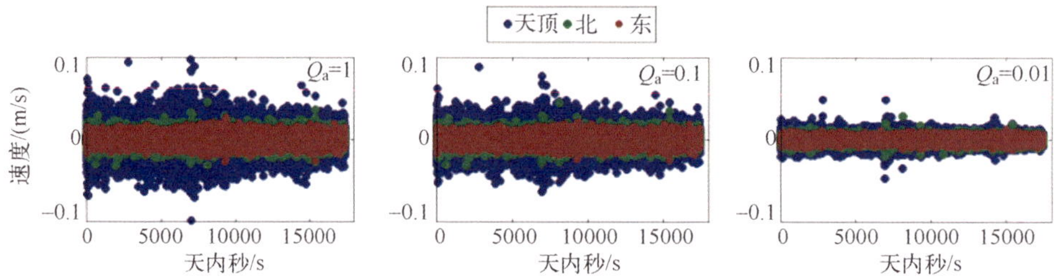

图 6.15　静态模拟动态条件下 JFNG 站 GPS 单系统 CADPPP 方法在不同加速度噪声下的测速结果[253]

进一步地，文献［253］测试了在真实动态场景下 CADPPP 模型在未使用多普勒观测值和使用观测值时的东向测速误差，图 6.16 给出了动态场景下 CADPPP 模型测速误差，黑色为未使用多普勒观测值结果，红色为使用了多普勒观测值结果，加速度过程噪声设置为 $0.01m/s^{5/2}$，可以看到，在动态环境下使用多普勒观测值后，CADPPP 测速精度从分米/秒提升到厘米/秒，测速精度有显著提升，DPPP 在真实动态场景下，尤其在转弯等过程中，测速性能具有一定的优势。

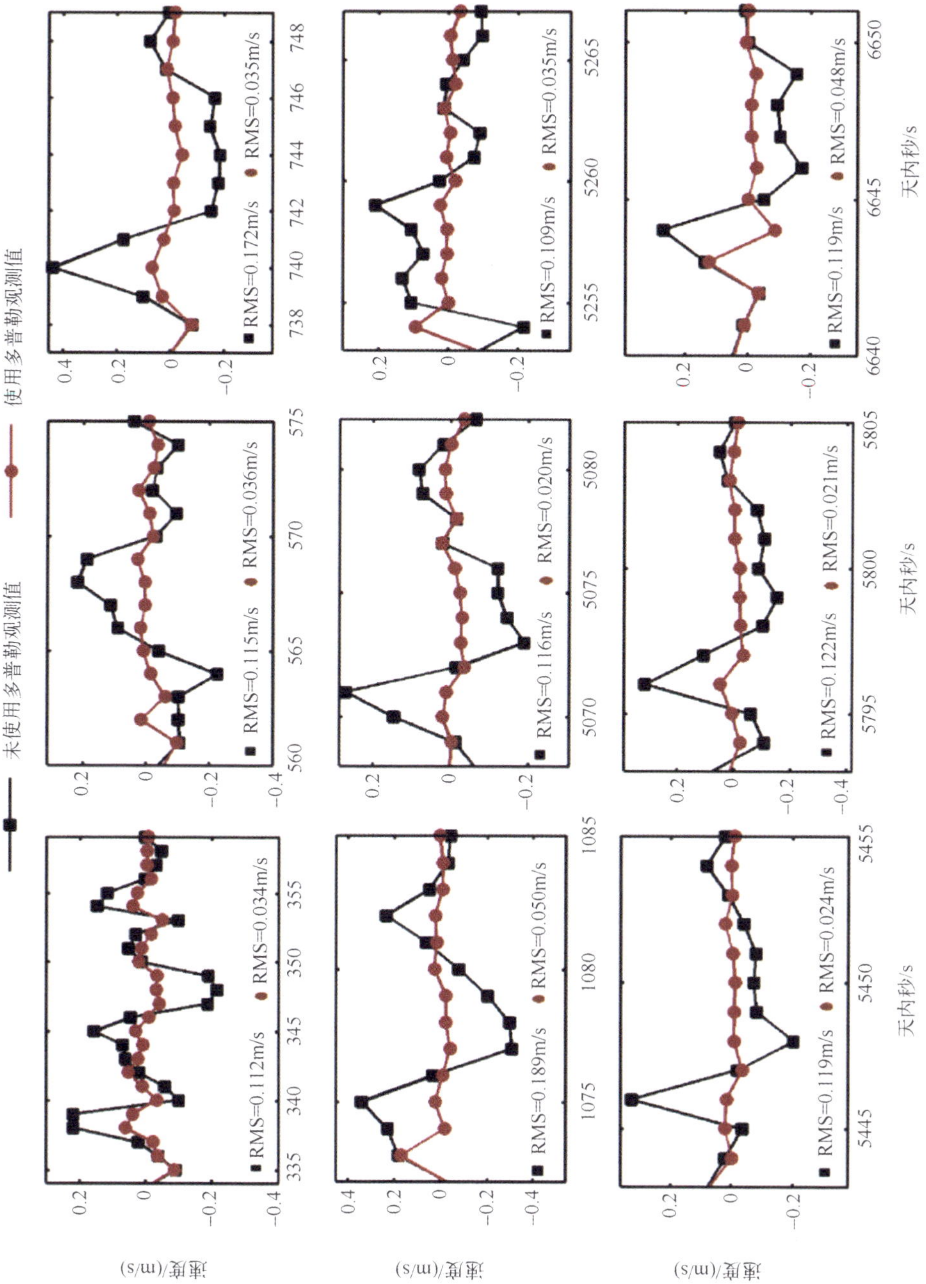

图6.16　动态场景下 CADPPP 模型测速误差[253]

第 7 章

GNSS地震监测与应用

随着高频 GNSS 技术的飞速发展，GNSS 技术可以获取测站在全球框架下的绝对位置，在地壳长期变形监测中发挥着重要作用。高采样率 GNSS 技术是监测地震、滑坡、火山以及其他地壳活动引起位移的重要手段之一，其精度可以达到毫米到厘米级[254]。近年来，人们在全球布设了大量的高采样率 GNSS 观测站，高采样率 GNSS 观测值可以估计出地震宽频位移，包括大地震导致的静态位移和动态运动，是对传统地震监测手段的有效补充[255-256]。高频 GNSS 观测网可以作为传统地震台网的有力补充，通过扩大地表震动的监测范围，提高地震预警系统的性能。进一步地，通过 GNSS 技术估计的位移可以用来计算地震震级、断层滑动分布反演以及地震或海啸预警[257-258]。因此，开展高频高精度 GNSS 定位算法研究，融合 GNSS 技术与其他传感器技术，挖掘其在宽频带位移提取方面的潜力，对推进 GNSS 技术在地震监测中的应用具有积极意义，这是当前 GNSS 地震学的前沿热点。本章介绍了 RTK、PPP、历元间位置差法、时域点定位法（Temporal Point Positioning，TPP）和 DPPP 等 GNSS 地震监测方法与模型以及同震位移误差分离方法，分析了相关模型在地震同震位移监测、地震频域同震位移分析比较、地震震级估计、地震烈度、地震地表位移变化和断层滑动分布反演等方面上的应用。

7.1 GNSS 求解同震位移模型

自然灾害是指给人类生存带来危害或损害人类生活环境的自然现象，地震因其难以预测、破坏力巨大、次生灾害严重，成为群灾之首。在现有观测手段和科学技术下，相对于当前地震预测难以实现的情形，地震预警以及震后快速响应和评估则是一种可行的应对地震的处理措施。从传统意义上来说，地震数据是通过地震仪或加速度计来记录的，然而地震仪的数据存在饱和和数据缺失等现象，这意味着它们不能完全地记录地震同震位移震幅，容易造成震级估计和震源参数反演失准等现象。尽管加速度计的数据不会缺失，然而对加速度计的数据进行积分得到的地震位移可能会因仪器的倾斜和旋转而失真[259]。因此，获得大范围高精度的宽频带地表位移是当前地震监测亟须解决的关键问题。

在地震期间，需要一定的方法来获取测站的同震位移，这对震时地表三维位移和速度等信息对震源参数求解、破裂过程反演，以及快速灾害评估等具有重要意义。利用高频 GNSS 技术可直接观测地表位移信息，该技术目前已广泛应用于地震监测中。

假定测站点离散时刻的位置序列为 $x(t),t\geqslant1$，当 $t=1$ 时，选定该时刻为参考时刻，后续时刻的测站点位置变化可以表示为

$$\Delta x(t)=x(t)-x(1),t>1 \tag{7.1}$$

一般来说，$t=1$ 为地震发生或稍早于地震发生的时刻，而相应的位移序列 $\Delta x(t)$ 则表示为同震位移序列。

在利用 GNSS 技术进行地震监测与预警时，人们通常关注的是测站的短时间内的位移量。下面介绍 RTK、PPP、历元间位置差法、TPP、DPPP 及 GNSS 与传感器融合方法这几种常用的 GNSS 估计地震同震位移模型。

7.1.1 RTK

RTK 是最早应用于 GNSS 监测中的方法，其通过一个或多个周围参考站消除 GNSS 大部分偏差并恢复双差整周模糊度特性，定位精度可以达到毫米到厘米级。文献 [260] 首次将 GPS 单系统 RTK 技术应用于 GNSS 地震学，文献 [261] 通过 RTK 技术获取了 2011 年日本大地震的同震位移。

RTK 的应用场景相当有限，其需要布设大量的基线和网数据来满足卫星共视的需要，其作业成本较大不太适合地震的应用场景。同时，RTK 选取的参考站应当远离震中区域，受到卫星轨道精度影响和大气影响，RTK 定位精度会随着 GNSS 基线长度增长而降低。

在真实地震场景中，地震波携带的巨大能量可使得距离震中数百甚至上千千米范围内的测站均受到不同程度的波动，这会大大降低测站间误差的空间相关性，导致估计的地震波精度显著降低。

7.1.2 PPP

通过高采样率 GNSS 观测数据以及精密卫星轨道和钟差等产品，单站接收机可通过实时 PPP 技术来获取绝对的地震同震位移。大量工作已经证明了实时 PPP 技术在地震学中的可用性[262-267]。PPP 技术可以获得高精度的测站绝对位置信息，从而进一步获取地震期间的同震位移序列[268]。

PPP 在实际应用中也存在着一定的问题，一方面 PPP 方法的缺点是长时间的收敛问题[146,269]。另一方面，当过多卫星信号中断或者发生周跳时，PPP 需要较长时间进行重新初始化。如果在地震期间出现了上述情况，则 PPP 获取的同震位移精度则会受到较大的影响，甚至无法获得可靠的同震位移。

7.1.3 历元间位置差法

文献［270］提出了可用于实时估计地震位移的历元间位置差法（Variometric），该方法基于载波相位历元单差方法估计同震位移，通过相位观测值历元差分消除模糊度影响从而获取测站速度值，进一步通过积分的方式获取同震位移。与第 6 章介绍的 TDCP 方法相比，Variometric 原理上与之基本上一致，但在参数域处理略有不同。

下面将介绍 Variometric 方法的基本原理，在 t 和 $t+1$ 时刻 GNSS 相位观测值可以表示为

$$\begin{cases}\phi_{r,j}^{s}(t)=\boldsymbol{u}_{r}^{s}(t)\cdot\boldsymbol{x}(t)+dt_{r}(t)+T_{r}^{s}(t)-\mu_{j}\cdot I_{r,1}^{s}(t)+N_{r,j}^{s}+b_{r,j}(t)-b_{j}^{s}(t)+\varepsilon_{\phi,j}^{s}(t)\\ \phi_{r,j}^{s}(t+1)=\boldsymbol{u}_{r}^{s}(t+1)\cdot\boldsymbol{x}(t+1)+dt_{r}(t+1)+T_{r}^{s}(t+1)-\mu_{j}\cdot I_{r,1}^{s}(t+1)+N_{r,j}^{s}+\\ \qquad b_{r,j}(t+1)-b_{j}^{s}(t+1)+\varepsilon_{\phi,j}^{s}(t+1)\end{cases}\tag{7.2}$$

当在 t 和 $t+1$ 时刻之间相位观测值未发生周跳时，可以通过历元间差分将模糊度和相位硬件延迟参数进行消除，因此，可得

$$\begin{aligned}\Delta\phi_{r,j}^{s}(t,t+1)&=\phi_{r,j}^{s}(t+1)-\phi_{r,j}^{s}(t)\\&=[\boldsymbol{u}_{r}^{s}(t+1)\cdot\boldsymbol{x}(t+1)-\boldsymbol{u}_{r}^{s}(t)\cdot\boldsymbol{x}(t)]+\Delta dt_{r}(t,t+1)+\\&\quad\Delta T_{r}^{s}(t,t+1)-\mu_{j}\cdot\Delta I_{r,1}^{s}(t,t+1)+\Delta\varepsilon_{\phi,j}^{s}(t,t+1)\end{aligned}\tag{7.3}$$

为了更清晰地反映出测站位置变化量的关系，式（7.3）可以进一步整理为

$$\begin{aligned}\Delta\phi_{r,j}^{s}(t,t+1)=&\,\boldsymbol{u}_{r}^{s}(t+1)\cdot\Delta\boldsymbol{x}(t,t+1)+\Delta dt_{r}(t,t+1)+\\&\Delta\boldsymbol{u}_{r}^{s}(t,t+1)\cdot\boldsymbol{x}(t)+\Delta T_{r}^{s}(t,t+1)-\mu_{j}\cdot\Delta I_{r,1}^{s}(t,t+1)+\Delta\varepsilon_{\phi,j}^{s}(t,t+1)\end{aligned}\tag{7.4}$$

式中：$\Delta x(t,t+1)$为在时刻 t 和 $t+1$ 期间的测站位置变化量；$\Delta \boldsymbol{u}_r^s(t,t+1)\cdot \boldsymbol{x}(t)$为站星几何图形变化误差，其主要是由卫星空间位置变化引起的，其与测站绝对位置偏差以及站星方向余弦变化有关。

在 TDCP 方法中，一般忽略站星几何图形变化误差和大气变化误差，因此，估计的参数包括测站位置变化和接收机钟差变化，即 $\Delta \boldsymbol{x}(t,t+1)$和 $\Delta dt_r(t,t+1)$，这也是 Variometric 方法最初的原型。在获得测站位置变化后，通过累加的方式即可获得测站在地震期间相应的同震位移序列。可以看到，该方法忽略了一些误差的影响，而误差累加的过程则会放大相应的低频噪声，这会导致累加过程产生基线漂移现象。

Variometric 法在 TDCP 方法的基础上进行了改进，随着时间的不断积累，站星几何图形变化误差的影响会逐渐转换成 $\Delta \boldsymbol{u}_r^s(1,t+1)\cdot \boldsymbol{x}(1)$，当先验坐标不够准确时，该项误差会产生特别大的影响。因此，Variometric 法需要在地震发生之前获得该测站足够准确的坐标。同样，可以通过累加的方法获得对应时刻的站星几何图形变化误差，并将其改正到观测方程中，在此情形下，同震位移不会受到相应误差的影响，从而 Variometric 法可以获取足够准确的同震位移。

总体来说，Variometric 方法是通过相邻历元间位置进行作差，其优势在于可以通过载波相位历元单差估计同震位移，由于相位观测值历元差分可以消除模糊度参数，因此不需要长时间的收敛过程[271]。Variometric 方法对于高频（1~5Hz）甚至超高频数据估计的位移噪声更低[272]，它的缺点是当测站先验坐标信息或卫星轨道和钟差精度下降时，地震位移和速度波则会产生基线漂移，如果地震波震动过长时，基线漂移现象则不能完全消除。常用消除基线漂移的方法包括线性滤波[270]、高通滤波[273]以及空间滤波[274]。该方法已经运用于 2012 年 6.0 级 Emilia 地震[275]、2016 年 7.8 级凯库拉地震[272]和 2019 年 7.1 级 Ridgecrest 地震[276]。

7.1.4 TPP

文献［277］提出了 TPP 来获取地震期间的同震位移序列，并通过 2011 年日本大地震的数据验证了该方法。下面将介绍 TPP 方法的基本原理。

如式（7.2）所示，已知在 t 时刻 GNSS 相位观测值，假定地震发生的初始时刻 $t=1$，且接收机的位置信息足够准确，则在初始时刻的相位观测值模糊度可以表示为

$$\overline{N}_{r,j}^s(1)=\overline{\phi}_{r,j}^s(1)-\boldsymbol{u}_r^s(1)\cdot \boldsymbol{x}(1)-mf_r^s(1)\cdot \mathrm{ZWD}_r(1)-dt_r(1)+\mu_j\cdot I_{r,1}^s(1)-\varepsilon_{\phi,j}^s(1) \tag{7.5}$$

假定在此后的一段时间内，载波相位观测值不会发生周跳，载波相位模糊

度值可以认为是不变的。因此，接收机在 t 时刻的位置可以表示为

$$\Delta\phi_{r,j}^{s}(1,t)=\left[\boldsymbol{u}_{r}^{s}(t)\cdot\boldsymbol{x}(t)-\boldsymbol{u}_{r}^{s}(1)\cdot\boldsymbol{x}(1)\right]+T_{r,1}^{s}(1,t)+\Delta dt_{r}(1,t)-\mu_{j}\cdot\Delta I_{r,1}^{s}(1,t)+\Delta\varepsilon_{\phi,j}^{s}(1,t) \tag{7.6}$$

TPP 方法要求接收机的位置信息要足够准确，$\boldsymbol{u}_{r}^{s}(1)\cdot\boldsymbol{x}(1)$ 这一项可以直接改正掉，同样，由于 TPP 方法主要用于求解地震期间的同震位移，在这期间，对流层湿延迟可以认为是足够稳定的，其变化也可以忽略。TPP 方法的估计参数包含测站位置改正和相对于首历元的接收机钟差变化量，是一种直接求解同震位移的方法，该方法基于模糊度的时域相关性和首历元的位置信息，其被称为时域点定位法。

TPP 方法求解的同震位移精度可以达到数厘米，其模糊度值被固定为已知值，因此其不存在 PPP 中的收敛过程。可以看到，TPP 应用场景利用了两类信息，一是需要知道地震之前足够准确的测站坐标信息，二是基于地震过程相对短暂的特点，通常来说不会超过 10min，在此期间，当观测值连续且不发生周跳，模糊度可以看成一个定值，当某一时刻相位观测值发生周跳，则接下来历元的相位观测值无法继续可用，因此，TPP 方法只适用于短时地震同震位移捕获。TPP 可以看成是从 PPP 方程中转换得到的，PPP 是通过解算出足够准确的模糊度值来估计同震位移，而 TPP 则是将模糊度值固定为先验值。相对于 Variometric 方法，TPP 也可以看成该方法的另一种表达形式，TPP 本质上基于历元间单差来获取历元间位置变化，其既适用于相邻历元的情形，也适用于所有时刻的位移变化计算，这两种方法本质上都是消除了模糊度参数的影响，因此都不存在收敛过程。当 PPP 模糊度已经收敛或者固定时，这两种方法都可以看作非差 PPP 函数模型的另一种表达形式。

7.1.5 DPPP

DPPP 方法基本原理和性能分析可以参见第 6 章，其已被应用于地震监测分析中[247-248, 278]。在地震过程中，通常我们只关注位置的变化量（即同震位移），两种 DPPP 模型都适用于地震学的应用场景。

7.1.6 GNSS 与传感器融合

GNSS 与传感器融合常用方法包括松组合与紧组合方法。以 Variometric 方法和加速度计为例，本节分别介绍 Variometric 方法与加速度计松组合方法和紧组合方法。

Variometric 方法与加速度计松组合方法是基于 GNSS 位移与加速度计原始

输出的数据融合方法，GNSS 位移由载波历元差分测速经过积分和趋势项改正得到。加速度计的原始输出作为 Kalman 滤波的系统输入，GNSS 位移用于观测更新。该方法存在一定的缺陷，一方面，松组合形式采用两步走的数据处理策略，会产生级联问题，影响定位精度；另一方面，在特定情景下，GNSS 卫星数量降低，定位精度下降甚至无法定位，导致松组合定位无法进行[279]。

Variometric 方法与加速度计紧组合方法能够充分利用卫星信息，发挥 GNSS 与速度计的互补优势，为地震动态实时变形监测应用提供精度更高、频带更宽的速度和位移波形。图 7.1 给出了 4 组 GNSS 和加速度计并置站的单 Variometric、单加速度计、后处理 PPP 以及 Variometric/加速度计融合方法计算的同震位移波形，其中，单加速度计位移波形出现了非常明显的趋势性漂移，而 Variometric 和 Variometric/加速度计融合方法与后处理 PPP 结果具有较好的一致性。因此，紧组合方法提供高精度的同震位移波形可以作为地震震源快速反演的有力工具[280]。

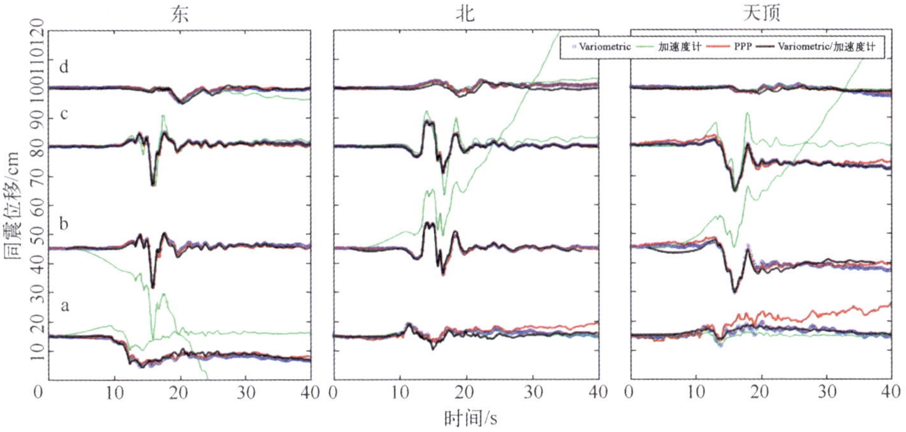

图 7.1 2016 年 10 月 30 日意大利 6.6 级 Norcia 地震 4 组 GNSS 和加速度计并置站的同震位移波形[280]

7.2 同震位移误差分离

在 GNSS 测量中，测站附近的反射物反射的卫星信号被接收机天线吸收，与卫星端的直射信号产生干涉，这种由于多个路径传播引起的干涉延迟称为多路径效应。同震位移波形会受到多路径效应的影响，目前削弱多路径的方法包括：①接收机安装时选择远离镜面反射的物质，保证开阔的视野，避免有高建筑物的影响等；②使用天线扼流圈从硬件方面阻隔部分多路径的干扰；③依据多路径的时空重复特性和观测值信噪比等，从数据处理的角度减轻多路径的影响，常用的方法包括恒星日滤波、多路径半球格网模型、主成分分析、信噪比降权、小波变换法等。除了多路径的影响，GNSS 位移未模型化误差还受到共模误差的影响，主成分分析是提取共模误差最常用的方法。本节将介绍削弱多路径误差和共模误差常用的方法。

7.2.1 多路径误差

1. 恒星日滤波

卫星轨道具有周期性，在经过特定时间后，卫星会再次回到相对于地心地固坐标系的原空间位置，我们把卫星两次经过相同位置的时间间隔称作卫星轨道重复周期（Orbit Repeat Time，ORT）。对于 GNSS 静态测站，当周围环境保持不变的情况下，来自相同反射角度的多路径误差也具有相似的周期特性。利用该特性和多个周期的观测数据，可以提取出多路径改正数来改正目标序列，获得相对平滑的时间序列。

恒星日滤波的关键技术是准确地获得 ORT，确保观测值残差序列或坐标序列在时域上能够对齐，从而使多路径改正数能准确地匹配到目标时序的相应历元。坐标域内的恒星日滤波基于流程如图 7.2 所示。

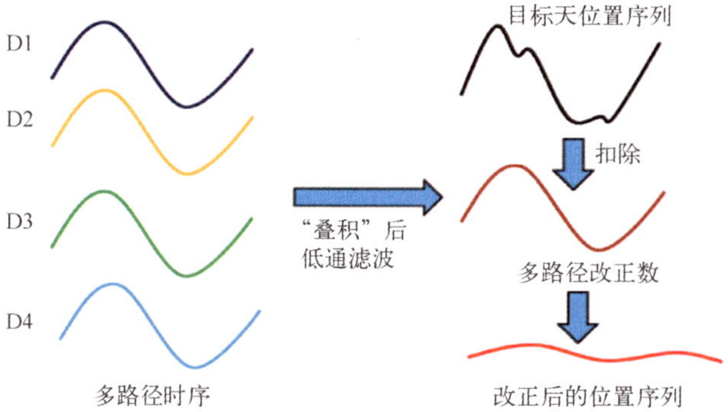

图 7.2　基于坐标域的恒星日滤波示意图[281]

2. 多路径半球球网模型

恒星日滤波可以看成是时域内的多路径滤波，准确地获得 ORT 和轨道位置信息是时域内多路径滤波的关键因素，然而卫星轨道受轨道机动和摄动力的影响，实际周期和结果可能发生较大的偏差，这会严重影响多路径改正的精度。时域内多路径滤波本质上是假设空间位置多路径误差相似的前提，基于此可衍生出基于空间域的多路径改正方法。

文献［282］提出了多路径半球格网模型，以站心坐标系为参考坐标系，按高度角和方位角格网间隔化，并获得多天的相位残差观测值，依据高度角和方位角将残差分类化，生成格网的多路径改正数。图 7.3 显示了相邻两天内 GPS 多路径半球格网模型。可以看出，相邻两天内多路径改正数空间分布相对一致。

多路径半球格网模型不需要计算多路径的重复周期，卫星轨道机动不会影响改正的效果，用户根据高度角和方位角等信息即可改正观测值，格网的分辨率越高，多路径效应的捕获能力越强，模型容错率更高，稳健性更强。

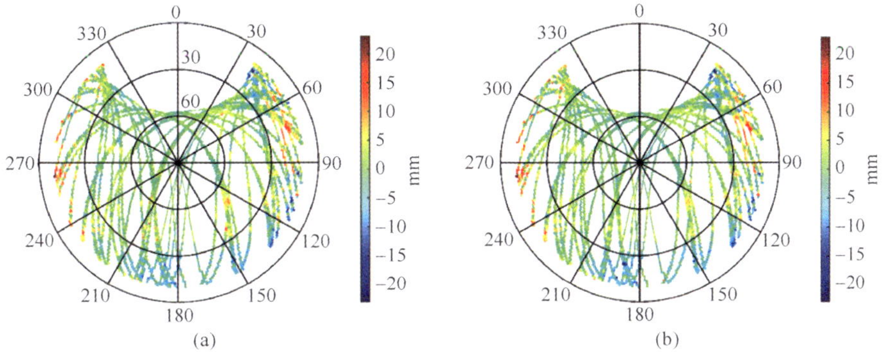

图 7.3　多路径半球格网模型示意图[283]

7.2.2 共模误差

GNSS 位移中存在的长周期误差还受到共模误差的影响，近些年来出现了不同方法来削弱共模误差的影响，较普遍的方法是文献［284-285］采用的堆栈滤波方法，将同一时刻整个测区所有测站的共模误差看成一致。为了提升共模误差可靠性，文献［283］引入了主成分分析，假设共模误差在时间上具有一致性，但在空间上非均匀分布，因此，其可扩展到任意大小的区域。文献［286］采用独立主成分分析法，研究了中国地区 2011—2015 年 GNSS 天解序列，从中分离出共模误差。主成分分析提取共模误差的流程如下：

已知任意方向上位移分量可以表示为 $\boldsymbol{X}_{m\times n}$，其中 m 表示观测历元总数，n 表示测站数，将矩阵的每一列测站的位移向量进行均值化和去趋势化处理，协方差矩阵可以表示为

$$\boldsymbol{B}=\frac{\boldsymbol{X}^{\mathrm{T}}\boldsymbol{X}}{m-1} \tag{7.7}$$

式（7.7）可进一步分解为

$$\boldsymbol{B}=\boldsymbol{V}\boldsymbol{\Lambda}\boldsymbol{V}^{\mathrm{T}} \tag{7.8}$$

式中：$\boldsymbol{V}$ 为特征向量构成的矩阵，每个特征向量均相互正交；$\boldsymbol{\Lambda}$ 为对应特征值矩阵。

可以选取 n 组正交向量矩阵 $\boldsymbol{V}$ 表示 n 维位移矩阵分量为

$$\boldsymbol{X}_{i,j} = \sum_{k=1}^{n} p_{i,k} v_{k,j} \tag{7.9}$$

式中：$\boldsymbol{P}_k$ 为位移矩阵的第 k 个主成分，$\boldsymbol{P}_k = [p_{1,k}, p_{2,k}, \cdots, p_{m,k}]$，可以将其看成时变序列并表示为

$$p_{i,k} = \sum_{j=1}^{n} x_{i,j} v_{j,k} \tag{7.10}$$

式中：$\boldsymbol{V}_k$ 为空间响应序列，$\boldsymbol{V}_k = [v_{1,k}, v_{2,k}, \cdots, v_{m,k}]$。

将 $\boldsymbol{V}$ 中特征向量按照特征值从大到小排列，前几个元素代表了区域中的共模误差，其计算式可以表示为

$$\mathrm{CME} = \sum_{i=1}^{n_0} \boldsymbol{P}_i \cdot \boldsymbol{V}_i^{\mathrm{T}} \tag{7.11}$$

式中：n_0 为计算共模误差的主成分数量。

7.3 GNSS 技术在地震监测与预警上的应用

在一个实时定位监测系统中，通过接收一定数量均匀分布的全球测站播发的实时流数据可以进行精密定轨（Precise Orbit Determination，POD）和精密卫星钟差估计（Precise Clock Estimation，PCE）等服务端产品生成。近些年来，IGS MGEX 网建立了大量的多系统 GNSS 测站。在一个完整的实时地震监测与预警系统中，通常包含 POD、PCE 和精密定位三项功能。通过获取的实时轨道和钟差产品则可以实施实时定位方案。图 7.4 给出了实时地震监测与预警服务端和用户端的处理流程。

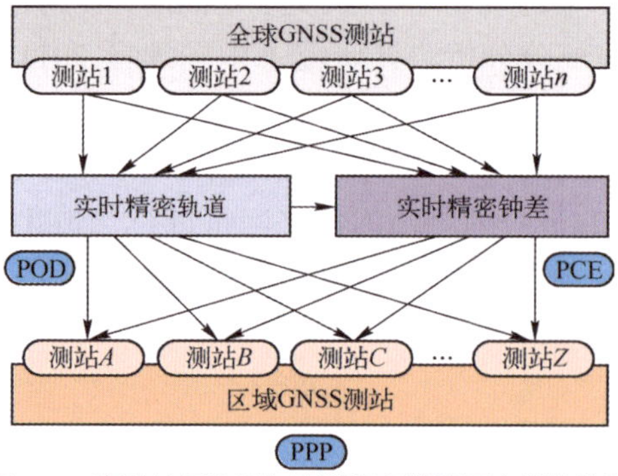

图 7.4　实时地震监测与预警服务端和用户端的处理流程

7.3.1 地震同震位移监测

快速准确捕获近场地震形变，是地震预警以及震后快速响应和评估的前提条件。图7.5给出了采用B2b产品和WHU最终产品解算2021年5月22日7.4级玛多地震PPP同震位移。以WHU PPP解为参考，采用B2b产品能成功监测地震同震位移，对于单GPS解，三维RMS值分别为1.7cm、2.4cm和1.7cm，对于QHMD站，GPS和BDS-3双系统组合提高了同震位移的精度。

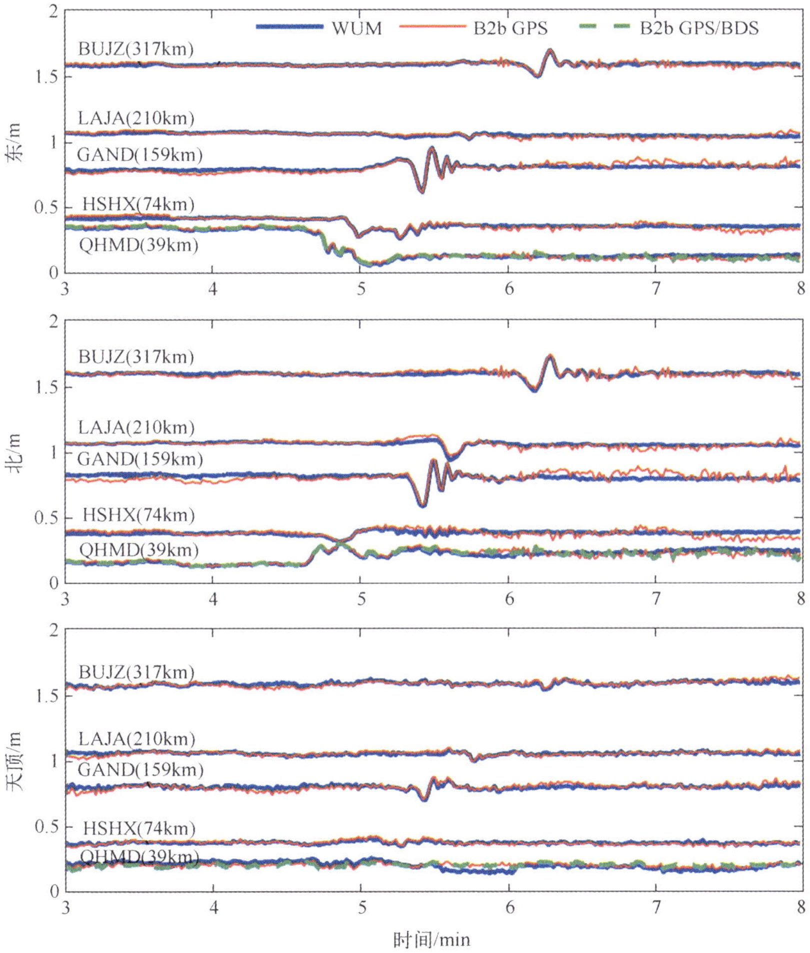

图7.5　2021年5月22日7.4级玛多地震同震位移，其中测站BUJZ、LAJA、GAND和HSHX采用了单GPS解，测站QHMD采用了GPS/BDS-3解[266]

本章以 2015 年尼泊尔地震为例分析 DPPP 模型在地震期间监测同震位移的性能。2015 年 4 月 25 日 UTC 06:11:26，尼泊尔中部发生了 7.8 级地震，震源深度为 15km，地震震中位于 28.147°N，84.708°E，尼泊尔首都加德满都西北方向 77km 处[287]。此次地震摧毁了大量房屋和建筑，是该地区自 1934 年尼泊尔-比哈尔地震以来规模最大、破坏性最大的一次地震[288-289]。北斗实验跟踪站（Beidou Experiment Tracking Station，BETS）提供的 LASA 测站可以提供 1Hz 的 GPS、BDS、GLONASS 和 Galileo 观测数据，同样，西藏地区附近的 LSA 强震仪站成功地记录了地震引起的位移变化，其距离 LASA 多系统 GNSS 测站 5.5km，其数据采样率为 200Hz[290]。

图 7.6 提供了动态 PPP、CVDPPP 和 CADPPP 模型 BDS 单系统、GPS 单系统、BDS+GPS 双系统、BDS+GLONASS 双系统和 BDS+GPS+GLONASS+Galileo 四系统在 UTC 06:11:26 后 300s 期间相应的同震加速度、速度和位移时间序列。其中，位于 LASA 站附近的强震仪 LSA 站记录的加速度结果，以及通过加速度积分和高通滤波计算得到的速度和位移时间序列也在图中分别显示。仪器旋转和倾斜引起的同震位移失真和基线偏移会导致地震波在位移时间序列中表现为线性或二次趋势，这里通过事后处理将基线漂移结果去除[291]。相比于强震仪得到的位移时间序列，CVDPPP 和 CADPPP 估计得到的地震波并不会受到仪器的旋转和倾斜造成的失真影响。通过比较 BDS 单系统、GPS 单系统、BDS+GPS 双系统、BDS+GLONASS 双系统和四系统估计的地震波和强震仪计算的结果，可以发现其相应的加速度、速度以及位移结果高度一致，GNSS 和强震仪得到的结果具有类似的相位变化和振幅。联合多系统可以使两种 DPPP 模型得到的速度和加速度波更加平滑，这也验证了多系统 GNSS 在监测地震同震位移上的优势。可以明显发现，传统的动态 PPP 计算的同震位移结果在 UTC 06:13:58 时刻出现了明显的偏差，所有观测到的 GPS 卫星（即 G3、G6、G9、G23、G26、G27、G31 和 G32）在该时刻卫星信号都出现了失锁现象，即卫星相位观测值发生周跳，这导致了所有的模糊度参数重新初始化从而导致定位结果出现了严重的偏差，而对于 CVDPPP 和 CADPPP 则并不会受到其影响，这是由于计算得到的同震位移和模糊度参数并不存在直接关系，这也验证了两种 DPPP 模型在地震监测上的优势。

2018 年 1 月 23 日 UTC 09:31:42，美国阿拉斯加东南 37km 处发生了 7.9 级地震，此次地震造成了距离震中数千千米的地方发生了严重的地面震动。大学全球定位系统联盟（University NAVstar Consortium，UNAVCO）数据处理中心提供了数千个全球分布的 GNSS 测站可以用来估计同震位移。该次地震的数

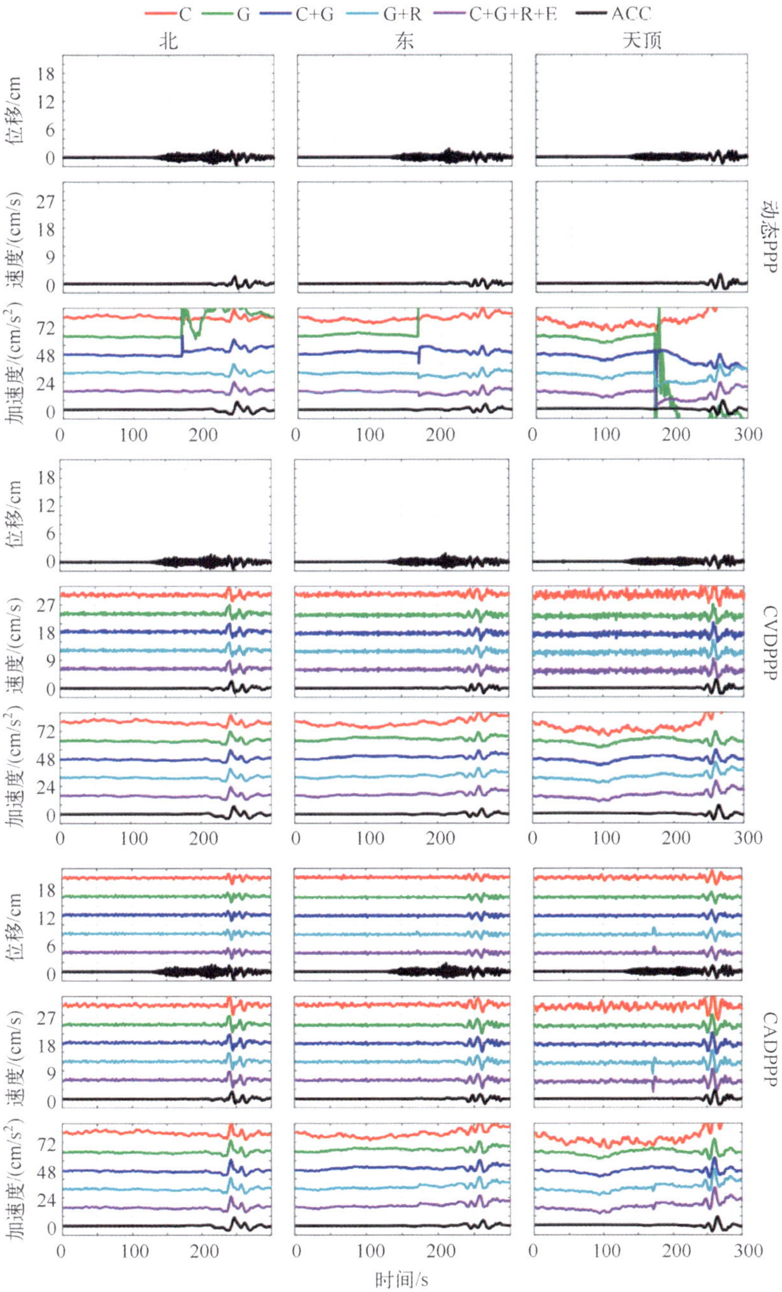

图 7.6　动态 PPP、CVDPPP 和 CADPPP 模型 BDS 单系统、GPS 单系统、BDS+GPS 双系统、GPS+GLONASS 双系统和 BDS+GPS+GLONASS+Galileo 四系统在 UTC 06:11:26 后 300s 期间相应的加速度、速度和位移时间序列

据是来自板块交界观测站（Plate Boundary Observatory，PBO），图 7.7 给出了 2018 年阿拉斯加地震选取的 1Hz GNSS 测站分布图，具体信息可参见文献［278］，其中震心用黄色五角星标出，红色圆圈代表选取的 1Hz GNSS 测站。

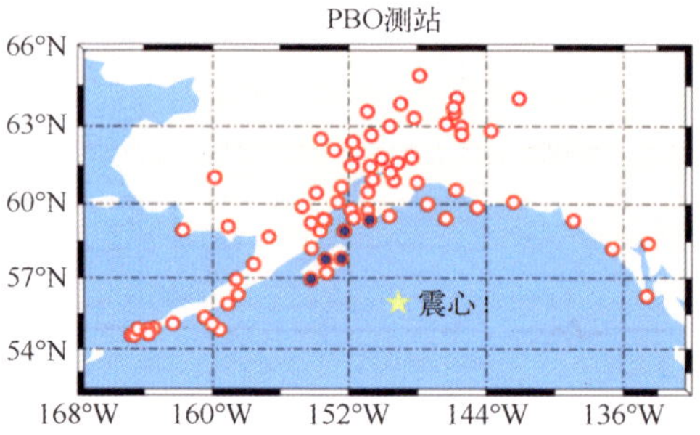

图 7.7　2018 年阿拉斯加地震 1Hz GNSS 测站分布

通过分析地震期间的位移变化可以进一步认识地震动态破裂过程。本节以 AC67、AC38、AC02、AC18 和 AC35 测站（图 7.7 中蓝色标记的测站）的 1Hz 数据为例，分析了 CADPPP 模型估计的水平同震位移时间序列。对于 1Hz 的 GNSS 数据，理论上 CA 运动模型更加适用。图 7.8 提供了 2018 年 1 月 23 日阿拉斯加地震期间 AC67、AC38、AC02、AC18 和 AC35 测站 GPS 单系统动态 PPP 和 CADPPP 估计的同震位移，站点顺序按照震中距离进行排序，可以看到两种方法估计的同震位移以及测站对地震响应顺序基本一致，两种方法估计的同震位移是可靠的。

2019 年 7 月 4 日和 6 日加利福尼亚东部分别发生了 6.4 级和 7.1 级地震，两次地震是由北美板块地壳的浅层走滑断层造成的[292]。7 月 4 日 UTC 17:33:49 时刻首先发生了 6.4 级地震。两天后，7 月 6 日 UTC 03:19:53 时刻相邻位置又发生了 7.1 级地震。本节选取了距离震中 300km 的测站进行 DPPP 模型测试，选取的 1Hz 数据用于 CADPPP 测试，5Hz 数据用于 CVDPPP 测试。图 7.9 提供了选取的 2019 年 7 月 4 日和 6 日加利福尼亚地震高采样率 UNAVCO 1Hz 和 5Hz GNSS 观测站分布，对应的震中位置也在图中显现。

为了更好地分析 CADPPP 和 CVDPPP 模型估计的同震位移的性能，本节选取了 P595、CCCC、P580、RAMT 和 P593 测站 1Hz 和 5Hz 高采样率数据来分析水平和垂直同震位移。图 7.10 给出了 2019 年 7 月 4 日和 6 日加利福尼亚地震多系统 GNSS CADPPP 和 CVDPPP 估计的加速度、速度和位移时间序列。所选的测站按照震中距进行排序，其中，初至波（P 波）和续至波（S 波）到

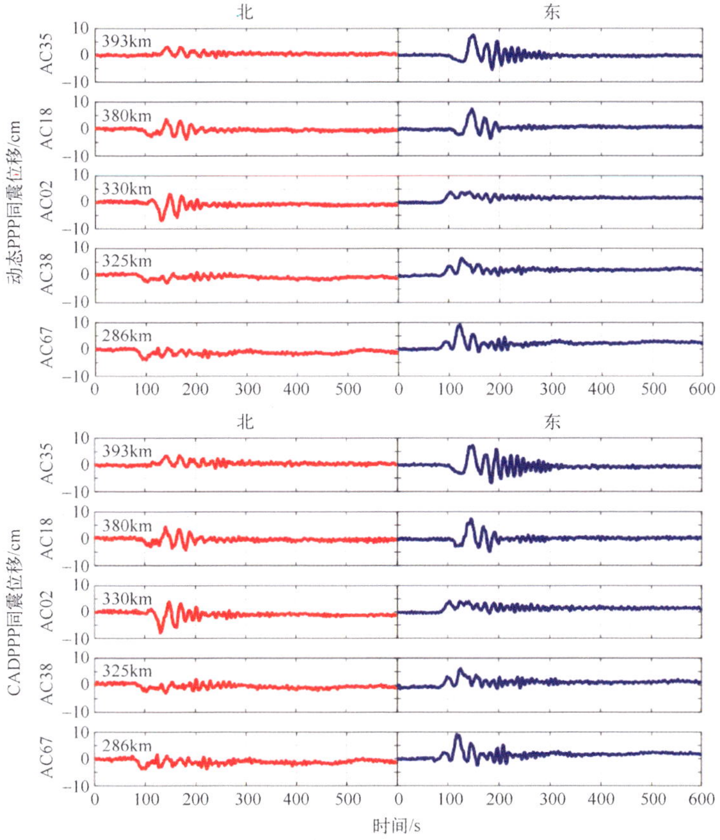

图7.8　2018年1月23日阿拉斯加地震期间AC67、AC38、AC02、AC18和AC35测站GPS单系统动态PPP和CADPPP估计的同震位移

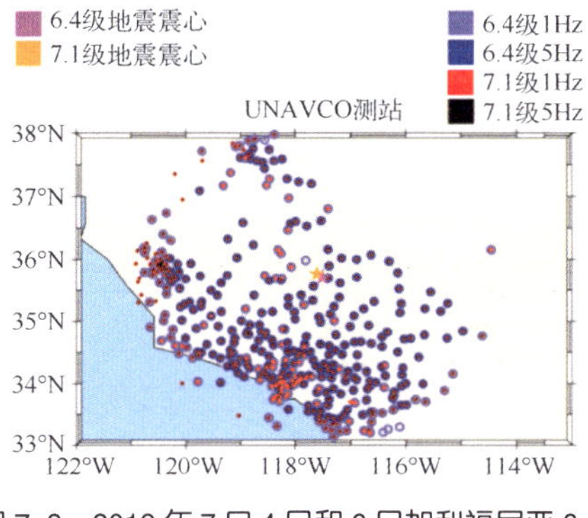

图7.9　2019年7月4日和6日加利福尼亚6.4级和7.1级地震高采样率UNAVCO GNSS观测站分布示意图

达时间分别用红色和蓝色在图中标出，其地震波传播速度分别用地壳压缩和剪切速度的经验值来计算（$V_P = 5.5\text{km/s}$ 和 $V_S = 3.2\text{km/s}$）[293]。可以看到，由于 P 波速度更快，其先到，CADPPP 和 CVDPPP 对于不同采样率的数据计算的水平同震位移具有相似的振幅和相位，而垂直位移部分测站略有不同，这是不同 DPPP 模型的过程噪声造成的。此外，通过分析同震位移时间序列可以分析出地表峰值位移（Peak Ground Displacement，PGD）是 S 波而不是 P 波导致的。

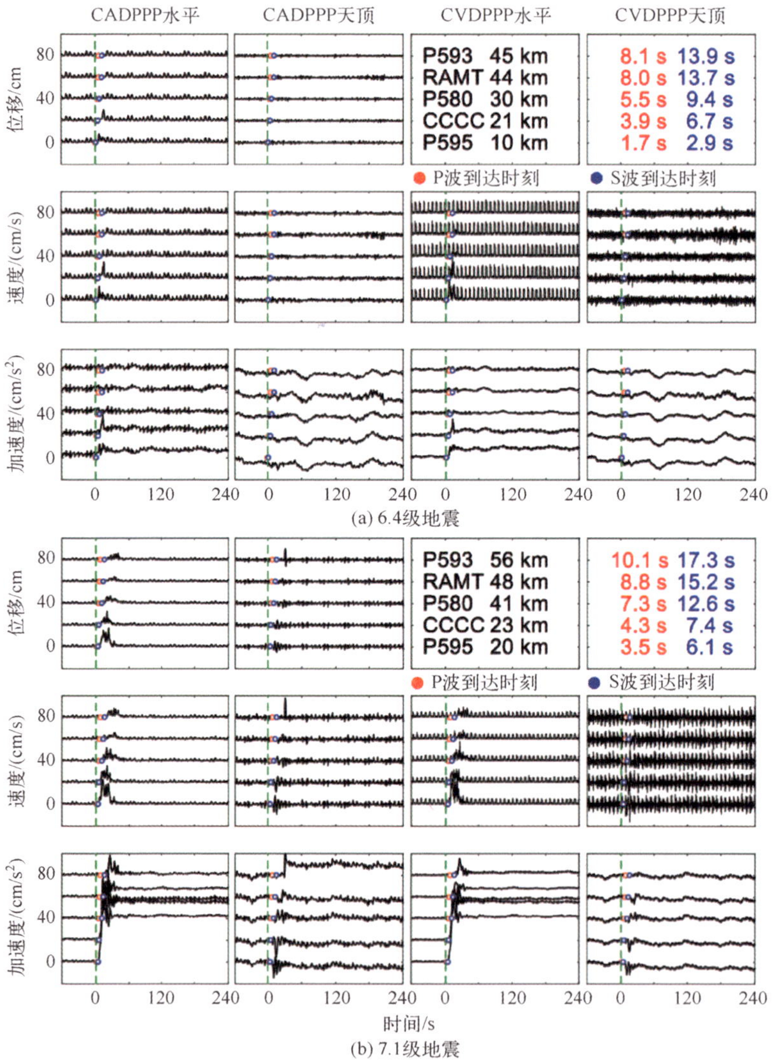

图 7.10　2019 年 7 月 4 日和 6 日加利福尼亚地震多系统 GNSS CADPPP 和 CVDPPP 估计的加速度、速度和位移时间序列

为了评估地震期间DPPP模型估计的同震位移可靠性和精度，这里以多系统动态PPP模型计算的同震位移结果作为真值来评估[290]。对于所选的5个测站，CADPPP和CVDPPP在北、东和天顶方向上差异的STD分别为0.22~0.35cm，0.44~0.58cm、0.58~0.82cm和0.08~0.27cm、0.16~0.27cm、0.21~0.69cm。因此，CADPPP和CVDPPP在地震期间同震位移精度要优于1cm，两种模型估计的同震位移之间存在微小差异，这是不同模型的动态噪声导致的。

7.3.2 地震频域同震位移分析比较

为了评估CADPPP和CVDPPP模型估计的1Hz和5Hz频域位移性能，图7.11给出了2019年7月4日加利福尼亚地震期间P616和TONO测站CADPPP和CVDPPP估计的1Hz和5Hz在北、东和天顶方向上的频率谱密度（Power Spectral Density，PSD）值，时间范围为UTC 02:00:00—05:00:00。可以看到，CADPPP和CVDPPP两个测站估计的PSD趋势上基本一致。在低频范围，PSD以增长的速度下降，紧接着，PSD开始以线性趋势开始下降。在超过一定频率范围的状态下，PSD出现了另一种摇摆状态。北、东和天顶方向上展现出相近的噪声水平，而天顶方向上的噪声水平要高于水平方向，这主要是受到了位移精度的影响。

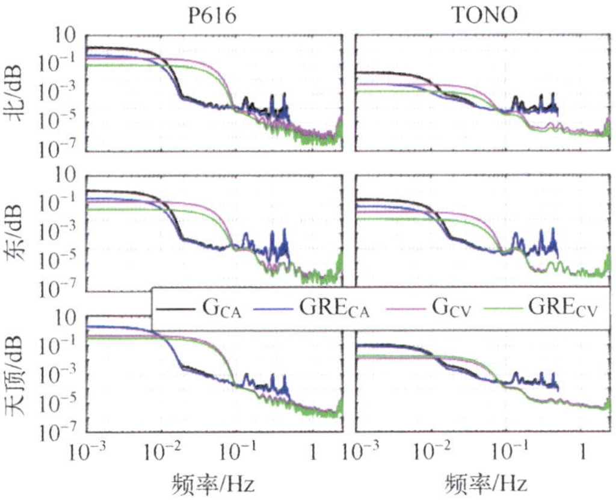

图7.11　2019年7月4日加利福尼亚地震期间P616和TONO测站CADPPP和CVDPPP估计的1Hz和5Hz PSD值

此外，多系统融合也可以降低三个方向分量的噪声水平，这在频率为10^{-3}~10^{-1}Hz时表现得尤为明显。而在较高频率（大于10^{-1}Hz）时，PSD的下降幅度相对较小，且有轻微的波动。同样，多系统融合在低噪声水平下具有较好的位移精度。通过分析两种方法的频域位移，可以看出两种DPPP方法估计同震位移是可靠的。

7.3.3 地震震级估计

地震震级作为地震三要素之一，快速、准确地确定震级是进行地震预警、震后灾害评估以及紧急救援的基础。地面峰值参数，如 PGD、地表峰值速度（Peak Ground Velocity，PGV）和地表峰值加速度（Peak Ground Acceleration，PGA）都可以用来估计地震震级[276,294]。通常位移的北向分量和东向分量的向量和称为水平分量。

图 7.12 给出了 2018 年阿拉斯加地震 AC67 测站提取 PGD 的流程，该测站的震中距约为 286km，P 波和 S 波达到时间分别为 52s 和 89s。在初始时间 118s 后，峰值位移为 9.1cm，其主要受到 S 波影响而不是 P 波。类似地，其他地表运动参数如 PGV 和 PGA 也可以通过类似的方法求得。

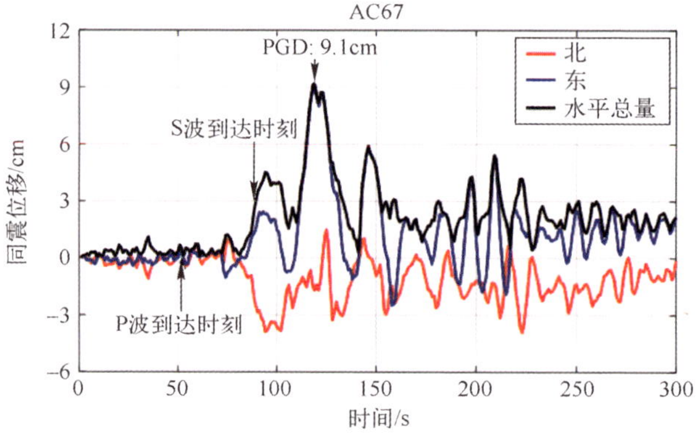

图 7.12　2018 年阿拉斯加地震 AC67 测站 GNSS 技术估计的水平同震位移

1. PGD

地震震级通常用来描述地震的大小，常用描述地震震级的方法有里氏震级和矩震级[295-296]。PGD 是计算地震震级的一种方法，GNSS 提取的 PGD 值信噪比值高，而宽频同震位移在近场附近则可能失真，而强震仪在地表加速度为 2~3g时理论上仪器变得不可用。地震引起的峰值位移与震级和震中距离密切相关。一般来说，通用尺度的地震震级可以表示为[297]

$$M=\lg(A/T)+a\lg(\Delta)+b \tag{7.12}$$

式中：A 为水平位移的峰值；T 为地震波的主要周期；Δ 为震中距；a 为震中距 Δ 的系数值；b 为常量。一般来说，相应系数可以由大量数据进行回归分析确定。

文献［298］根据大量地震事件，通过强震仪记录的地表位移变化，推导出震级，峰值位移和震中距之间的经验关系可以表示为

$$M = \lg(A) + 1.66\lg(\Delta) + 2.0 \tag{7.13}$$

式中：A 为水平位移的峰值，单位为 μm；Δ 为震中距（km）；M 为里氏震级。

根据式（7.13），水平位移的峰值也可以由震中距和震级表示为

$$A = 10^{M-2.0} \cdot \Delta^{-1.66} \tag{7.14}$$

本节基于 CADPPP 计算了 2018 年阿拉斯加地震震级，图 7.13 分析了其与美国地质调查局（U.S. Geological Survey，USGS）发布的地震震级比较结果，蓝点表示 CADPPP 计算的震级，红线表示 USGS 发布的参考震级。其中，CADPPP 模型计算的平均震级为 7.97，STD 值为 0.18，计算的震级与参考结果相比平均偏差为 0.07，这与预期的震级大小基本上是一致的。应注意的是，震级估计值作为震中距离的函数存在一个微小的线性趋势，考虑到本节采用的系数是基于全球数据得到的平均系数，这样线性趋势存在也是合理的。为了进一步分析所选方法的适用性，图 7.14 给出了震级分别为 7.6、7.9 和 8.2 时 PGD 与地震震中距的关系。由该图可知，所求得的 PGD 结果基本分布在 7.9 级的预期线附近，基于 DPPP 模型计算地震震级是合理可靠的。图中，红、绿和黄色分别代表 7.6、7.9 和 8.2 级地震的结果。左图表示普通尺度，实线为斜率为-1.66 的线，表示峰值距离随震中距离的衰减。右图为 log-log 尺度，直线表示斜率为-1.66 的线性关系。

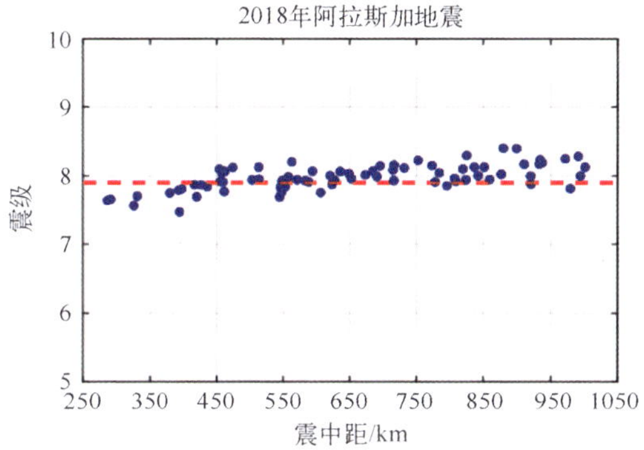

图 7.13　2018 年阿拉斯加地震 CADPPP 计算的地震震级和参考震级比较

图 7.15 给出了 2019 年 7 月 4 日和 6 日加利福尼亚地震多系统 GNSS 组合 CADPPP 和 CVDPPP 计算的震级和 USGS 发布的震级比较结果，其中（a）、（b）、（c）和（d）为 CADPPP 和 CVDPPP 两次地震计算结果，（e）为相应方法计算的地震震级分布。根据 GNSS 测站响应情况，对于这两次地震，本节分别选取了距离震中 100km 和 300km 的测站进行计算，两种方法计算两次地震的平均震级分别为 6.3、6.2 和 7.2、7.1，中位数分别为 6.4、6.4 和 7.2、

7.1，STD 值分别为 0.3、0.3 和 0.3、0.3，与 USGS 发布的地震参考震级相比，其平均偏差分别为-0.1、-0.2 和 0.1、0.0，这表明计算的震级和参考震级结果基本一致，这也证实了两种 DPPP 方法对于不同采样率的 GNSS 数据估计地震震级都是适用的。

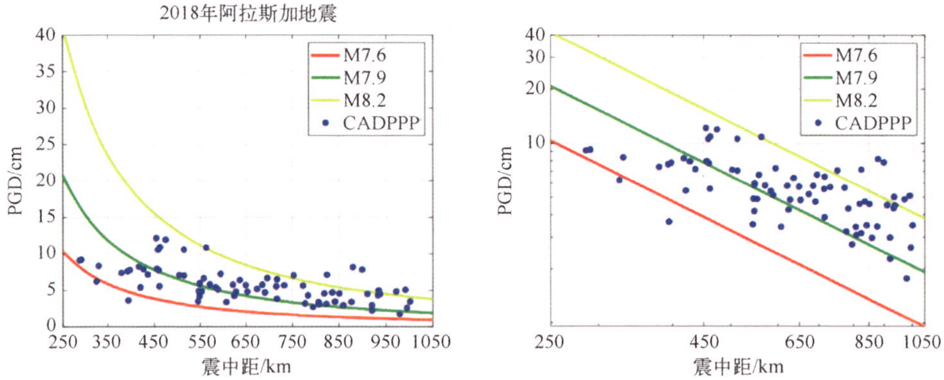

图 7.14　CADPPP 计算的震级分别为 7.6、7.9 和 8.2 时 PGD 与震中距的关系

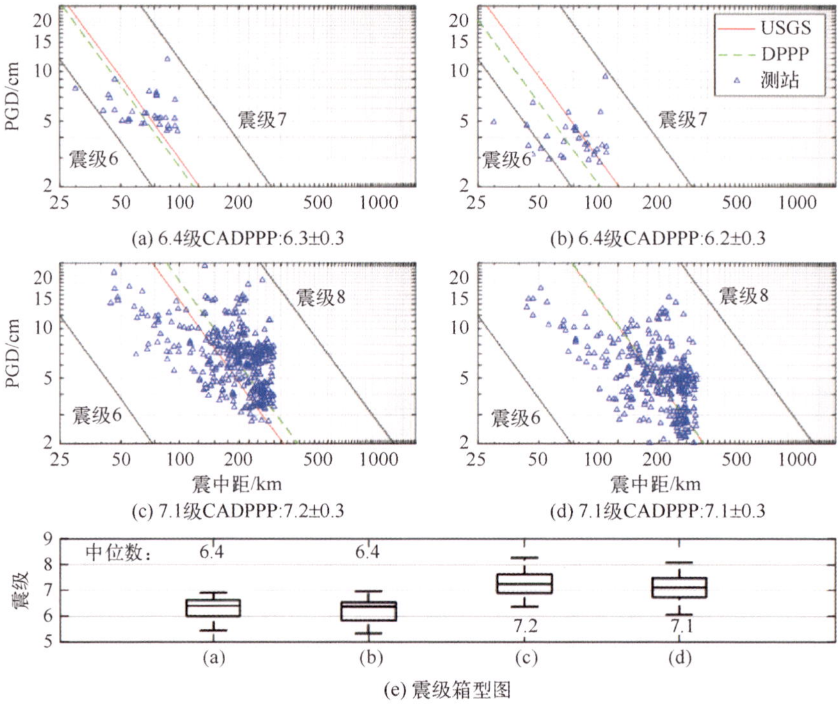

图 7.15　2019 年 7 月 4 日和 6 日加利福尼亚地震多系统 GNSS 组合 CADPPP 和 CVDPPP 计算的震级和 USGS 发布的震级比较

2. PGV

参考 PGD 估计震级原理，文献［265］从 22 个历史地震事件的共 1434 条 GNSS 速度波形中提取 PGV 值，通过最小二乘平差，得到了 PGV 估计震级经验关系式。通过回归得到的 PGV 面波震级经验关系式，计算了每个地震事件的 PGV 震级均值和标准差。图 7.16 所示为 22 个历史地震事件 PGV 面波震级与矩震级的对比。以 USGS 事后发布的矩震级为参考，22 个历史地震事件的 PGV 和 PGD 面波震级平均绝对偏差分别为 0.26 和 0.25，这说明 PGV 面波震级均值与矩震级是非常接近的。对于大型逆冲断层，PGV 面波震级与矩震级也能很好地吻合，不会出现饱和低估的现象，如 8.8 级马乌莱大区地震和 9.1 级东北大地震的 PGV 面波震级结果分别为 9.06±0.25 和 8.79±0.30。

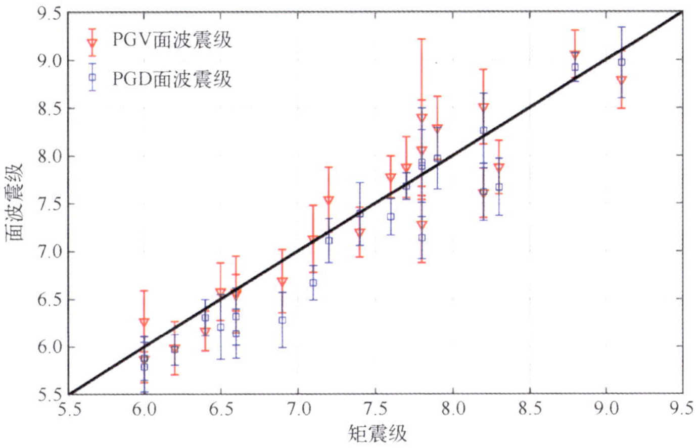

图 7.16 22 个历史地震事件 PGV 和 PGD 面波震级与矩震级的对比[265]

7.3.4 地震烈度

地震烈度是描述地震破坏程度的一个重要因素。政府相关部门可以根据地震烈度分布集中开展应急救援以最大限度减轻地震灾害造成的影响。地震烈度与地震地表运动参数（PGD 和 PGV）具有一定的相关性[299-300]。

USGS 提供的地震宏观烈度图主要依靠经验的地面运动预测方程来绘制地震强度。USGS 社区互联网烈度系统，也称为“Did You Feel It”，包含了丰富的空间强度数据来增强相关地区仪器数据。图 7.17 提供了 USGS 提供的 2018 年阿拉斯加地震宏观烈度图。图中强度值 1～6 分别用不同的颜色表示。该地震期间，只有少数强震仪是可用的，利用 GNSS 技术得到的地表运动参数与 USGS 烈度基准可以初步建立这些参数之间的关系。

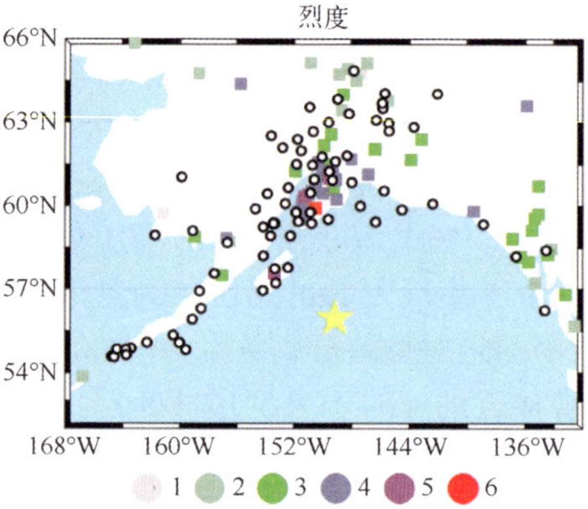

图 7.17　USGS 提供的 2018 年阿拉斯加地震宏观烈度

对于不同地震，地震烈度和地表运动参数的关系是不同的[301]。本章在强度为 2、3、4 和 5 的区域共选定了 18 个 GNSS 站。图 7.18 给出了 2018 年阿拉斯加地震地表烈度与 CADPPP 估计的 PGD 和 PGV 关系示意图，相应的关系式可以表示为

$$
\begin{cases}
I=5.66\times\lg(D_g)-0.94 \\
I=5.30\times\lg(V_g)+2.11
\end{cases}
\tag{7.15}
$$

式中：I 为地表烈度；D_g 和 V_g 分别为 CADPPP 计算得到的 PGD 和 PGV 值。

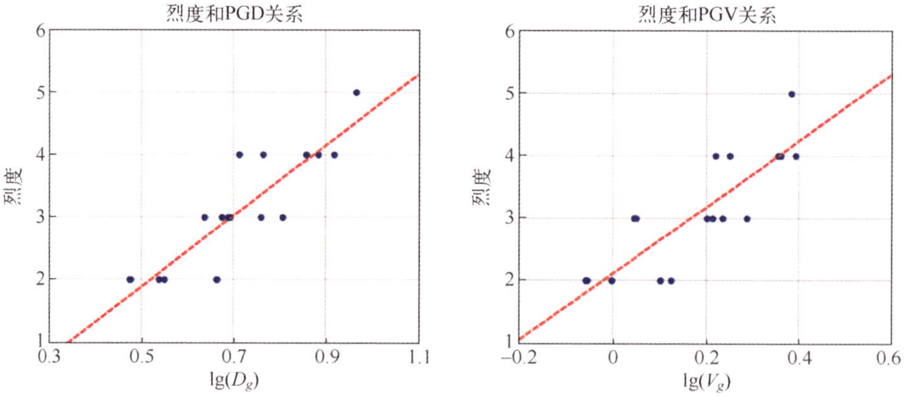

图 7.18　2018 年阿拉斯加地震地表烈度与 CVDPPP 估计的 PGD 和 PGV 关系

结果表明，GNSS 计算的峰值参数可以转化为地震烈度。鉴于目前统计数据有限，这种初步的关系只能为该地区提供一个参考值，通过未来加入更多的台站数据可以进一步提高该转换关系的可靠性。

7.3.5 地震地表位移变化

地表位移变化在一定程度上也反映了应力释放过程。地震前后数小时内的短期应力释放过程与上地壳的快速震后余滑和孔隙回弹等过程有关[302]。图7.19给出了2019年7月4日加利福尼亚6.4级地震震期P580、P595和CCCC测站东向位移结果，红线代表PPP固定解解算的位移，蓝线为共模误差和多路径误差改正后的位移。从图7.19可知，P580测站在震前的UTC 8—17时约以0.45cm/h的速度向东缓慢移动，最大位移甚至达到了2.6cm。主震发生后3h内，测站又迅速向西回弹，位移量约为1cm。CCCC和P595测站震前的地表移

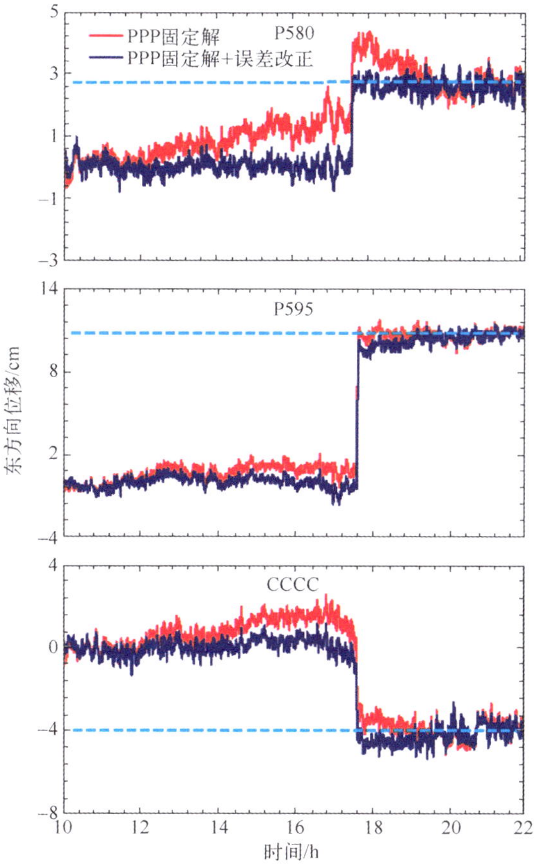

图7.19 2019年7月4日加利福尼亚6.4级地震震期P580、P595和CCCC测站东向位移结果[263]

动情况基本与 P580 相似。震后 P595 测站基本保持静止状态，而 CCCC 测站在震后 3h 内保持继续向西移动。观察经过共模误差和多路径改正后的位移序列，震前测站的移动状态表现静止，测站 P580 无明显早期震后余滑现象，P595 和 CCCC 测站在震后 3h，表现出缓慢的东向移动，位移量为 1.5cm 和 1cm，之后测站恢复静止状态。

图 7.20 计算出了 2018 年阿拉斯加地震 CADPPPP 求解的 GNSS 测站永久位移，其是通过地震后 30min 位移结果与地震前位移结果计算而得。其中，每个测站用菱形显示，每个测站的位移用洋红色箭头表示，其标尺为 20mm。为了评估计算地震永久位移的可靠性，本章以 UNAVCO 的 GPS 分析中心提供的最终永久位移为参考值，其是通过加速计和 GPS 联合求解计算而出。图 7.21 给出了 CADPPP 求解的地震永久位移和参考位移在北和东方向上的差异。所选取的部分测站结果并未给出，这是由于 UNAVCO 对于这些测站并未提供结果。结果表明，CADPPP 计算的结果差异在北和东方向上的 RMS 值分别为 5.1mm 和 7.5mm，通过 CADPPP 计算的地震永久位移和 UNAVCO 结果基本上一致。

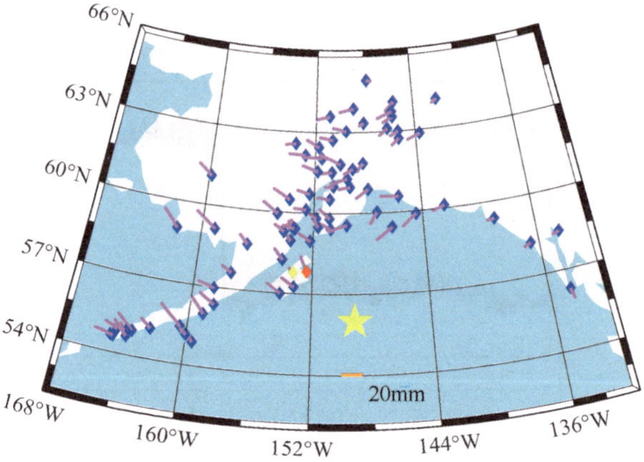

图 7.20 2018 年阿拉斯加地震 CADPPPP 求解的 GNSS 测站永久位移

在 CADPPP 计算的测站永久位移中，AC67 测站距离（图 7.20 标红色的点）受地震影响最大，其向北移动 1.5cm，向西移动 0.7cm。部分靠近震中的测站位移并不明显。例如，距离震中 325.3km 的 AC38 测站（图 7.20 标黄色的点）向北移动 0.4cm，向西移动 0.5cm。所选的测站 62.8%的站点向北移动，97.4%的站点向西移动。很明显，几乎所有的测站都向西移动，而靠近北美板块的测站则向南运动，这是由于北美板块与太平洋板块向西南方向汇合。由于阿拉斯加是太平洋板块浅层岩石圈走滑断裂的结果，断裂方向与海沟正压一致，其应力场为俯冲逆冲环境。

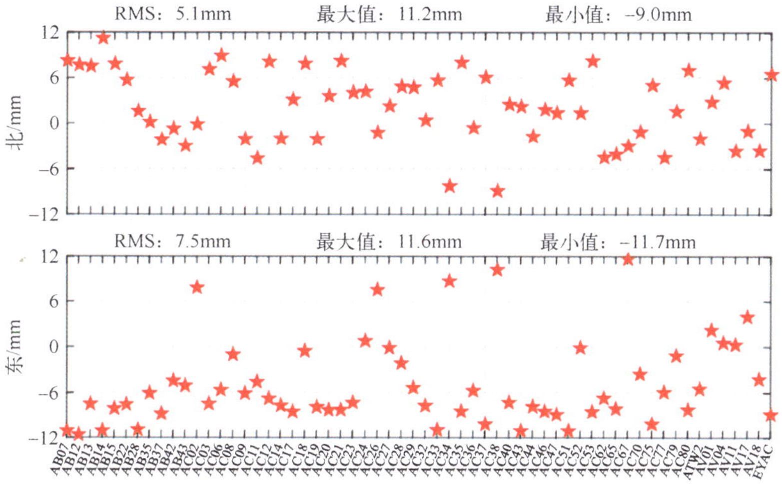

图 7.21　2018 年阿拉斯加地震 60 个所选测站 CADPPP 求得的位移和实际永久位移差值在北和东方向上的差异

图 7.22 给出了 USGS 提供的利用 Kalman 滤波在水平和垂直分量上发布的 2019 年加利福尼亚 6.4 级和 7.1 级别地震事件所对应的永久位移，相应的偏差也是通过加速度计和 GNSS 联合解算得到。对于 2019 年 7 月 6 日的 7.1 级地震来说，其造成的永久位移要比先前的 6.4 级地震大得多，影响的区域范围也比

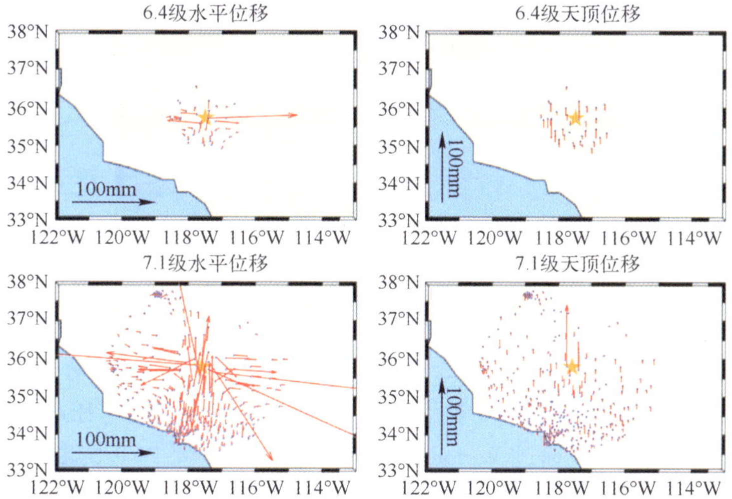

图 7.22　2019 年加利福尼亚 6.4 和 7.1 级地震 USGS 发布的永久位移变化

前次地震大。例如，距离震中约 40km 的 GNSS 测站 P580 站点在地震中向北、东和天顶方向上分别移动了-2.4cm、19.9cm 和 0.5cm。GNSS 测站在 P595 站点的最大位移要大于 0.5m。这两个事件均表现为在东西方向上伸展和南北方向上收缩，在西北走向上表现为右旋走滑事件。

7.3.6 断层滑动分布反演

同震位移对断层滑动反演具有重要意义，GNSS 技术求解的同震位移可以用来反演断层滑动分布。文献［303］基于 USGS 提供的体波机制解（走向=151°，倾角=85°，滑动角=-4°）以及 2017 年九寨沟地震的形变数据反演了当地的断层滑动分布，并采用弹性位移理论计算了理论位移场，结果如图 7.23 所示。震源机制解表明，该次地震是由于断层发生左旋走滑引起的，理论位移场主要呈蝶状分布，且主要滑动发生在震中东南至西北，以及西南至东北方向 15km 范围内，最大的形变位移为 0.135m。从理论位移场结果来看，GSWX、GSWD 和 SCPW 测站在东方向的形变量最大，可达-5.50mm。而对 GSZQ 测站而言，其北向形变量最大，为 3.71mm。

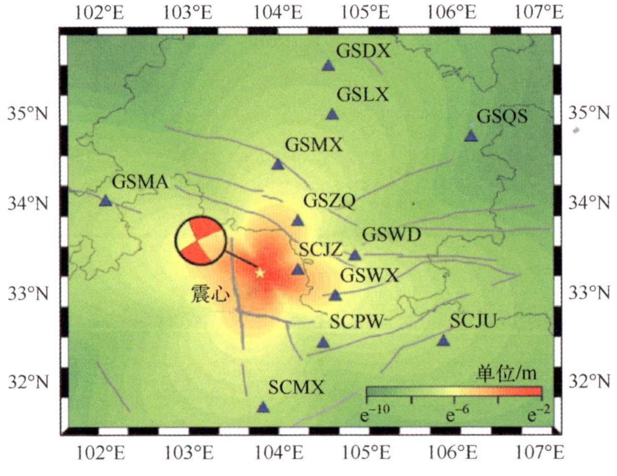

图 7.23 2017 年九寨沟地震的理论位移场、震源机制解以及断层分布示意图[264]

图 7.24 提供了 2021 年 5 月 21 日 7.4 级玛多地震断层滑动分布的时间变化，其中，黄色星表示震中位置。从左至右列分别为 GPS、BDS-2/3、GPS/BDS/GLONASS/Galileo 通过 Variometric 方法以及后处理 PPP 的断层滑动分布。其中，Variometric 多系统解具有较大的峰值滑移和较小的破裂范围。破裂有 3 个子事件，破裂沿震源两侧扩展，同时向东、西方向扩展。断裂开始后约 15s，

震源周围出现第一个亚源，12s 时峰值力矩速率为 5.63×10^{18} N · m/s。第 2 个和第 3 个子事件在 15s 后断裂，源事件函数在 21s 左右达到第 2 个峰值矩率为 6.39×10^{18} N · m/s，之后逐渐下降。破裂模型表明，3 个子事件均破裂至地表。特别是位于震源东部的第三次次级火山，其滑移主要集中在 10km 的深度。在模型中，平均破裂速度约为 1.7km/s。对比 4 种反演结果表明，BDS 能够提供可靠的地震震级估计和断层滑动分布，使用多系统 GNSS 观测值可进一步提高反演性能。

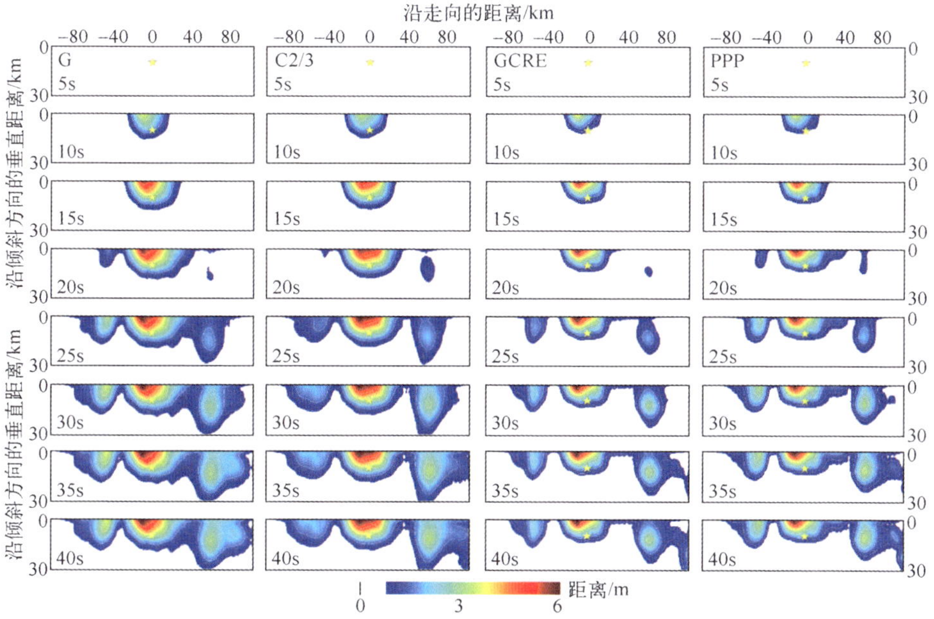

图 7.24　2021 年 5 月 21 日 7.4 级玛多地震断层滑动分布的时间变化[304]

第 8 章

GNSS授时原理与应用

高精度时间已成为科学技术发展不可或缺的重要条件，逐步从基础的电力、电信、金融证券，到工程技术应用，再到卫星导航、载人航天和深空探测等空间领域的应用。高精度时间频率技术的发展使导航定位技术得以实现和日渐完善，而 GNSS 发展的同时也推动了高精度时间传递技术的发展。在现有的远距离无线时间传递技术中，精度较高的技术包括双向卫星时间频率传递（Two Way Satellite Time and Frequency Transfer，TWSTFT）、GNSS 共视（Common in View，CV）、GNSS 全视（All in View，AV）和 GNSS PPP 时间频率传递技术。随着卫星导航系统的迅速发展，卫星授时可靠性和精度将得到进一步提升，PPP 技术在时间同步上对推进、解决当下军用民用需求、着眼未来科学发展具有重要意义。本章介绍了时间基础相关概念，包括时间系统、时间基准和时间频率技术，讨论了 GNSS PPP 技术的具体应用，包括 GNSS PPP 时间频率传递技术和 PPP 授时技术，并分析各自技术的性能和特点。

8.1 时间基础

卫星导航系统信号的精确同步，需要建立一个统一的独立、可靠、均匀和准确的时间参考系统，时间频率特性对时间同步、卫星定轨和预测具有直接影响。

8.1.1 时间系统

目前的时间系统主要包括世界时（Univeral Time，UT）、历书时（Ephemeris

Time，ET）、国际原子时（International Atomic Time，TAI）和 UTC 等。GNSS 系统具有独立稳定的时间系统，各系统间为了满足互操作和兼容要求，要通过链路与 UTC 建立比对关系。下面将简单介绍各个时间系统的概念。

1. 世界时

UT 是基于地球自转基准建立的时间标准。地球自转是最早用来计量时间的标准，其精度受到地球自转不均匀变化和极移的影响。1955 年，国际天文联合会定义了 UT_0、UT_1和 UT_2三个系统。

UT_0系统是天文观测直接测定未经修正的世界时，在早期该系统被认为是均匀稳定的时间计量系统。随着更精确的时钟出现，各地天文台详细测量了地轴摆动的影响后，加入了级移改正 $\Delta\lambda$，制定了 UT_1的新时标。后来，在进一步改进时钟精度后，UT_1被发现具有地球自转季节性变化引起的周期变化，在加入地球自转速率的季节性改正 ΔT 后，又建立了 UT_2系统。相应的转换关系可以表示为

$$\begin{cases} UT_1 = UT_0 + \Delta\lambda \\ UT_2 = UT_1 + \Delta T \end{cases} \tag{8.1}$$

精确的 UT 是地球自转的基本数据之一，为地球自转理论、地球内部结构、板块运动等研究提供了必要的基本资料。

2. 历书时

UT 经过修正后依然存在着由地球自转速率不规则变化造成的时间尺度的不均匀特性，这导致了秒长的不确定性。ET 是基于地球公转周期建立的，它克服了地球自转速率不均匀导致的 UT 秒长的不确定性缺点，精度比 UT 有所提高，精度可以达到 10^{-9}数量级。因此，1952 年国际天文协会第八届大会确定，在天文年历中采用地球绕太阳的公转周期为基准的计时系统，ET 秒定义为 1900 年 1 月 0 时 ET12 时起算的回归年的 1/31556925. 9747。ET 和 UT 的差异不仅包含长期变化，还包含了不规则变化，并且只能由观测决定，其测定精度相对有限。

3. 国际原子时

随着技术的不断发展，UT 和 ET 已经难以满足人们的需求。因此，时间尺度也从宏观世界转向微观世界，以具有极高稳定性的原子能级跃迁频率作为时标。1967 年第 13 届国际计量会议通过的秒长定义为，位于海平面上的铯原子基态两个超精细能级间在零磁场跃迁辐射 9192631770 周所持续的时间为一个原子秒，TAI 起点是 1958 年 1 月 1 日。国际计量局（Bureau International des Poids et Mesure，BIPM）处理了全世界约 20 个时间实验室约 500 台原子钟数据，根据世界各国的实验室按照国际单位制系统时间的定义运转的原子钟读数

建立的时间参考，综合得到 TAI。目前，参与 TAI 计量的主要守时实验室包括 BIPM、美国海军天文台（United States Naval Observatory，USNO）、美国国家标准与技术研究院（National Institute of Standards and Technology，NIST）、德国联邦物理技术研究院（Physikalisch-Technische Bundesanstalt，PTB）和中国科学院国家授时中心（National Time Service Center，NTSC）等。目前，光学原子钟的频率稳定度已经达到 10^{-18} 量级[305]。

4. 协调世界时

虽然 TAI 比 ET 和 UT 精度要足够准确，但是在大地测量等领域与地球角位置有关的工作时也要适应对应时间的需求，这也就产生了 UTC。UTC 可以看成是 UT 和原子时时间标准协调而出的产物，在确定原子时的起点后，由于地球自转速度的不均匀特点，UT 和原子时之间的时差便逐年积累。这也就引出了频繁的闰秒问题。闰秒，是为了保持 UTC 接近于世界时时刻，由 BIPM 统一规定在年底或年中当 UTC 和 UT_1 之间的时刻相差超过 0.9s 时对 UTC 增加或减少 1s 的调整。UTC 闰秒必须通过人工干预的形式才能实现，不仅消耗大量的人力资源，在这过程中也会面临巨大风险。因此，在 2022 年 11 月法国第 27 届国际计量大会上，与会代表通过决议，决定最迟不晚于 2035 年不再引入闰秒。表 8.1 列出了历年来的闰秒。UTC 是民用时间的基础，也是大部分国家规定的法定时间，GNSS 接收机输出的时间一般采用 UTC。

表 8.1　历年来的闰秒

年　份	6 月 30 日 23:59:60	12 月 31 日 23:59:60	年份	6 月 30 日 23:59:60	12 月 31 日 23:59:60
1972 年	+1s	+1s	1989 年		+1s
1973 年		+1s	1990 年		+1s
1974 年		+1s	1992 年	+1s	
1975 年		+1s	1993 年	+1s	
1976 年		+1s	1994 年	+1s	
1977 年		+1s	1995 年		+1s
1978 年		+1s	1997 年	+1s	
1979 年		+1s	1998 年		+1s
1981 年	+1s		2005 年		+1s
1982 年	+1s		2008 年		+1s
1983 年	+1s		2012 年	+1s	
1985 年	+1s		2015 年	+1s	
1987 年		+1s	2016 年		+1s

8.1.2 GNSS 时间基准

GNSS 时间基准包括 GPS 时（GPS Time，GPST）、GLONASS 时（GLONASS Time，GLONASST）、北斗时（BDS Time，BDT）和 Galileo（Galileo system time，GST）时。下面将依次介绍各时间基准。

1. GPS 时

GPST 是 GPS 地面控制站和卫星共同维持的原子时，其时间起点是 UTC 1980 年 1 月 6 日 0 时 0 分 0 秒。GPST 连续无闰秒，TAI 超前 GPST 并保持恒定整数差值，即 TAI-GPST = 19s。

GPST 通常以周和周内秒的形式给出，GPST 与 USNO 维持的 UTC 时间同步小数偏差要求在 1μs 以内，实际情形在 10ns 以内[306-307]。

2. GLONASS 时

GLONASST 以 TAI 时作为秒长，并在时刻上与 UTC 同步。因此，GLONASST 存在跳秒现象。GLONASST 与俄罗斯国家参考时 UTC（SU）存在 3h 的常数差值，现阶段，GLONASST 与 UTC（SU）的时间同步差在 2ns 以内[308]，导航电文播发的 GLONASS 与 UTC（SU）偏差在 1μs 以内[306]。

3. 北斗时

BDS 的时间基准为 BDT，其采用国际单位制秒为基本单位，连续累计并无闰秒，并由地面控制站时频系统建立和维持[309]。BDT 起始历元为 UTC 2006 年 1 月 1 日 0 时 0 分 0 秒，并采用周和周内秒计数。BDT 通过 NTSC 播发的 UTC 与国际 UTC 建立联系，相应的偏差参数修正后时间精度要优于 50ns。BDT 与 TAI 保持 33 整秒常数差值。

4. Galileo 时

GST 也以 TAI 时作为秒长，并直接溯源到 TAI 且无闰秒，起始历元为 UTC 1999 年 8 月 22 日 0 时 0 分 0 秒，GST 也采用周和周内秒形式，与 GPST 和 BDT 类似，其与 TAI 保持 19s 常数差值。

GPS、GLONASS、BDS 和 Galileo 系统对应的时间系统定义差别较大，具体信息可参照表 8.2。早期 IGS 最终产品严格对准到 GPST，导致 IGS 产品在天与天交界处稳定性较差。为了解决上述问题，IGS 组织利用高性能原子钟，维持了一个全新的时间基准，即 IGST。IGST 相对自由地对齐到 GPST，具备比 GPST 更好的短期稳定度，同时也兼具了 GPST 长期高稳定度的优点。

表 8.2 GNSS 时间定义说明

系统	时间标识	时间起点	计数方法	是否闰秒	溯源基准
GPS	GPST	UTC 1980. 1. 6 00:00:00	周，周内秒	否	UTC (USNO)
GLONASS	GLONASST	与 UTC (SU) +3h 同步	周，周内秒	是	UTC (SU)
BDS	BDT	UTC 2006. 1. 1 00:00:00	周，周内秒	否	UTC (NTSC)
Galileo	GST	UTC 1980. 1. 6 00:00:00	周，周内秒	否	UTC (PTB)

8.1.3 时间频率技术

自古以来，维护时间精度以及远距离时间同步是人们一直关注的问题，不同时间系统建立和维护不同时间频率标准的方法也不尽相同，如 ET 通过观测月球来维护，原子时通过不同地点的原子钟建立和时间同步来维护。

时间系统的维护包括时间频率的测量与比对、时间系统的守时、时间频率信号的传递。高精度远距离时间频率传递技术是形成各地参考的标准时间、保持世界各地实验室标准时间准确度的保证，涉及的技术包括测时、守时、授时和用时，其对应关系如 8.1 所示。

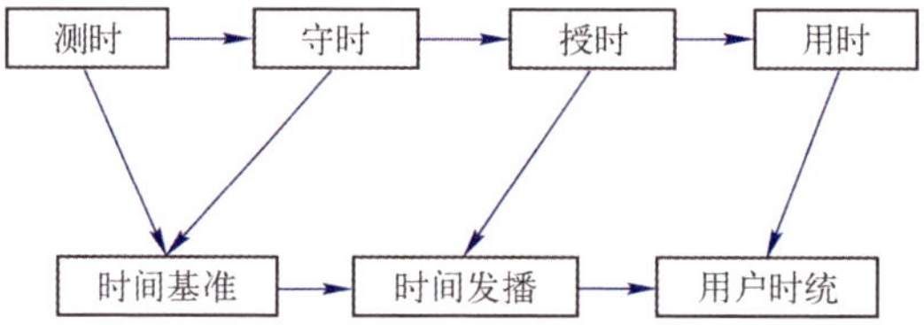

图 8.1 测时、守时、授时和用时与用户的关系

测时技术中，时间信号或者频率信号质量的好坏通常选用时间频率准确度和时间频率稳定度作为衡量信号源质量的指标[310]。

时间准确度是指时刻的准确度，用于时间比对，频率稳定度是指单位时间的均匀程度，用于频率基准。准确度是指产生的信号和初始标准信号的偏差，次级频率标准的准确度可以表示为

$$\sigma = \frac{f_1 - f_2}{f_2} \tag{8.2}$$

式中：f_1为实际测量值的频率；f_2为标称值的频率。

稳定度则是指输出信号随着时间产生的不稳定性，国际上对频率稳定性的表征方式一般使用 Allan 方差，其表示频率变化的标准差，并可以通过多次测量得到，即

$$\begin{cases} \sigma^2(\tau) = \dfrac{1}{2}(\bar{y}_{t+\tau} - \bar{y}_t)^2 \\ \bar{y}_t = \dfrac{x_{t+\tau} - x_t}{\tau} \end{cases} \tag{8.3}$$

式（8.3）可以进一步表示为

$$\sigma^2(\tau) = \frac{1}{2\tau^2}(x_{t+2\tau} - 2x_{t+\tau} + x_t)^2 \tag{8.4}$$

式中：τ 表示采样间隔；$x(t_k)$ 表示时域测量值。

Allan 方差通过时域测量表示了频率的稳定度，在计算中可近似表示为

$$\begin{aligned} \sigma^2(\tau) &\approx \frac{1}{2(M-2N+1)} \sum_{K=1}^{M-2N+1} (y_{K+N}^{\tau} - y^{\tau})^2 \\ &= \frac{1}{2\tau^2(M-2N+1)} \sum_{K=1}^{M-2N+1} (x_{t+2N} - 2x_{i+N} + x_t)^2 \\ &= \frac{1}{2\tau^2(M-2N+1)} \sum_{K=1}^{M-2N+1} (\Delta^2 x_i^{\tau})^2 \end{aligned} \tag{8.5}$$

式中：y^{τ} 为时间间隔为 τ 时频率的一阶差分；$\Delta^2 x_i^{\tau}$ 为相位测量的二阶差分；M 为样本总数；T 为采样周期；N 为在一个采样周期内以 τ 为间隔的样本数；$x(t_k)$为时域测量值。

守时是指建立和维持时间频率标准并确定时刻。对于时间设备来说，通过长期连续稳定的运行，得到可靠时间尺度的时间，就是守时。授时技术则是向用户提供时间服务，通常可以选择电话、电视、广播、电台和网络等方式，不同方式具备不同的精度，分别满足不同用户的需求。

8.2　精密时间频率传递

时间传递是指用户进行时间比对从而获取本地时间与参考时间的偏差。近距离时间比对通过电缆和光纤等有线介质实现，远距离时间比对包括 GNSS 时间频率传递技术和 TWSTFT 等。GNSS 时间频率传递技术包括 GNSS CV 和 AV 技术，PPP 技术可以看作 AV 技术的特例或延伸。其中，TWSTFT 和 PPP 精度最高，PPP 短期稳定性要优于 TWSTFT[311]。高精度时间频率传递方法是维持不同国家守时实验室和基准之间同步的基本条件[312]。

8.2.1 TWSTFT

TWSTFT 是目前应用最广的远距离高精度时间传递方法，其具有精度高和实时性强等特点。TWSTFT 利用两个基站同时向卫星发射不同的时间信号，经过卫星转发后，两个基站分别接收到另外测站的信号。考虑到路径的对称性，卫星轨道、对流层和电离层等影响可以消除或忽略。

图 8.2 所示为 TWSTFT 系统组成，地面站 A 和 B 在整秒时刻向对方发送信号，地面站 A 的整秒时刻为 t_{AT}，地面站 B 的整秒时刻为 t_{BT}，A 站接收到 B 站信号时刻为 t_{AR}，B 站接收到 A 站信号时刻为 t_{BR}。当 A 站与 B 站采用了相同的设备时，相应的硬件延迟可以看作相等，因此可以认为信号从 A 站到 B 站以及从 B 站到 A 站的时间相等。已知 A 站发出信号时刻到接收到 B 站信号时间间隔为 Δt_{AA}，B 站发出信号时刻到接收到 A 站信号时间间隔为 Δt_{BB}，相应时间间隔可以用精密设备测量得到，因此两站时间差可以表示为

$$\Delta T_{AB}=\frac{1}{2}(\Delta t_{BB}-\Delta t_{AA}) \tag{8.6}$$

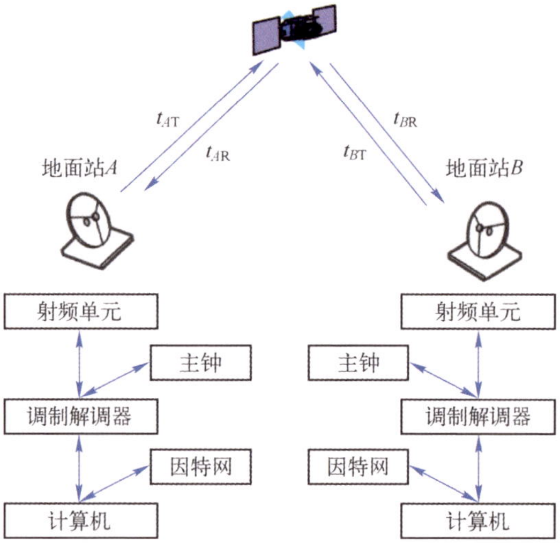

图 8.2　TWSTFT 系统组成

TWSTFT 发射和接收路径相同，方向相反，消除了大部分误差的影响，对应通信卫星较大的带宽有利于信号设计，受温度影响小，TWSTFT 技术实现的时间同步要优于 1ns。

8.2.2 GNSS 时间频率传递

GNSS 时间传递是基于卫星导航系统的时间传递方法，从而获取本地参考时间与系统时间的偏差，进而获取到两地的时间偏差。

1. 共视

GNSS CV 是以卫星钟作为参考，相距较远的测站在同一时间观测相同的卫星，并测量该测站与卫星钟之间的时间偏差，通过比较两个测站的本地钟差结果，来确定两个测站时间的相对偏差[313]。图 8.3 所示为 GNSS CV 基本原理，GNSS CV 方法可以有效地消除卫星钟差的影响，当满足共视条件时，可以削弱卫星轨道误差和大气延迟的影响，进而提高远距离时间传递的精度[314]。GNSS CV 是一种常用的远距离时间频率传递技术，具有比对精度高、覆盖范围广、价格低和可连续运行等特点[315]。

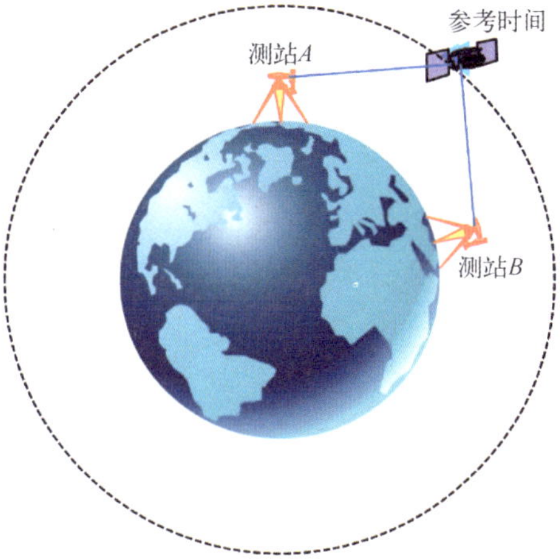

图 8.3　GNSS CV 基本原理

已知测站 A 和 B 的接收机分别位于两地，在同一时刻分别观测到同一颗卫星 S，于是测站 A 和 B 本地参考时间和卫星 S 的钟差可以分别表示为

$$\begin{cases}\Delta t_{AS}=t_A-t_S\\ \Delta t_{BS}=t_B-t_S\end{cases} \tag{8.7}$$

式中：Δt_{AS}和 Δt_{BS}为测站 A 本地参考时间和卫星 S 的钟差；t_A 和 t_B 为接收机 A 和 B 本地参考时间；t_S 为卫星钟时间。

对式（8.7）作差，获得 A 和 B 两站的钟差为

$$\Delta T_{AB}=\Delta t_{AS}-\Delta t_{BS}=(t_A-t_S)-(t_B-t_S)=t_A-t_B \tag{8.8}$$

文献［316］给出了CV误差处理方法和模型，GNSS CV要求测站两地必须同时观测到相同的卫星，其对共视距离也有一定的要求，如小于6000km[317]，因此其无法应用于全球任一位置进行时间比对。

2. 全视

精密轨道和钟差使GNSS AV方法得以广泛应用，图8.4所示为GNSS AV基本原理，两个测站利用精密轨道和钟差计算本地参考时间相对于参考时间的偏差，将其测得的偏差进行相减即可获得两个测站之间的偏差，其计算流程与GNSS AV一致。在2000km以内，AV和CV时间传递精度相当且不受距离限制，但是AV方法需要依赖于外部精密产品，和CV方法一致。AV方法使用了伪距观测值，其时间传递精度受制于伪距观测值。

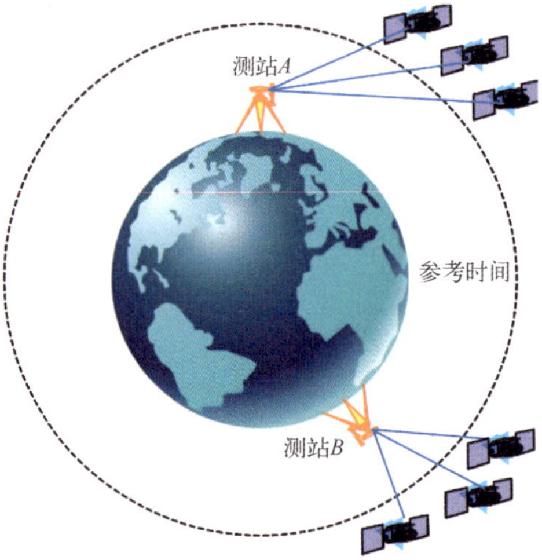

图8.4　GNSS AV基本原理

3. 载波相位GNSS时间频率传递

伪距观测值的精度相对有限，因此有学者提出了基于高精度的载波相位观测值来实现时间频率传递，即载波相位GNSS时间频率传递方法，GNSS PPP可以看作是在GNSS AV方法的基础上增加载波相位观测值，因此其可以看作AV方法的延伸[311]。

GNSS PPP时间频率传递是一种远距离的时间频率传递方法，在实时或事后精密产品的基础上，PPP时间频率传递可达亚纳秒量级的时间频率传递精度以及10^{-15}/天的频率稳定度[205]。PPP时间频率传递是BIPM维持TAI和UTC的主要方法，BIPM以PTB作为国际时间频率传递的中心，利用全球分布的时间实验室多台高精度原子钟的时间频率传递结果计算并维持UTC和TAI。在

BIPM 发布的公报中，PPP 时间频率传递的 A 类不确定度约为 0.3ns，1 天的频率比对约为 1×10^{-15}，30 天的频率稳定度约为 1×10^{-16}[318]。图 8.5 所示为 GNSS PPP 时间频率传递基本原理，用户先使用 PPP 方法计算本地时钟相对于精密产品时间基准的钟差，从而得到单向时间频率传递的结果，再计算参与时间传递的两个测站钟差结果的二次差，最终得到站间时间传递的结果[319]。

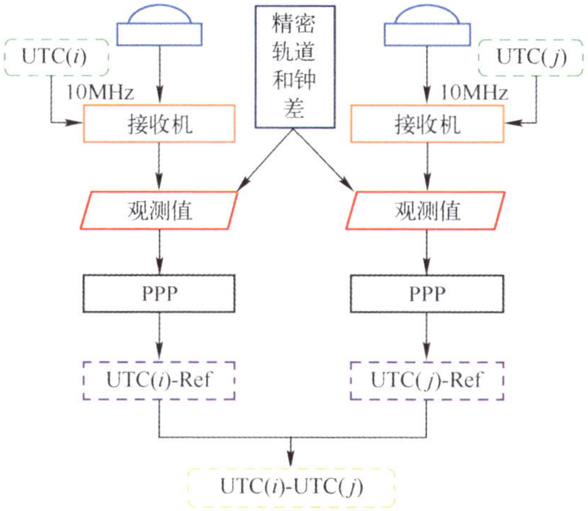

图 8.5 GNSS PPP 时间传递基本原理

因此，当接收机配备了高精度原子钟时，PPP 技术即可用于精密时间频率传递[320]。以 BDS PPP 为例，图 8.6 给出了 2019 年 DOY 17 日 BRCH-XIA3 时间链路 BDS B1I 单频、B1I+B3I 双频、B1I+B3I+B2a 三频和 B1I+B3I+B1C+B2a 四频 PPP 接收机钟差之差。可以看到，相比于单频 PPP，多频 PPP 接收机钟差之差更加平滑。为了评估时间链路的稳定性，图 8.7 给出了 2019 年 DOY 17 日 BRCH-XIA3 时间链路 BDS-3 单频、双频、三频和四频 PPP 时间频率传递的阿伦方差（Allan Deviation，ADEV），其中，ADEV 采用 Stable32 软件计算，可以看到，BDS 单频、双频、三频和四频 PPP 时间频率传递 10000s 频率稳定度要优于 1.6×10^{-14}。

第 3 章提及了 BDS-2 和 BDS-3 之间的 ISB 处理策略会影响 BDS PPP 性能，从而影响 BDS PPP 时间频率传递的性能。为了评估不同 ISB 处理策略对 BDS-2 和 BDS-3 联合精密时间频率传递性能的影响，图 8.8 给出了 2020 年 DOY 114 日 NNOR-XIA1 时间链路单 BDS-2、单 BDS-3 和 BDS 采用四种 ISB 处理策略的 PPP 模型估计的接收机钟差之差，四种 ISB 处理策略分别为忽略 ISB、ISB 估计为常数、ISB 估计为随机游走和 ISB 估计为白噪声，其中 BDS-2 使用 B1I/B3I 信号，BDS-3 使用了 B1I/B3I 或 B1C/B2a 信号，精密星历采用

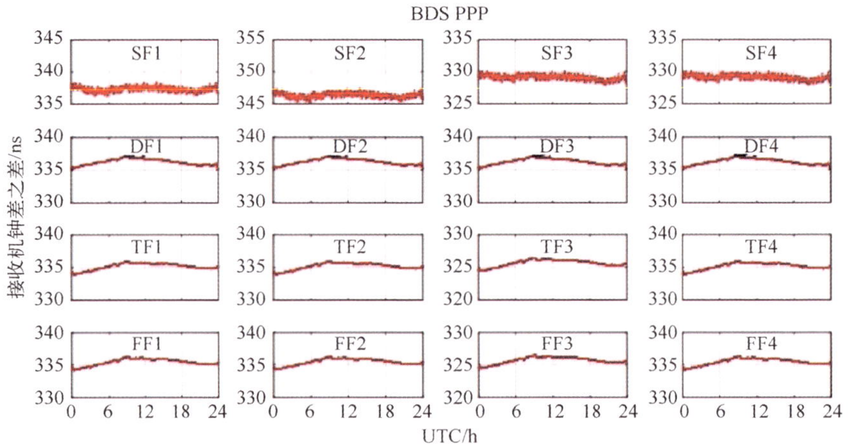

图 8.6　2019 年 DOY 17 日 BRCH-XIA3 时间链路 BDS 单频、双频、三频和四频 PPP 模型提取的接收机钟差之差

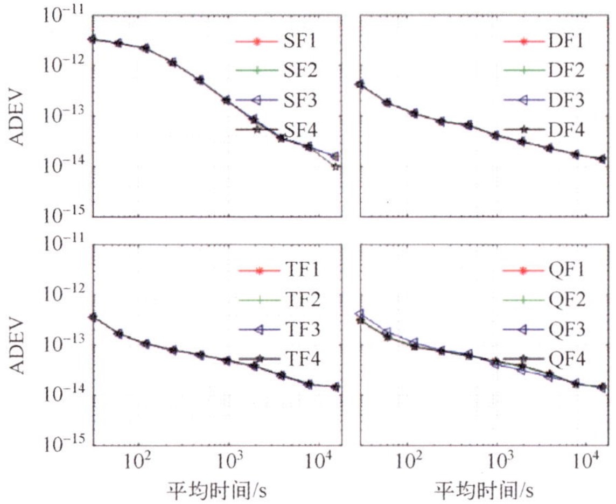

图 8.7　2019 年 DOY 17 日 BRCH-XIA3 时间链路 BDS-3 单频、双频、三频和四频 PPP 时间频率传递 ADEV

GFZ 或 WHU 产品，由于 BDS-2 和 BDS-3 使用了不一致的频点，本章统一使用 ISB 表示而不是 TDB 表示系统间偏差，ISB 详细处理策略可参见第 3 章。由于 ISB 的存在，相应的接收机钟差基准遭到破坏，单 BDS-2、单 BDS-3 和 BDS PPP 接收机钟差之差之间存在明显的系统差。ISB 值越大，相应的差异值则越大。当估计 ISB 值，这种差异则可以消除，当 ISB 估计为常数、随机游走和白噪声时，相应的接收机钟差之差在图中几乎重叠。

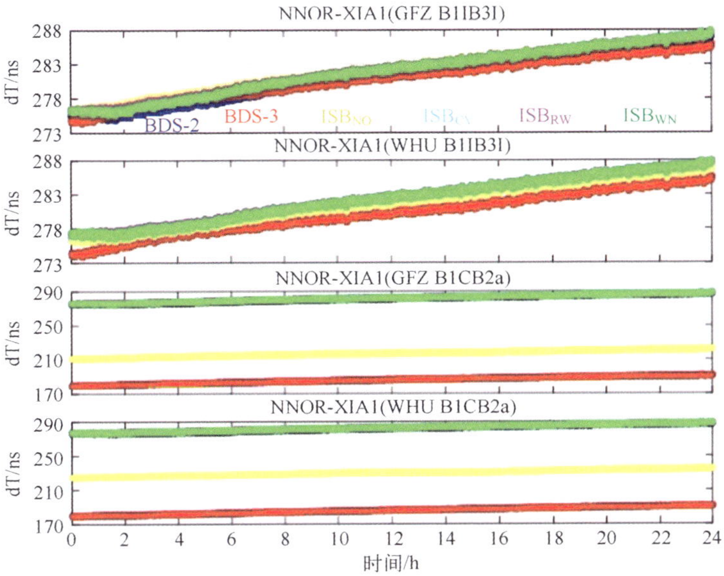

图 8.8　2020 年 DOY 114 日 NNOR-XIA1 时间链路单 BDS-2、单 BDS-3 和 BDS 采用四种 ISB 处理策略的 PPP 模型估计的接收机钟差之差

为了评估使用不同 ISB 随机模型估计的接收机钟差之差的稳定性，这里比较了基于相应的时间链路 BDS 和 GPS PPP 钟差之差，相应的统计值如表 8.3 所示，图 8.9 给出了相对于单 BDS-2 PPP 结果接收机钟差之差稳定性提升百分比。可以看到，相比于 BDS-2，BDS-3 结果提升了约 20%，BDS-2 和 BDS-3 联合 PPP 显著提高了 BDS 结果的稳定性，当 ISB 处理策略合理时，接收机钟差之差更加平滑，反之，精度和稳定性都会下降，由于 BDS-2 的影响，ISB 估计为白噪声时 BDS 结果要差于单 BDS-3 结果。ISB 估计为常数时，得到的结果最优，其次是 ISB 估计为随机游走，最差是 ISB 估计为白噪声。此外，对比分析 GFZ 和 WHU 结果来看，采用两类产品得到的接收机钟差结果基本一致。

表 8.3　相应的时间链路 BDS 和 GPS PPP 接收机钟差之差统计结果

测站 产品	策略	BRUX-XIA1/ns	PTBB-XIA1/ns	HARB-XIA1/ns	HOB2-XIA1/ns	NNOR-XIA1/ns	USUD-XIA1/ns	平均值/s
GFZ B1IB3I	BDS-2-IGS_{GPS}	1.58	1.29	0.85	0.57	0.77	0.72	0.96
	BDS-3-IGS_{GPS}	0.78	0.85	0.80	0.71	0.79	0.69	0.77
	ISB_{NO}-IGS_{GPS}	0.79	0.89	0.78	0.61	0.72	0.72	0.75

续表

测站产品	策略	BRUX-XIA1/ns	PTBB-XIA1/ns	HARB-XIA1/ns	HOB2-XIA1/ns	NNOR-XIA1/ns	USUD-XIA1/ns	平均值/s
GFZ B1IB3I	$ISB_{CV}-IGS_{GPS}$	0.76	0.86	0.78	0.56	0.67	0.68	0.71
	$ISB_{RW}-IGS_{GPS}$	0.82	0.87	0.79	0.57	0.68	0.69	0.73
	$ISB_{WN}-IGS_{GPS}$	1.10	1.24	0.84	0.58	0.70	0.68	0.85
GFZ B1CB2a	BDS-3-IGS_{GPS}	0.74	—	0.84	—	0.72	—	0.76
	$ISB_{NO}-IGS_{GPS}$	1.33	—	1.40	—	1.29	—	1.34
	$ISB_{CV}-IGS_{GPS}$	0.84	—	0.80	—	0.68	—	0.77
	$ISB_{RW}-IGS_{GPS}$	0.85	—	0.82	—	0.68	—	0.78
	$ISB_{WN}-IGS_{GPS}$	1.51	—	0.88	—	0.66	—	1.01
WHU B1IB3I	BDS-2-IGS_{GPS}	1.39	1.14	0.87	0.68	0.75	0.74	0.92
	BDS-3-IGS_{GPS}	0.82	0.89	0.79	0.73	0.69	0.68	0.76
	$ISB_{NO}-IGS_{GPS}$	0.87	0.88	0.78	0.64	0.68	0.68	0.75
	$ISB_{CV}-IGS_{GPS}$	0.80	0.84	0.77	0.62	0.66	0.66	0.72
	$ISB_{R}-IGS_{GPS}$	0.82	0.85	0.80	0.64	0.68	0.67	0.74
	$ISB_{WN}-IGS_{GPS}$	1.31	1.10	0.83	0.65	0.70	0.68	0.87
WHU B1CB2a	BDS-3-IGS_{GPS}	0.74	—	0.82	—	0.68	—	0.74
	$ISB_{NO}-IGS_{GPS}$	1.51	—	1.53	—	1.43	—	1.49
	$ISB_{CV}-IGS_{GPS}$	0.77	—	0.75	—	0.67	—	0.73
	$ISB_{RW}-IGS_{GPS}$	0.82	—	0.82	—	0.68	—	0.77
	$ISB_{WN}-IGS_{GPS}$	1.31	—	0.85	—	0.68	—	0.94

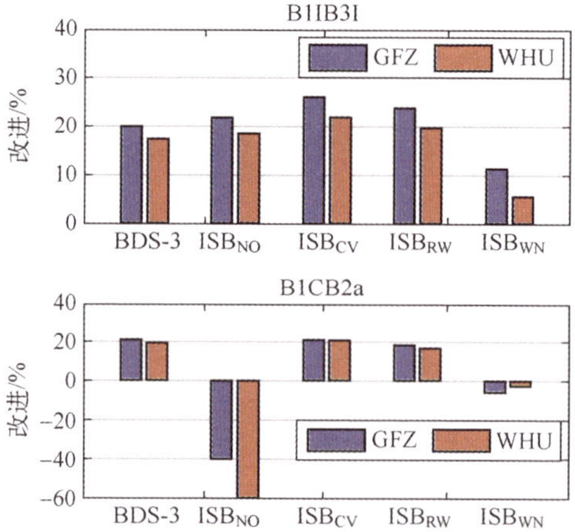

图 8.9 BDS PPP 接收机钟差之差稳定性提升百分比

图 8.10 给出了 2020 年 DOY 101—130 日基于 GFZ 产品单 BDS-2、单 BDS-3 和 BDS 采用四种 ISB 处理策略 PPP 时间频率传递 ADEV，图 8.11 给出了采用 WHU 产品的对应结果。在平均时间小于 1000s 时，除了时间链路 BRUX-XIA1 和 PTBB-XIA1，单 BDS-3 和 BDS 稳定性基本一致。考虑到 BDS-2 服务区域主要在亚太区域，BRUX 和 PTBB 站可视 BDS-2 卫星数量较少，从图 8.10 和图 8.11 中可以看出，在平均时间大于 10000s 时，不同策略得到的结果差异较

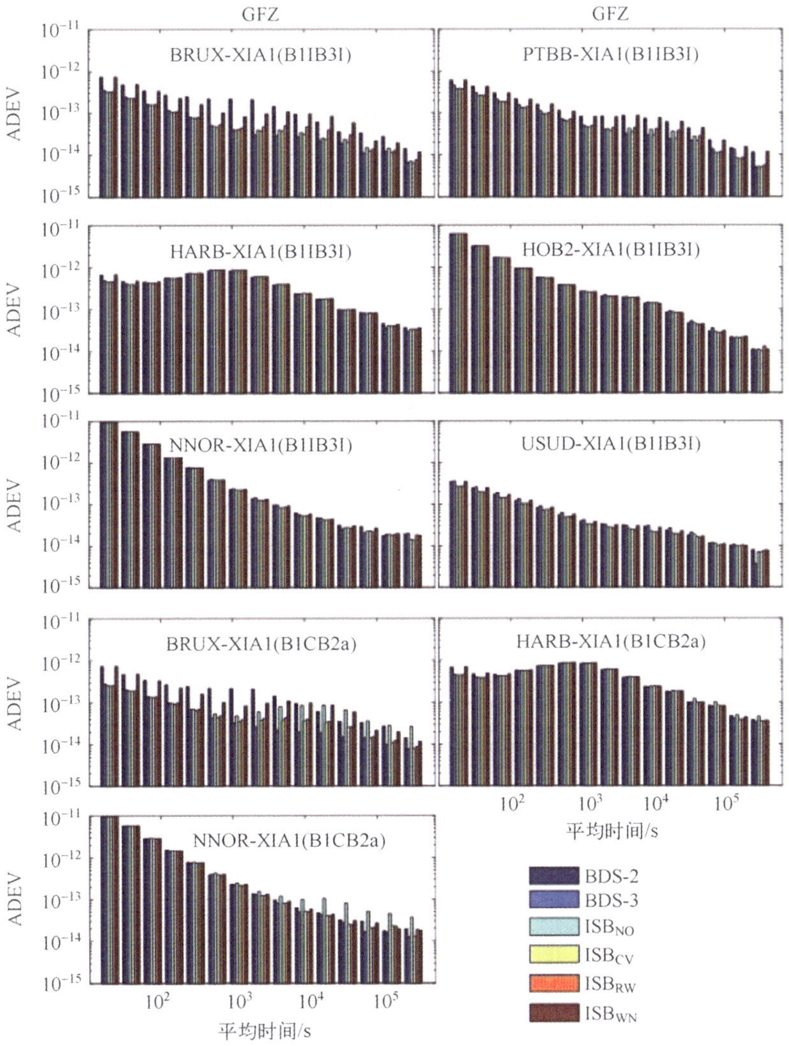

图 8.10　2020 年 DOY 101—130 日基于 GFZ 产品单 BDS-2、单 BDS-3 和 BDS 采用四种 ISB 处理策略 PPP 时间频率传递 ADEV

大，当ISB估计为常数时，对应性能最好，ISB估计为随机游走时性能次优。为了更好地分析模型的优缺点，图8.12给出了相对于单BDS-2 BDS PPP ADEV提升百分比，在BDS精密时间频率传递中，将ISB估计为常数时提升效果最明显，对于B1IB3I旧信号和B1CB2a新信号最大提升了28.35%和32.92%，对B1IB3I旧信号来说，单BDS-3和BDS四种PPP处理策略平均提升值分别为17.32%、20.30%、21.84%、19.06%和2.95%，对B1CB2a新信号，平均提升值分别为28.31%、-11.11%、24.85%、21.93%和3.59%。

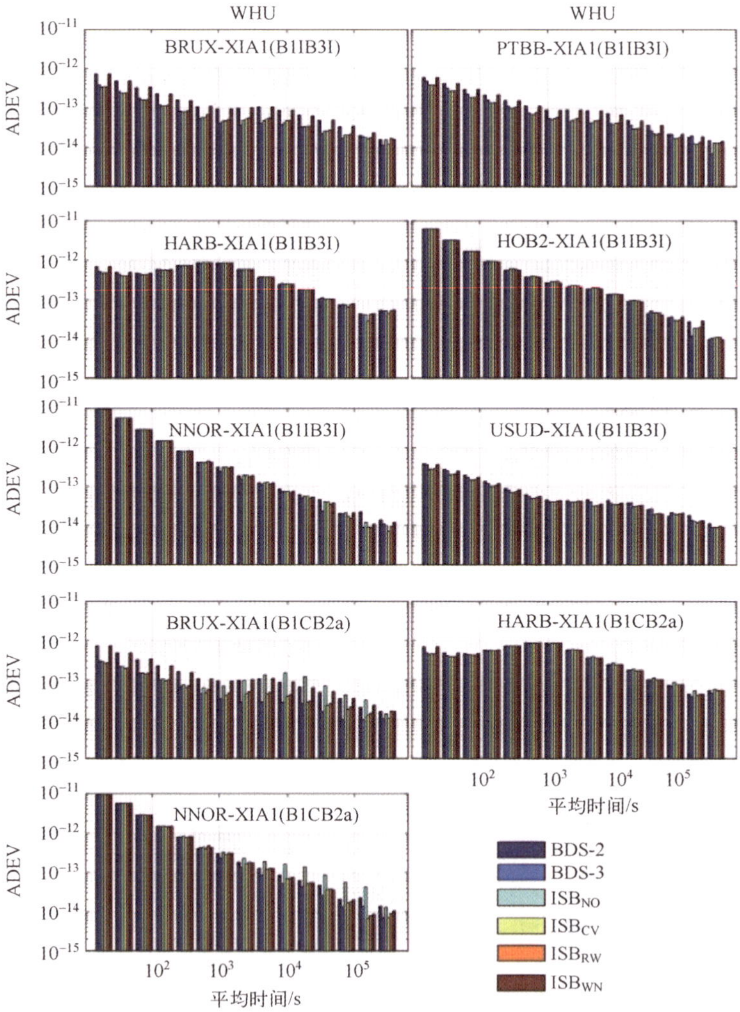

图8.11 2020年DOY 101—130日基于WHU产品单BDS-2、单BDS-3和BDS采用四种ISB处理策略PPP时间频率传递ADEV

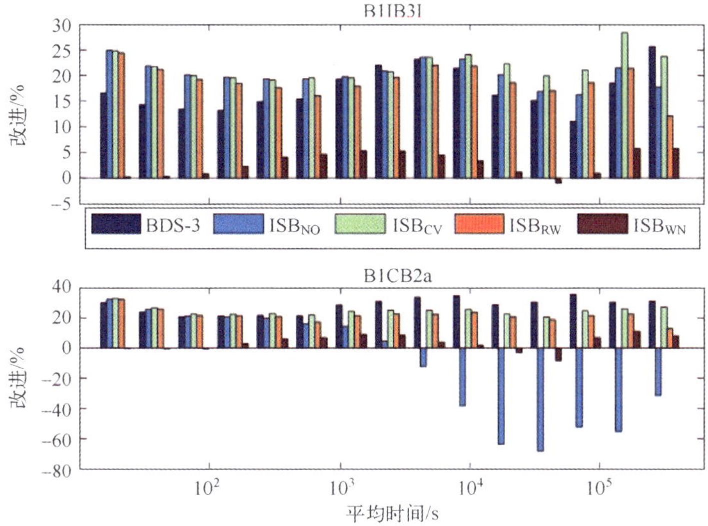

图8.12　相对于单BDS-2 BDS PPP ADEV提升百分比

总体来说，BDS ISB处理策略对BDS时间频率传递性能有着一定程度的影响，当考虑ISB影响时，将ISB估计为常数时最优，ISB估计为随机游走次优，ISB估计为白噪声时性能最差。上述分析证明了BDS在国际参考时间体系中的应用价值与巨大潜力[66,205]。随着BDS系统建设的全面完成以及配套设备和各类型产品的逐步完善，BDS PPP在时间频率传递中将会发挥更重要的作用。

此外，GNSS PPP时间频率传递通常采用白噪声模型来估计接收机钟差，白噪声模型则忽略了接收机钟差历元间的相关性，同时也会导致接收机钟差吸收更多的未模型化噪声。文献［28］提出了顾及测站钟特性的历元间约束模型，证明了钟差历元间存在强相关性，并给出对应的过程噪声确定方法。过程噪声是由原子钟的Allan方差来确定并可长期使用，该模型已经成功应用于实时和事后PPP时间频率传递，历元间约束模型均可显著提高频率稳定度，尤其是短期稳定度[321-323]。

8.3　精密授时

准确的时间在军事和通信、电力、金融等领域都有重要的作用，将国家标准时间通过一定手段播发给用户称为授时，授时系统不限制用户的数量[324]。当前，GNSS单向授时是广泛应用的单向授时方法，精度为几十纳秒[325]。基于GNSS授时的主要方法包括单向授时和共视授时，本节将介绍GNSS授时方法。

8.3.1 GNSS 授时方法

授时技术是向用户提供时间服务，可以通过电话、广播、电视、网络和卫星等设施和技术实施，而利用 GNSS 实现通信、电力、金融、证券交易系统的时间同步是 GNSS 授时服务的重要应用。图 8.13 和图 8.14 分别为基于 CLK93 产品的 GPS PPP 计算的 BRUX 和 PTBB 站接收机钟差序列。可以看出，虽然 BRUX 和 PTBB 为守时试验室的站点，其原子钟的性能非常稳定，但由于卫星钟差产品的参考源不稳定，接收机钟差序列的变化也不稳定。因此，IGS 实时产品不能直接进行授时。

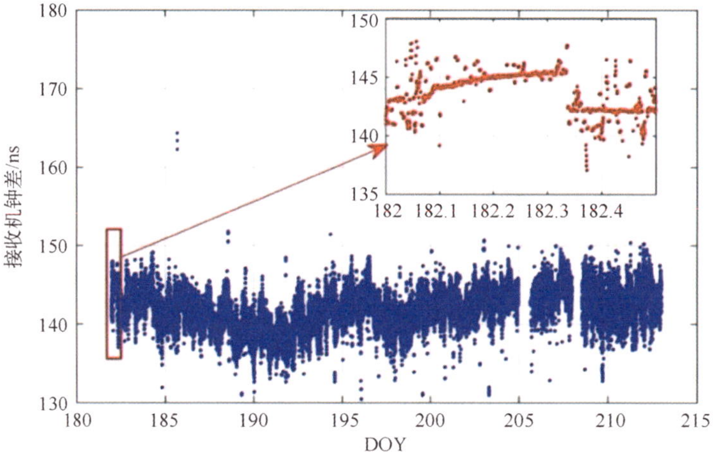

图 8.13　实时 PPP 计算的 BRUX 站接收机钟差

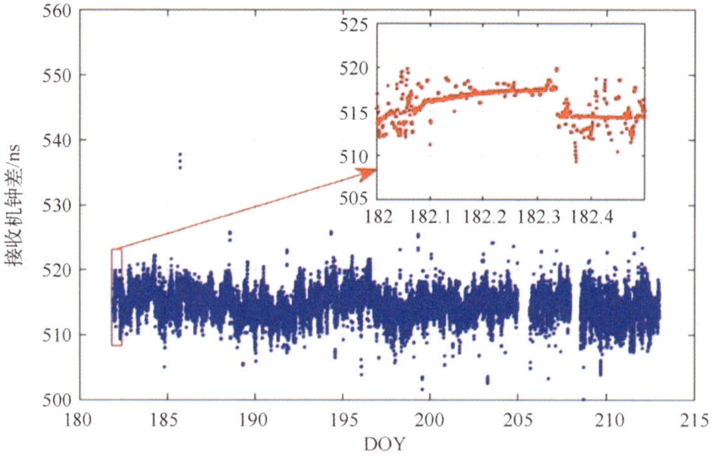

图 8.14　实时 PPP 计算的 PTBB 站接收机钟差

本章介绍一种基于IGS实时流的PPP授时方法，该方法将多系统产品参考归算到UTC(k)上，详细流程如图8.15所示，总共可以分为四步，第一步在服务端对守时实验室GNSS观测数据和实时产品进行处理，计算出实时产品与UTC(k)的时间差，特别地，守时实验室和用户端的接收机硬件延迟都需要进行校正。第二步，将实时GNSS产品参考基准归算到UTC(k)上，即

$$\mathrm{Newref(GNSS)} = \mathrm{Ref(GNSS)} - [\mathrm{Ref(GNSS)} - \mathrm{UTC}(k)] = \mathrm{UTC}(k) \tag{8.9}$$

式中：Newref(GNSS)和Ref(GNSS)为新参考和实时钟差产品的参考；UTC(k)为GNSS钟差产品的参考。

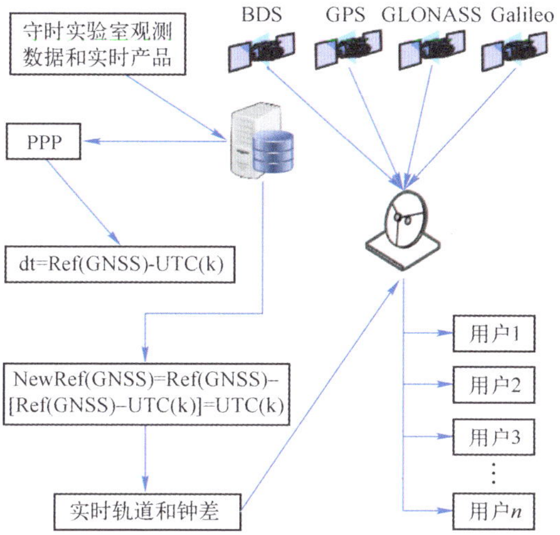

图8.15 IGS实时流的PPP授时流程

用户对于各GNSS系统均可获得与UTC(k)的差，该方法可以有效解决各GNSS系统间时间不统一的问题。第三步，将归算后的产品通过协议播发给用户。第四步，用户可以通过单站计算得到本地时间与UTC(k)的差值，从而可以调整本地时间。GNSS授时方法不受用户数量、用户距离、产品类型等限制，对各个类型的实时产品都适用。

8.3.2 GNSS PPP 授时

为了验证GNSS PPP授时的可用性，对2018年DOY 182—202日BRUX、PTBB、OPMT、WAB2、IENG和NIST守时实验室数据进行测试，以BRUX为中心节点，总计可以形成5条时间链路，将实时产品参考基准归算至UTC(ROB)，其他站点归算为UTC（ROB），此时，精密授时和时间频率传递的

数值应该是一致的，因此可以用时间频率传递的结果来验证精密授时的性能。表 8.4 所示为试验方案处理策略。

表 8.4　试验方案处理策略

方案	描　述
方案 1	基于实时 CLK93 产品的 PPP 授时；接收机钟差白噪声模型估计
方案 2	基于新实时产品的 PPP 授时；接收机钟差白噪声模型估计
方案 3	基于新实时产品的 PPP 授时；接收机钟差历元间约束模型估计

图 8.16~图 8.18 给出了采用方案 2 和方案 3 PPP 估计的 WAB2、NIST 和 PTBB 测站的结果，可以看出，授时不受距离限制，图 8.19 和图 8.20 给出了三种方案 PTBB 和 BRUX 两地以及 OPMT 和 BRUX 两地时间差，三种方案彼此间吻合性较好，没有明显的系统差，这也证明了该授时方案的可靠性，在三种方案中，方案 3 噪声最小，原因是其使用了接收机历元间约束模型。PTBB 和 BRUX 间存在周期性的波动，这是不同的接收机钟性能导致的。此外，由于硬件延迟未进行校正，不同授时结果存在明显系统误差。

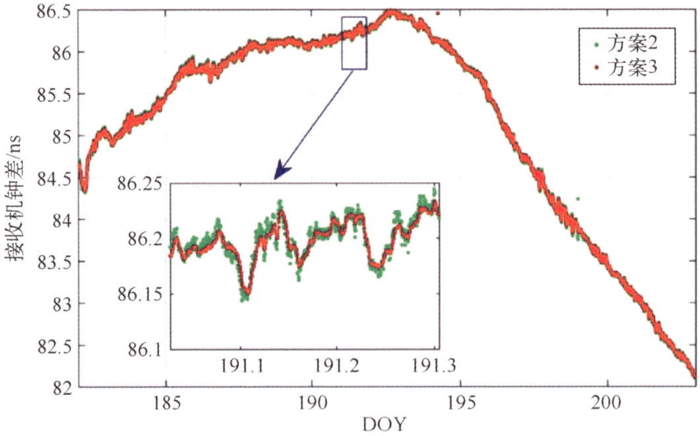

图 8.16　方案 2 和方案 3 PPP 估计的 WAB2 接收机钟差

图 8.21 为三种方案与 IGS 最终产品差值的时间序列，可以看出三种方案与 IGS 最终产品一致性较好，表 8.5 给出了三种方案解算结果与 IGS 最终产品的差异 STD，方案 1 和方案 2 的 STD 大小为 0.1~0.2ns 之间，这验证了精密授时方法的可靠性，相比于方案 2，方案 3 在四条链路上 STD 值分别减少了 6.91%、2.76%、25.16%、25.66%和 9.44%。

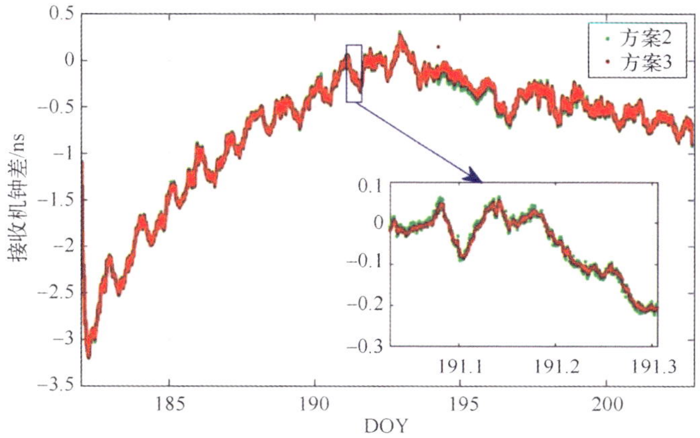

图 8.17　方案 2 和方案 3 PPP 估计的 NIST 接收机钟差

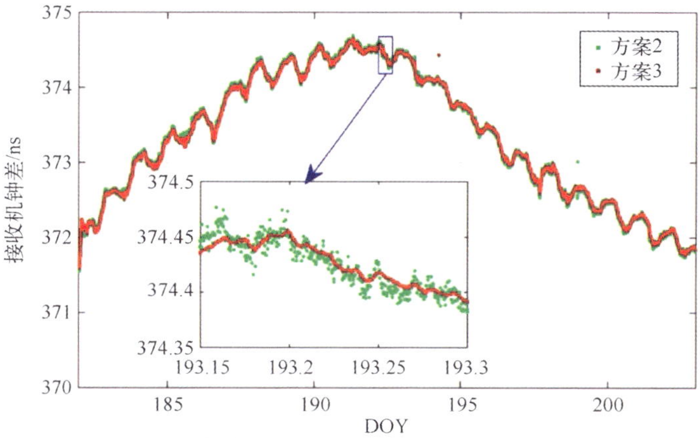

图 8.18　方案 2 和方案 3 PPP 估计的 PTBB 接收机钟差

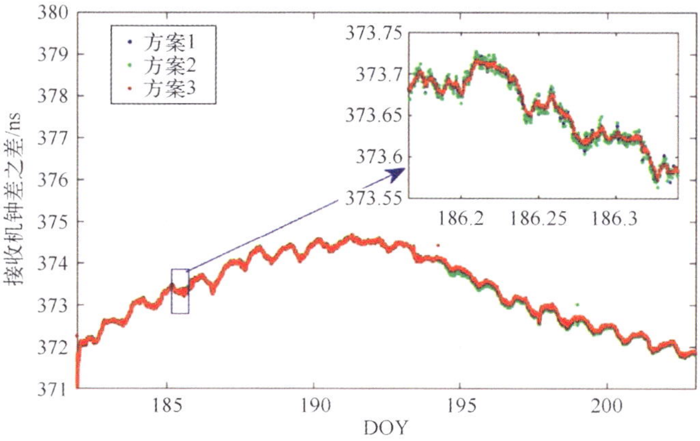

图 8.19　三种方案 PTBB 和 BRUX 两地时间差

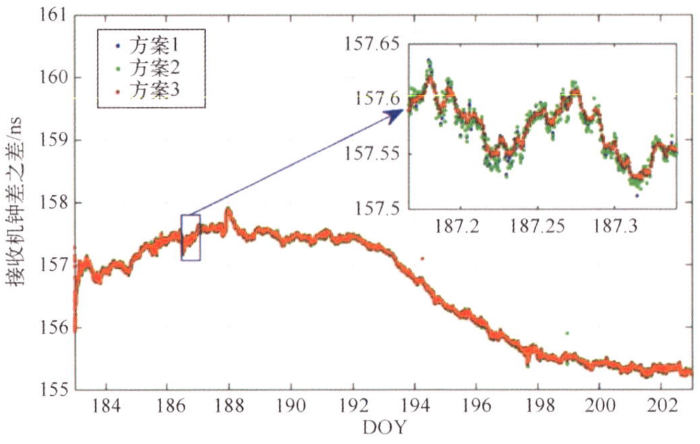

图 8.20　三种方案 OPMT 和 BRUX 两地时间差

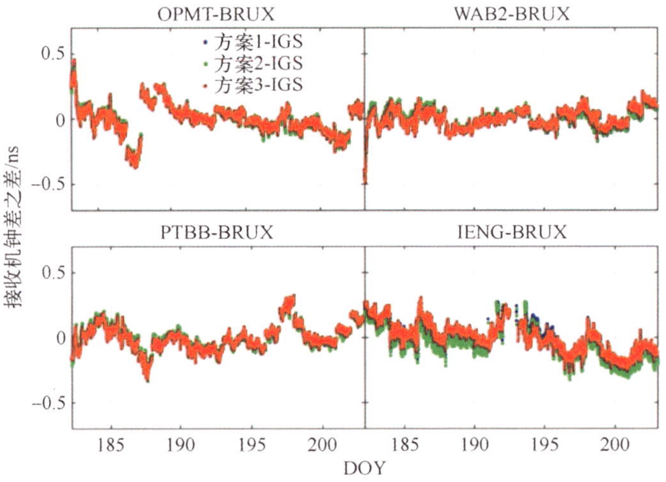

图 8.21　三种方案解算结果与 IGS 最终产品的差异

表 8.5　三种方案解算结果与 IGS 最终产品的差异 STD

守时实验室组合	方案 1/ns	方案 2/ns	方案 3/ns
PTBB-BRUX	0.1011	0.1083	0.1008
OPMT-BRUX	0.1197	0.1218	0.1185

续表

守时实验室组合	方案 1/ns	方案 2/ns	方案 3/ns
IENG-BRUX	0.1545	0.1564	0.1170
WAB2-BRUX	0.0669	0.0881	0.0655
NIST-BRUX	0.2086	0.2211	0.2002

进一步地，图 8.22 给出了三种方案和 IGS 最终产品所得结果的 ADEV，其中 IGS 最终产品采样间隔为 300s，三种方案的采样间隔为 30s。可以看出，方案 2 的频率稳定度要优于方案 1，IGS 最终产品的频率稳定度要优于方案 1 和方案 2，这是因为 IGS 采样间隔为 300s，且为事后产品，方案 3 的频率稳定度最优。图 8.23 给出了相比于方案 1 和方案 2，方案 3 在不同采样间隔上频率稳定度提升百分比，可以看出，方案 3 提高的百分比范围在 0.07%~90%，短期稳定度提升尤为明显，随着采样间隔的增大，提升百分比逐渐减小。总体来说，三种方案都有良好的授时性能，且历元间约束模型可显著提高 PPP 授时精度[326]。

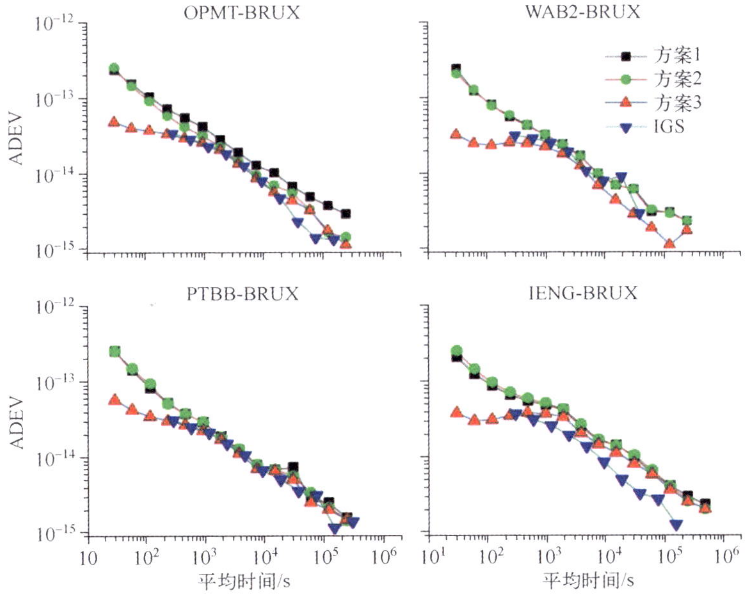

图 8.22 三种方案和 IGS 最终产品所得结果的 ADEV

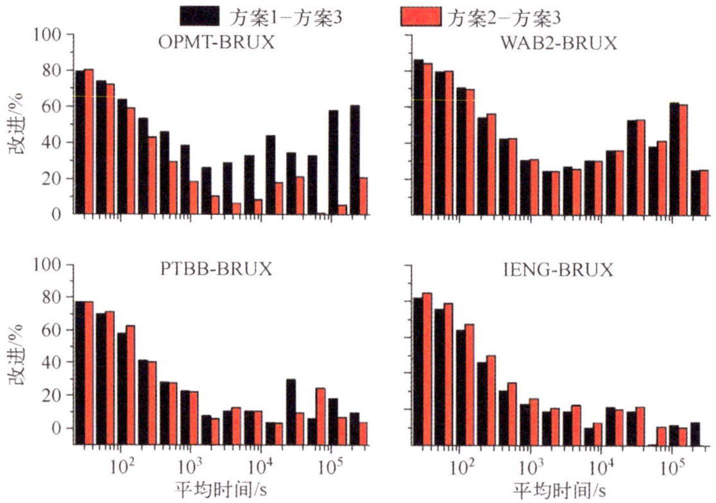

图 8.23　方案 3 相比于方案 1 和方案 2 在不同采样间隔上频率稳定度提升百分比

第 9 章

GNSS气象学与应用

地球大气是地球外围的空气层，是地球自然环境的重要组成部分。对流层是近地空间环境中与人类活动联系最为密切的大气层，水汽作为大气的主要成分之一，其变化是天气变化的主要动力来源。大气水汽是监测和预测全球气候变化甚至灾害天气的重要气象因子，随着 GNSS 技术的飞速发展，密集的 GNSS 网建立和完善为大气水汽获取和研究带来了技术革新。利用 GNSS 可以求得精确的对流层延迟，进而可以求解出对流层大气参数，有效地弥补了传统水汽探测手段的不足，可以更好地用于气象相关研究。本章分析了 GNSS 技术在气象学中的应用，介绍了对流层特性、传统大气探测手段和对流层延迟等理论，分析了 GNSS 技术估计 ZTD 和 PWV 的性能。

9.1 大气延迟

GNSS 信号在穿过大气层时，受到对流层和平流层折射的影响，信号传播速度减弱并产生传播路径弯曲，从而形成对流层延迟。而信号经过对流层和平流层时所产生的延迟中，其中 80%发生在对流层。

9.1.1 对流层特性

地球大气自地球表面向上的上界可以延伸到 2000~3000km 的高度，随着高度的上升，空气越来越稀薄。在垂直方向上，地球大气可以依次分为对流层、平流层、中间层、热层和外层。

对流层一词源于希腊语中的“tropos”，基本含义为“变化”，与人们日常天气有关的现象大多数都发生在对流层。图 9.1 为对流层分布特性，一般来说，从地球表面到海拔高度为 20km 的范围都可以理解为是对流层。在大部分地区，对流层高度约为 10km。该区域的显著特征是温度随海拔高度的上升而下降。一般来说，高纬度的地区对流层高度越低，夏季对流层高度要高于冬季。

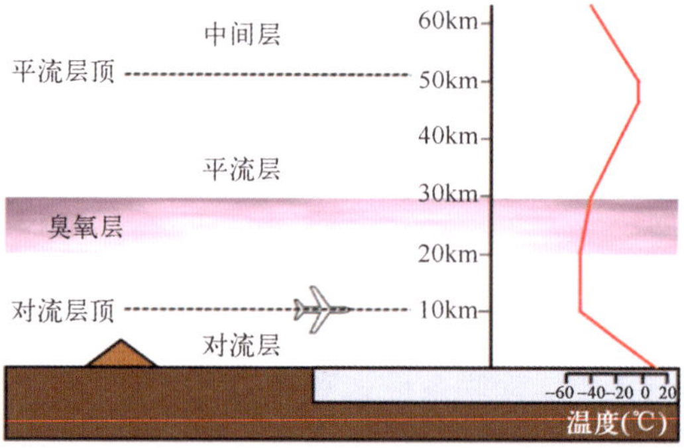

图 9.1　对流层分布示意图

在对流层顶部和平流层之间的边界称为对流层顶，其范围之间温度变化基本稳定。对流层顶是对流层和平流层之间一个明显的过渡层，1957 年世界气象组织给出了对流层顶的定义，500hPa 等压面之上温度递减率小到 2℃/km 或以下的最低高度，而且在此高度与其上 2km 气层内的温度平均递减率不超过 2℃/km [327]。

平流层为从对流层顶到 50～55km 高度的一层，平流层集中了大气中大部分臭氧，形成了臭氧层。臭氧层能强烈吸收波长为 200～300nm 的太阳紫外线，其保护了地球上的生命免受紫外线伤害。中间层是指自平流层顶往上的大气层，该层内因臭氧含量低，同时，能被氮、氧等直接吸收的太阳短波辐射已经大部分被上层大气所吸收，所以温度垂直递减率很大，对流运动强盛。

9.1.2 传统大气探测手段

水汽监测常用手段包括无线电探空仪、水汽辐射计（Water Vapor Radiometer，WAR）和气象雷达监测等手段主导的传统站点水汽监测[328]。此外，水汽监测也可以通过数值气象模型（Numerical Weather Model，NWM）垂直方向大气参数生成计算和卫星遥感手段[329]。当前认定精度最高的水汽探测手段为高分辨率的无线电探空仪，其也常作为其他水汽观测手段的参考。

无线电探空仪通过气球送入大气层测量高度、相对湿度、压力、温度和风力等参数。现阶段，全世界共有超过1300个无线电探空仪发射站，每天一次或两次全球同步释放，数据开放并共享。从地面上升到平流层的1~2h内，无线电探空仪将数据传输到地面，随后生成各类大气参数。无线电探空仪数据主要应用于天气预报、气候研究和卫星测量等验证。

WAR可以测量辐射路径上的水汽含量和液态水含量，可用于确定大气参数，WAR的成本相对较高，且无法在大雨中进行运行监测，因此其数据空间覆盖率较差。

气象雷达监测是一种主动式微波大气遥感手段，其通过对雷达波反射来确定目标的特性和位置。气象雷达包括测云雷达、测风雷达和测雨雷达等，已经广泛应用于天气预报、交通、农业等领域的气象服务。作为气象监测的重要手段，其在突发性灾害天气监测预报与预警中有着重要作用。

9.1.3 对流层延迟

对流层延迟通常看成是由干分量和湿分量组成。本节将介绍对流层模型、对流层投影函数和对流层水平梯度估计方法等理论。

1. 对流层分量

电磁波信号在穿过对流层时，会受到大气效应的影响，这导致卫星信号会产生折射现象，通常称为对流层延迟。对流层延迟在测站天顶方向上的投影称为ZTD。ZTD又包括天顶静力学延迟（Zenith Hydrostatic Delay，ZHD）和ZWD。对流层延迟干分量影响占总对流层延迟量的90%，湿分量延迟与大气中的水汽含量有关，其影响约占整个对流层延迟的10%[330]。对流层延迟量与卫星的高度角也有关，高度角越低，对流层延迟越大。中性大气层是非弥散介质，与信号的频率无关，因此对于各个GNSS信号来说，各个频率上的伪距和相位观测值对流层延迟量是一致的。

2. 对流层模型

大部分对流层模型是在对流层气象模型的基础上进一步计算，因此，当测站周围没有气象传感器提供相应的气象信息时，通常需要使用对流层气象模型进行计算大气参数，包括气压、温度和水汽压。常用的气象模型包括GPT（Global Pressure and Temperature）[331]、GPT2[332]和GPT3[333]模型等，GPT系列模型也是IGS数据处理中推荐使用的模型[32]。此外，NWM也可以提供精确的气象参数给用户进行使用。

对流层模型可以分为对流层经验模型和 NWM。常用的对流层经验模型包括 UNB3m 模型、Hopfield 模型、改进 Hopfield 模型、Saastamoinen 模型和改进 Saastamoinen 模型[334-336]。大部分对流层气象模型，如 Hopfield 和 Saastamoinen 模型使用气压、温度和水汽压大气参数来计算 ZTD。

NWM 也常用于计算得到 ZTD、对流层水平梯度和斜对流层延迟等参数，NWM 分析和再分析资料通常采用欧洲中尺寸天气预报中心（European Center for Medium-range Weather Forecasts，ECMWF）和美国空间预报环境中心（United States National Centers for Environmental Prediction，NECP）的分析或再分析数据[337-338]。

利用 ECMWF 或 NCEP 再分析资料获取 GNSS 测站的 ZTD 可以分为两步。第一步是利用气象数据数值积分得到每个格网点的 ZTD 值，第二步是利用格网点的 ZTD 值插值获取 GNSS 测站点的 ZTD 值。其中，NWM 中的数值积分方法可以表示为[339]

$$\begin{cases} \mathrm{ZHD} = 10^{-6}\int_{H}^{h_{\mathrm{Top}}} N_{\mathrm{dry}}\mathrm{d}h, \mathrm{ZWD} = 10^{-6}\int_{H}^{h_{\mathrm{Top}}} N_{\mathrm{wet}}\mathrm{d}h \\ N = N_{\mathrm{dry}} + N_{\mathrm{wet}}, N_{\mathrm{dry}} = k_1 \dfrac{P - e}{T}, N_{\mathrm{wet}} = k_2 \dfrac{e}{T} + k_3 \dfrac{e}{T^2} \\ e = \dfrac{h \times P}{0.622 + 0.378h} \end{cases} \tag{9.1}$$

式中：H 为测站高度；h_{Top} 为模型顶部高度；k_1、k_2、k_3 为折射率修正系数，$k_1 = 77.604\mathrm{K/Pa}$，$k_2 = 64.79\mathrm{K/Pa}$，$k_3 = 377600.0\mathrm{K^2/Pa}$；$N_{\mathrm{dry}}$ 为干折射率；N_{wet} 为湿折射率；N 为总折射率；P 为大气气压；e 为水汽压；h 为特定湿度。

考虑到 NCEP 资料无法提供特定湿度参数，本章给出了相对湿度到特定湿度的转换关系便于 NCEP 模型使用，即

$$\begin{cases} h \approx RH \times h_s \\ h_s = \dfrac{0.622 e_s}{P - 0.378 e_s} \\ e_s = 6.1078 \times \exp\left[\dfrac{17.269 \times (T - 273.16)}{T - 35.86}\right] \end{cases} \tag{9.2}$$

式中：RH 为相对湿度；h_s 为饱和特定湿度；e_s 为饱和水汽。

ECMWF 数据使用的气象参数包括位势高、温度和特定湿度[340]，而 NCEP

数据选择的气象参数包括位势高、温度和相对湿度。ECMWF 数据的空间分辨率为 0.125°×0.125°~3°×3°，NCEP 数据的空间分辨率只有 1°×1°，为了便于比较两类产品，本章都选择了 1°×1°分辨率的产品进行分析。以 IGS 发布的天顶路径延迟（Zenith Path Delay，ZPD）产品为参考真值，其时间分辨率为 5min，精度为 1.5~5mm[341]。

图 9.2 给出了 2018 年测站 CCJ2、REYK、TSK2 和 WROC 采用 GPT3+Hopfield、NCEP 和 ECMWF 模型以及 ZPD 产品对应的 ZTD 时间序列。对于 4 个测站的结果，ECMWF 和 NCEP 计算的 ZTD 和 IGS 的 ZTD 值具有很好的一致性，其精度要明显优于经验模型的 ZTD 值。GPT3+ Hopfield 模型的 ZTD 误差相对较大，这是由于信号传播过程中水汽变化较大的影响。在 NWM 模型中，ECMWF ZTD 精度要优于 NCEP。

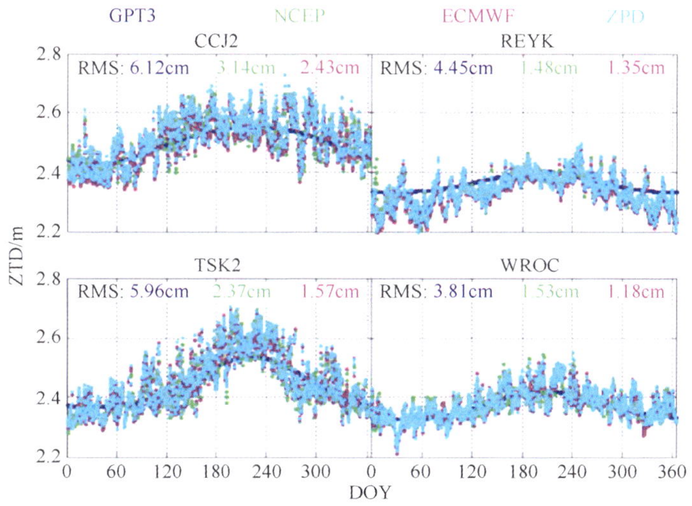

图 9.2 2018 年测站 CCJ2、REYK、TSK2 和 WROC 采用 GPT3+ Hopfield、NCEP 和 ECMWF 模型以及 IGS ZPD 产品对应的 ZTD 时间序列

为了更好地比较几种模型的性能，本章选了 61 个 MGEX 测站进行 ZTD 的分析比对[339]，图 9.3 为 2018 年 GPT3+ Hopfield、NCEP 和 ECMWF 模型 ZTD 值年平均偏差，相应的平均值、最大值和最小值也在图中给出。可以看到，NWM 的 ZTD 精度要明显优于 GPT3+ Hopfield 模型。

为了更好地展现出 ZTD 空间分布特性，图 9.4 给出了 2018 年 61 个测站 GPT3+ Hopfield、NCEP 和 ECMWF 模型误差 RMS 分布图，可以看到，误差 RMS 展现出了一个明显的纬度依赖性，其中高纬度地区测站 RMS 值较小，低纬度地区测站 RMS 值较大。此外，ZTD 精度在内陆地区比海岸地区精度较好，这一点在中国和太平洋地区展现得尤为明显。整体上来说，ECMWF ZTD 精度要优于 NCEP，这是尤其 ECMWF 模型垂直分层数据更多的原因，其模型考虑得更加精细。

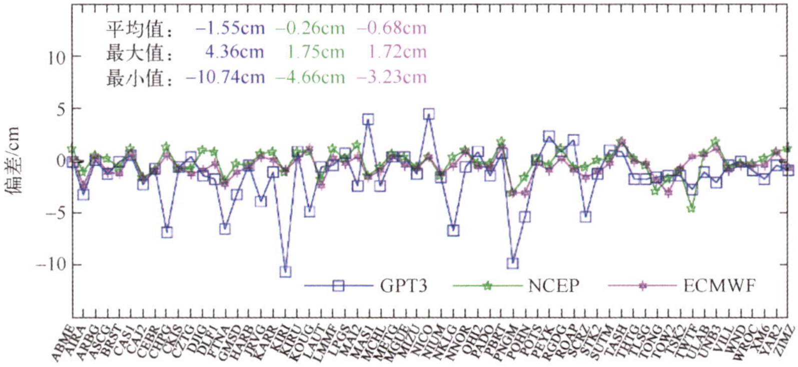

图 9.3　2018 年 GPT3+ Hopfield、NCEP 和 ECMWF 模型 ZTD 值年平均偏差

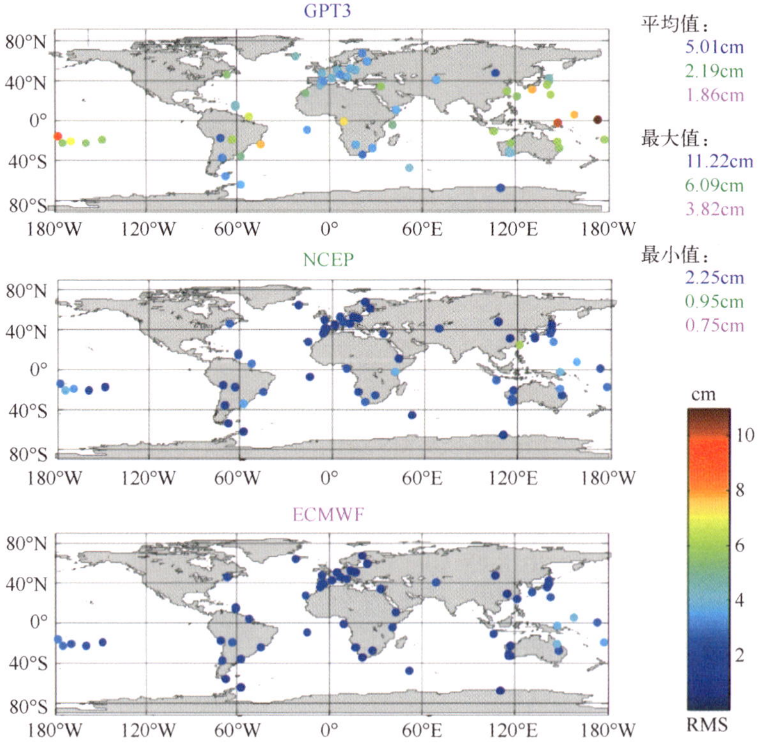

图 9.4　2018 年 61 个测站 GPT3+ Hopfield、NCEP 和 ECMWF 模型误差 RMS 分布图

3. 对流层投影函数

在计算得到 ZTD 后，可以通过高精度的对流层经验投影函数获取接收机到卫星视线方向上的对流层延迟，常用的映射函数包括 Marini、GMF（Global Mapping Function）、Niell、VMF（Vienna Mapping Function）和 VMF3 等[333,342-345]。

在三维折射场中基于 GNSS 测站观测数据也可以获得精确的对流层投影值，文献［346-347］提出了基于 NWM 数据计算对流层投影函数的方法，该方法通过垂直剖面的气压、温度和湿度的射线跟踪方法计算对流层投影函数。射线跟踪方法可以计算对流层投影函数以及对流层斜延迟，其已经得到广泛应用[348-353]。

4. 对流层水平梯度

对流层映射函数基于 GNSS 测站周围的方位大气对称的假设构建而成的。在实际环境中，由于测站周围天气状况的不同，在恒定高度角时不同方位角的大气延迟并不相同。因此，在高精度定位中可以估计对流层水平梯度参数来消除其影响。文献［354］采用了两个水平梯度投影函数分量来表示，即

$$d_{gr}(A,E)=\frac{1}{\sin E\tan E+C}(G_N\cos A+G_E\sin A) \tag{9.3}$$

式中：G_N 和 G_E 为北-南和东-西方向的水平梯度分量；E 和 A 分别为高度角和方位角；C 为常数。文献［355］推荐该常数值为 0.0032，而文献［346］建议对干分量和湿分量 C 的值分别为 0.0031 和 0.0007。

因此，对流层总延迟可以表示为

$$d_{trop}(A,E)=\mathrm{ZHD}\times\mathrm{MF}_h(E)+\mathrm{ZWD}\times\mathrm{MF}_w(E)+d_{gr}(A,E) \tag{9.4}$$

式中：$d_{trop}(A,E)$ 为传播路径上的对流层总延迟；ZHD 和 ZWD 分别为天顶干分量和湿分量延迟；$\mathrm{MF}_h(E)$ 和 $\mathrm{MF}_w(E)$ 分别为干延迟和湿延迟投影函数。

对流层干延迟可以通过模型精确表示，精度可以达到厘米级，而湿分量虽然占比小，但是大气中水汽分布变化较大，很难准确预测，因此对流层经验模型的精度相对较低。在 GNSS 精密数据中通常作为未知参数进行估计。

9.2　GNSS ZTD 估计

GNSS ZTD 估计主要以地基静态测站为主，以交通工具为载体的动态 GNSS 测量手段也是未来的发展趋势之一。

9.2.1　静态 ZTD 估计

精密定位中通常采用参数估计的方法来消除和减弱对流层误差对定位的影

响。最常用的方法是将 ZWD 在 PPP 中当作未知参数随机游走或分段线性进行估计，在求得 ZWD 后加上 ZHD 值即可进一步计算出 ZTD 值。

为了验证 PPP 估计 ZTD 方法的可靠性和准确性，本章利用 2021 年约 200 个 MGEX 站观测数据来验证 PPP 估计 ZTD 的精度。图 9.5 展示了 FALK 和 GAMB 测站的 GPS PPP ZTD、BDS PPP ZTD、多系统 GNSS PPP ZTD 与 IGS ZPD 产品之间的差异。表 9.1 给出了 PPP 估计 ZTD 的统计结果。可以发现，考虑对流层水平梯度可以提高 PPP 估计 ZTD 的精度，其中 FALK 测站 GPS、BDS 和多系统 GNSS PPP ZTD 的误差 RMS 从 2.8mm、6.4mm、3.1mm 减少到 2.1mm、4.7mm、2.3mm，GAMB 站的误差 RMS 从 2.5mm、3.6mm、2.6mm 减少到 1.8mm、2.8mm、1.8mm。对比不同系统结果可以看到，多系统 GNSS 可以有效提高 PPP ZWD 估计精度，而 BDS PPP 估计 ZTD 精度比 GPS 稍差，主要原因有：①IGS 最终 ZPD 产品是由 GPS PPP 利用 IGS 最终轨道和钟差生成的，其精度约 4mm，因此 GPS PPP 估计 ZTD 与 IGS ZPD 产品的一致性优于 BDS；②BDS 的精密定轨策略在相位中心改正、精密姿态模型和光压模型等方面还不够成熟。考虑对流层梯度参数的 PPP 模型更能符合对流层延迟非均匀性变化的特点，其可以有效提高估计 ZTD 的稳定性和精度。

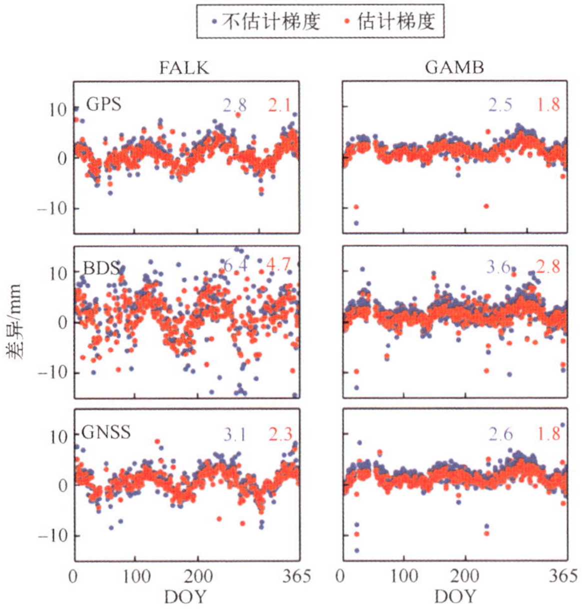

图 9.5　FALK 和 GAMB 测站的 GPS、BDS 和多系统 GNSS PPP 估计 ZTD 与 IGS ZPD 产品之间的差异

表 9.1　PPP 估计 ZTD 的统计结果

指　　标	不估计对流层水平梯度			估计对流层水平梯度		
	GPS	BDS	GNSS	GPS	BDS	GNSS
平均值/mm	2.2	2.7	2.1	1.4	1.6	1.1
STD/mm	7.5	9.2	7.5	7.1	8.4	7.1
RMS/mm	9.0	10.3	8.9	8.3	9.1	7.3

图 9.6 给出了 2020 年 DOY 288 日 FFMJ 和 WUH2 测站 BDS 单频、双频、三频、四频和五频 PPP 估计的 ZTD 时间序列，以 IGS 最终产品为参考真值，其中 FFMJ 测站 BDS 各频 PPP 估计的 ZTD 误差 RMS：单频 PPP 为 1.1cm、1.1cm、3.2cm、1.2cm，双频 PPP 为 0.5cm、0.5cm、0.5cm、0.5cm，三频 PPP 为 0.5cm、0.5cm、0.5cm、0.5cm，四频 PPP 为 0.5cm、0.5cm、0.5cm、0.5cm，五频 PPP 为 0.5cm、0.5cm、0.5cm、0.5cm；WUH2 测站 BDS 各频 PPP 估计的 ZTD 误差 RMS：单频 PPP 为 1.4cm、1.4cm、1.3cm、1.4cm，双频 PPP 为 1.1cm、0.9cm、1.1cm、0.9cm，三频 PPP 为 0.7cm、0.7cm、0.7cm、0.7cm，四频 PPP 为 0.9cm、0.9cm、0.9cm、0.9cm，五频 PPP 为 0.6cm、0.6cm、0.6cm、0.6cm。相比于单频 PPP，多频 PPP 估计的 ZTD 精度得到显著提高。

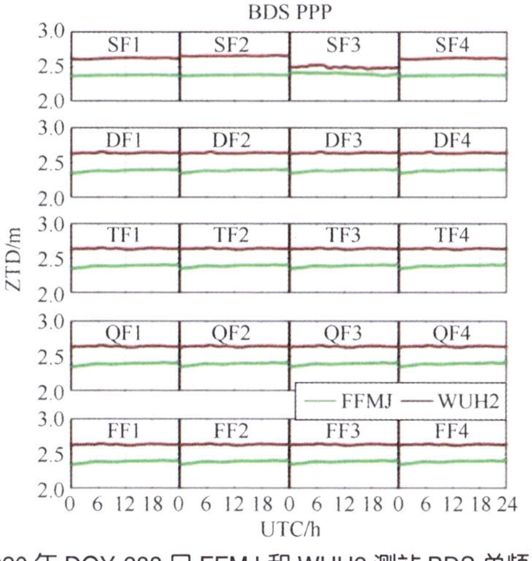

图 9.6　2020 年 DOY 288 日 FFMJ 和 WUH2 测站 BDS 单频、双频、三频、四频和五频 PPP 估计的 ZTD 时间序列

文献［356］利用 GPS 单系统、GPS+GLONASS 双系统和四系统 PPP 估计了 2018 年 4 月 8 日 CEDU 测站实时 ZTD 时间序列，图 9.7 和图 9.8 给出了相对于 USNO 和 CODE 参考值误差平均值和 RMS 地理分布。其中，测站误差平均值为-6~8mm，而测站误差 RMS 则为 3~11mm，可以看到，不同实时 PPP

方法都能够提供精确的 ZTD 产品。此外，低纬度地区的 ZTD 精度要优于高纬度地区，这也是对应区域水汽分布导致的，其中，高纬度地区水汽含量较低，低纬度地区水汽含量较高。

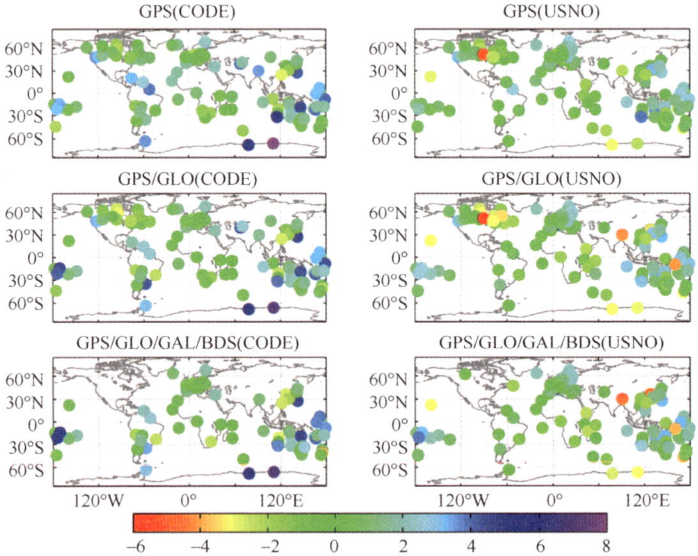

图 9.7　2018 年 4 月 8 日 CEDU 测站 GPS 单系统、GPS+GLONASS 双系统和四系统 PPP 估计的实时 ZTD 误差平均值地理分布[356]

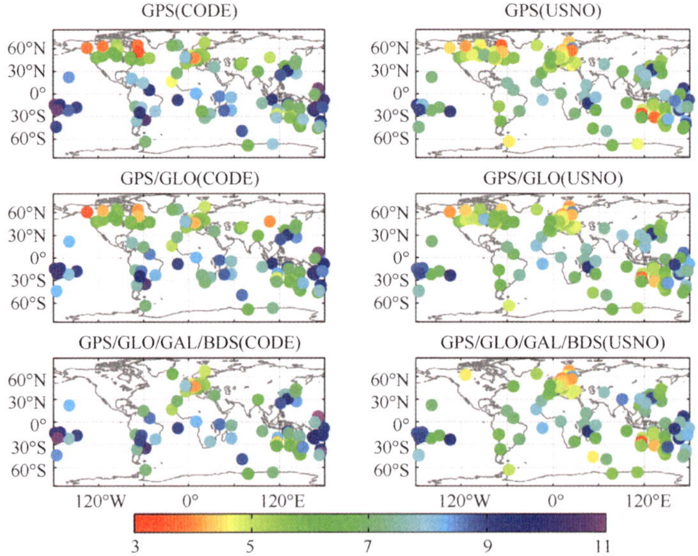

图 9.8　2018 年 4 月 8 日 CEDU 测站 GPS 单系统、GPS+GLONASS 双系统和四系统 PPP 估计的实时 ZTD 误差 RMS 地理分布[356]

文献［357］利用一个月内30个测站的数据分析了多系统PPP和PPPAR估计ZTD的性能，表9.2给出了相对于CODE和USNO不同系统组合PPP和PPPAR ZTD误差RMS。相对于CODE和USNO产品，各种方案估计的ZTD精度为8mm和10mm以内，PPPAR相对于PPP ZTD精度有显著提升，如四系统ZTD精度分别从4.8mm和8.0mm提升到了4.5mm和7.1mm。

表9.2 相对于CODE和USNO不同系统组合PPP和PPPAR ZTD误差RMS[357]

RMS/mm	PPP-CODE	PPPAR-CODE	PPP-USNO	PPPAR-USNO
G	7.1	6.6	8.9	8.5
GR	5.3	5.2	7.9	7.6
GE	6.4	5.9	8.7	8.3
GC	5.6	5.2	8.5	8.1
GCRE	4.8	4.5	8.0	7.1

9.2.2 动态ZTD估计

文献［358］利用了搭载在火车上的低成本单频接收机反演范围大区域的ZTD值，该实验覆盖奥地利全境，并用到了上千辆客运和货运火车，通过对采集到的实测数据进行数据处理，验证了GNSS技术解算动态载体ZTD精度能够达到毫米级。将火车等交通工具作为GNSS载体，能够解决一些人烟稀少、基础设施薄弱的地区气象传感器设备不足的问题，这对于GNSS气象学的未来发展和应用具有重要意义。

9.3 GNSS PWV估计

基于ZTD可进一步获取PWV值，本节将介绍PWV估计原理和性能分析。

9.3.1 可降水量估计原理

水汽是地球大气中的重要组成部分，在气候变化和大气辐射等学科领域具有重要作用。PWV是表征大气水汽含量的重要指标之一，其定义为单位面积垂直空气柱内的水汽全部凝结为液态时的水柱高。传统大气探测手段成本相对较大，存在时空分辨率低和易受天气影响等问题，这一定程度上制约了气象学的发展。

文献［359］首次提出了GPS气象学的概念，即利用GPS观测数据反演大气水汽参数。GNSS技术经过多年的不断发展，凭借其连续运行、低成本、高精度和高时空分辨率等特性，在稳定反演大气参数技术上已经相对成熟[360]。利用GNSS信号在对流层上的延迟量，结合地表实测气象参数可以反演得到测站上空的PWV，由此也衍生出GNSS气象学这一新兴学科。

根据GNSS测站的位置，可以将GNSS气象学分为地基GNSS气象学和空基GNSS气象学。地基GNSS气象学是通过地面GNSS接收机接收到的观测数据和地面实测气象数据来测定PWV等参数[361]，空基GNSS气象学则是利用搭载在低轨卫星上的GNSS接收机信号来估计气象参数[362]。由于空基GNSS水汽监测受制于卫星星座分布及数量影响，其当前精度相对有限，目前还是以地基GNSS手段为主，下面介绍地基GNSS反演PWV的基本原理。

对流层湿延迟和对流层大气水汽状态相关性较强，因此可以根据ZWD获取对流层中水汽含量和分布，ZWD和PWV存在线性关系为[363]

$$\mathrm{PWV}=\prod\times\mathrm{ZWD}\tag{9.5}$$

式中：$\prod$ 为PWV和ZWD的转换因子，其是无量纲比例因子。该转换参数可以表示为[359]

$$\prod=\frac{10^6}{\rho_{\mathrm{w}}R_{\mathrm{v}}(k_2'+k_3/T_{\mathrm{m}})}\tag{9.6}$$

式中：ρ_{w} 为液态水密度，$\rho_{\mathrm{w}}=999.97\mathrm{kg/m^3}$；$R_{\mathrm{v}}$ 为PWV比气体常数，$R_{\mathrm{v}}=461.51\mathrm{J\cdot K^{-1}/kg}$；$k_2'$ 和 k_3 为水汽折射系数，$k_2'=22.1\pm2.2\mathrm{K/hPa}$ 和 $k_3=373900\pm1200\mathrm{K^2/hPa}$，在误差容忍范围内，可将其认定为常数，即 $k_2'=22.1\mathrm{K/hPa}$ 和 $k_3=373900\mathrm{K^2/hPa}$，$T_{\mathrm{m}}$ 与大气不同高度的绝对温度 T 和水汽压 e 相关，即

$$T_{\mathrm{m}}=\frac{\int\left(\frac{e}{T}\right)\mathrm{d}z}{\int\left(\frac{e}{T^2}\right)\mathrm{d}z}\approx\frac{\sum_{i=1}^{N}\left(\frac{e_i}{T_i}\right)\Delta Z_i}{\sum_{i=1}^{N}\left(\frac{e_i}{T_i^2}\right)\Delta Z_i}\tag{9.7}$$

在实际计算中，可以根据区域长期的探空数据回归分析建立地表温度 T_{s} 和 T_{m} 的线性关系。对于缺乏探空数据的地区，可以直接使用GPT2、GPT3和ECMWF等模型，根据时间和测站位置获取大气加权平均温度[364]。

图9.9给出了GNSS PWV反演系统的流程图，其中主要包含四个模块：

数据下载模块、数据计算模块、地面监测台站传感器和气象参数显示模块。其中数据下载服务器从服务器上下载GNSS精密轨道、钟差和相位偏差产品，并将其传输到计算服务器。地面监测台站收集GNSS数据进行PPP ZWD估计，同时地面监测台站将温度传感器获取得到的大气温度和露点温度的观测数据与PPP估计ZWD进行气象参数反演，确定PWV以及降水时间。部分具备WVR设备的台站可以进行定期的检校GNSS PWV反演系统的可靠性和准确性。

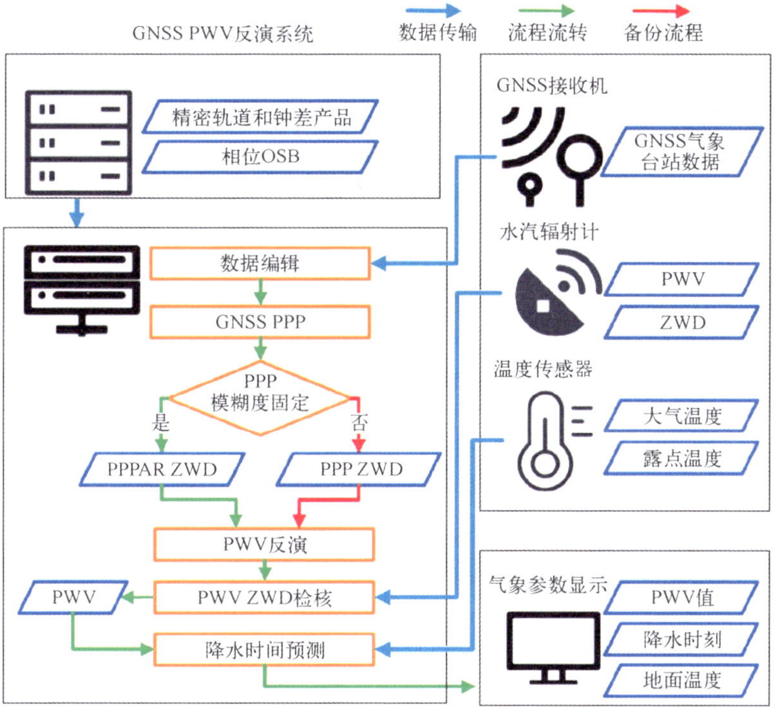

图9.9 GNSS PWV反演系统流程

9.3.2 性能分析

为了进一步验证GNSS PWV反演方法的可靠性和准确性，本章收集了北京密云（BJMY）站和上海天马（SHAO）站WVR和GNSS数据进行分析，WVR可以直接输出ZWD和PWV值并与GNSS PPP估计的ZWD和PWV进行比较。图9.10提供了BJMY站和SHAO站WVR设备信息。其中BJMY站配置了中国电波传播研究所研制的HZD-X型号微波辐射计，亮温测量精度为

0.2K，SHAO 站配置了德国 RPG-HATPRO-G5 型号微波辐射计，亮温测量精度为 0.1K。由于 BJMY 站和 SHAO 站的 GNSS 接收机未进行软件升级，无法跟踪和处理 BDS-3 信号。因此，本次实验过程中仅分析了 GPS 和 GPS+GLONASS+Galileo 多系统的结果。GNSS 和 WVR 位于同一站点，这确保了两者空间环境的一致性。

图 9.10　BJMY 和 SHAO 站 WVR 示意图

图 9.11 和图 9.12 给出了 BJMY 站和 SHAO 站 WVR ZWD、WVR PWV、PPP ZWD、PPP PWV 及其差值的时间序列，而表 9.3 则详细列出了这两个站点的统计结果。综合 BJMY 站和 SHAO 站的 PPP 与 WVR 结果可以看出，考虑对流层水平梯度时，PPP 反演的 PWV 精度能够显著提高，并且与 WVR 结果具有更好的相关性。

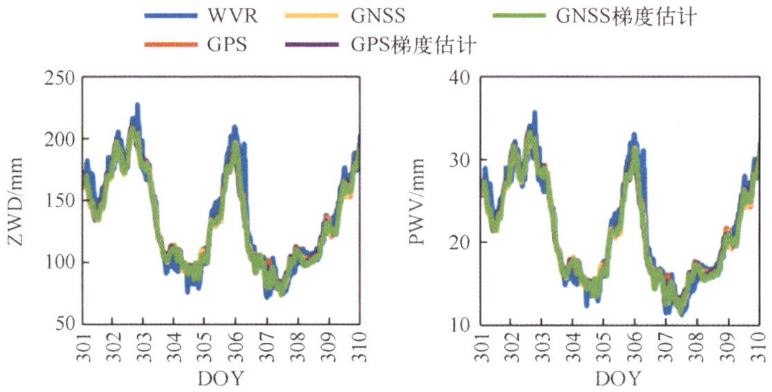

(a)

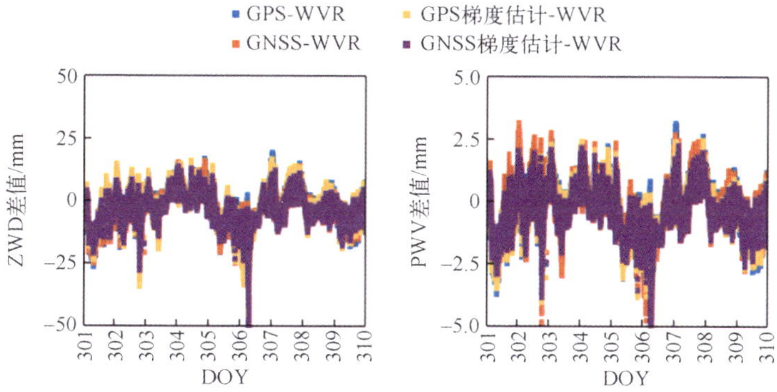

(b)

图 9.11　BJMY 站 ZWD 与 WVR ZWD、WVR PWV、PPP ZWD、PPP PWV 时间序列及差值

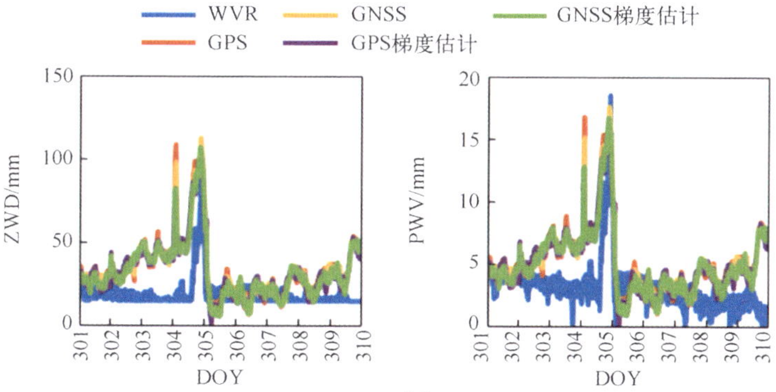

(a)

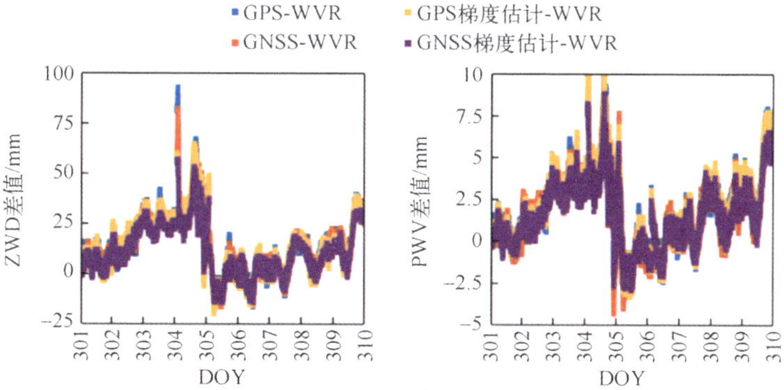

(b)

图 9.12　SHAO 站 ZWD 与 WVR ZWD、WVR PWV、PPP ZWD、PPP PWV 时间序列及差值

表 9.3 BJMY 和 SHAO 站估计 ZWD 和 PWV 统计结果

参数	指标	不估计对流层梯度				估计对流层梯度			
		BJMY		SHAO		BJMY		SHAO	
		GPS	GNSS	GPS	GNSS	GPS	GNSS	GPS	GNSS
ZWD	平均值/mm	-2.5	-2.1	15.2	14.9	-1.8	-1.6	13.9	14.1
	STD/mm	7.8	7.1	14.8	14.3	7.5	7.0	14.1	13.2
	RMS/mm	8.0	7.6	21.2	20.6	7.8	7.5	19.9	18.0
	相关性	98.1%	98.5%	56.5%	59.5%	98.3%	98.6%	58.4%	61.0%
PWV	平均值/mm	-0.4	-0.4	2.1	2.1	-0.3	-0.3	1.8	1.8
	STD/mm	1.2	1.1	2.4	2.3	1.1	1.0	2.0	1.9
	RMS/mm	1.3	1.2	3.2	3.1	1.1	1.1	2.8	2.7
	相关性	98.1%	98.4%	55.2%	57.2%	98.2%	98.6%	58.1%	60.2%

文献［365］根据 17 个中国香港连续运行参考站（Continuously Operating Reference Stations，CORS）和 15 个中国地壳运动观测网络（Crustal Movement Observation Network of China，CMONOC）利用实时 PPP 反演了相关区域的 PWV（图 9.8），并对比了 BDS PPP、BDS PPPAR 和 GPS PPPAR 对应的性能。图 9.13 给出了部分测站的分析后果，可以看到，BDS 反演的 PWV 与 GPS PWV 基本一致，和参考值相比，BDS PPP 固定解精度要优于 BDS PPP 浮点解精度，BDS PPP 固定解异常值较少且受噪声影响较小。类似地，文献［366］分析了实时 Galileo PPP 实时 PWV 的性能，与 ECMWF 计算的 PWV 相比，实时 Galileo PPP 浮点解和固定解反演 PWV 的精度分别为 1.9mm 和 1.7mm。

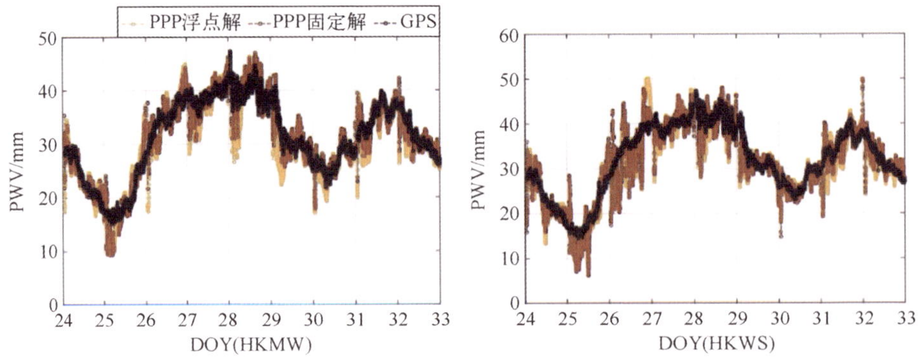

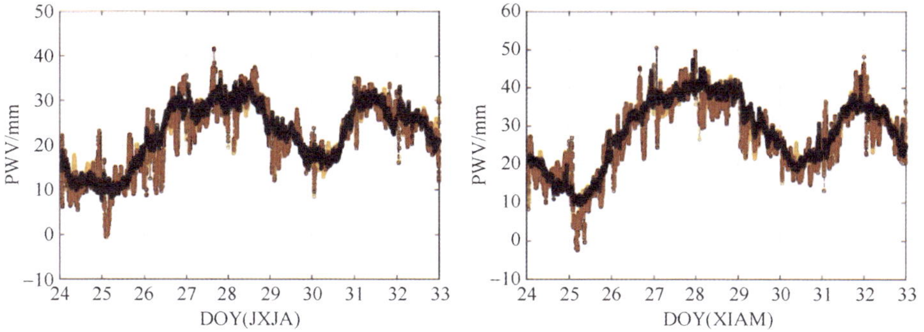

图 9.13 中国香港 CORS 的 HKMW、HKWS 站以及 CMONOC 的 JXJA、XIAM 站 BDS PPP 和 PPPAR 反演的 PWV 时间序列[365]

2021 年 7 月，河南省郑州市连遭暴雨袭击，全省大部分地区出现暴雨。本章以郑州“7·20”暴雨事件进行分析验证，并选取美国国家气候数据中心数据作为降雨量参考。图 9.14 为 GPS、BDS 和多系统 GNSS PPP 反演 ZWD 结果，同时还给出了 6h 累积的液态降水量。可以看出郑州地区不同 GNSS 站的 ZWD 一致性很好。在 2021 年 DOY 196～201 日（即 7 月 15—7 月 20 日），ZWD 值持续上升，并在 DOY 201 日（即 7 月 20 日）达到峰值。与之相对应，

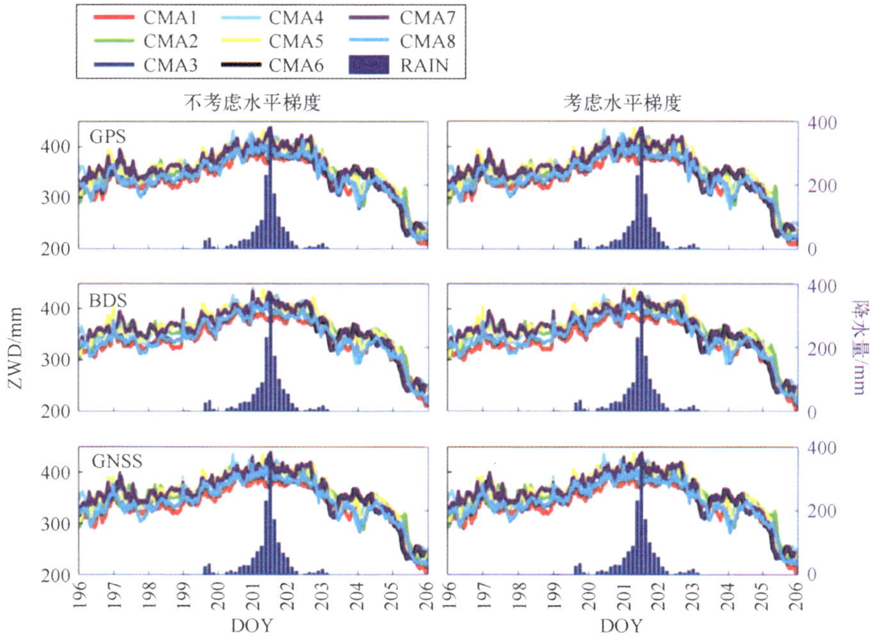

图 9.14 GPS、BDS 和多系统 GNSS PPP 反演 ZWD 与降雨量关系

降雨量在7月20日达到最大值，即374.3mm。在DOY 202~206日（7月21—7月25日），ZWD逐渐降低。对比GPS、BDS以及多GNSS ZWD结果可知，利用PPP提取ZWD的方法稳定可靠，不同GNSS系统获取的ZWD一致性较好。ZWD值与降雨量具有一定的相关性，随着ZWD值的上升，降水发生的概率和强度会逐渐增大。

基于式（9.5）可以将ZWD转化为PWV，图9.15给出了PWV算子在20℃、25℃、30℃、35℃、40℃及真实温度下的时间序列。郑州“7·20”暴雨过程中，大气加权平均温度大约在25~30℃，本章则利用了基于真实温度的算子来获取PWV。图9.16给出了GPS、BDS和多系统GNSS PPP反演PWV与降雨量关系。PWV和ZWD变化规律一致，PWV变化趋势先增大后减小，不同GNSS系统反演的PWV一致性较好，当空气中PWV含量超过60mm时，容易发生降水事件。

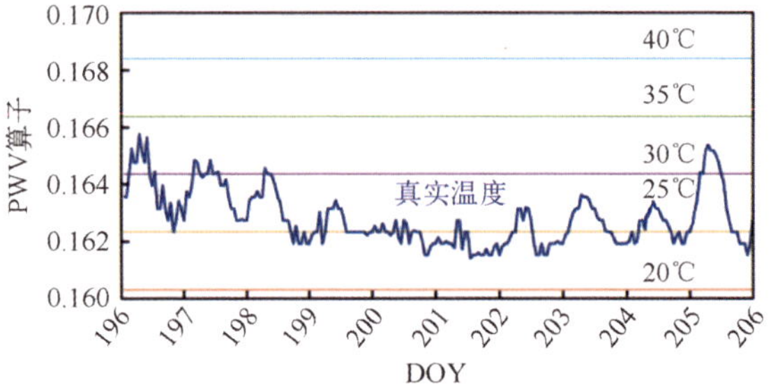

图9.15 PWV算子对20℃、25℃、30℃、35℃、40℃及真实温度的时间序列

从以上分析可知，ZWD和PWV的变化与降雨量变化相关，但影响降雨形成的另一个关键因素是气温与露点温度的关系。露点温度是指在一定的压力和水汽含量条件下，空气要达到饱和状态需要冷却到的温度。图9.17给出了气温、露点温度与降雨量的关系，在DOY 199~203日（即7月18—7月22日），气温均达到了露点温度，而郑州“7·20”暴雨过程的降水过程主要发生在这几天。值得一提的是，在DOY 197和204日气温也达到了露点温度，但由于空气中水汽含量不足，并未发生降水。如图所示，DOY 197日（即7月16日）气温达到露点温度，但没有出现降雨。总体来说，需要综合考虑PWV、空气温度和露点温度之间的关系，才能对降水做出精确的预报。

文献［367］也通过CMONOC的GNSS数据分析了2021年郑州特大暴雨降水状况，图9.18给出了2021年7月19—22日降水量空间分布。可以看到，GNSS PWV可以准确反映出降水分布状况和移动特性，并在7月20日降水量达到峰值，GNSS气象学在极端天气监测和预报中也发挥着重要作用。

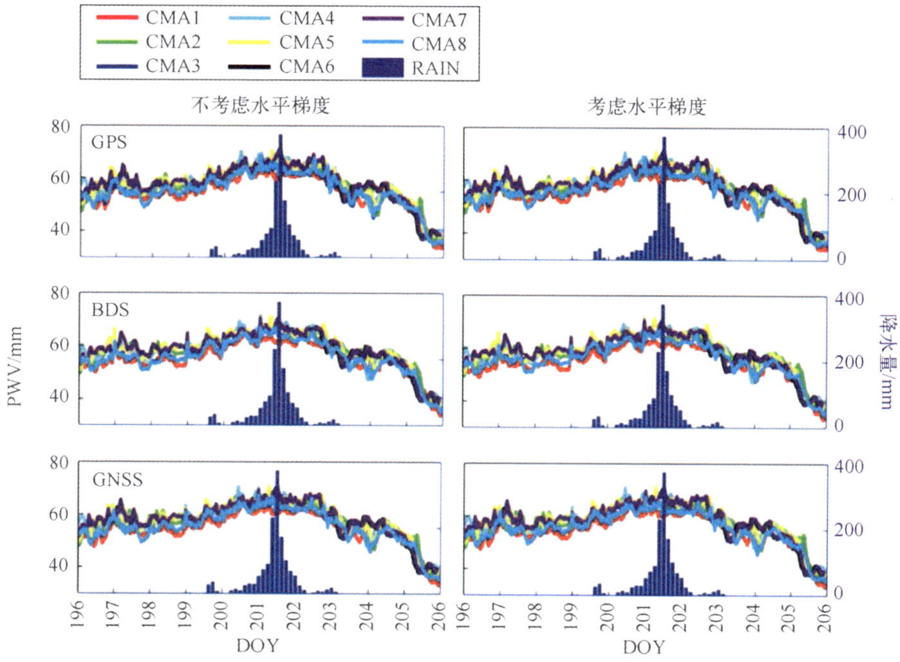

图9.16 GPS、BDS和多系统GNSS PPP反演PWV与降雨量关系

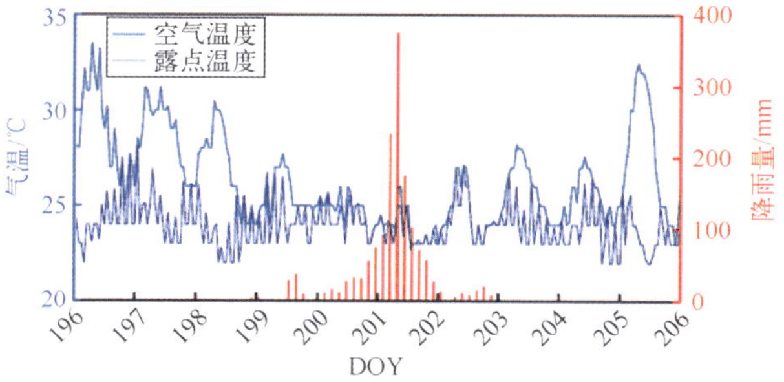

图9.17 气温、露点温度与降雨量的关系

此外，文献［368］也验证了船载GNSS观测值可以用于反演海上区域的PWV值，与船载无线电探空仪相比，其精度为2.54mm，船载GNSS数据一定程度上弥补了海上传统水汽探测手段不足的缺点，对发展GNSS气象学具有重要意义。

伴随着GNSS PWV反演技术的不断发展，其精度已经达到毫米级，具有与WVR和无线电探空相当的精度[369-370]。相比于传统PWV探测手段，GNSS

水汽探测的优点是低成本、高时空分辨率和不易受外部环境影响，众多国家已经将 GNSS 技术运用到气象监测中。

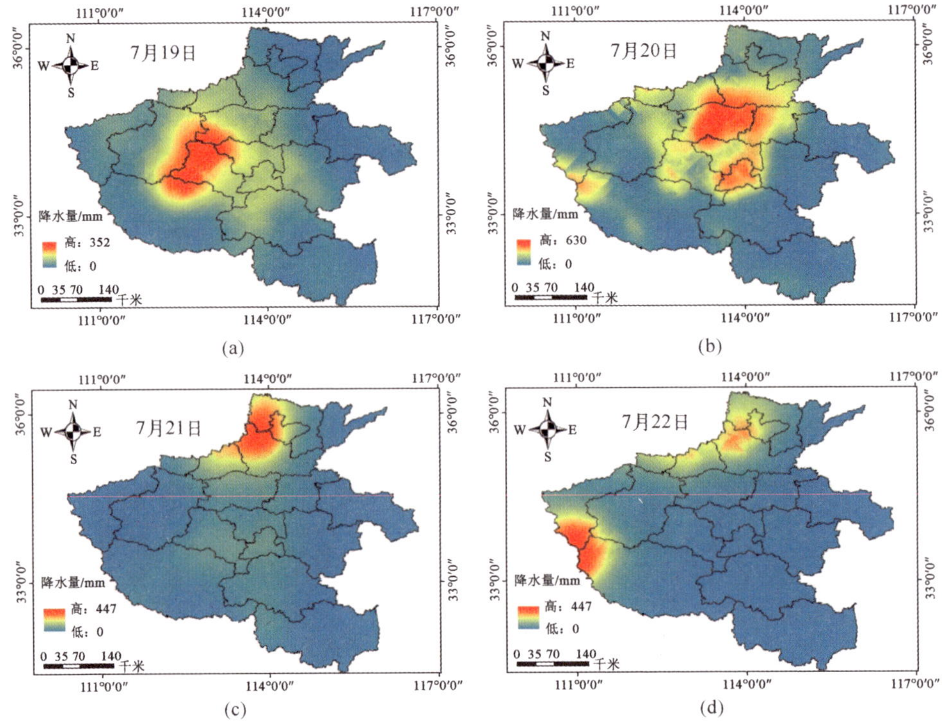

图 9.18　2021 年 7 月 19—22 日降水量空间分布示意图[367]

虽然 GNSS 技术可以准确获取测站上方的水汽含量，却无法获取水汽的垂直分布信息。而无线电探空虽然可以用于探测大气水汽的空间分布，但是其时空分辨率却较低，难以监测中小尺度水汽时空变化状况。在 GPS 气象学刚提出时，文献［359］就指出了密集的 GNSS 测站可以反演出水汽的三维空间分布。文献［371］首次提出了利用大气辐射测量俄克拉何马州拉蒙特南部大平原 20 个 GNSS 测站实现三维水汽结构重构。几十年来，全球 GNSS 跟踪站为层析技术获取到三维水汽分布提供了丰富的数据源，如文献［372］利用了武汉 CORS 多 GNSS 数据进行层析实验，并与该区域的共享探空站数据进行了对比，结果表明，相比于单 GPS 系统，多 GNSS 组合可以改善层析水汽密度场的质量。

第10章

GNSS电离层监测与应用

电离层延迟是GNSS服务性能中最棘手的误差源之一[373]。GNSS因其具有实时性、全天候、全球覆盖、低成本和高时空分辨率等特点，已经成为电离层监测和修正研究的主要手段之一[374]。由于电离层是弥散介质，其可以通过双频或多频GNSS观测值获得电离层电子含量等参数。单频GNSS用户消除和改正电离层延迟的方法包括使用外部的经验模型或GNSS电离层格网产品。然而现阶段电离层建模方法主要基于电离层单层模型假设，这会出现忽略电离层建模和空间高度的相关性等问题。本章将介绍的电离层建模方法，具体可分为两步，第一步为电离层斜延迟提取方法，总结并提出了相位平滑伪距（Carrler-to-Code Leveling，CCL）和PPP多种电离层斜延迟提取方法；第二步基于电离层投影函数和数学函数模型将电离层斜延迟转化为需要的垂直分量，首次利用电离层多层投影函数进行电离层建模，并分析了局部、区域和全球电离层建模的性能。

10.1 电离层基本理论

本节将介绍电离层基本理论，主要包括电离层探测手段、电离层模型、电离层假设投影函数和电离层数学函数模型。

10.1.1 电离层探测手段

电离层一般是指距离地球表面60~2000km由带电粒子组成的呈现电中性的区域。电离层电子密度受到太阳和地磁等活动的影响，其在不同高度、不同经纬度以及不同时间内会呈现出不同的变化规律[375]。电离层会对GNSS信号造成数十米乃至数百米的时延，是 GNSS 卫星 PNT 服务中重要的误差源之一[35]。

大气分子在空间分布会存在不均匀性，电离层会随高度出现变化。根据电离层随高度的分布变化，可以将电离层从低到高依次分为 D 层、E 层、F1 层和 F2 层。其中，D 层距离地面约 60~90km，电子密度为 $10^2 \sim 10^4 cm^{-3}$。E 层距离地面约 90~140km，电子密度为 $10^3 \sim 10^5 cm^{-3}$。F 层是处于电离层的中间区域，是电子密度最高的一层，其可以分为 F1 和 F2 两层，F1 层距离地面 140~200km，电子密度约为 $10^5 cm^{-3}$，F2 层距离地面 200~600km，电子密度为 $10^5 \sim 10^6 cm^{-3}$。

传统电离层探测手段有电离层垂直探测仪、电离层斜向探测仪、非相干散射探测仪以及双频星载雷达高度计等。GNSS 探测电离层的手段有地基 GNSS 电离层探测和空间低轨卫星（Low Earth Orbit，LEO）无线电掩星探测，前者利用 GNSS 观测数据提取出电离层斜延迟，从而通过数学模型拟合出电离层分布特性，后者利用 LEO 卫星搭载的 GNSS 接收机观测到的卫星信号，反演出电离层 TEC 等参数[376]。

10.1.2 电离层模型

电离层模型可分为经验模型和数学函数模型。经验模型以长期历史观测数据为基础，能够展现出电离层特征的基本变化规律，常用的经验模型有 Bent 模型、广播星历模型、NTCM（Neustrelitz TEC model）模型、北斗全球电离层改正模型（BeiDou Global Ionospheric delay correction Model，BDGIM）和 GIM 模型等。数学函数模型以数学函数进行拟合，通常利用区域范围内的数据进行电离层计算得到，如电离层格网模型通过 GNSS 或其他手段提取的电离层 TEC 值，并通过一定数学方法拟合出电离层信息。

1. Bent 模型

Bent 模型是指利用地基电离层探测仪和空基探测数据建立得到的全球经验电离层模型[377]。通过 Bent 模型计算得到电子密度剖面图，进而可以获得电离层延迟。Bent 模型的输入参数包括时间、测站位置、太阳辐射量和太阳黑子数，进而可以获得该位置和时间的电离层延迟量。

2. 广播星历模型

Klobuchar 模型利用广播星历来计算电离层延迟，其优势是计算方便和结构简单。该模型在参数设置时考虑了电离层的日尺度周期性和幅值变化，可反映电离层的特征变化，并保证了大尺度电离层预报的可靠性。该模型的缺点是其只适用于中纬度地区且改正精度相对有限。Klobuchar 模型输入参数包括 8

个模型系数、时间、测站位置和观测卫星的方位角和高度角[378]。改进的 Klobuchar 模型与 Klobuchar 模型略有不同，它基于中国及周边地区的监测站结果推算出北斗广播参数，其更适用于北斗系统在中国及周边地区进行电离层改正[379]。

NeQuick 模型是一种描述电离层电子密度时空变化的三维模型，其适用于 Galileo 的单频实时改正，该模型通过积分的方法计算出视线方向上的电离层延迟[380]。目前，该模型包括 NeQuick1、NeQuick2 和 NeQuickG 三个版本，NeQuick 模型的输入参数包括时间、测站位置和 Galileo 广播星历播发的有效电离层水平因子 A_Z 参数。

3. NTCM 模型

1996 年，DLR 为了研究欧洲区域和极地地区的电离层延迟，在相应区域布设了地面监测站，由此建立了 NTCM 模型的基础版本。该模型考虑了地方时、测站位置、太阳辐射度和活跃程度等各类因素，可以覆盖整个太阳活动周期[381]。

NTCM 模型基础版本是由 6 个线性项组成的多项式，其参数通过最小二乘估计得到。NTCM 模型输入参数包括 F10.7 指标、标准时间、地方时和地理及地磁位置。根据实际需要，后续又发展出一系列 NTCM 模型，包括 NTCM 经验模型（NTCM-GL）[382]、NTCM 全球广播星历（NTCM-BC）[381]、基于 Klobuchar 模型驱动的 NTCM 模型（NTCM-Klobuchar）[383] 和基于 NeQuick 模型驱动的 NTCM 模型（NTCM-NeQuick）[384]。

4. BDGIM 模型

BDS-3 采用自主设计研制的 BDGIM，并实时地播发 9 个 BDGIM 参数，为全球用户提供实时电离层修正服务[385]。BDGIM 以球谐函数为基础，其参数包括发播项和非发播项参数，其中发播项为 9 个模型参数，而非发播项的参数信息则固化于用户接收机端。非发播项参数通过建模预报，保留了高阶次球谐函数对全球电离层空间分辨率的贡献。BDGIM 引入了合理的背景电离层信息，基于境外监测站和少量境外监测站实现了模型播发参数的更新计算，BDGIM 模型计算步骤具体见文献［386］。

5. GIM 模型

IGS 工作组每天根据跟踪站的观测数据计算全球电离层产品，并以文本格式发布 GIM 图。GIM 根据经度和纬度范围分成不同的格网，其中纬度方向格网范围为 87.5°S~87.5°N，间隔为 2.5°，经度方向格网范围为 180°E~180°W，间隔为 5°。通过 GIM 求取电离层延迟的方法一般为线性插值，具体方法可见文献［387］。

10.1.3 电离层数学函数模型

通过电离层数学函数模型可对电离层斜延迟进行统一建模处理，常用电离层数学函数模型包含广义三角级数、改进的广义三角级数、多项式函数和球谐系数模型等。

1. 广义三角级数模型

为了分离出绝对的 VTEC 值，人们在局部和区域电离层建模过程中通常采用广义三角级数函数（Generalized Trigonometric Series Function，GTSF）模型[388]，其中，电离层穿刺点（Ionospheric Pierce Point，IPP）的 VTEC 被模型化为地理纬度和时间的函数，GTSF 模型可以表示为

$$\begin{cases} \mathrm{VTEC}_r(\varphi, T) = \sum_{n=0}^{2}\sum_{m=0}^{2}\{E_{nm}\cdot(\varphi-\varphi_0)^n\cdot T^m\} + \\ \qquad \sum_{k=0}^{4}\{C_k\cdot\cos(k\cdot T)+S_k\cdot\sin(k\cdot T)\} \\ T = \dfrac{2\pi(t-14)}{24} \end{cases} \tag{10.1}$$

式中：φ_0为接收机纬度。

2. 改进的广义三角级数模型

改进的广义三角级数模型（Modified GFSF，MGTSF）也可以用来描述当地的电离层活动，其中 IPP 的 VTEC 可以表示为纬度、经度和时间的函数。不同于 GTSF，MGTSF 使用的是球帽坐标系而不是地理坐标系。MGTSF 可以表示为[389]

$$\begin{cases} \mathrm{VTEC}_r(\varphi_d, \lambda_d, T) = \sum_{n=0}^{2}\sum_{m=0}^{2}\{E_{nm}\cdot\varphi_d^n\cdot\lambda_d^m\} + \\ \qquad \sum_{k=0}^{4}\{C_k\cdot\cos(k\cdot T)+S_k\cdot\sin(k\cdot T)\} \\ T = \dfrac{2\pi(t-14)}{24}, \varphi_d = \mathrm{ds}\cdot\cos\varphi_c, \lambda_d = \mathrm{ds}\cdot\sin\varphi_c, \mathrm{ds} = (R_E + H_{\mathrm{ion}})\cdot\lambda_c \\ \lambda_c = \arcsin\{\sin(\lambda-\lambda_0)\cdot\cos\varphi/\sin\varphi_c\} \\ \varphi_c = \arccos\{\sin\varphi_0\cdot\sin\varphi + \cos\varphi_0\cdot\cos\varphi\cdot\cos(\lambda-\lambda_0)\} \end{cases} \tag{10.2}$$

式中：φ_c和λ_c为IPP在球帽坐标系中的纬度和经度；λ_0为接收机的地理经度。

3. 多项式模型

在多项式模型中，电离层VTEC模型化为纬度差和太阳时角差的多项式函数[390]，多项式模型适用于短时间内拟合电离层时空变化，但不适用于大范围内的区域，它可以表示为[391]

$$\mathrm{VTEC}_r(\varphi,T)=\sum_{n=0}^{n_{\max}}\sum_{m=0}^{m_{\max}}\{E_{nm}\cdot(\varphi-\varphi_0)^n\cdot(\lambda-\lambda_0+t-t_0)^m\} \quad (10.3)$$

式中：$n_{\max}$和$m_{\max}$为多项式的最大阶数；φ和λ为穿刺点的纬度和经度；φ_0和λ_0为测区中点的地理纬度和经度；t_0为中间时刻对应的太阳时角；t为观测时刻；E_{nm}为模型系数。

4. 球谐系数模型

当所选区域较大或者对于全球地区而言，球谐函数模型是可以描述全球电离层VTEC时空分布的函数模型之一。当球谐函数模型系数较低时，其也可以用于区域电离层建模，其可以表示为[122]

$$\begin{cases}\mathrm{VTEC}_r(\varphi,s)=\sum_{n=0}^{n_{\max}}\sum_{m=0}^{n}\{\widetilde{P}_{nm}(\sin\varphi)\cdot[\widetilde{A}_{nm}\cdot\cos(m\cdot s)+\widetilde{B}_{nm}\cdot\sin(m\cdot s)]\}\\ s=\lambda-\lambda_s\\ \widetilde{P}_{nm}(\sin\varphi)=\sqrt{\dfrac{(n-m)!\ (2n+1)(2-\delta_{om})}{(n+m)!}}\cdot P_{nm}(\sin\varphi)\end{cases} \quad (10.4)$$

式中：φ和λ为穿刺点的大地或地磁纬度；s为穿刺点太阳时角；$n_{\max}$为球谐函数最大系数；$\widetilde{A}_{nm}$和$\widetilde{B}_{nm}$为球谐函数系数，$\widetilde{P}_{nm}(\sin\varphi)$为规化勒让德函数，$P_{nm}(\sin\varphi)$为经典勒让德函数；$\delta_{om}$为Kronecher函数，其对应下标相同时为1，不同时为0。

10.1.4 电离层假设投影函数

电离层投影函数可以将各个视线方向上的电离层斜TEC（Slant TEC，STEC）观测值转换为VTEC观测值。根据电离层假设模型，可将电离层投影函数分为电离层单层和多层投影函数，图10.1所示为电离层单层和多层投影函数。

1. 电离层单层假设模型

电离层建模中采用的映射函数是基于电离层单层假设，电离层单层假设模型是基于电离层的垂直结构提出的假设。电离层电子主要集中在E层和F层中，并主要分布在 F2 层峰值高度附近，因此，电离层单层假设模型认定电离层主要集中于一个薄层。但是，该假设未考虑电离层水平梯度和垂直结构等时空特性，电离层单层假设模型投影函数为高度角的函数，当电离层电子含量梯度和电子密度较大时，电离层单层假设高度的不确定性会引起投影函数带来较大的误差。电离层投影函数通常表现为一个所谓的倾斜因子，以表征 STEC 和 VTEC 的关系。电离层单层投影函数将电离层薄层高度固定在一定的高度，它可以表示为[392]

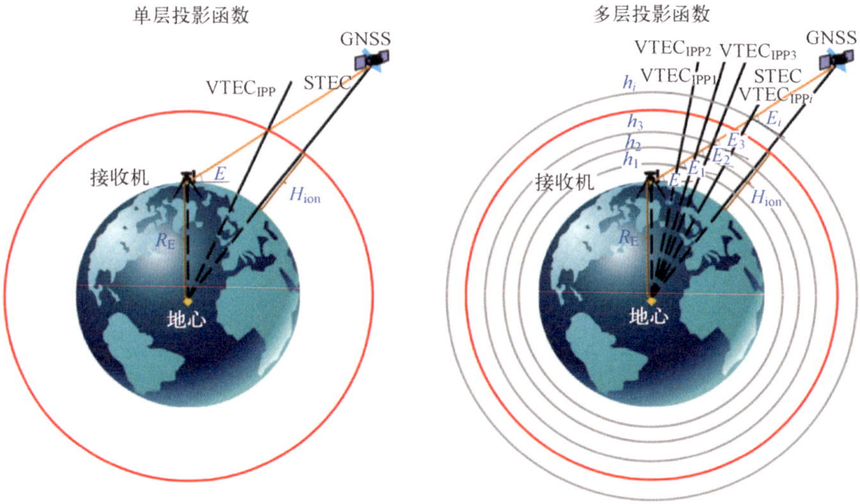

图 10.1　电离层单层和多层投影函数示意图

$$\mathrm{MF}(E)=\frac{\mathrm{STEC}_r^s(k)}{\mathrm{VTEC}_r(k)}=\left[1-\left(\frac{R_E\cdot\sin\left[\gamma\left(\frac{\pi}{2}-E\right)\right]}{R_E+H_{ion}}\right)^2\right]^{-\frac{1}{2}} \tag{10.5}$$

式中：E 为卫星高度角；$\mathrm{VTEC}_r(k)$ 为 VTEC；R_E 为平均地球半径，$R_E=6371\mathrm{km}$；H_{ion} 为假定的电离层高度，通常 CODE 将此值设定为 450km，γ 为模型系数，对于单层投影模型（Single-Layer Model，SLM）其值为 1，改进的单层投影函数（Modified SLM，MSLM）其值为 0.9782[393]。

2. 电离层多层假设模型

受到电离层水平梯度和电离层平衡条件偏差的影响，电离层单层投影函数的影响在垂直方向上可能造成 10m 以上的误差[394]。通常，电离层单层模型假设高度一般选为一个固定常数，电离层单层模型假设高度是影响电离层投影函数精度的主要参数，因此，电离层单层投影函数中存在着一定的电离层投影误差[395-396]。文献［397］通过 Chapman 层描述的电离层垂直结构提出了一个电离层多层投影函数，其电离层投影函数误差相比于单层投影函数减少了超过50%。利用多层投影函数建模可以有效减少电离层投影误差，提高电离层建模的精度。

在电离层多层投影函数中，电离层垂直结构可以看作由许多薄壳组成，而不是简单的一个薄壳，电离层垂直结构由 Chapman 剖面模型表示。电离层斜路径相交于每层厚度递增的电离层壳层，其高度分别为 $h_1, h_2, h_3, \cdots, h_n$，对应的交点投影在二维薄壳曲面上，分别为 $\mathrm{VTEC}_1, \mathrm{VTEC}_2, \mathrm{VTEC}_3, \cdots, \mathrm{VTEC}_n$，因此，电离层多层投影函数考虑了水平电离梯度的影响。类似于单层投影函数，电离层穿刺点（IPP）单层高度也可以设为450km。递增的 STEC，即 STEC_1^2，$\mathrm{STEC}_2^3, \mathrm{STEC}_3^4, \cdots, \mathrm{STEC}_n^{n+1}$，也可以由对应的 VTEC 和 Chapman 层函数决定的倾斜因子转换得到，它可以表示为[397]

$$\mathrm{MF}(E_i) = \frac{\mathrm{STEC}_i^{i+1}}{\mathrm{VTEC}_i}$$

$$\approx \left[1-\left(\frac{(R_\mathrm{E}+h_i)\cdot\sin\left[\gamma\left(\frac{\pi}{2}-E_i\right)\right]}{R_\mathrm{E}+h_{\mathrm{mIPP}_i}}\right)^2\right]^{-\frac{1}{2}} \cdot \left[\mathrm{erf}\left(-\frac{\exp\left(-\frac{h_i-h_{\mathrm{mIPP}_i}}{H_{\mathrm{mIPP}_i}}\right)}{\sqrt{2}}\right)\right]_{h_i}^{h_{i+1}} \tag{10.6}$$

式中，h_{mIPP_i}为峰值电离高度；H_{mIPP_i}为大气标高。

在实际应用中，两个参数可以被设定为350km和70km固定参数，也可以从实际测量中或者经验模型中获取其值，如峰值电离高度可以利用 NPHM（Neustrelitz Peak Height Model）求得[35]，大气标高通过 NTCM 模型和 MPDM（Neustrelitz Peak Density Model）通过 Slab-Thickness 估计和 Chapman 层计算求得[382, 398,-399]。

10.2 电离层斜延迟提取方法

10.2.1 电离层斜延迟提取方法函数模型

目前常用的电离层斜延迟提取方法可以分为 CCL 和 PPP 两类。在第5章介绍的定位模型中，卫星伪距偏差通常需要事先进行改正。而在本章的 PPP 模型中，卫星伪距偏差未进行事先改正，从而使卫星伪距偏差可估。因此，从 GNSS 电离层观测量中估计电离层 VTEC 值需要考虑卫星 DCB 的影响。

1. DFCCL：双频相位平滑伪距

在双频 DFCCL 方法中，需要构建对第 i 频点和 j 频点上的伪距和相位 GF 组合观测值，因此，DFCCL 关系式可以表示为[400]

$$\begin{cases} p^s_{r,\mathrm{GF},ij}(t)=\mu_{\mathrm{GF},ij}\cdot I^s_{r,1}(t)+d_{r,\mathrm{GF},ij}-d^s_{\mathrm{GF},ij}+\varepsilon^s_{p,\mathrm{GF},ij}(t) \\ \phi^s_{r,\mathrm{GF},ij}(t)=-\mu_{\mathrm{GF},ij}\cdot I^s_{r,1}(t)+b_{r,\mathrm{GF},ij}-b^s_{\mathrm{GF},ij}+N^s_{r,\mathrm{GF},ij}+\varepsilon^s_{\phi,\mathrm{GF},ij}(t) \end{cases} \tag{10.7}$$

式中：$\varepsilon_{p,\mathrm{GF},ij}$和 $\varepsilon_{\phi,\mathrm{GF},ij}$为伪距和相位 GF 观测值噪声；$d^s_{\mathrm{GF},ij}$和 $d_{r,\mathrm{GF},ij}$为第 i 频点和 j 频点上卫星和接收机的 DCB。

通常而言，卫星伪距偏差在常态化期间在一天内或者连续数小时弧段内可以视为常量[200]。同样地，当连续一段弧段内卫星没有发生周跳时相位模糊度参数也可以视为常数。在认定电离层一阶近似的前提下，电离层对伪距和相位观测值影响相等且符号相反，对连续一段弧段内 n 个历元数的没有发生周跳的伪距和相位观测值取均值，它可以表示为

$$\begin{aligned} &\frac{1}{n}\sum_{k=1}^{n}\left[p^s_{r,\mathrm{GF},ij}(t)+\phi^s_{r,\mathrm{GF},ij}(t)\right] \\ &=\frac{1}{n}\sum_{k=1}^{n}\left[d_{r,\mathrm{GF},ij}\right]-\frac{1}{n}\sum_{k=1}^{n}\left[d^s_{\mathrm{GF},ij}\right]+\frac{1}{n}\sum_{k=1}^{n}\left[b_{r,\mathrm{GF},ij}\right]- \\ &\quad\frac{1}{n}\sum_{k=1}^{n}\left[b^s_{\mathrm{GF},ij}\right]+\frac{1}{n}\sum_{k=1}^{n}\left[N^s_{r,\mathrm{GF},ij}\right] \\ &=d_{r,\mathrm{GF},ij}-d^s_{\mathrm{GF},ij}+b_{r,\mathrm{GF},ij}-b^s_{\mathrm{GF},ij}+N^s_{r,\mathrm{GF},ij} \end{aligned} \tag{10.8}$$

式中：$\frac{1}{n}\sum_{k=1}^{n}[\cdot]$ 为取平均运算符。

将式（10.8）代入式（10.7），基于 DFCCL 的电离层平滑观测值可以表示为

$$\begin{aligned} \bar{I}^s_{r,ij}(t)&=-\mu^{-1}_{\mathrm{GF},ij}\cdot\left\{\phi^s_{r,\mathrm{GF},ij}(t)-\frac{1}{n}\sum_{k=1}^{n}\left[p^s_{r,\mathrm{GF},ij}(t)+\phi^s_{r,\mathrm{GF},ij}(t)\right]\right\} \\ &=I^s_{r,1}(k)-\mu^{-1}_{\mathrm{GF},ij}\cdot d^s_{\mathrm{GF},ij}+\mu^{-1}_{\mathrm{GF},ij}\cdot d_{r,\mathrm{GF},ij}+\varepsilon^s_{\phi,ij}(t) \end{aligned} \tag{10.9}$$

可以看到，电离层平滑观测值包含了斜电离层延迟以及 SPR 的 DCB，当有 n 个连续弧段的历元观测值时，电离层平滑观测值的方差可以表示为

$$\sigma^2_{\mathrm{GF},S}=\frac{1}{n}\sigma^2_{p,\mathrm{GF}}+\frac{n+1}{n}\sigma^2_{\phi,\mathrm{GF}}=\frac{2}{n}\sigma^2_{p}+\frac{2n+2}{n}\sigma^2_{\phi} \tag{10.10}$$

式中：$\sigma_{\mathrm{GF},S}^2$为电离层平滑观测值的方差。

DFCCL 方法所需要的信息较少，随着平滑弧度的增加，GF 组合相位观测值发挥着主导作用，该方法简便有效，常用于提取电离层斜延迟，它的精度会受到平滑误差、多路径效应和接收机 DCB 天内变化影响[401-402]，当连续的历元观测值足够时，伪距观测值噪声影响将会显著降低，但是多路径引起的平滑误差在 CCL 中无法消除。需要说明的是，这里采用的 CCL 是指事后平滑模式，对于实时平滑模式，其可以采用滤波方式实现并逐历元更新，常用的实时滤波方法包括 Hatch 滤波等[403]。

2. DFMCCL：双频改进相位平滑伪距

改进的 CCL（Modified CCL，MCCL）是一种可替代、简单和有效的估计电离层延迟的办法，它可以避免接收机 DCB 短期不稳定的影响[400, 404]。不同于 DFCCL，DFMCCL 将接收机伪距偏差认定为时变参数，基于此，式（10.7）可以改写为[400]

$$
\begin{cases}
p_{r,\mathrm{GF},ij}^{s}(t)=\mu_{\mathrm{GF},ij}\cdot I_{r,1}^{s}(t)+d_{r,\mathrm{GF},ij}(t)-d_{\mathrm{GF},ij}^{s}+\varepsilon_{p,\mathrm{GF},ij}^{s}(t)\\
\phi_{r,\mathrm{GF},ij}^{s}(t)=-\mu_{\mathrm{GF},ij}\cdot I_{r,1}^{s}(t)+b_{r,\mathrm{GF},ij}-b_{\mathrm{GF},ij}^{s}+N_{r,\mathrm{GF},ij}^{s}+\varepsilon_{\phi,\mathrm{GF},ij}^{s}(t)
\end{cases}
\tag{10.11}
$$

式中：$d_{r,\mathrm{GF},ij}(t)$为对应的时变接收机 DCB 参数。

从式（10.11）可知，DFMCCL 的观测方程是秩亏的，这意味着所有参数都不是无偏估计的。为了解决 DFMCCL 秩亏的问题，这里将待估计的参数重组为

$$
\begin{cases}
p_{r,\mathrm{GF},ij}^{s}(t)=\mu_{\mathrm{GF},ij}\cdot \bar{I}_{r,1}^{s}(t)+\bar{d}_{r,\mathrm{GF},ij}(t)+\varepsilon_{p,\mathrm{GF},ij}^{s}(t)\\
\phi_{r,\mathrm{GF},ij}^{s}(t)=-\mu_{\mathrm{GF},ij}\cdot \bar{I}_{r,1}^{s}(t)+\bar{N}_{r,\mathrm{GF},ij}^{s}+\varepsilon_{\phi,\mathrm{GF},ij}^{s}(t)
\end{cases}
\tag{10.12}
$$

其中

$$
\begin{cases}
\bar{I}_{r,1}^{s}(t)=I_{r,1}^{s}(t)+\mu_{\mathrm{GF},12}^{-1}\cdot D_1^1\\
\bar{d}_{r,\mathrm{GF},ij}(t)=d_{r,\mathrm{GF},ij}(t)-d_{r,\mathrm{GF},ij}(1)\\
\bar{N}_{r,\mathrm{GF},ij}^{s}=b_{r,\mathrm{GF},ij}-b_{\mathrm{GF},ij}^{s}+N_{r,\mathrm{GF},ij}^{s}+D_1^1\\
D_1^1=d_{r,\mathrm{GF},ij}(1)-d_{\mathrm{GF},ij}^{s}
\end{cases}
\tag{10.13}
$$

在没有发生周跳的情况下，$\bar{N}_{r,\mathrm{GF},ij}^{s}$可以看作时不变参数，而其他变量则认定为时变参数。因此，DFMCCL 方程可以表示为

$$
\begin{bmatrix}\boldsymbol{P}_{\mathrm{MCCL},ij}\\ \boldsymbol{\Phi}_{\mathrm{MCCL},ij}\end{bmatrix}=[\mu_{\mathrm{GF},ij}\cdot \boldsymbol{n}_2\otimes\boldsymbol{I}_m,\boldsymbol{v}_2\otimes\boldsymbol{I}_m,\boldsymbol{z}_2\otimes\boldsymbol{I}_m]\cdot
\boldsymbol{\xi}_{\mathrm{MCCL},ij}+\begin{bmatrix}\boldsymbol{\varepsilon}_{\boldsymbol{P}_{\mathrm{MCCL},ij}}\\ \boldsymbol{\varepsilon}_{\boldsymbol{\Phi}_{\mathrm{MCCL},ij}}\end{bmatrix},\boldsymbol{n}_2^{\mathrm{T}}\cdot\boldsymbol{q}_2\cdot\boldsymbol{n}_2\otimes\boldsymbol{Q}_r\otimes\boldsymbol{Q}_m
\tag{10.14}
$$

其中

$$\boldsymbol{P}_{\mathrm{MCCL},ij}=\boldsymbol{P}_{\mathrm{GF},ij}=[p_{r,\mathrm{GF},ij}^{1}(t),\cdots,p_{r,\mathrm{GF},ij}^{m}(t)]^{\mathrm{T}}$$
$$\boldsymbol{\Phi}_{\mathrm{MCCL},ij}=\boldsymbol{\Phi}_{\mathrm{GF},ij}=[p_{r,\mathrm{GF},ij}^{1}(t),\cdots,p_{r,\mathrm{GF},ij}^{m}(t)]^{\mathrm{T}}$$
$$\boldsymbol{\xi}_{\mathrm{MCCL},ij}=[\boldsymbol{\tau},\bar{d}_{r,\mathrm{GF},ij}(t),\boldsymbol{a}_1]^{\mathrm{T}}$$

式中：$\boldsymbol{\xi}_{\mathrm{MCCL},ij}$为 DFMCCL 模型的估计参数。

$$\boldsymbol{a}_1=[\bar{N}_{r,\mathrm{GF},ij}^{1},\cdots,\bar{N}_{r,\mathrm{GF},ij}^{m}]^{\mathrm{T}}$$

3. MFMCCL：多频改进相位平滑伪距

MCCL 方法可以扩展到多频数据中[405]，多频 MCCL（Multi-Frequency MCCL，MFMCCL）估计的电离层参数是以参考频点估计的电离层参数为基准，因此，MFMCCL 的线性方程组也是秩亏的，为保证待估参数唯一，当一共有 k 频观测数据时，可将 MFMCCL 的线性方程组的待估参数重组为[405]

$$\begin{cases}p_{r,\mathrm{GF},12}^{s}(t)=\mu_{\mathrm{GF},12}\cdot\bar{I}_{r,1}^{s}(t)+\bar{d}_{r,\mathrm{GF},12}(t)+\varepsilon_{p,\mathrm{GF},12}^{s}(t)\\ \phi_{r,\mathrm{GF},12}^{s}(t)=-\mu_{\mathrm{GF},12}\cdot\bar{I}_{r,1}^{s}(t)+\bar{N}_{r,\mathrm{GF},12}^{s}+\varepsilon_{\phi,\mathrm{GF},12}^{s}(t)\\ p_{r,\mathrm{GF},1\varsigma}^{s}(t)=\mu_{\mathrm{GF},1\varsigma}\cdot\bar{I}_{r,1}^{s}(t)+\bar{d}_{r,\mathrm{GF},1\varsigma}(t)-\bar{d}_{\mathrm{GF},1\varsigma}^{s}+\varepsilon_{p,\mathrm{GF},1\varsigma}^{s}(t)\\ \phi_{r,\mathrm{GF},1\varsigma}^{s}(t)=-\mu_{\mathrm{GF},1\varsigma}\cdot\bar{I}_{r,1}^{s}(t)+\bar{N}_{r,\mathrm{GF},1\varsigma}^{s}+\varepsilon_{\phi,\mathrm{GF},1\varsigma}^{s}(t),\varsigma\in[3,k]\end{cases}\tag{10.15}$$

其中

$$\begin{cases}\bar{I}_{r,1}^{s}(t)=I_{r,1}^{s}(t)+\mu_{\mathrm{GF},12}^{-1}\cdot D_1^1\\ \bar{d}_{r,\mathrm{GF},1\varsigma}(t)=d_{r,\mathrm{GF},1\varsigma}(t)-d_{r,\mathrm{GF},1\varsigma}(1),\varsigma\in[2,k]\\ \bar{d}_{\mathrm{GF},1\varsigma}^{s}=d_{\mathrm{GF},1\varsigma}^{s}+\mu_{\mathrm{GF},1\varsigma}\cdot\mu_{\mathrm{GF},12}^{-1}\cdot D_1^1-d_{r,\mathrm{GF},1\varsigma}(1),\varsigma\in[3,k]\\ \bar{N}_{r,\mathrm{GF},1\varsigma}^{s}=b_{r,\mathrm{GF},1\varsigma}-b_{\mathrm{GF},1\varsigma}^{s}+N_{r,\mathrm{GF},1\varsigma}^{s}+\mu_{\mathrm{GF},1\varsigma}\cdot\mu_{\mathrm{GF},12}^{-1}\cdot D_1^1,\varsigma\in[2,k]\\ D_1^1=d_{r,\mathrm{GF},12}(1)-d_{\mathrm{GF},12}^{s}\end{cases}\tag{10.16}$$

因此，MFMCCL 模型可以表示为

$$\begin{cases}\begin{bmatrix}\boldsymbol{P}_{\mathrm{MCCL}k}\\ \boldsymbol{\Phi}_{\mathrm{MCCL}k}\end{bmatrix}=[\boldsymbol{n}_2\otimes\boldsymbol{\mu}_{\mathrm{GF},k}\otimes\boldsymbol{I}_m,\boldsymbol{v}_2\otimes\boldsymbol{I}_{k-1}\otimes\boldsymbol{e}_m,\boldsymbol{v}_2\otimes\boldsymbol{z}_{\mathrm{GF},k}\otimes\boldsymbol{I}_m,\boldsymbol{z}_2\otimes\boldsymbol{I}_{k-1}\otimes\boldsymbol{I}_m]\cdot\boldsymbol{\xi}_{\mathrm{MCCL}k}+\\ \qquad\begin{bmatrix}\boldsymbol{\varepsilon}_{\boldsymbol{P}_{\mathrm{MCCL}k}}\\ \boldsymbol{\varepsilon}_{\boldsymbol{\Phi}_{\mathrm{MCCL}k}}\end{bmatrix},\\ \qquad\boldsymbol{n}_k^{\mathrm{T}}\cdot\boldsymbol{q}_k\cdot\boldsymbol{n}_k\otimes\boldsymbol{Q}_r\otimes\boldsymbol{Q}_m\end{cases}\tag{10.17}$$

其中

$$\boldsymbol{P}_{\mathrm{MCCL}k}=[\boldsymbol{P}_{\mathrm{GF},12}^{\mathrm{T}},\cdots,\boldsymbol{P}_{\mathrm{GF},1k}^{\mathrm{T}}]^{\mathrm{T}}$$
$$\boldsymbol{\Phi}_{\mathrm{MCCL}k}=[\boldsymbol{\Phi}_{\mathrm{GF},12}^{\mathrm{T}},\cdots,\boldsymbol{\Phi}_{\mathrm{GF},1k}^{\mathrm{T}}]^{\mathrm{T}}$$

$$\boldsymbol{\mu}_{\mathrm{GF},k}=[\boldsymbol{\mu}_{\mathrm{GF},12},\cdots,\boldsymbol{\mu}_{\mathrm{GF},1k}]^{\mathrm{T}}$$
$$\boldsymbol{z}_{\mathrm{GF},k}=[\boldsymbol{o}_{k-2},\boldsymbol{I}_{k-2}]^{\mathrm{T}}$$
$$\boldsymbol{\xi}_{\mathrm{MCCL}k}=[\boldsymbol{\tau},\bar{d}_{r,\mathrm{GF},12}(t),\cdots,\bar{d}_{r,\mathrm{GF},1k}(t),\boldsymbol{ifb},\boldsymbol{a}_{k-1}]^{\mathrm{T}}$$
$$\boldsymbol{ifb}=[\bar{d}^{1}_{r,\mathrm{GF},13}(t),\bar{d}^{2}_{r,\mathrm{GF},13}(t),\cdots,\bar{d}^{m}_{r,\mathrm{GF},13}(t),\cdots,\bar{d}^{m}_{r,\mathrm{GF},1k}(t)]^{\mathrm{T}}$$
$$\boldsymbol{a}_{k-1}=[\bar{N}^{1}_{r,\mathrm{GF},12},\bar{N}^{2}_{r,\mathrm{GF},12},\cdots,\bar{N}^{m}_{r,\mathrm{GF},12},\cdots,\bar{N}^{m}_{r,\mathrm{GF},1k}]^{\mathrm{T}}$$

式中：$\boldsymbol{\xi}_{\mathrm{MCCL}k}$为 MFMCCL 模型的估计参数。

4. SFPPP1：单频电离层浮点解 PPP

在 SFPPP1 模型中，电离层参数作为未知估计参数。一般对于电离层建模而言，接收机坐标已知并固定可以提高模型强度，在不改正卫星伪距偏差的前提下，第 j（$j=1$ 或 2）频点 SFPPP1 可以表示为

$$\begin{bmatrix}\boldsymbol{P}_{\mathrm{SF1},j}\\ \boldsymbol{\Phi}_{\mathrm{SF1},j}\end{bmatrix}=[\boldsymbol{e}_2\otimes\boldsymbol{M}_r,\boldsymbol{e}_{2m},\mu_j\cdot\boldsymbol{n}_2\otimes\boldsymbol{I}_m,\boldsymbol{z}_2\otimes\boldsymbol{I}_m]\cdot\boldsymbol{\xi}_{\mathrm{SF1}}+\begin{bmatrix}\boldsymbol{\varepsilon}_{\boldsymbol{P}_{\mathrm{SF1},j}}\\ \boldsymbol{\varepsilon}_{\boldsymbol{\Phi}_{\mathrm{SF1},j}}\end{bmatrix},\boldsymbol{Q}_r\otimes\boldsymbol{Q}_k \tag{10.18}$$

式中：$\boldsymbol{\xi}_{\mathrm{SF1}}$为 SFPPP1 模型的估计参数，$\boldsymbol{\xi}_{\mathrm{SF1}}=[\mathrm{ZWD}_r(t),d\bar{t}_r(t),\boldsymbol{\tau},\boldsymbol{a}_1]^{\mathrm{T}}$。

不难看出，原始单频伪距和相位线性方程存在秩亏问题，为了解决该问题，SFPPP1 将模型中待估计的接收机钟差、电离层延迟和模糊度参数重组为

$$\begin{cases}d\bar{t}_r(t)=dt_r(t)+d_{r,j}-D_1^1\\ \bar{I}^s_{r,1}(t)=I^s_{r,1}(t)-\mu^{-1}_{\mathrm{GF},12}\cdot d^s_{\mathrm{GF},12}+\dfrac{D_1^1}{\mu_j}\\ \bar{N}^s_{r,j}=N^s_{r,j}+b_{r,j}-b^s_j-d_{r,1}-\mu_j\cdot\mu^{-1}_{\mathrm{GF},12}\cdot d^s_{\mathrm{GF},12}+d^s_{\mathrm{IF},12}+2D_1^1\\ D_1^1=dt_r(1)+d_{r,j}\end{cases} \tag{10.19}$$

5. SFPPP2：单频电离层组合 PPP

对 SFPPP1 模型附加转换矩阵$\dfrac{1}{2}\boldsymbol{e}_2^{\mathrm{T}}\otimes\boldsymbol{I}_m$，SFPPP2 模型可以表示为[198]

$$\boldsymbol{P}_{\mathrm{SF2},j}=\left[\boldsymbol{M}_r,\boldsymbol{e}_m,\frac{1}{2}\boldsymbol{I}_m\right]\cdot\boldsymbol{\xi}_{\mathrm{SF2}}+\boldsymbol{\varepsilon}_{\boldsymbol{P}_{\mathrm{SF2},j}},\frac{1}{4}\boldsymbol{e}_2^{\mathrm{T}}\cdot\boldsymbol{Q}_r\cdot\boldsymbol{e}_2\cdot\boldsymbol{Q}_k \tag{10.20}$$

式中：$\boldsymbol{\xi}_{\mathrm{SF2}}$为 SFPPP2 模型的估计参数，$\boldsymbol{\xi}_{\mathrm{SF2}}=[\mathrm{ZWD}_r(t),d\bar{t}_r(t),\boldsymbol{a}_1]^{\mathrm{T}}$。

为了解决 SFPPP2 模型秩亏的问题，其对应的估计参数可以重组为[406]

$$\begin{cases}d\bar{t}_r(t)=dt_r(t)+\dfrac{1}{2}d_{r,j}+\dfrac{1}{2}b_{r,j}-D_1^1\\ \bar{N}^s_{r,j}=N^s_{r,j}-d^s_j-b^s_j+2d^s_{\mathrm{IF},12}+2D_1^1\\ D_1^1=dt_r(1)+\dfrac{1}{2}d_{r,j}+\dfrac{1}{2}b_{r,j}\end{cases} \tag{10.21}$$

式中：$N^s_{r,j}$为整数模糊度参数，可以由原始伪距和相位观测值计算得到，它可以表示为

$$N^s_{r,j}=\phi^s_{r,j}(t)-p^s_{r,j}(t)+2\mu_j\cdot I^s_{r,1}(t)+d_{r,j}-d^s_j-b_{r,j}+b^s_j \tag{10.22}$$

将$N^s_{r,j}$代入到 SFPPP2 模型中估计的模糊度参数$\bar{N}^s_{r,j}$中，因此，SFPPP2 模型提取的电离层观测值可以表示为

$$\begin{aligned}\bar{I}^s_{r,1}(t)&=-\frac{1}{2}\mu_j^{-1}\cdot[\phi^s_{r,j}(t)-p^s_{r,j}(t)-\bar{N}^s_{r,j}]\\&=I^s_{r,1}(t)-\mu^{-1}_{\mathrm{GF},12}\cdot d^s_{\mathrm{GF},12}-\frac{1}{2}\mu_j^{-1}\cdot[b_{r,j}-d_{r,j}-2D^1_1]\end{aligned} \tag{10.23}$$

由于原始伪距噪声较大，这里采用了 Hatch 滤波通过使用相位观测值来平滑伪距观测值，它可以表示为[407]

$$\begin{cases}p^s_{r,j,\mathrm{sm}}(t)=\omega(t)\cdot p^s_{r,j}(t)+[1-\omega(t)]\cdot p^s_{r,j,\mathrm{prd}}(t),t>1\\p^s_{r,j,\mathrm{prd}}(t)=p^s_{r,j,\mathrm{prd}}(t-1)+[\phi^s_{r,j}(t)-\phi^s_{r,j}(t-1)],t>1\\p^s_{r,j,\mathrm{sm}}(0)=p^s_{r,j}(0)\\\omega(t)=\dfrac{1}{t},t<M\\\omega(t)=\dfrac{1}{M},t\geqslant M\end{cases} \tag{10.24}$$

式中：$p^s_{r,j,\mathrm{sm}}(t)$和$p^s_{r,j,\mathrm{prd}}(t)$为平滑和预测的伪距观测值；$M$为平滑常量，本章将其设置为 20。

6. DFPPP1：双频电离层浮点 PPP

当接收机可观测到第 i 频点和第 j 频点上的观测值 m 颗卫星时，DFPPP1 模型可以表示为[389]

$$\begin{bmatrix}\boldsymbol{P}_{\mathrm{DF1},ij}\\\boldsymbol{\Phi}_{\mathrm{DF1},ij}\end{bmatrix}=[\boldsymbol{e}_4\otimes\boldsymbol{M}_r,\boldsymbol{e}_{4m},\boldsymbol{n}_2\otimes\boldsymbol{\mu}_2\otimes\boldsymbol{I}_m,\boldsymbol{z}_2\otimes\boldsymbol{I}_{2m}]\cdot\boldsymbol{\xi}_{\mathrm{DF1}}+\begin{bmatrix}\boldsymbol{\varepsilon}_{\boldsymbol{P}_{\mathrm{DF1},ij}}\\\boldsymbol{\varepsilon}_{\boldsymbol{\Phi}_{\mathrm{DF1},ij}}\end{bmatrix},\boldsymbol{q}_2\otimes\boldsymbol{Q}_r\otimes\boldsymbol{Q}_m \tag{10.25}$$

式中：$\boldsymbol{\xi}_{\mathrm{DF1}}$为 DFPPP1 模型的估计参数，$\boldsymbol{\xi}_{\mathrm{DF1}}=[\mathrm{ZWD}_r(t),d\bar{t}_r(t),\boldsymbol{\tau},\boldsymbol{a}_2]^{\mathrm{T}}$，$\boldsymbol{a}_2=[\bar{N}^1_{r,i},\bar{N}^2_{r,i},\cdots,\bar{N}^m_{r,j}]^{\mathrm{T}}$。

DFPPP1 模型的估计参数可以表示为

$$\begin{cases}d\bar{t}_r(t)=dt_r(t)+d_{r,\mathrm{IF},ij}\\\bar{I}^s_{r,1}(t)=I^s_{r,1}(t)-\mu^{-1}_{\mathrm{GF},ij}\cdot d^s_{\mathrm{GF},ij}+\mu^{-1}_{\mathrm{GF},ij}\cdot d_{r,\mathrm{GF},ij}\\\bar{N}^s_{r,\varsigma}=N^s_{r,\varsigma}+b_{r,\varsigma}-b^s_\varsigma-d_{r,\mathrm{IF},ij}+\mu_\varsigma\cdot\mu^{-1}_{\mathrm{GF},ij}\cdot d_{r,\mathrm{GF},ij}-\mu_\varsigma\cdot\mu^{-1}_{\mathrm{GF},ij}\cdot d^s_{\mathrm{GF},ij},\varsigma=i,j\end{cases} \tag{10.26}$$

7. DFPPP2：双频 IF 组合 PPP

当接收机可观测到第 i 频点和第 j 频点上的观测值 m 颗卫星时，DFPPP2 模型可以表示为[203]

$$\begin{bmatrix} \boldsymbol{P}_{\mathrm{DF2},ij} \\ \boldsymbol{\Phi}_{\mathrm{DF2},ij} \end{bmatrix} = [\boldsymbol{e}_2 \otimes \boldsymbol{M}_r, \boldsymbol{e}_{2m}, z_2 \otimes \boldsymbol{I}_m] \cdot \boldsymbol{\xi}_{\mathrm{DF2}} + \begin{bmatrix} \boldsymbol{\varepsilon}_{P_{\mathrm{DF2},ij}} \\ \boldsymbol{\varepsilon}_{\Phi_{\mathrm{DF2},ij}} \end{bmatrix}, \boldsymbol{\eta}_2^{\mathrm{T}} \cdot \boldsymbol{q}_2 \cdot \boldsymbol{\eta}_2 \otimes \boldsymbol{Q}_r \otimes \boldsymbol{Q}_m \tag{10.27}$$

式中：$\boldsymbol{\xi}_{\mathrm{DF2}}$ 为 DFPPP2 模型的估计参数，$\boldsymbol{\xi}_{\mathrm{DF2}} = [\mathrm{ZWD}_r(t), d\bar{t}_r(t), \boldsymbol{a}_1]^{\mathrm{T}}$，$\boldsymbol{a}_1 = [\bar{N}^1_{r,\mathrm{IF},ij}(t), \cdots, \bar{N}^m_{r,\mathrm{IF},ij}(t)]^{\mathrm{T}}$。

DFPPP2 模型的估计参数可以表示为

$$\begin{cases} d\bar{t}_r(t) = dt_r(t) + d_{r,\mathrm{IF},ij} \\ \bar{N}^s_{r,\mathrm{IF},ij} = N^s_{r,\mathrm{IF},ij} + b_{r,\mathrm{IF},ij} - b^s_{\mathrm{IF},ij} - d_{r,\mathrm{IF},ij} + d^s_{\mathrm{IF},ij} \end{cases} \tag{10.28}$$

WL 模糊度 $\bar{N}^s_{r,\mathrm{W},ij}$ 可以由 WL 相位观测值和 NL 伪距观测值组合得到，其可以表示为

$$\bar{N}^s_{r,\mathrm{W},ij} = \phi^s_{r,\mathrm{W},ij}(t) - p^s_{r,\mathrm{N},ij}(t) = N^s_{r,\mathrm{W},ij} + b_{r,\mathrm{W},ij} - b^s_{\mathrm{W},ij} - d_{r,\mathrm{W},ij} + d^s_{\mathrm{W},ij} \tag{10.29}$$

由式（10.29），电离层模糊度 $\bar{N}^s_{r,\mathrm{GF},ij}$ 可以由 WL 模糊度和 PPP 模型得到的电离层模糊度表示为

$$\bar{N}^s_{r,\mathrm{GF},ij} = \frac{f_i^2 - f_j^2}{f_i \cdot f_j} [\bar{N}^s_{r,\mathrm{W},ij} - \bar{N}^s_{r,\mathrm{IF},ij}] = N^s_{r,\mathrm{GF},ij}(t) + b_{r,\mathrm{GF},ij} - b^s_{\mathrm{GF},ij} + d_{r,\mathrm{GF},ij} - d^s_{\mathrm{GF},ij} \tag{10.30}$$

因此，DFPPP2 模型提取的电离层观测值可以表示为

$$\bar{I}^s_{r,1}(k) = \mu^{-1}_{\mathrm{GF},ij} \cdot [\bar{N}^s_{r,\mathrm{GF},ij} - \phi^s_{r,\mathrm{GF},ij}(t)] = I^s_{r,1}(k) - \mu^{-1}_{\mathrm{GF},ij} \cdot d^s_{\mathrm{GF},ij} + \mu^{-1}_{\mathrm{GF},ij} \cdot d_{r,\mathrm{GF},ij} \tag{10.31}$$

8. DFPPP3：双频 UofC PPP

当共有可观测到第 i 频点和第 j 频点上的观测值 m 颗卫星时，DFPPP3 模型可以表示为[408]

$$\begin{bmatrix} \boldsymbol{P}_{\mathrm{DF3},i} \\ \boldsymbol{P}_{\mathrm{DF3},j} \\ \boldsymbol{\Phi}_{\mathrm{DF3},ij} \end{bmatrix} = [\boldsymbol{e}_3 \otimes \boldsymbol{M}_r, \boldsymbol{e}_{3m}, \boldsymbol{\Lambda} \otimes \boldsymbol{I}_m] \cdot \boldsymbol{\xi}_{\mathrm{DF3}} + \begin{bmatrix} \boldsymbol{\varepsilon}_{\mathrm{DF3},i} \\ \boldsymbol{\varepsilon}_{\mathrm{DF3},j} \\ \boldsymbol{\varepsilon}_{\Phi_{\mathrm{DF3,IF},ij}} \end{bmatrix}, \boldsymbol{\kappa}_2^{\mathrm{T}} \cdot (\boldsymbol{q}_2 \otimes \boldsymbol{Q}_r) \cdot \boldsymbol{\kappa}_2 \otimes \boldsymbol{Q}_m \tag{10.32}$$

式中：$\boldsymbol{\xi}_{\mathrm{DF3}}$ 为 DFPPP3 模型的估计参数，$\boldsymbol{\xi}_{\mathrm{DF3}} = [\mathrm{ZWD}_r(t), d\bar{t}_r(t), \boldsymbol{a}_2]^{\mathrm{T}}$。

DFPPP3 模型的估计参数可以表示为

$$\begin{cases}\bar{dt}_r(t)=dt_r(t)+d_{r,\mathrm{IF},ij}\\ \bar{N}^s_{r,\varsigma}=N^s_{r,\varsigma}+b_{r,\varsigma}-b^s_{\varsigma}+d_{r,\varsigma}-d^s_{\varsigma}-2(d_{r,\mathrm{IF},ij}-d^s_{\mathrm{IF},ij}),\varsigma=i,j\end{cases} \tag{10.33}$$

因此，电离层模糊度可以由 PPP 模型中两个估计的模糊度组合而成，其可以表示为

$$\bar{N}^s_{r,\mathrm{GF},ij}=N^s_{r,\mathrm{GF},ij}+b_{r,\mathrm{GF},ij}-b^s_{\mathrm{GF},ij}+d_{r,\mathrm{GF},ij}-d^s_{\mathrm{GF},ij} \tag{10.34}$$

同 DFPPP2 模型一样，DFPPP3 模型也可以提取出电离层观测值。

9. MFPPP：多频电离层浮点 PPP

当一共有 k 频观测数据时，MFPPP 模型每个卫星接收机对都需要考虑一个 IFB 参数，其方程可以表示为[190]

$$\begin{bmatrix}\boldsymbol{P}_{\mathrm{MF}k}\\ \boldsymbol{\Phi}_{\mathrm{MF}k}\end{bmatrix}=[\boldsymbol{e}_{2k}\otimes\boldsymbol{M}_r,\boldsymbol{e}_{2km},\boldsymbol{v}_2\otimes\boldsymbol{z}_k\otimes\boldsymbol{I}_m,\boldsymbol{n}_2\otimes\boldsymbol{\mu}_k\otimes\boldsymbol{I}_m,\boldsymbol{z}_2\otimes\boldsymbol{I}_{km}]\cdot \boldsymbol{\xi}_{\mathrm{MF}k}+\begin{bmatrix}\boldsymbol{\varepsilon}_{P_{\mathrm{MF}k}}\\ \boldsymbol{\varepsilon}_{\Phi_{\mathrm{MF}k}}\end{bmatrix},\boldsymbol{q}_k\otimes\boldsymbol{Q}_r\otimes\boldsymbol{Q}_m \tag{10.35}$$

其中

$$\boldsymbol{P}_{\mathrm{MF}k}=[p^1_{r,1}(t),p^2_{r,1}(t),\cdots,p^m_{r,1}(t),\cdots,p^m_{r,2}(t),\cdots,p^m_{r,k}(t)]^{\mathrm{T}}$$
$$\boldsymbol{\Phi}_{\mathrm{MF}k}=[\phi^1_{r,1}(t),\phi^2_{r,1}(t),\cdots,\phi^m_{r,1}(t),\cdots,\phi^m_{r,2}(t),\cdots,\phi^m_{r,k}(t)]^{\mathrm{T}}$$
$$\boldsymbol{\xi}_{\mathrm{MF}k}=[\mathrm{ZWD}_r(t),\bar{dt}_r(t),\boldsymbol{ifb},\boldsymbol{\tau},\boldsymbol{a}_k]^{\mathrm{T}}$$
$$\boldsymbol{ifb}=[ifb^1_3,\cdots,ifb^m_3,\cdots ifb^m_k]^{\mathrm{T}}$$
$$\boldsymbol{a}_k=[\bar{N}^1_{r,1},\bar{N}^2_{r,1},\cdots,\bar{N}^m_{r,1},\cdots,\bar{N}^m_{r,k}]^{\mathrm{T}}$$

式中：$\boldsymbol{\xi}_{\mathrm{MF}k}$为 MFPPP 模型的估计参数。

MFPPP 模型的估计参数可以表示为

$$\begin{cases}\bar{dt}_r(t)=dt_r(t)+d_{r,\mathrm{IF},12}\\ \bar{I}^s_{r,1}(t)=I^s_{r,1}(t)-\mu^{-1}_{\mathrm{GF},12}\cdot d^s_{\mathrm{GF},12}+\mu^{-1}_{\mathrm{GF},12}\cdot d_{r,\mathrm{GF},12}\\ ifb^s_{\varsigma}=\mu_{\mathrm{GF},1\varsigma}\cdot\mu^{-1}_{\mathrm{GF},12}\cdot(d_{r,\mathrm{GF},12}-d^s_{\mathrm{GF},12})-(d_{r,\mathrm{GF},1\varsigma}-d^s_{\mathrm{GF},1\varsigma}),\varsigma=3,\cdots,k\\ \bar{N}^s_{r,\varsigma}=N^s_{r,\varsigma}+b_{r,\varsigma}-b^s_{\varsigma}-d_{r,\mathrm{IF},12}+\mu_{\varsigma}\cdot\mu^{-1}_{\mathrm{GF},12}\cdot d_{r,\mathrm{GF},12}-\mu_{\varsigma}\cdot\mu^{-1}_{\mathrm{GF},12}\cdot d^s_{\mathrm{GF},12},\varsigma=1,2,\cdots,k\end{cases} \tag{10.36}$$

10. MFMPPP：多频改进电离层浮点 PPP

不同于 MFPPP，MFMPPP 模型认为接收机伪距偏差具有时变特性，每一个对应的伪距观测值上需要额外估计一个时变接收机伪距偏差参数，即 $d_{r,i}(t)=d_{r,i}(1)+\tilde{d}_{r,i}(t)$。因此，MFMPPP 模型观测方程可以表示为[409]

$$\begin{bmatrix} \boldsymbol{P}_{\mathrm{MF}k} \\ \boldsymbol{\Phi}_{\mathrm{MF}k} \end{bmatrix} = [\boldsymbol{e}_{2k} \otimes \boldsymbol{M}_r, \boldsymbol{e}_{2km}, \boldsymbol{v}_2 \otimes \boldsymbol{I}_k \otimes \boldsymbol{e}_m, \boldsymbol{v}_2 \otimes \boldsymbol{z}_k \otimes \boldsymbol{I}_m, \boldsymbol{n}_2 \otimes \boldsymbol{\mu}_k \otimes \boldsymbol{I}_m, \boldsymbol{z}_2 \otimes \boldsymbol{I}_{km}] \cdot \boldsymbol{\xi}_{\mathrm{MF}k} + \begin{bmatrix} \boldsymbol{\varepsilon}_{\boldsymbol{P}_{\mathrm{MF}k}} \\ \boldsymbol{\varepsilon}_{\boldsymbol{\Phi}_{\mathrm{MF}k}} \end{bmatrix}, \boldsymbol{q}_k \otimes \boldsymbol{Q}_r \otimes \boldsymbol{Q}_m \tag{10.37}$$

式中：$\boldsymbol{\xi}_{\mathrm{MF}k}$为 MFMPPP 模型的估计参数，$\boldsymbol{\xi}_{\mathrm{MF}k} = [\mathrm{ZWD}_r(t), d\bar{t}_r(t), \boldsymbol{d}, \boldsymbol{ifb}, \boldsymbol{\tau}, \boldsymbol{a}_k]^{\mathrm{T}}$，$\boldsymbol{d} = [\tilde{d}_{r,1}(t), \tilde{d}_{r,2}(t), \cdots, \tilde{d}_{r,k}(t)]^{\mathrm{T}}$。

MFMPPP 模型的估计参数可以表示为

$$\begin{cases} d\bar{t}_r(t) = dt_r(t) + d_{r,\mathrm{IF},12}(1) \\ \bar{I}^s_{r,1}(t) = I^s_{r,1}(t) - \mu^{-1}_{\mathrm{GF},12} \cdot d^s_{\mathrm{GF},12} + \mu^{-1}_{\mathrm{GF},12} \cdot d_{r,\mathrm{GF},12}(1) \\ ifb^s_{\varsigma} = \mu_{\mathrm{GF},i\varsigma} \cdot \mu^{-1}_{\mathrm{GF},ij} \cdot [d_{r,\mathrm{GF},12}(1) - d^s_{\mathrm{GF},12}] - [d_{r,\mathrm{GF},1\varsigma}(1) - d^s_{\mathrm{GF},1\varsigma}], \varsigma = 3, \cdots, k \\ \bar{N}^s_{r,\varsigma} = N^s_{r,\varsigma} + b_{r,\varsigma} - b^s_{\varsigma} - d_{r,\mathrm{IF},12}(1) + \mu_{\varsigma} \cdot \mu^{-1}_{\mathrm{GF},12} \cdot d_{r,\mathrm{GF},12}(1) - \\ \qquad \mu_{\varsigma} \cdot \mu^{-1}_{\mathrm{GF},12} \cdot d^s_{\mathrm{GF},12}, \varsigma = 1, 2, \cdots, k \end{cases} \tag{10.38}$$

10.2.2 电离层斜延迟观测值精度评估分析

提取电离层延迟是电离层建模的第一步，本章首先评估不同方法提取的电离层斜延迟的精度。采用不同方法估计的电离层斜延迟的差异可以反映电离层偏差的一致性，如果不同方法计算的电离层观测值是一致的，它们的差异应当遵循高斯分布。进一步而言，对同一颗卫星的电离层观测值作差可以消除卫星 DCB 参数，剩余观测值残差的 STD 可以反映出电离层观测值的噪声和平滑水平。

1. PPP 提取的电离层精度分析

以 BDS 系统为例，本章对 77 个可观测到 BDS 的测站一个月数据进行分析。图 10.2 给出了 2020 年 DOY 288 日 SFPPP1、SFPPP2、DFPPP1、DFPPP2、DFPPP3、MFPPP 和 MFMPPP 模型 ULAB 测站提取的电离层观测值。单频 PPP 模型是基于 BDS B1I 观测值，双频 PPP 模型是基于 BDS B1I/B3I 观测值，多频 PPP 模型是基于 BDS B1I/B3I/B1C/B2a 观测值。其中，SFPPP1 和 SFPPP2 模型估计的电离层观测值包含电离层斜延迟、卫星 DCB、接收机硬件延迟和相对于首历元的接收机钟差参数；DFPPP1、DFPPP2、DFPPP3 和 MFPPP 模型估计的电离层观测值包含电离层斜延迟和 SPR 的 DCB 参数；MFMPPP 模型估计的电离层观测值包含电离层斜延迟、卫星 DCB 和首个历元接收机 DCB 参数。从图 10.2 中可以看出，几种模型的电离层变化趋势基本一致，单频 PPP 与双频和多频 PPP 模型提取的电离层延迟之间存在系统性的偏差，其系统性偏差主要体现在接收机硬件延迟上。

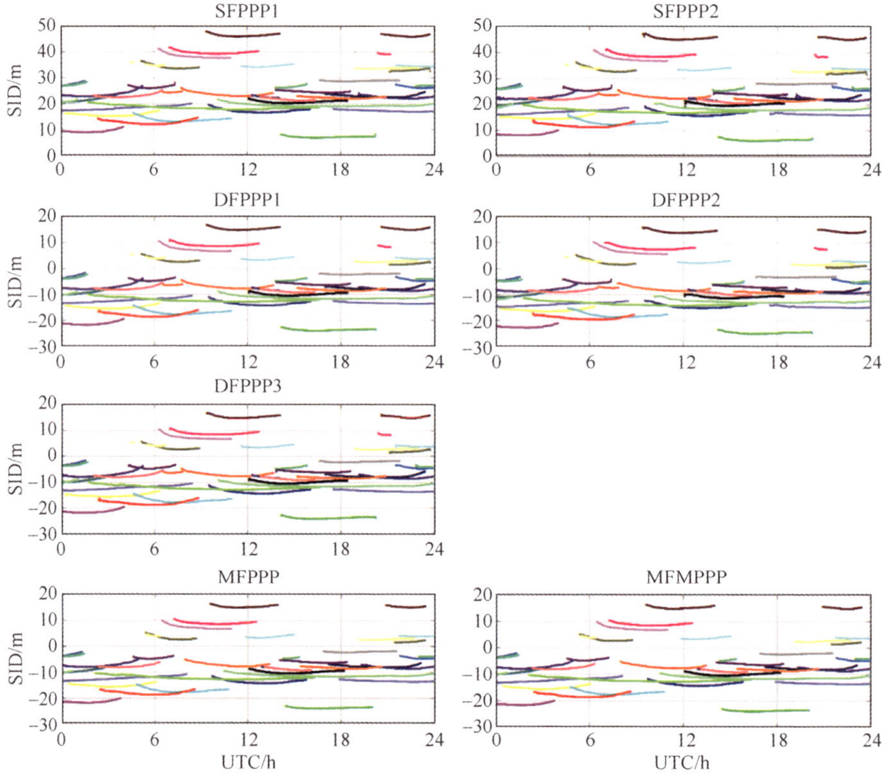

图 10.2 2020 年 DOY 288 日 SFPPP1、SFPPP2、DFPPP1、DFPPP2、DFPPP3、MFPPP 和 MFMPPP 模型 ULAB 测站提取的电离层观测值

为了进一步分析，本章将不同模型提取的同一颗卫星（BDS C26）电离层斜延迟放在一起来看，图 10.3 给出了 2020 年 DOY 288 日 SFPPP1、SFPPP2、DFPPP1、DFPPP2、DFPPP3、MFPPP 和 MFMPPP 模型 ULAB 测站提取的电离层观测值与高度角变化关系。以 DFPPP1 模型为参考偏差基准，从图 10.3 中可以看出单频、双频和多频模型提取的电离层与 DFPPP1 模型提取的电离层观测值之间的差异。其中，单频 PPP 模型之间和双频 PPP 模型之间提取的电离层观测值较为接近，DFPPP1 和 MFPPP 模型提取的电离层观测值基本上重合，这证明了相应模型提取的电离层观测值的一致性。DFPPP1、MFPPP 和

MFMPPP 提取的电离层观测值基本上一致，MFPPP 提取的电离层观测值精度理论上应该高于 DFPPP1，而 MFMPPP 提取的电离层斜延迟不受接收机 DCB 天变化的影响。而单频 PPP 和双频 PPP 模型提取的电离层斜延迟则存在一定偏差。因此，本章以 DFPPP1 模型为基准，分别计算了单频和双频 PPP 模型提取的电离层观测值差异的 STD 值。

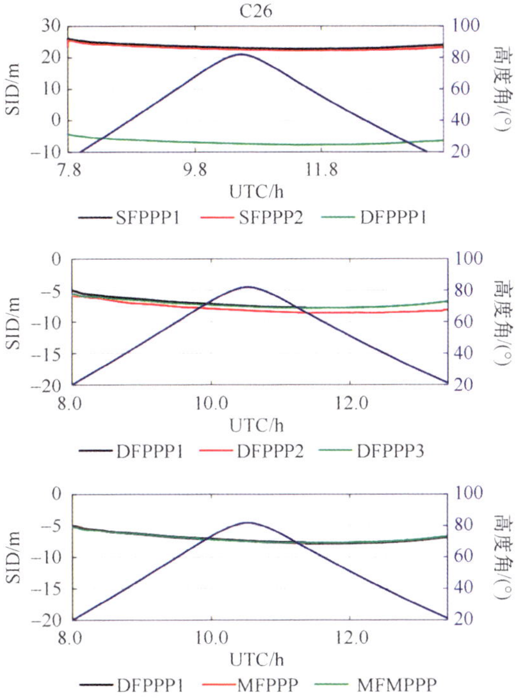

图 10.3 2020 年 DOY 288 日 ULAB SFPPP1、SFPPP2、DFPPP1、DFPPP2 和 DFPPP3 模型 ULAB 测站提取的电离层观测值与高度角变化关系

图 10.4 给出了 SFPPP1、SFPPP2、DFPPP2 和 DFPPP3 模型提取的电离层观测值相对于 DFPPP1 模型的差异 STD 百分比分布示意图，对应的 STD 的中位数和平均值在图中以括号形式给出。电离层观测值差异的 STD 可以反映出电离层观测值的噪声和平滑水平，可以看出，SFPPP1 模型相对于 SFPPP2 模型以及 DFPPP3 模型相对于 DFPPP2 模型电离层斜延迟表现出更好的一致性。SFPPP1、SFPPP2、DFPPP2 和 DFPPP3 模型电离层观测值差异平均 STD 分别为 0.23m、0.41m、0.65m 和 0.09m，伪距噪声和平滑误差导致了 SFPPP2 和 DFPPP2 模型电离层噪声更大。两种单频 PPP 和 DFPPP2 模型可以提取出亚米

级精度的电离层斜延迟观测值，而 DFPPP3 模型可以提取出厘米级精度的电离层斜延迟观测值。

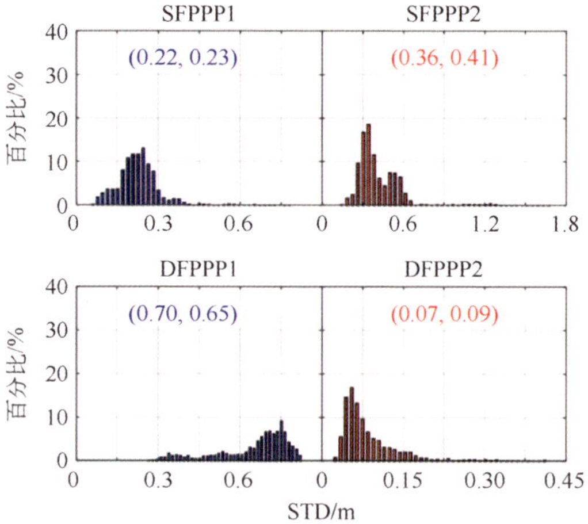

图 10.4 SFPPP1、SFPPP2、DFPPP2 和 DFPPP3 模型提取的电离层观测值相对于 DFPPP1 模型的差异 STD 百分比分布

通常认为短基线和零基线的接收机提取的电离层延迟理论上大小相等。对短基线或零基线的测站估计的电离层观测值作差可以消除电离层和卫星 DCB 的影响，因此，本章基于此方法评估电离层观测值平滑噪声的量级。图 10.5 给出了 2020 年 DOY 288 日短基线测站 WTZS 和 WTZZ 采用 SFPPP1、SFPPP2、DFPPP1、DFPPP2、DFPPP3、MFPPP 和 MFMPPP 模型提取的电离层斜延迟单差，其中，不同卫星的电离层观测值单差用不同颜色表示。SFPPP1、SFPPP2、DFPPP1、DFPPP2、DFPPP3、MFPPP 和 MFMPPP 模型提取电离层观测值单差 STD 分别为 0.14m、0.31m、0.06m、0.13m、0.11m、0.06m 和 0.05m。几种 PPP 模型提取的电离层噪声水平在亚米级，多频 PPP 模型提取的电离层观测值噪声要优于单频 PPP 模型，MFMPPP 模型提取的电离层观测值噪声要优于 MFPPP 模型。

本章选择了 5 组短基线分析电离层观测值平滑噪声水平，表 10.1 给出了相关短基线信息。本章处理了 5 组短基线 2020 年 10 月的数据，图 10.6 给出了 SFPPP1、SFPPP2、DFPPP1、DFPPP2、DFPPP3、MFPPP 和 MFMPPP 模型计算的 5 组短基线电离层观测值单差平均 STD。可以看出，单频 PPP 电离层观测值单差 STD 变化范围为 0.1~0.7，双频和多频 PPP 提取的电离层观测值单差 STD 变化范围为 0.03~0.25，单频 PPP 电离层观测值平滑噪声要明显大于双频和多频 PPP，SFPPP2 模型平滑噪声要略大于 SFPPP1，在双频 PPP 模型中，DFPPP2 模型平滑噪声要略大于 DFPPP3 模型，DFPPP1 模型提取的电离层观测值噪声最低。相比于双频 DFPPP1 模型，MFPPP 模型提取的电离层观测值噪声有所下降，在考虑了接收机 DCB 天变化等特性后，MFMPPP 模型提取的电离层观测值噪声进一步下降。

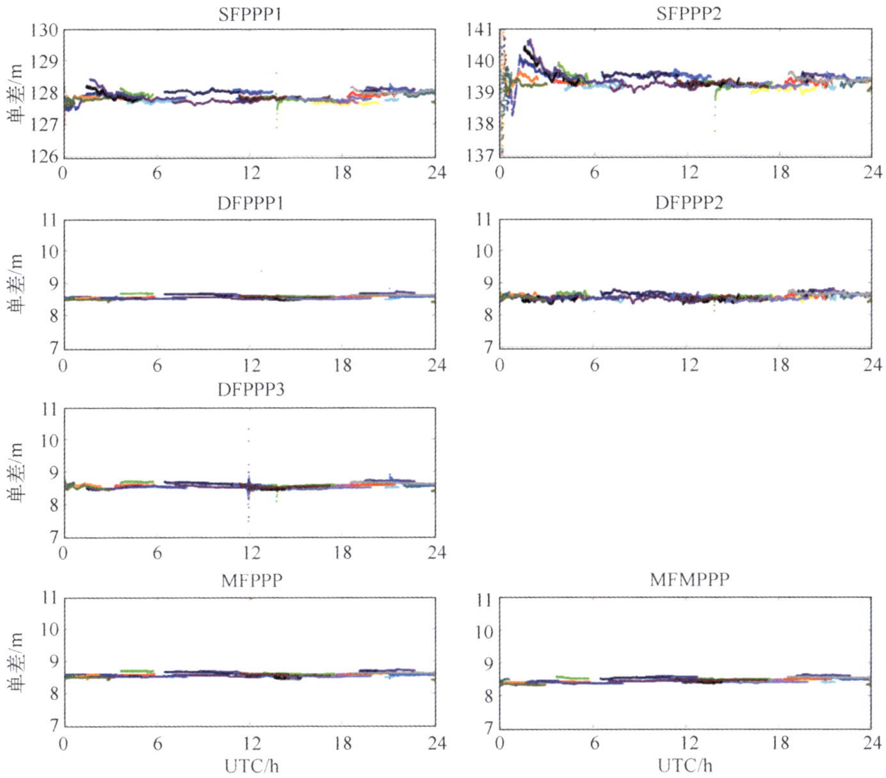

图 10.5 2020 年 DOY 288 日短基线测站 WTZS 和 WTZZ 采用 SFPPP1、SFPPP2、DFPPP1、DFPPP2、DFPPP3、MFPPP 和 MFMPPP 模型提取的电离层斜延迟单差

表 10.1 短基线信息

编号	测站	基线	长度	接收机类型	天线类型
1	KIT3 KITG	KIT3-KITG	190m	SEPT ASTERX4 SEPT POLARX5	SEPCHOKE_B3E6 TRM59800. 00
2	RGDG RIO2	RGDG-RIO2	49m	TRIMBLE ALLOY SEPT ASTERX4	TRM59800. 00 SEPCHOKE_B3E6
3	WTZS WTZZ	WTZS-WTZZ	66m	SEPT POLARX5TR JAVAD TRE_3 DELTA	LEIAR25. R3 LEIAR25. R3

续表

编号	测站	基线	长度	接收机类型	天线类型
4	YAR2	YAR2-YARR	2m	TRIMBLE ALLOY	AOAD/M_T
5	YAR3 YARR	YAR3-YARR	20m	SEPT POLARX5 SEPT POLARX5	LEIAR25 LEIAT504

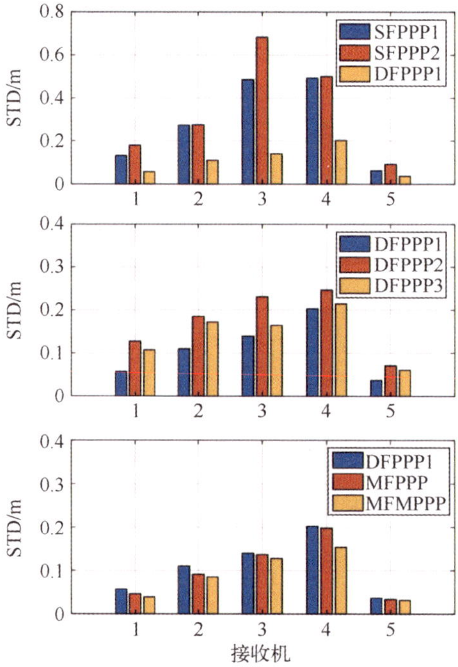

图 10.6　SFPPP1、SFPPP2、DFPPP1、DFPPP2、DFPPP3、MFPPP 和 MFMPPP 模型提取的电离层单差平均 STD

2. CCL 提取的电离层精度分析

图 10.7 给出了 2020 年 DOY 288 日 DFCCL、DFMCCL 和 MFMCCL 模型 FFMJ 测站估计的电离层斜延迟观测值。其中，双频模型是基于 BDS B1I/B3I 观测值，多频模型是基于 BDS B1I/B3I/B1C/B2a 观测值。DFCCL 模型提取的斜电离层观测值包含电离层斜延迟和 SPR 的 DCB 参数，DFMCCL 和 MFMCCL 模型提取的斜电离层观测值包含电离层斜延迟、卫星 DCB 和首个历元接收机 DCB 参数。三种模型提取的电离层变化趋势基本一致，DFMCCL 和 MFMCCL 消除了接收机 DCB 天变化的影响。对应地，图 10.8 给出了 2020 年 DOY 288 日 MFMCCL 模型 FFMJ 测站提取的 C2I-C6I、C2I-C1X 和 C2I-C5X 接收机

DCB 变化，其中对于 BDS-2 和 BDS-3 接收机 C2IC6I DCB 变化值分开进行考虑，可以看出，接收机 DCB 存在一定幅度的天内变化且一定程度上与外部环境温度有关。大量研究表明，相比于 DFCCL，DFMCCL 和 MFMCCL 方法可以明显提高提取的电离层斜延迟精度[53, 400, 404-405]。

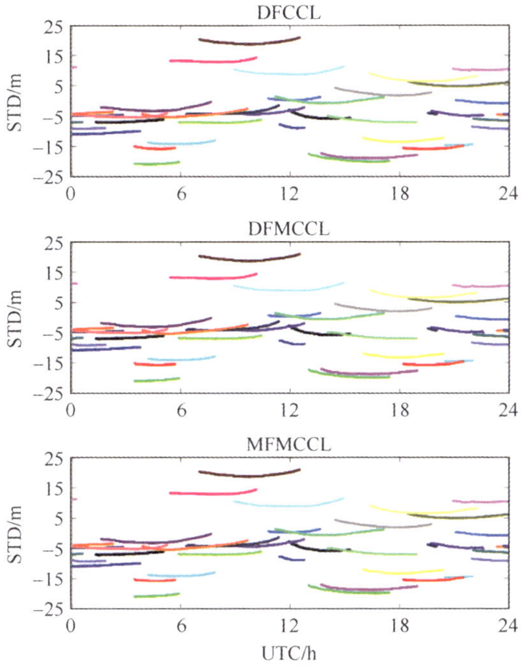

图 10.7　2020 年 DOY 288 日 DFCCL、DFMCCL 和 MFMCCL 模型 FFMJ 测站提取的电离层斜延迟

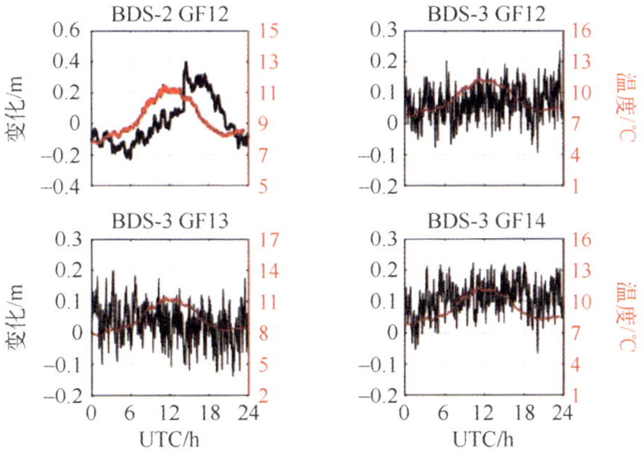

图 10.8　2020 年 DOY 288 日 MFMCCL 模型 FFMJ 测站提取的 C2I-C61、C2I-C1X 和 C2I-C5X 接收机 DCB 变化

10.3　GNSS 电离层建模

GNSS 电离层建模分为局部、区域和全球电离层建模。

10.3.1　局部电离层建模

局部电离层建模使用 GTSF 或 MGTSF 数学模型进行建模以获得该区域电离层精细变化特点。以单频和双频 PPP 模型为例，本节分析了局部电离层单站建模的精度和可靠性。首先通过电离层单层和多层投影函数采用了 SFPPP1、SFPPP2、DFPPP1、DFPPP2 和 DFPPP3 模型提取了测站的电离层 VTEC 值，图 10.9 给出了 6 个任意选取的测站 BRST、GAMG、JFNG、NRMG、SUTM 和

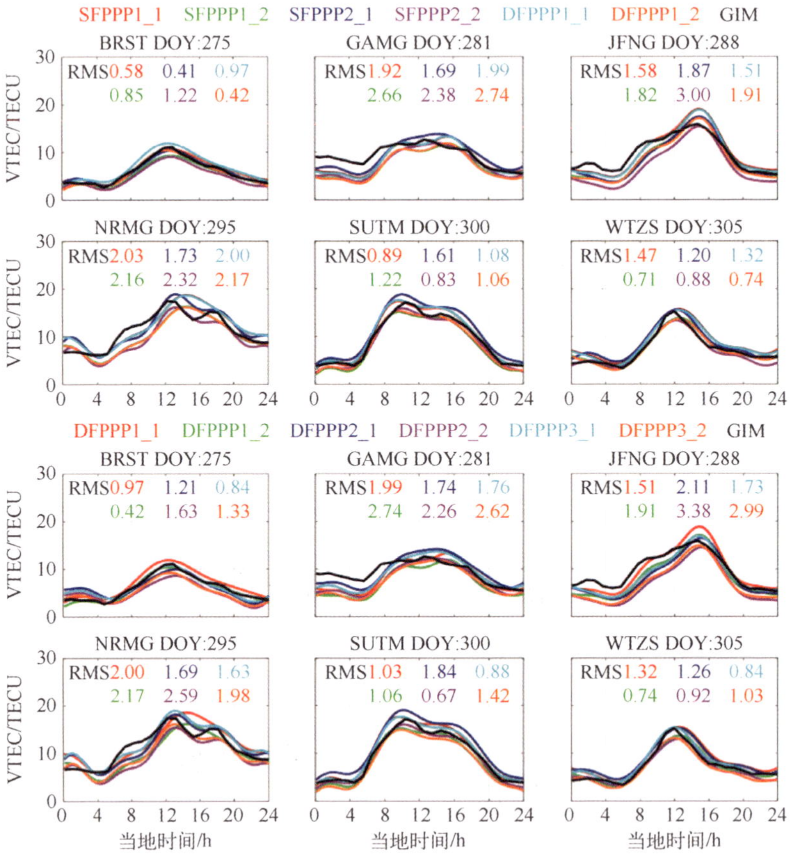

图 10.9　SFPPP1、SFPPP2、DFPPP1、DFPPP2 和 DFPPP3 模型采用电离层单层和多层投影函数得到的电离层 VTEC 值

WIND 任意选取的一天采用 SFPPP1、SFPPP2、DFPPP1、DFPPP2 和 DFPPP3 模型采用电离层单层和多层投影函数得到的电离层 VTEC 值，VTEC 的时间分辨率为 5min，同样地，图中也给出了 IGS 提供的 GIM 计算的电离层 VTEC 值，其精度为 2~8 TECU [120]。可以看出，当以 GIM 计算的 VTEC 值为基准时，选取的 6 个测站采用几种模型提取的 VTEC 精度变化范围为 0.4~3.5 TECU。

进一步地，图 10.10 给出了 2020 年 DOY 275、290 和 305 日短基线测站 KIT3 和 KITG 采用 SFPPP1、SFPPP2、DFPPP1、DFPPP2 和 DFPPP3 模型提取的电离层 VTEC 值。理论上认为短基线的两个测站 VTEC 值是相等的。可以看到，两个站点的 VTEC 值有相似的日变化特性，最小值在当地夜晚附近，最大

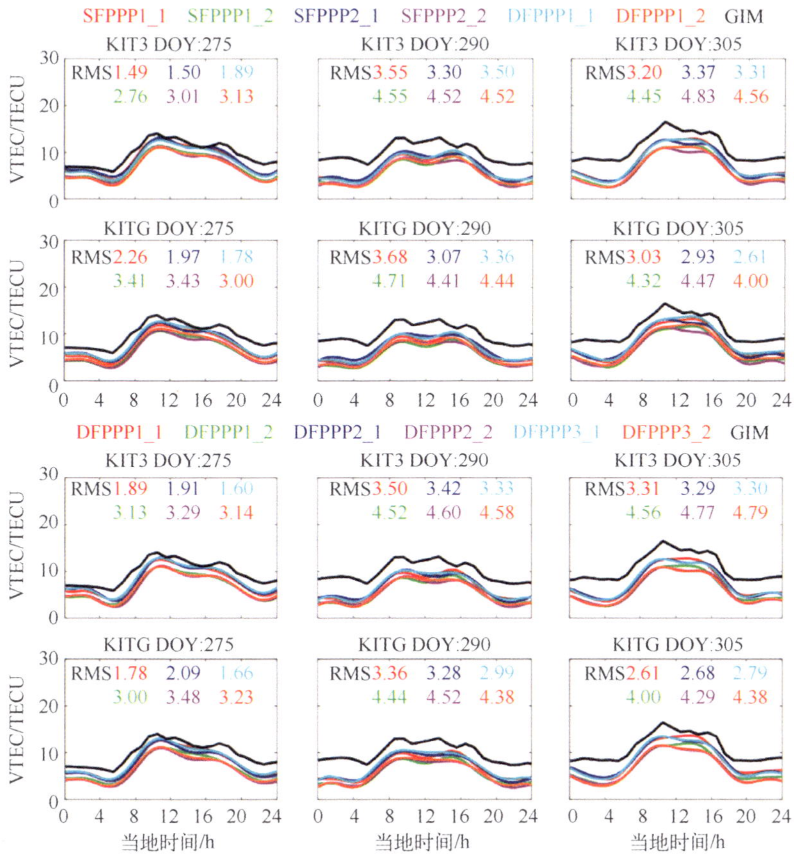

图 10.10 2020 年 DOY 275、290 和 305 日短基线测站 KIT3 和 KITG 采用 SFPPP1、SFPPP2、DFPPP1、DFPPP2 和 DFPPP3 模型提取的电离层 VTEC 值

值在当地中午附近。采用电离层单层投影函数提取的 VTEC 值与 GIM VTEC 值具有较好的一致性，这是由于 GIM VTEC 值也采用电离层单层投影函数，其同样忽略了电离层水平梯度的影响[387]。图 10.11 描述了 2020 年 DOY 275、290 和 305 日短基线测站 KIT3 和 KITG 采用 SFPPP1、SFPPP2、DFPPP1、DFPPP2 和 DFPPP3 模型提取的电离层 VTEC 单差值。其中，电离层 VTEC 单差的 RMS 反映了相应模型提取的 VTEC 精度。可以看出，单频 PPP 模型提取的 VTEC 值精度要略低于双频 PPP 模型，而利用电离层多层投影函数可以提高提取的 VTEC 值精度。

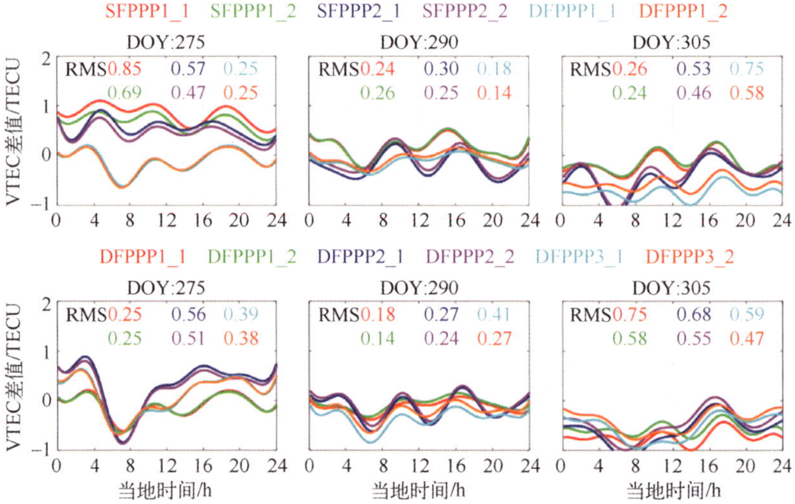

图 10.11　2020 年 DOY 275、290 和 305 日短基线测站 KIT3 和 KITG 采用 SFPPP1、SFPPP2、DFPPP1、DFPPP2 和 DFPPP3 模型提取的电离层 VTEC 单差值

图 10.12 描述了 SFPPP1、SFPPP2、DFPPP1、DFPPP2 和 DFPPP3 模型采用两种电离层投影函数得到的电离层 VTEC 值与 IGS GIM 产品的 RMS、平均偏差和 STD 的分布。其中，相应值的中位数和平均值在图中以括号形式给出。可以看出，得到的电离层 VTEC 值相对于 GIM VTEC 的误差的 RMS 值约为 2 TECU。从整体上看，电离层多层投影函数得到的电离层 VTEC 值要小于电离层单层投影函数的 VTEC 值。不同 PPP 模型提取的电离层 VTEC 差异的 RMS 和 STD 无显著性差异。

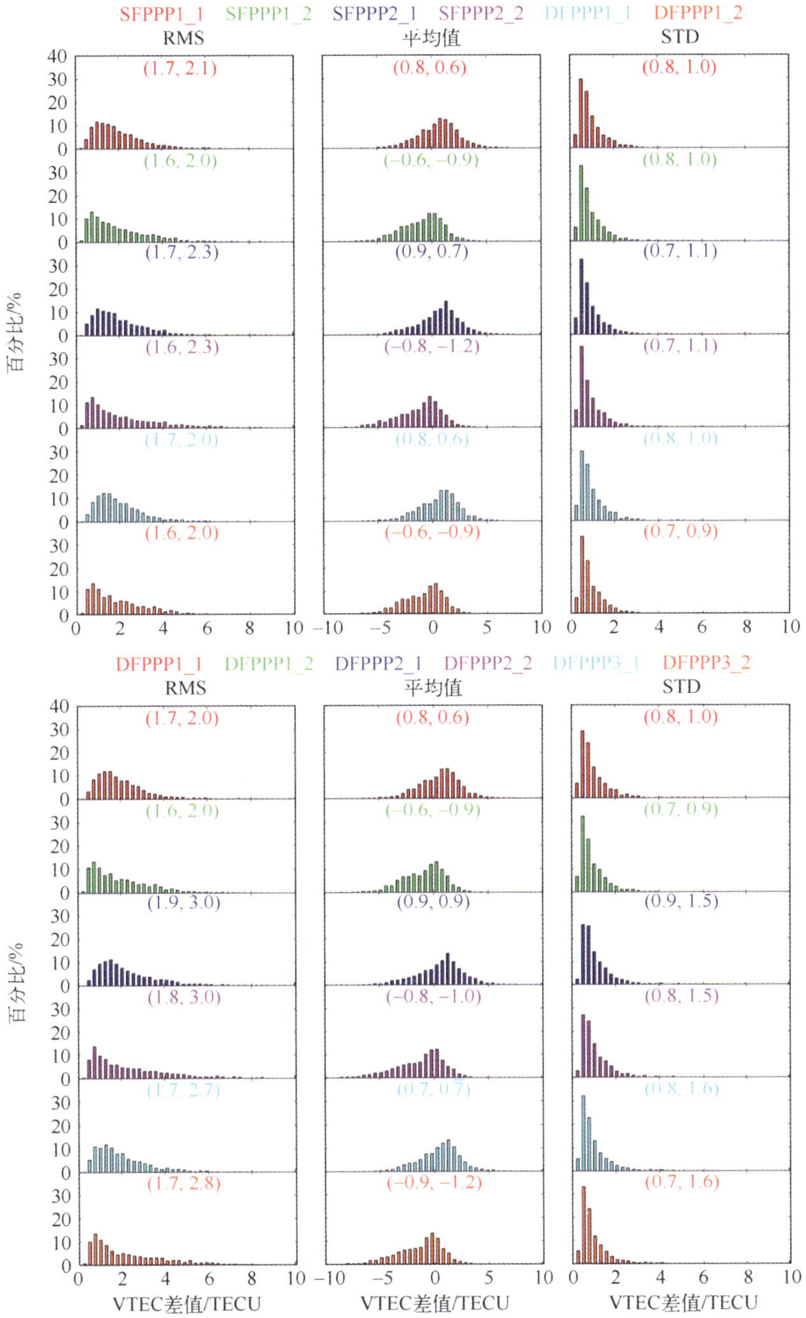

图 10.12　SFPPP1、SFPPP2、DFPPP1、DFPPP2 和 DFPPP3 模型采用两种电离层投影函数提取的电离层 VTEC 差值与 IGS GIM 产品的 RMS、平均偏差和 STD 的分布

IGS GIM 的 VTEC 是采用双频 CCL 方法和电离层单层投影函数得到的[410]，为了更好量化单频 PPP 模型提取的电离层 VTEC 值，图 10.13 描述了 SFPPP1、SFPPP2、DFPPP2 和 DFPPP3 模型采用两种电离层投影函数得到的电离层 VTEC 相对于相同电离层投影函数的 DFPPP1 模型提取 VTEC 差值的 RMS、平

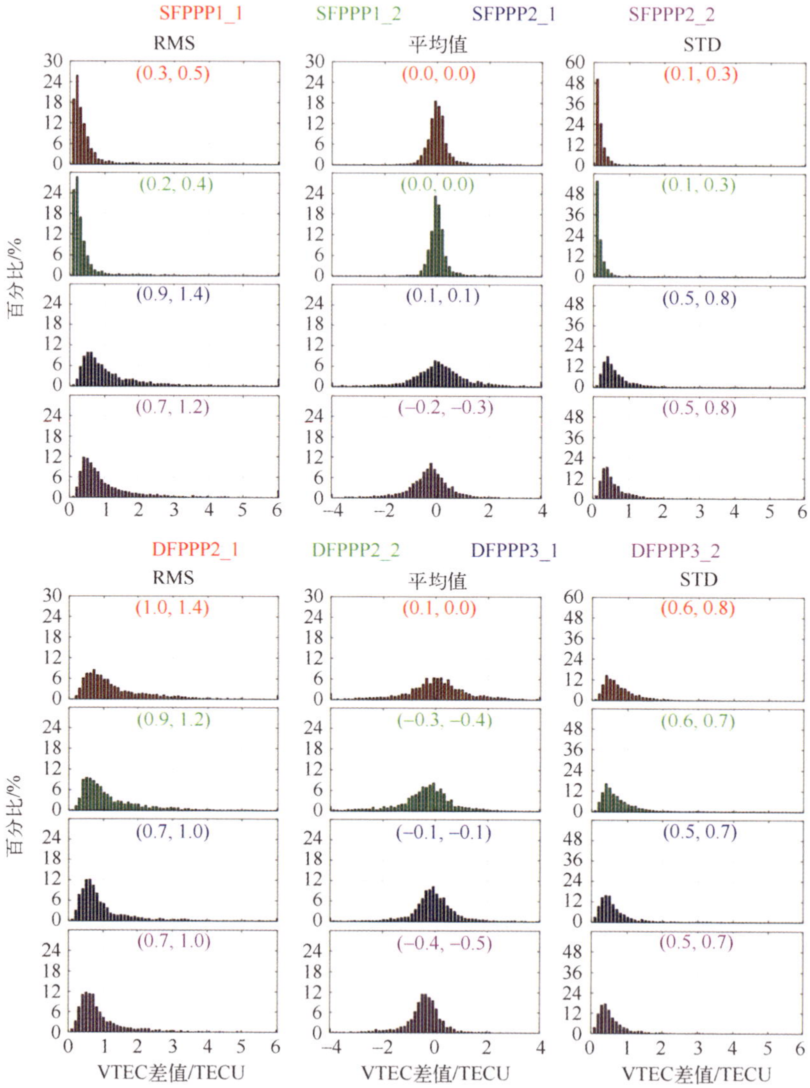

图 10.13 SFPPP1、SFPPP2、DFPPP2 和 DFPPP3 模型采用两种电离层投影函数的电离层 VTEC 相对于相同电离层投影函数的 DFPPP1 模型提取的 VTEC 差值的 RMS、平均偏差和 STD 的分布

均偏差和STD的分布。可以看到，与电离层单层投影函数相比，电离层多层投影函数得到的电离层VTEC精度有所提高。SFPPP2模型提取的电离层VTEC精度略低于SFPPP1模型，DFPPP3模型提取的电离层VTEC精度略优于DFPPP2模型。SFPPP1和SFPPP2模型提取的电离层VTEC中位均方根误差分别为0.3、0.2、0.9和0.7 TECU，DFPPP2和DFPPP3模型提取的电离层VTEC RMS中位数分别为1.0、0.9、0.7和0.7 TECU。

图10.14给出了SFPPP1、SFPPP2、DFPPP1、DFPPP2和DFPPP3模型采用电离层单层和多层投影函数分别对建立的短基线数据得到的VTEC平均RMS值，可以看到，采用电离层多层投影函数得到的电离层VTEC精度更高，如对于基线KIT3和KITG采用SFPPP1、SFPPP2、DFPPP1、DFPPP2和DFPPP3模型的电离层VTEC差异平均RMS值从0.45、0.47、0.29、0.52和0.43 TECU降到了0.39、0.40、0.25、0.45和0.36 TECU。由于受到平滑误差和伪距噪声的影响，SFPPP2和DFPPP2模型的电离层VTEC精度要相对较差，采用建立的5组短基线数据可以验证相应方法得到的电离层VTEC精度可以达到厘米级。

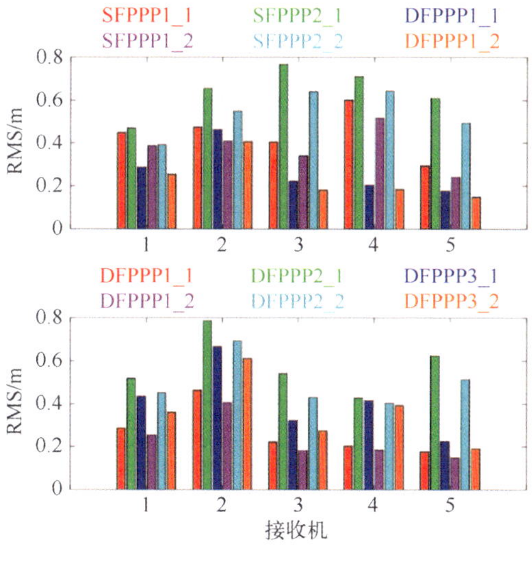

图10.14 SFPPP1、SFPPP2、DFPPP1、DFPPP2和DFPPP3模型采用电离层单层和多层投影函数分别对建立的短基线数据得到的VTEC平均RMS值

10.3.2 区域电离层建模

区域电离层建模采用的电离层数学函数模型一般为多项式模型和球谐系数

模型。文献［411］选用了欧洲地区36个测站进行区域电离层建模，电离层斜延迟提取方法为DFCCL，投影函数为单层假设模型，图10.15所示为2019年DOY 275日UTC 12:00时GPS单系统和GPS+BDS+Galileo+GLONASS四系统多项式模型和球谐系数模型区域电离层建模示意图，从左到右依次为GIM分布、RMS分布和与CODE GIM产品作差值，从上到下依次为GPS单系统多项式、四系统多项式、GPS单系统球谐函数和四系统球谐函数结果。可以看到，4种组合方式进行电离层建模结果相近，VTEC差异在3 TECU以内，几种方法的建模结果都能反映出欧洲地区电离层时空特性。四系统多项式建模精度最优，其误差RMS在1 TECU以内。为了更好地比较两种模型建模性能，表10.2给出了2019年DOY 275日4种组合方式区域电离层建模天均值、RMS和STD值，参考真值选用了几家电离层关联分析中心（Ionosphere Associate

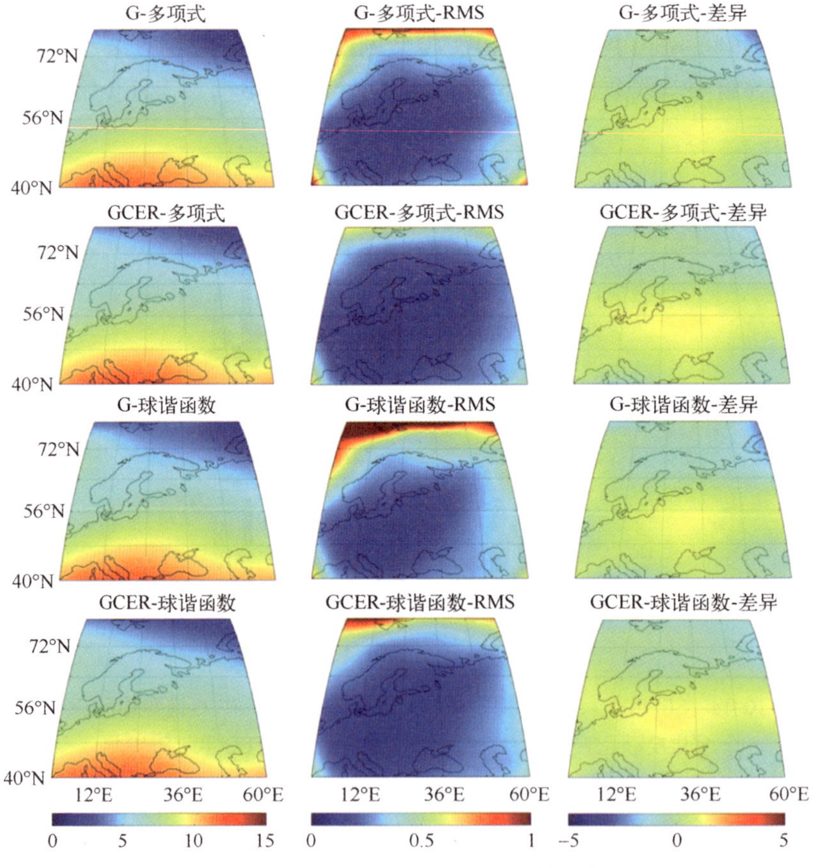

图10.15　2019年DOY 275日UTC 12：00时GPS单系统和GPS+BDS+Galileo+GLONASS四系统多项式模型和球谐系数模型区域电离层建模示意图[411]

Analysis Centers，IAACs）进行比较。可以看到，局域电离层建模结果与参考真值结果差异较小，与大部分 IAAC 结果基本吻合。由于选用的测站数量足够，四系统相比于单系统提升效果并不明显。区域 VTEC 结果与 CODE 最终产品基本相近，其中四系统多项式建模性能最优，其平均值、RMS 和 STD 分别为 0.04、0.50 和 0.48 TECU。

表 10.2 2019 年 DOY 275 日 4 种组合方式区域电离层建模天均值、RMS 和 STD 值[411]

	多项式模型/TECU						球谐函数/TECU					
	GPS 单系统			四系统			GPS 单系统			四系统		
	平均值	RMS	STD	平均值	RMS	STD	平均值	RMS	STD	平均值	RMS	STD
CODE	−0.10	0.55	0.52	0.04	0.50	0.48	−0.09	0.60	0.58	0.04	0.51	0.50
CAS	0.14	0.56	0.52	0.29	0.56	0.45	0.15	0.61	0.57	0.29	0.58	0.48
HER	−0.03	0.55	0.49	0.11	0.52	0.46	−0.02	0.60	0.56	0.11	0.55	0.50
UQR	−0.62	1.08	0.87	−0.47	0.94	0.79	−0.61	1.10	0.89	−0.48	0.94	0.79

10.3.3 全球电离层建模

全球电离层建模通常使用球谐函数模型，基于估计得到的系数，可以计算得到全球任一位置的 VTEC 值，从而进一步生成全球电离层格网。文献［190］评估了不同太阳活动状况下 PPP 全球电离层建模的性能，电离层斜延迟提取方法为 DFPPP，投影函数为单层假设模型，图 10.16 和图 10.17 分别为 2014 年 DOY 034 日（太阳活动频繁）和 2018 年 DOY 276 日（平静期间）GIM 示意图，电离层系数以 1h 估计为 1 组，图中结果间隔为 3h。两图可以清晰地展示电离层 VTEC 空间分布特性（如赤道异常）和时间变化。此外，在太阳活动频繁和平静时 VTEC 展现出巨大的差异。在 2014 年，VTEC 最大值超过了 100 TECU，而 2018 年的峰值约为 35 TECU，只达到了 2014 年的 1/3，这表明太阳活动对电离层特性具有重要影响。

图 10.18 所示为 VTEC 格网与 IGS 最终产品参考真值差异 RMS 分布，可以看到，在所选时段，误差 RMS 值都在 6 TECU 以内，其中 2018 年 RMS 值要明显小于 2014 年，这是由于 2014 年电离层更加活跃，2018 年 VTEC 绝对值要远远大于 2014 年，在低纬度地区或者缺少测站的地区（如海洋地区和南非地区）VTEC 差异较大。总体来说，2014 年和 2018 年 VTEC 差异 RMS 值分别为 1.84 和 1.23 TECU，这表明全球电离层建模在太阳活动频繁和平稳阶段都是可靠的，考虑 IGS 最终产品的精度也只有 2~8 TECU，全球电离层建模的精度与 IGS 最终产品精度基本一致。

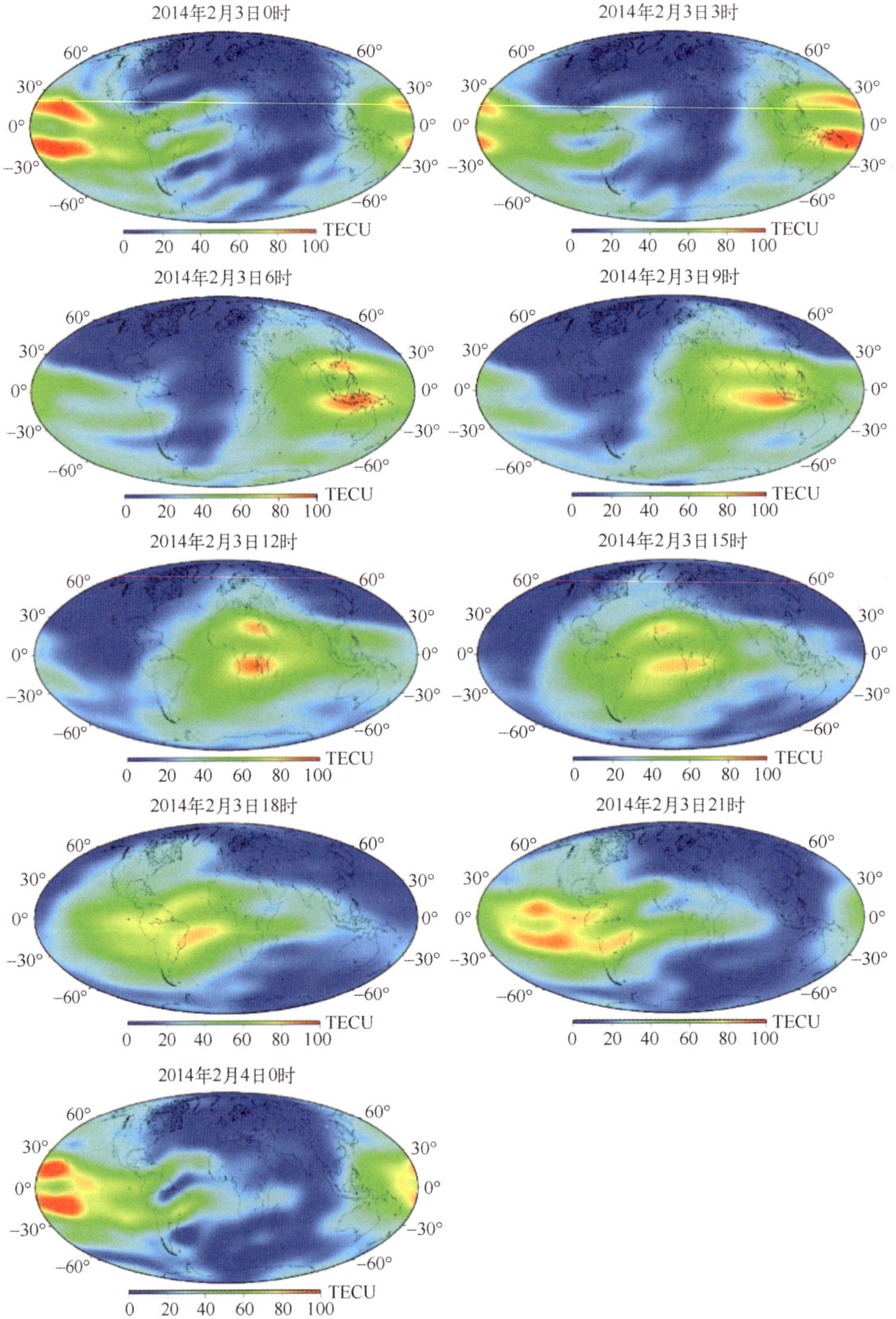

图 10.16　2014 年 DOY 034 日 GIM[190]

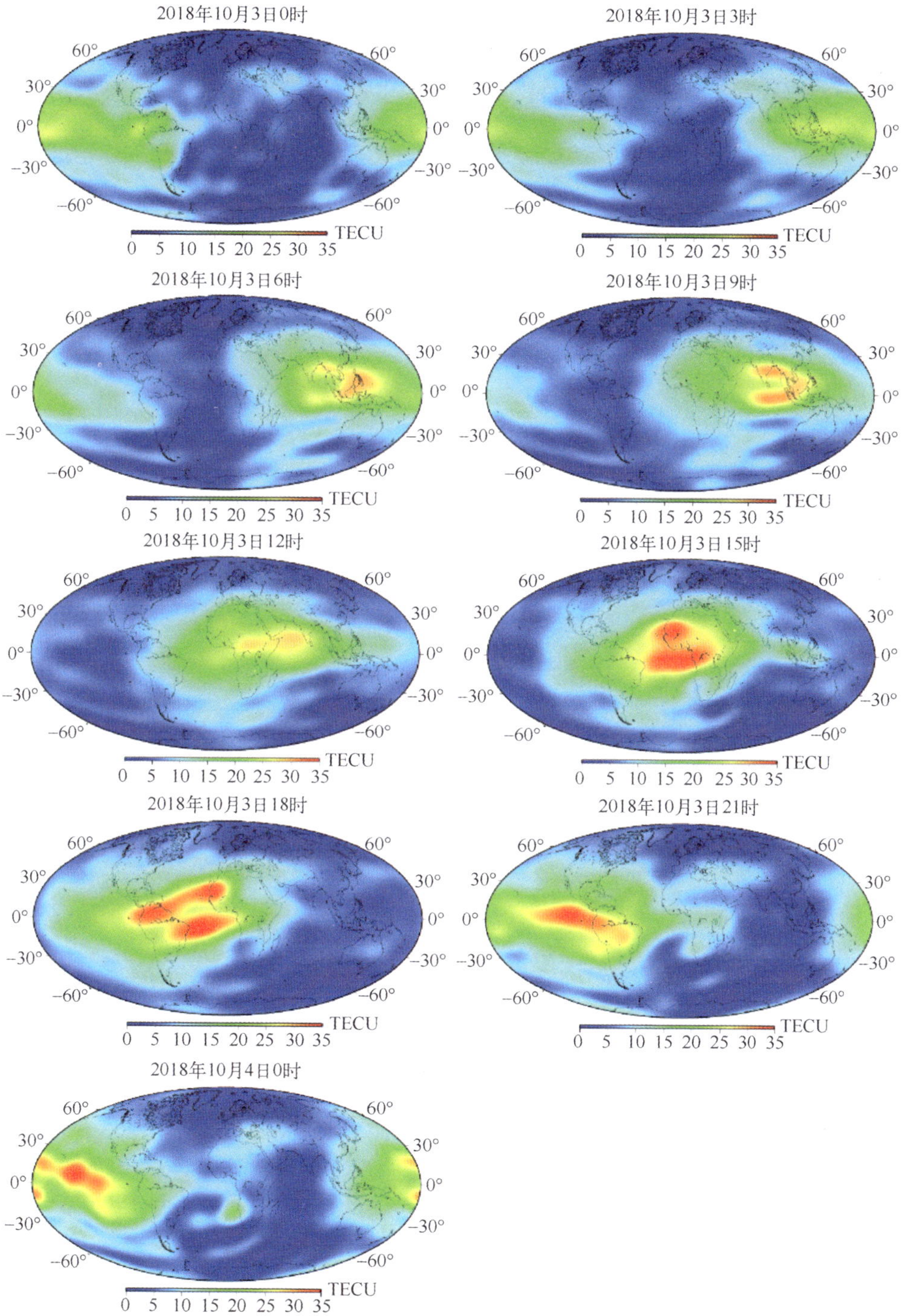

图 10.17 2018 年 DOY 276 日 GIM[190]

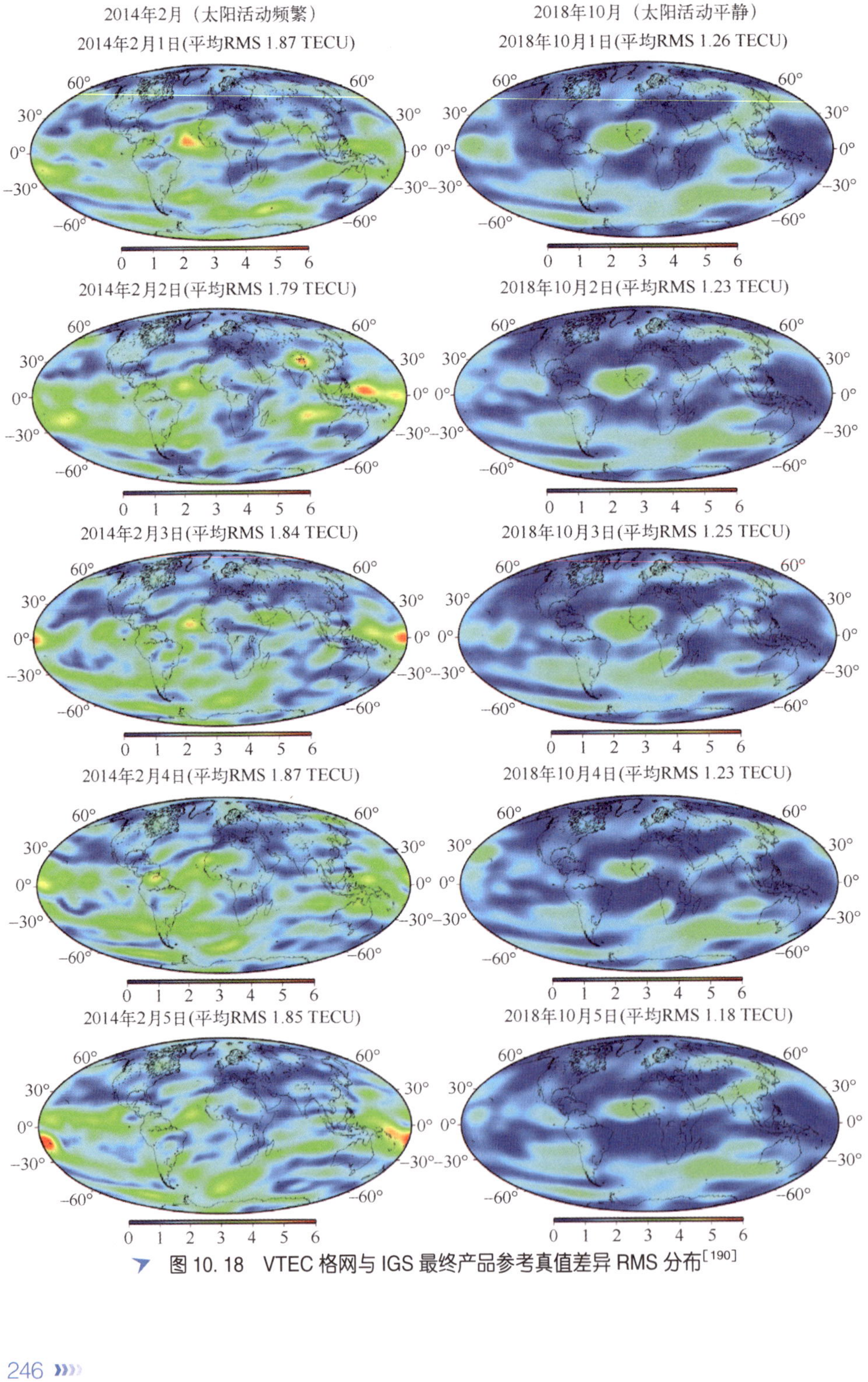

图 10.18　VTEC 格网与 IGS 最终产品参考真值差异 RMS 分布[190]

参考文献

[1] 杨元喜，杨诚，任夏．PNT 智能服务［J］．测绘学报，2021，50（8）：1006-1012.

[2] YANG Y X，TANG J，MONTENBRUCK O．Chinese navigation satellite systems［M］//TEUNISSEN P J，MONTENBRUCK O（eds）．Springer Handbook of Global Navigation Satellite Systems. Cham：Springer，2017：273-304.

[3] YANG Y X，MAO Y，SUN B J．Basic performance and future developments of BeiDou global navigation satellite system［J］．Satellite Navigation，2020，1（1）：1-8.

[4] 郭树人，王威，高为广，等．北斗卫星导航试验验证系统设计与实现［J］．测绘学报，2020，49（9）：1073-1083.

[5] 蔡洪亮，孟轶男，耿长江，等．北斗三号全球导航卫星系统服务性能评估：定位导航授时、星基增强、精密单点定位、短报文通信与国际搜救［J］．测绘学报，2021，50（4）：427-435.

[6] HEGARTY C J．The global positioning system（GPS）［M］//TEUNISSEN P J，MONTENBRUCK O（eds）．Springer Handbook of Global Navigation Satellite Systems. Cham：Springer，2017：197-218.

[7] MONTENBRUCK O，STEIGENBERGER P，PRANGE L，et al．The multi-GNSS experiment（MGEX）of the international GNSS service（IGS）-achievements，prospects and challenges［J］．Advances in Space Research，2017，59（7）：1671-1697.

[8] REVNIVYKH S，BOLKUNOV A，SERDYUKOV A，et al．GLONASS［M］//TEUNISSEN P J，MONTENBRUCK O（eds）．Springer Handbook of Global Navigation Satellite Systems. Cham：Springer，2017：219-245.

[9] FALCONE M，HAHN J，BURGER T．Galileo［M］//TEUNISSEN P J，MONTENBRUCK O（eds）．Springer Handbook of Global Navigation Satellite Systems Cham：Springer，2017：247-272.

[10] KOGURE S，GANESHAN A S，MONTENBRUCK O．Regional systems［M］//TEUNISSEN P J，MONTENBRUCK O（eds）．Springer Handbook of Global Navigation Satellite Systems Cham：Springer，2017：305-337.

[11] MONTENBRUCK O，STEIGENBERGER P，HAUSCHILD A．Multi-GNSS signal-in-space range error assessment-methodology and results［J］．Advances in Space Research，2018，61（12）：3020-3038.

[12] 韩春好，刘利，赵金贤．伪距测量的概念、定义与精度评估方法［J］．宇航学报，

2009, 30 (6): 2421-2425.
[13] LEICK A, RAPOPORT L, TATARNIKOV D. GPS satellite surveying [M]. Hoboken: John Wiley & Sons, 2015.
[14] ZHANG B C, HOU P Y, LIU T, et al. A single-receiver geometry-free approach to stochastic modeling of multi-frequency GNSS observables [J]. Journal of Geodesy, 2020, 94 (4): 37.
[15] XU G C, XU Y. Applications of GPS theory and algorithms [M]//GPS: Theory, Algorithms and Applications. Berlin: Springer, 2016: 313-340.
[16] PAN L, ZHANG X H, GUO F, et al. GPS inter-frequency clock bias estimation for both uncombined and ionospheric-free combined triple-frequency precise point positioning [J]. Journal of Geodesy, 2019, 93 (4): 473-487.
[17] DUONG V, HARIMA K, CHOY S, et al. An assessment of wide-lane ambiguity resolution methods for multi-frequency multi-GNSS precise point positioning [J]. Survey Review, 2020, 52 (374): 442-453.
[18] GE M, GENDT G, DICK G, et al. A new data processing strategy for huge GNSS global networks [J]. Journal of Geodesy, 2006, 80 (4): 199-203.
[19] MELBOURNE W G. The case for ranging in GPS-based geodetic systems [C]//Proceedings of the First International Symposium on Precise Positioning with the Global Positioning System, US Department of Commerce Rockville, Maryland, 1985: 403-412.
[20] WUBBENA G. Software developments for geodetic positioning with GPS using TI 4100 code and carrier measurements [C]//Proceedings of the 1st international symposium on precise positioning with the global positioning system, US Department of Commerce Roclxville, Maryland, 1985: 199-203.
[21] JIAO G Q, SONG S, LIU Y Y, et al. Analysis and assessment of BDS-2 and BDS-3 broadcast ephemeris: Accuracy, the datum of broadcast clocks and its impact on single point positioning [J]. Remote Sensing, 2020, 12 (13): 2081.
[22] MONTENBRUCK O, STEIGENBERGER P, HAUSCHILD A. Broadcast versus precise ephemerides: A multi-GNSS perspective [J]. GPS Solutions, 2015, 19: 321-333.
[23] VILLIGER A, DACH R. International GNSS service: Technical report 2020 [R]. 2021.
[24] 李征航，黄劲松．GPS 测量与数据处理 [M]. 2 版．武汉：武汉大学出版社，2010.
[25] JIAO G Q, SONG S. High-rate one-hourly updated ultra-rapid multi-GNSS satellite clock offsets estimation and its application in real-time precise point positioning [J]. Remote Sensing, 2022, 14 (5): 1257.
[26] LI X X, LI Y H, XIONG Y, et al. An efficient strategy for multi-GNSS real-time clock estimation based on the undifferenced method [J]. GPS Solutions, 2023, 27 (1): 23.
[27] VILLIGER A, DACH R. International GNSS service: Technical report 2020 [R]. Bern: IGS Central Bureau and University of Bern; Bern Open Publishing, 2021.

[28] GE Y L, ZHOU F, LIU T J, et al. Enhancing real-time precise point positioning time and frequency transfer with receiver clock modeling [J]. GPS Solutions, 2019, 23 (1): 1-14.

[29] GUO F, ZHANG X H. Real-time clock jump compensation for precise point positioning [J]. GPS Solutions, 2014, 18 (1): 41-50.

[30] MONTENBRUCK O, SCHMID R, MERCIER F, et al. GNSS satellite geometry and attitude models [J]. Advances in Space Research, 2015, 56 (6): 1015-1029.

[31] WU J T, WU S C, HAJJ G A, et al. Effects of antenna orientation on GPS carrier phase [C]//Proceedings of the AAS/AAA Astrodynamics Conference, 1992: 1647-1660.

[32] PETIT G, LUZUM B. IERS conventions [R]. Bureau International des Poids et Mesures Sevres (France), 2010.

[33] KOUBA J, HÉROUX P. Precise point positioning using IGS orbit and clock products [J]. GPS Solutions, 2001, 5 (2): 12-28.

[34] 伍冠滨，陈俊平，伍晓勐，等．基于非差非组合 PPP-RTK 的大气改正模型及其性能验证 [J]. 测绘学报，2020，49 (11): 1407-1418.

[35] HOQUE M M, JAKOWSKI N. A new global model for the ionospheric F2 peak height for radio wave propagation [J]. Annales Geophysicae, 2012, 30 (5): 797-809.

[36] STRODE P R, GROVES P D. GNSS multipath detection using three-frequency signal-to-noise measurements [J]. GPS Solutions, 2016, 20 (3): 399-412.

[37] YE S R, ZHAO L W, SONG J, et al. Analysis of estimated satellite clock biases and their effects on precise point positioning [J]. GPS Solutions, 2018, 22 (1): 1-14.

[38] ZENG A, YANG Y, MING F, et al. BDS-GPS inter-system bias of code observation and its preliminary analysis [J]. GPS Solutions, 2017, 21 (4): 1573-1581.

[39] TEUNISSEN P J. Integer least-squares theory for the GNSS compass [J]. Journal of Geodesy, 2010, 84 (7): 433-447.

[40] KALMAN R E. A new approach to linear filtering and prediction problems [J]. Journal of Fluids Engineering Transactions of the ASME, 1960, 82 (1): 35-45.

[41] XIE L H, SOH Y C, DE SOUZA C E. Robust Kalman filtering for uncertain discrete-time systems [J]. IEEE Transactions on Automatic Control, 1994, 39 (6): 1310-1314.

[42] YANG Y X, LI J L, WANG A B, et al. Preliminary assessment of the navigation and positioning performance of BeiDou regional navigation satellite system [J]. Science China Earth Sciences, 2014, 57: 144-152.

[43] YANG Y X, DING Q, GAO W G, et al. Principle and performance of BDSBAS and PPP-B2b of BDS-3 [J]. Satellite Navigation, 2022, 3 (1): 5.

[44] HAUSCHILD A, MONTENBRUCK O, SLEEWAEGEN J M, et al. Characterization of compass M-1 signals [J]. GPS Solutions, 2012, 16 (1): 117-126.

[45] MONTENBRUCK O, RIZOS C, WEBER R, et al. Getting a grip on multi-GNSS: The international GNSS service MGEX campaign [J]. GPS World, 2013, 24 (7): 44-49.

[46] WANNINGER L, BEER S. BeiDou satellite-induced code pseudorange variations: Diagnosis and therapy [J]. GPS Solutions, 2015, 19 (4): 639-648.

[47] LOU Y D, GONG X P, GU S F, et al. Assessment of code bias variations of BDS triple-frequency signals and their impacts on ambiguity resolution for long baselines [J]. GPS Solutions, 2017, 21 (1): 177-186.

[48] ZOU X, LI Z N, LI M, et al. Modeling BDS pseudorange variations and models assessment [J]. GPS Solutions, 2017, 21: 1661-1668.

[49] YANG Y X, XU Y Y, LI J L, et al. Progress and performance evaluation of BeiDou global navigation satellite system: Data analysis based on BDS-3 demonstration system [J]. SCI. China Earth SCI., 2018, 61 (5): 614-624.

[50] ZHANG X H, LI X, LU C X, et al. A comprehensive analysis of satellite-induced code bias for BDS-3 satellites and signals [J]. Advances in Space Research, 2019, 63 (9): 2822-2835.

[51] GUO F, LI X, LIU W K. Mitigating BeiDou satellite-induced code bias: Taking into account the stochastic model of corrections [J]. Sensors, 2016, 16 (6): 909.

[52] GENG T, XIE X, ZHAO Q L, et al. Improving BDS integer ambiguity resolution using satellite-induced code bias correction for precise orbit determination [J]. GPS Solutions, 2017, 21 (3): 1191-1201.

[53] ZHANG P F, TU R, GAO Y P, et al. Impact of BeiDou satellite-induced code bias variations on precise time and frequency transfer [J]. Measurement Science and Technology, 2019, 30 (3): 035007.

[54] ZHENG F, GONG X P, LOU Y D, et al. Calibration of BeiDou triple-frequency receiver-related pseudorange biases and their application in BDS precise positioning and ambiguity resolution [J]. Sensors, 2019, 19 (16): 3500.

[55] ZHANG X H, HE X Y, LIU W K. Characteristics of systematic errors in the BDS Hatch-Melbourne-Wübbena combination and its influence on wide-lane ambiguity resolution [J]. GPS Solutions, 2017, 21: 265-277.

[56] 许扬胤，杨元喜，何海波，等．北斗星上多径对宽巷模糊度解算的影响分析 [J]. 测绘科学技术学报，2017，34 (1): 24-30.

[57] ODIJK D, TEUNISSEN P J. Characterization of between-receiver GPS-Galileo inter-system biases and their effect on mixed ambiguity resolution [J]. GPS Solutions, 2013, 17 (4): 521-533.

[58] LI M W, ROVIRA-GARCIA A, NIE W F, et al. Inter-system biases solution strategies in multi-GNSS kinematic precise point positioning [J]. GPS Solutions, 2023, 27 (3): 100.

[59] PAZIEWSKI J, WIELGOSZ P. Accounting for Galileo-GPS inter-system biases in precise satellite positioning [J]. Journal of Geodesy, 2015, 89 (1): 81-93.

[60] GAO W, MENG X L, GAO C F, et al. Combined GPS and BDS for single-frequency con-

tinuous RTK positioning through real-time estimation of differential inter-system biases [J]. GPS Solutions, 2018, 22 (1): 1-13.

[61] ZHOU F, DONG D N, LI P, et al. Influence of stochastic modeling for inter-system biases on multi-GNSS undifferenced and uncombined precise point positioning [J]. GPS Solutions, 2019, 23 (3): 59.

[62] JIANG N, XU Y, XU T H, et al. GPS/BDS short-term ISB modelling and prediction [J]. GPS Solutions, 2017, 21 (1): 163-175.

[63] 齐文龙, 柴洪洲, 尹潇, 等. 不同系统间偏差模型对 GPS/BDS/Galileo 精密单点定位的影响 [J]. 大地测量与地球动力学, 2020, 40 (10): 1017-1021.

[64] JIAO G Q, SONG S L, SU K, et al. Improving BDS-2 and BDS-3 integrated satellite clock determination with inter-system bias estimation for precise point positioning [C]//proceedings of the China Satellite Navigation Conference (CSNC 2022) Proceedings. Singapore: Springer, 2022, 3: 113-133.

[65] YANG Y X, LIU L, LI J L, et al. Featured services and performance of BDS-3 [J]. Science Bulletin, 2021, 66 (20): 2135-2143.

[66] JIAO G Q, SONG S L, CHEN Q M, et al. Modeling and analysis of BDS-2 and BDS-3 combined precise time and frequency transfer considering stochastic models of inter-system bias [J]. Remote Sensing, 2021, 13 (4): 793.

[67] LU M G, LI W Y, YAO Z, et al. Overview of BDS-3 new signals [J]. NAVIGATION: Journal of the Institute of Navigation, 2019, 66 (1): 19-35.

[68] ZHANG X H, WU M K, LIU W K, et al. Initial assessment of the COMPASS/BeiDou-3: New-generation navigation signals [J]. Journal of Geodesy, 2017, 91: 1225-1240.

[69] YE F, YUAN Y B, OU J K. Initial orbit determination of BDS-3 satellites based on new code signals [J]. Geodesy and Geodynamics, 2018, 9 (4): 342-346.

[70] JIAO G G, SONG S L, JIAO W H. Improving BDS-2 and BDS-3 joint precise point positioning with time delay bias estimation [J]. Measurement Science and Technology, 2019, 31 (2): 025001.

[71] QIN W J, GE Y L, ZHANG Z, et al. Accounting BDS3-BDS2 inter-system biases for precise time transfer [J]. Measurement, 2020, 156: 107566.

[72] SU K. BDS pseudorange biases handling: simultaneous estimation, daily magnitude and analytical comparison of the BDS PPP models [J]. Advances in Space Research, 2023, 71 (11): 4681-4690.

[73] CHEN L, LI M, ZHAO Y, et al. Multi-GNSS real-time precise clock estimation considering the correction of inter-satellite code biases [J]. GPS Solutions, 2021, 25: 32.

[74] GONG X P, LOU Y D, ZHENG F, et al. Evaluation and calibration of BeiDou receiver-related pseudorange biases [J]. GPS Solutions, 2018, 22 (4): 98.

[75] HAUSCHILD A, MONTENBRUCK O. The effect of correlator and front-end design on GNSS

pseudorange biases for geodetic receivers [J]. NAVIGATION: Journal of the Institute of Navigation, 2016, 63 (4): 443-453.

[76] HAUSCHILD A, MONTENBRUCK O. A study on the dependency of GNSS pseudorange biases on correlator spacing [J]. GPS Solutions, 2016, 20 (2): 159-171.

[77] GONG X P, ZHENG F, GU S F, et al. The long-term characteristics of GNSS signal distortion biases and their empirical corrections [J]. GPS Solutions, 2022, 26 (2): 52.

[78] ZHANG Y Z, KUBO N, CHEN J P, et al. Calibration and analysis of BDS receiver-dependent code biases [J]. Journal of Geodesy, 2021, 95 (4): 43.

[79] GONG X P, GU S F, ZHENG F, et al. Improving GPS and Galileo precise data processing based on calibration of signal distortion biases [J]. Measurement, 2021, 174: 108981.

[80] 毛飞宇, 龚晓鹏, 辜声峰, 等. 北斗三号卫星导航信号接收机端伪距偏差建模与验证 [J]. 测绘学报, 2021, 50 (4): 457-465.

[81] AGGREY J, BISNATH S. Dependence of GLONASS pseudorange inter-frequency bias on receiver-antenna combination and impact on precise point positioning [J]. NAVIGATION: Journal of the Institute of Navigation, 2016, 63 (4): 379-391.

[82] WANG J L. An approach to GLONASS ambiguity resolution [J]. Journal of Geodesy, 2000, 74 (5): 421-430.

[83] SONG W W, YI W T, LOU Y D, et al. Impact of GLONASS pseudorange inter-channel biases on satellite clock corrections [J]. GPS Solutions, 2014, 18 (3): 323-333.

[84] CHEN Y C, YUAN Y B, DING W W, et al. GLONASS pseudorange inter-channel biases considerations when jointly estimating GPS and GLONASS clock offset [J]. GPS Solutions, 2017, 21 (4): 1525-1533.

[85] CAI C S, GAO Y. Modeling and assessment of combined GPS/GLONASS precise point positioning [J]. GPS Solutions, 2013, 17 (2): 223-236.

[86] CHEN J P, ZHANG Y Z, WANG J G, et al. A simplified and unified model of multi-GNSS precise point positioning [J]. Advances in Space Research, 2015, 55 (1): 125-134.

[87] SHI C, YI W T, SONG W W, et al. GLONASS pseudorange inter-channel biases and their effects on combined GPS/GLONASS precise point positioning [J]. GPS Solutions, 2013, 17 (4): 439-451.

[88] LIU T, YUAN Y B, ZHANG B C, et al. Multi-GNSS precise point positioning (MGPPP) using raw observations [J]. Journal of Geodesy, 2017, 91 (3): 253-268.

[89] ZHOU F, DONG D N, GE M R, et al. Simultaneous estimation of GLONASS pseudorange inter-frequency biases in precise point positioning using undifferenced and uncombined observations [J]. GPS Solutions, 2018, 22 (1): 19.

[90] GE Y L, QIN W J, CAO X Y, et al. Consideration of GLONASS inter-frequency code biases in precise point positioning (PPP) international time transfer [J]. Applied Sciences, 2018, 8 (8): 1254.

[91] GENG J H, SHI C. Rapid initialization of real-time PPP by resolving undifferenced GPS and GLONASS ambiguities simultaneously [J]. Journal of Geodesy, 2017, 91 (4): 361-374.

[92] ZANG N, LI B F, NIE L W, et al. Inter-system and inter-frequency code biases: simultaneous estimation, daily stability and applications in multi-GNSS single-frequency precise point positioning [J]. GPS Solutions, 2020, 24 (1): 18.

[93] 唐成盼，宿晨庚，胡小工，等. 北斗卫星伪距偏差标定及对用户定位精度影响 [J]. 测绘学报，2020，49 (9)：1131-1138.

[94] MONTENBRUCK O, HAUSCHILD A. Code biases in multi-GNSS point positioning [C]//Proceedings of the 2013 International Technical Meeting of The Institute of Navigation, 2013: 616-628.

[95] WILSON B D, MANNUCCI A J. Instrumental biases in ionospheric measurement derived from GPS data [C]//Proceedings of the 6th International Technical Meeting of the Satellite Division of the Institute of Navigation, 1993: 1343-1351.

[96] GE Y L, ZHOU F, SUN B Q, et al. The impact of satellite time group delay and inter-frequency differential code bias corrections on multi-GNSS combined positioning [J]. Sensors, 2017, 17 (3): 602.

[97] TETEWSKY A, ROSS J, SOLT Z A, et al. Making sense of inter-signal corrections: accounting for GPS satellite calibration parameters in legacy and modernized ionosphere correction algorithms [R]. Gibbons Media & Research, 2009.

[98] STEIGENBERGER P, MONTENBRUCK O, HESSELS U. Performance evaluation of the early CNAV navigation message [J]. NAVIGATION: Journal of The Institute of Navigation, 2015, 62 (3): 219-228.

[99] WANNINGER L, SUMAYA H, BEER S. Group delay variations of GPS transmitting and receiving antennas [J]. Journal of Geodesy, 2017, 91 (9): 1099-1116.

[100] WANG N B, LI Z S, MONTENBRUCK O, et al. Quality assessment of GPS, Galileo and BeiDou-2/3 satellite broadcast group delays [J]. Advances in Space Research, 2019, 64 (9): 1764-1779.

[101] RIVERS M H. The 2 SOPS user range accuracy (URA) improvement and broadcast inter-frequency bias (TGD) updates [C]//Proceedings of the 13th International Technical Meeting of the Satellite Division of The Institute of Navigation (ION GPS 2000), 2000: 2551-2555.

[102] WILSON B, YINGER C H, FEESS W A, et al. New and improved: The broadcast inter-frequency biases [J]. GPS Word, 1999, 10 (9): 56-66.

[103] 王宁波，袁运斌，张宝成，等. GPS 民用广播星历中 ISC 参数精度分析及其对导航定位的影响 [J]. 测绘学报，2016，45 (8)：919-928.

[104] NAVSTAR G P S. Space segment/user segment L5 interfaces: IS-GPS-705A [S]. Science Applications International Corporation, 2010.

[105] FEESS W, COX J, HOWARD E, et al. GPS inter-signal corrections (ISCs) study [C]// Proceedings of the 26th International Technical Meeting of the Satellite Division of The Institute of Navigation (ION GNSS+ 2013), 2: 951-958.

[106] ESA. European GNSS open service signal in space interface control document [Z]. Brussels: European Union. A-1. 2010.

[107] CSNO. BeiDou navigation satellite system signal in space interface control document open service signal (version 3.0) [Z]. 2021.

[108] MONTENBRUCK O, STEIGENBERGER P. BRD400DLR: DLR's merged multi-GNSS broadcast ephemeris product in RINEX 4.00 format [Z]. DLR/GSOC, 2022. DOI: https://doiorg/1057677/BRD400DLR.

[109] HAMA S I, TAKAHASHI Y, KIMURA K, et al. 5-3 Quasi-zenith satellite system (QZSS) project [J]. Journal of the National Institute of Information and Communications Technology Vol, 2010, 57 (3/4): 289-296.

[110] SCHAER S. SINEX BIAS: Solution (Software/technique) independent exchange format for GNSS biases version 1.00 [C]. IGS Workshop on GNSS Biases, Bern, Switzerland, 2016.

[111] LEANDRO R F, LANGLEY R B, SANTOS M C. Estimation of P2-C2 Bias by Means of Precise Point Positioning [C]//Proceedings of the Proceedings of the 63rd Annual Meeting of The Institute of Navigation, 2007: 225-231.

[112] 袁运斌，欧吉坤．GPS 观测数据中的仪器偏差对确定电离层延迟的影响及处理方法 [J]．测绘学报，1999，28 (2): 110-114.

[113] LIU T, ZHANG B C. Estimation of code observation-specific biases (OSBs) for the modernized multi-frequency and multi-GNSS signals: an undifferenced and uncombined approach [J]. Journal of Geodesy, 2021, 95 (8): 97.

[114] VILLIGER A, SCHAER S, DACH R, et al. Determination of GNSS pseudo-absolute code biases and their long-term combination [J]. Journal of Geodesy, 2019, 93 (9): 1487-1500.

[115] SCHAER S. Overview of GNSS biases [C]. IGS Workshop on GNSS Biases, Bern, Switzerland, 2012.

[116] GAO Y, LAHAYE F, HEROUX P, et al. Modeling and estimation of C1-P1 bias in GPS receivers [J]. Journal of Geodesy, 2001, 74 (9): 621-626.

[117] SCHAER S. Biases relevant to GPS and GLONASS data processing [C]. IGS Workshop, 2014.

[118] 邓远帆，郭斐，张小红，等．北斗三号卫星多频多通道差分码偏差估计与分析 [J]．测绘学报，2021，50 (4): 448-456.

[119] LI Z S, YUAN Y B, FAN L, et al. Determination of the differential code bias for current BDS satellites [J]. IEEE Transactions on Geoscience and Remote Sensing, 2013, 52

(7): 3968-3979.

[120] HERNáNDEZ-PAJARES M, JUAN J, SANZ J, et al. The IGS VTEC maps: A reliable source of ionospheric information since 1998 [J]. Journal of Geodesy, 2009, 83 (3/4): 263-275.

[121] KOMJATHY A, WILSON B D, MANNUCCI A J. New developments on estimating satellite interfrequency bias for SVN49 [J]. GPS Solutions, 2011, 15 (3): 233-238.

[122] LI Z S, YUAN Y B, WANG N B, et al. SHPTS: towards a new method for generating precise global ionospheric TEC map based on spherical harmonic and generalized trigonometric series functions [J]. Journal of Geodesy, 2015, 89 (4): 331-345.

[123] MONTENBRUCK O, HAUSCHILD A, STEIGENBERGER P. Differential code bias estimation using multi-GNSS observations and global ionosphere maps [C]//Proceedings of the 2014 International Technical Meeting of the Institute of Navigation, 2014: 802-812.

[124] LI Z S, YUAN Y B, LI H, et al. Two-step method for the determination of the differential code biases of COMPASS satellites [J]. Journal of Geodesy, 2012, 86 (11): 1059-1076.

[125] WANG N B, YUAN Y B, LI Z S, et al. Determination of differential code biases with multi-GNSS observations [J]. Journal of Geodesy, 2016, 90 (3): 209-228.

[126] WANG N B, LI Z S, DUAN B B, et al. GPS and GLONASS observable-specific code bias estimation: comparison of solutions from the IGS and MGEX networks [J]. Journal of Geodesy, 2020, 94 (8): 74.

[127] SU K, JIAO G Q. Two modified multi-frequency GNSS approaches to estimate the pseudorange observable-specific signal bias for the CDMA and FDMA models [J]. GPS Solutions, 2023, 27 (2): 83.

[128] SU K, JIN S G, JIANG J T, et al. Ionospheric VTEC and satellite DCB estimated from single-frequency BDS observations with multi-layer mapping function [J]. GPS Solutions, 2021, 25 (2): 68.

[129] WANG Q S, JIN S G, YUAN L L, et al. Estimation and analysis of BDS-3 differential code biases from MGEX observations [J]. Remote Sensing, 2020, 12 (1): 68.

[130] LI X X, XIE W L, HUANG J X, et al. Estimation and analysis of differential code biases for BDS3/BDS2 using iGMAS and MGEX observations [J]. Journal of Geodesy, 2019, 93 (3): 419-435.

[131] REBEYROL E, JULIEN O, MACABIAU C, et al. Galileo civil signal modulations [J]. GPS Solutions, 2007, 11 (3): 159-171.

[132] YAO Z, ZHANG J Y, LU M Q. ACE-BOC: dual-frequency constant envelope multiplexing for satellite navigation [J]. IEEE Transactions on Aerospace and Electronic Systems, 2016, 52 (1): 466-485.

[133] LI X X, LI X, LIU G G, et al. The phase and code biases of Galileo and BDS-3 BOC signals: Effect on ambiguity resolution and precise positioning [J]. Journal of Geodesy, 2020, 94 (1): 9.

[134] ESENBUĞA Ö G, HAUSCHILD A. Impact of flex power on GPS Block IIF differential code biases [J]. GPS Solutions, 2020, 24 (4): 91.

[135] 杨元喜. 弹性 PNT 基本框架 [J]. 测绘学报, 2018, 47 (7): 893-898.

[136] STEIGENBERGER P, THÖLERT S, MONTENBRUCK O. Flex power on GPS block IIR-M and IIF [J]. GPS Solutions, 2019, 23 (1): 8.

[137] 韩奇, 朱克家, 付钰, 等. 美国打击叙利亚期间 GPS 信号监测评估 [J]. 导航定位学报, 2019, 7 (3): 7-10.

[138] 刘苗苗, 焦文海, 贾小林. 美伊冲突中的 GPS 信号增强分析 [J]. 全球定位系统, 2020, 45 (1): 31-36.

[139] YANG X, LIU W X, HUANG J Q, et al. Real-time monitoring of GPS flex power based on machine learning [J]. GPS Solutions, 2022, 26 (3): 73.

[140] 崔洁. GNSS 差分码偏差估计和时变特性研究 [D]. 上海: 中国科学院大学上海天文台, 2022.

[141] 李文玄, 焦文海, 王凯, 等. GPS P (Y) 码功率增强监测分析 [J]. 北京航空航天大学学报, 2022, 48 (11): 2193-2203.

[142] ZHANG Y Z, CHEN J P, GONG X Q, et al. The update of BDS-2 TGD and its impact on positioning [J]. Advances in Space Research, 2020, 65 (11): 2645-2661.

[143] SCHAER S, DACH R. Biases in GNSS analysis [C]. IGS Workshop, 2010.

[144] FALLETTI E, PINI M, PRESTI L L. Low complexity carrier-to-noise ratio estimators for GNSS digital receivers [J]. IEEE Transactions on Aerospace and Electronic Systems, 2011, 47 (1): 420-437.

[145] ESENBUĞA Ö G, HAUSCHILD A, STEIGENBERGER P. Recent flex power changes [J]. GPS Solutions, 2023, 27 (3): 104.

[146] GE M, GENDT G, ROTHACHER M A, et al. Resolution of GPS carrier-phase ambiguities in precise point positioning (PPP) with daily observations [J]. Journal of Geodesy, 2008, 82 (7): 389-399.

[147] LAURICHESSE D, MERCIER F, BERTHIAS J P, et al. Integer ambiguity resolution on undifferenced GPS phase measurements and its application to PPP and satellite precise orbit determination [J]. NAVGATJON: Journal of the Institute of Navigation, 2009, 56 (2): 135-149.

[148] COLLINS P, BISNATH S, LAHAYE F, et al. Undifferenced GPS ambiguity resolution using the decoupled clock model and ambiguity datum fixing [J]. NAVGATION: Journal of the Institute of Navigation, 2010, 57 (2): 123-135.

[149] GENG J H, CHEN X Y, PAN Y X, et al. A modified phase clock/bias model to improve

PPP ambiguity resolution at Wuhan University [J]. Journal of Geodesy, 2019, 93: 2053-2067.

[150] TEUNISSEN P J, MONTENBRUCK O (eds). Springer handbook of global navigation satellite systems [M]. Cham: Springer, 2017.

[151] DONG D N, BOCK Y. Global positioning system network analysis with phase ambiguity resolution applied to crustal deformation studies in California [J]. Journal of Geophysical Research: Solid Earth, 1989, 94 (B4): 3949-3966.

[152] TEUNISSEN P J. A new method for fast carrier phase ambiguity estimation [C]//Proceedings of 1994 IEEE Position, Location and Navigation Symposium-PLANS'94, F, 1994: 562-573.

[153] TEUNISSEN P. Theory of integer equivariant estimation with application to GNSS [J]. Journal of Geodesy, 2003, 77 (7-8): 402-410.

[154] GE M, GENDT G, DICK G, et al. Improving carrier-phase ambiguity resolution in global GPS network solutions [J]. Journal of Geodesy, 2005, 79: 103-10.

[155] TEUNISSEN P J. Success probability of integer GPS ambiguity rounding and bootstrapping [J]. Journal of Geodesy, 1998, 72: 606-612.

[156] DE JONGE P, TIBERIUS C. The LAMBDA method for integer ambiguity estimation: implementation aspects [J]. Publications of the Delft Computing Centre, LGR-Series, 1996, 12 (12): 1-47.

[157] JOOSTEN P, TIBERIUS C. Lambda: Faqs [J]. GPS Solutions, 2002, 6: 109-114.

[158] EULER H J, SCHAFFRIN B. On a measure for the discernibility between different ambiguity solutions in the static-kinematic GPS-mode [M]//Schwarz K P, Lachapelle G (eds). Kinematic Systems in Geodesy, Surveying, and Remote Sensing. New York: Springer, 1991: 285-295.

[159] 周锋，杨宇泽，王磊，等. GNSS 载波相位整数等变估计及其 PPP 性能提升算法 [J]. 测绘学报，2020，51 (8): 1779-1786.

[160] GENG J, BOCK Y. Triple-frequency GPS precise point positioning with rapid ambiguity resolution [J]. Journal of Geodesy, 2013, 87 (5): 449-460.

[161] LI X X, WANG B, LI X, et al. Principle and performance of multi-frequency and multi-GNSS PPP-RTK [J]. Satellite Navigation, 2022, 3 (1): 7.

[162] FENG Y M, LI B F. Wide area real time kinematic decimetre positioning with multiple carrier GNSS signals [J]. Science China Earth Sciences, 2010, 53 (5): 731-740.

[163] LI X X, ZHANG X H. Improving the estimation of uncalibrated fractional phase offsets for PPP ambiguity resolution [J]. The Journal of Navigation, 2012, 65 (3): 513-529.

[164] GENG J H, SHI C, GE M R, et al. Improving the estimation of fractional-cycle biases for ambiguity resolution in precise point positioning [J]. Journal of Geodesy, 2012, 86: 579-589.

[165] TEUNISSEN P, KHODABANDEH A. Review and principles of PPP-RTK methods [J]. Journal of Geodesy, 2015, 89 (3): 217-240.

[166] LI X X, GE M R, ZHANG H P, et al. A method for improving uncalibrated phase delay estimation and ambiguity-fixing in real-time precise point positioning [J]. Journal of Geodesy, 2013, 87: 405-416.

[167] ZHANG B C, TEUNISSEN P J, ODIJK D. A novel un-differenced PPP-RTK concept [J]. The Journal of Navigation, 2011, 64 (S1): S180-S91.

[168] LI X X, LI X, YUAN Y Q, et al. Multi-GNSS phase delay estimation and PPP ambiguity resolution: GPS, BDS, GLONASS, Galileo [J]. Journal of Geodesy, 2018, 92: 579-608.

[169] GENG J H, GUO J, MENG X L, et al. Speeding up PPP ambiguity resolution using triple-frequency GPS/BeiDou/Galileo/QZSS data [J]. Journal of Geodesy, 2020, 94: 6.

[170] LI X X, LI X, LIU G G, et al. Triple-frequency PPP ambiguity resolution with multi-constellation GNSS: BDS and Galileo [J]. Journal of Geodesy, 2019, 93: 1105-1122.

[171] LIU Y Y, SONG W W, LOU Y D, et al. GLONASS phase bias estimation and its PPP ambiguity resolution using homogeneous receivers [J]. GPS Solutions, 2017, 21: 427-437.

[172] LI X X, HAN X J, LI X, et al. GREAT-UPD: An open-source software for uncalibrated phase delay estimation based on multi-GNSS and multi-frequency observations [J]. GPS Solutions, 2021, 25: 66.

[173] LI X, LI X X, JIANG Z H, et al. A unified model of GNSS phase/code bias calibration for PPP ambiguity resolution with GPS, BDS, Galileo and GLONASS multi-frequency observations [J]. GPS Solutions, 2022, 26 (3): 84.

[174] BLEWITT G. Fixed point theorems of GPS carrier phase ambiguity resolution and their application to massive network processing: Ambizap [J]. Journal of Geophysical Research: Solid Earth, 2008, 113 (B12): B12410.

[175] GENG J H, MENG X L, DODSON A H, et al. Integer ambiguity resolution in precise point positioning: method comparison [J]. Journal of Geodesy, 2010, 84 (9): 569-581.

[176] SHI J B, GAO Y. A comparison of three PPP integer ambiguity resolution methods [J]. GPS solutions, 2014, 18: 519-528.

[177] LOYER S, PEROSANZ F, MERCIER F, et al. Zero-difference GPS ambiguity resolution at CNES-CLS IGS Analysis Center [J]. Journal of Geodesy, 2012, 86: 991-1003.

[178] LI P, ZHANG X H, REN X D, et al. Generating GPS satellite fractional cycle bias for ambiguity-fixed precise point positioning [J]. GPS Solutions, 2016, 20: 771-782.

[179] HU J H, ZHANG X H, LI P, et al. Multi-GNSS fractional cycle bias products generation for GNSS ambiguity-fixed PPP at Wuhan University [J]. GPS Solutions, 2020, 24: 15.

[180] GENG J H, CHEN X Y, PAN Y X, et al. PRIDE PPP-AR: An open-source software for GPS PPP ambiguity resolution [J]. GPS Solutions, 2019, 23: 91.

[181] SCHAER S, VILLIGER A, DACH R, et al. New ambiguity-fixed IGS clock analysis products at CODE [C]. International GNSS Service Workshop, 2018. Wuhan, 2018.

[182] MONTENBRUCK O, HAUSCHILD A, STEIGENBERGER P, et al. Three's the challenge: A close look at GPS SVN62 triple-frequency signal combinations finds carrier-phase variations on the new L5 [J]. GPS World, 2010, 21 (8): 8-19.

[183] PAN L, ZHANG X H, LI X X, et al. Characteristics of inter-frequency clock bias for Block IIF satellites and its effect on triple-frequency GPS precise point positioning [J]. GPS Solutions, 2017, 21 (2): 811-822.

[184] PAN L, LI X X, ZHANG X H, et al. Considering inter-frequency clock bias for BDS triple-frequency precise point positioning [J]. Remote Sensing, 2017, 9 (7): 734.

[185] SU K, JIN S, JIAO G. GNSS carrier phase time-variant observable-specific signal bias (OSB) handling: an absolute bias perspective in multi-frequency PPP [J]. GPS Solutions, 2022, 26 (3): 71.

[186] LI H J, ZHOU X H, WU B, et al. Estimation of the inter-frequency clock bias for the satellites of PRN25 and PRN01 [J]. Science China Physics, Mechanics and Astronomy, 2012, 55 (11): 2186-2193.

[187] LI H J, LI B F, XIAO G L, et al. Improved method for estimating the inter-frequency satellite clock bias of triple-frequency GPS [J]. GPS Solutions, 2016, 20 (4): 751-760.

[188] LI H J, ZHOU X H, WU B. Fast estimation and analysis of the inter-frequency clock bias for Block IIF satellites [J]. GPS Solutions, 2013, 17 (3): 347-355.

[189] MONTENBRUCK O, HUGENTOBLER U, DACH R, et al. Apparent clock variations of the Block IIF-1 (SVN62) GPS satellite [J]. GPS Solutions, 2012, 16 (3): 303-313.

[190] LIU T, ZHANG B C, YUAN Y B, et al. On the application of the raw-observation-based PPP to global ionosphere VTEC modeling: an advantage demonstration in the multi-frequency and multi-GNSS context [J]. Journal of Geodesy, 2020, 94 (1): 1.

[191] CAI C S, HE C, SANTERRE R, et al. A comparative analysis of measurement noise and multipath for four constellations: GPS, BeiDou, GLONASS and Galileo [J]. Survey review, 2016, 48 (349): 287-295.

[192] HAUSCHILD A, STEIGENBERGER P, RODRIGUEZ-SOLANO C. Signal, orbit and attitude analysis of Japan's first QZSS satellite Michibiki [J]. GPS Solutions, 2012, 16 (1): 127-133.

[193] JIAO G Q, SONG S L, SU K. Improving undifferenced precise satellite clock estimation with BDS-3 quad-frequency B1I/B3I/B1C/B2a observations for precise point positioning [J]. GPS Solutions, 2023, 27 (1): 28.

[194] 李星星. GNSS精密单点定位及非差模糊度快速确定方法研究 [D]. 武汉: 武汉大学, 2013.

[195] 张小红, 胡家欢, 任晓东. PPP/PPP-RTK新进展与北斗/GNSS PPP定位性能比较

[J]. 测绘学报, 2020, 49 (9): 1084-1100.
[196] YANG Y N, GAO W G, GUO S R, et al. Introduction to BeiDou-3 navigation satellite system [J]. NAVIGATION: Journal of the Institute of Navigation, 2019, 66 (1): 7-18.
[197] STERLE O, STOPAR B, PREŠEREN P P. Single-frequency precise point positioning: an analytical approach [J]. Journal of Geodesy, 2015, 89 (8): 793-810.
[198] LI B F, ZANG N, GE H B, et al. Single-frequency PPP models: analytical and numerical comparison [J]. Journal of Geodesy, 2019, 93 (12): 2499-2514.
[199] ZHU S L, YUE D J, HE L N, et al. Comparative analysis of four different single-frequency PPP models on positioning performance and atmosphere delay retrieval [J]. Advances in Space Research, 2021, 67 (12): 3994-4010.
[200] GAO Z Z, GE M R, SHEN W B, et al. Ionospheric and receiver DCB-constrained multi-GNSS single-frequency PPP integrated with MEMS inertial measurements [J]. Journal of Geodesy, 2017, 91 (11): 1351-1366.
[201] CAI C S. Precise point positioning using dual - frequency GPS and GLONASS measurements; [D]. Calgary: University of Calgary, 2009.
[202] XIANG Y, GAO Y, SHI J B, et al. Consistency and analysis of ionospheric observables obtained from three precise point positioning models [J]. Journal of Geodesy, 2019, 93 (8): 1161-1170.
[203] LI B F, GE H B, SHEN Y Z. Comparison of ionosphere-free, UofC and uncombined PPP observation models [J]. Acta Geodaetica et Cartographica Sinica, 2015, 44 (7): 734-740.
[204] GUO F, ZHANG X H, WANG J L, et al. Modeling and assessment of triple-frequency BDS precise point positioning [J]. Journal of Geodesy, 2016, 90 (11): 1223-1235.
[205] SU K, JIN S G. Triple-frequency carrier phase precise time and frequency transfer models for BDS-3 [J]. GPS Solutions, 2019, 23 (3): 86.
[206] TU R, ZHANG P F, ZHANG R, et al. Modeling and assessment of precise time transfer by using BeiDou navigation satellite system triple-frequency signals [J]. Sensors, 2018, 18 (4): 1017.
[207] SU K, JIN S G, JIAO G Q. Assessment of multi-frequency GNSS PPP models using GPS, Beidou, GLONASS, Galileo and QZSS [J]. Meas. Sci. Technol., 2020, 31: 064008.
[208] ZHANG P F, TU R, GAO Y P, et al. Performance of Galileo precise time and frequency transfer models using quad-frequency carrier phase observations [J]. GPS Solutions, 2020, 24 (2): 40.
[209] 苏珂, 金双根. BDS/Galileo 四频精密单点定位模型性能分析与比较 [J]. 测绘学报, 2020, 49 (9): 1189-1201.
[210] JIN S G, SU K. PPP models and performances from single-to quad-frequency BDS observations [J]. Satellite Navigation, 2020, 1 (1): 16.

[211] SU K, JIN S G. Analytical performance and validations of the Galileo five-frequency precise point positioning models [J]. Measurement, 2021, 172: 108890.

[212] DACH R, WALSER P. Bernese GNSS software version 5.2 [Z]. 2015.

[213] HERRING T, KING R, MCCLUSKY S. Introduction to GAMIT/GLOBK [R]. Massachusetts Institute of Technology, Cambridge, Massachusetts, 2010.

[214] SHI C, ZHAO Q L, GENG J H, et al. Recent development of PANDA software in GNSS data processing [C]. Proceedings of the International Conference on Earth Observation Data Processing and Analysis (ICEODPA), 2008.

[215] BRUNNER F, HARTINGER H, TROYER L. GPS signal diffraction modelling: The stochastic SIGMA-δ model [J]. Journal of Geodesy, 1999, 73 (5): 259-267.

[216] CLOSAS P, FERNÁNDEZ-PRADES C, FERNáNDEZ-RUBIO J A. Maximum likelihood estimation of position in GNSS [J]. IEEE Signal Processing Letters, 2007, 14 (5): 359-362.

[217] 李博峰. 混合整数 GNSS 函数模型及随机模型参数估计理论与方法 [J]. 测绘学报, 2010, 39 (3): 330.

[218] 杨元喜. 等价权原理：参数平差模型的抗差最小二乘解 [J]. 测绘通报, 1994 (6): 33-35.

[219] BLEWITT G. An automatic editing algorithm for GPS data [J]. Geophysical Research Letters, 1990, 17 (3): 199-202.

[220] LI X, LI X X, LIU G G, et al. BDS multi-frequency PPP ambiguity resolution with new B2a/B2b/B2a+b signals and legacy B1I/B3I signals [J]. Journal of Geodesy, 2020, 94: 107.

[221] LI X X, LIU G G, LI X, et al. Galileo PPP rapid ambiguity resolution with five-frequency observations [J]. GPS Solutions, 2020, 24: 24.

[222] TEUNISSEN P J, ODIJK D, ZHANG B C. PPP-RTK: results of CORS network-based PPP with integer ambiguity resolution [J]. J. Aeronaut. Astronaut. Aviat. Ser. A, 2010, 42 (4): 223-230.

[223] 李昕. 多频率多星座 GNSS 快速精密定位关键技术研究 [D]. 武汉：武汉大学, 2021.

[224] WABBENA G, SCHMITZ M, BAGGE A. PPP-RTK: Precise point positioning using state-space representation in RTK networks [C]//Proceedings of the 18th International Technical Meeting of the Satellite Division of the Institute of Navigation (ION GNSS 2005), 2005: 2584-2594.

[225] LI X X, ZHANG X H, GE M R. Regional reference network augmented precise point positioning for instantaneous ambiguity resolution [J]. Journal of Geodesy, 2011, 85: 151-158.

[226] ZHANG B C, HOU P Y, ODOLINSKI R. PPP-RTK: From common-view to all-in-view

GNSS networks [J]. Journal of Geodesy, 2022, 96 (12): 102.
[227] LI L Y, LU Z P, CHEN Z S, et al. Parallel computation of regional CORS network corrections based on ionospheric-free PPP [J]. GPS Solutions, 2019, 23: 70.
[228] OLIVARES-PULIDO G, TERKILDSEN M, ARSOV K, et al. A 4D tomographic ionospheric model to support PPP-RTK [J]. Journal of Geodesy, 2019, 93 (9): 1673-1683.
[229] 张宝成. GNSS 非差非组合精密单点定位的理论方法与应用研究 [D]; 中国科学院测量与地球物理研究所, 2012.
[230] HAN S. Quality-control issues relating to instantaneous ambiguity resolution for real-time GPS kinematic positioning [J]. Journal of Geodesy, 1997, 71: 351-361.
[231] WÜBBENA G, BAGGE A, SEEBER G, et al. Reducing distance dependent errors for real-time precise DGPS applications by establishing reference station networks [C]//Proceedings of ION GPS, 1996: 1845-1852.
[232] GAO Y, LI Z, MCLELLAN J. Carrier phase based regional area differential GPS for decimeter-level positioning and navigation [C]//Proceedings of ION GPS, 1997: 1305-1313.
[233] WANG G Q, HAN Y, CHEN J, et al. A GNSS/INS integrated navigation algorithm based on Kalman filter [J]. IFAC-PapersOnLine, 2018, 51 (17): 232-237.
[234] VAN GRAAS F, SOLOVIEV A. Precise velocity estimation using a stand-alone GPS receiver [J]. NAVIGATION: Journal of the Institute of Navigation, 2004, 51 (4): 283-292.
[235] LI G C, GENG J H, CHU B. High-precision velocity determination using mass-market Android GNSS measurements in the case of anomalous clock variations [J]. GPS Solutions, 2023, 27 (3): 98.
[236] SERRANO L, KIM D, LANGLEY R B, et al. A GPS velocity sensor: How accurate can it be? —A first look [C]//Proceedings of the 2004 National Technical Meeting of The Institute of Navigation, 2004: 875-885.
[237] 宋雪源, 李建文, 李军正, 等. 不同星历和钟差产品对 GPS 动态 PPP 定位测速结果比较 [J]. 全球定位系统, 2011, 36 (2): 52-56.
[238] HE K F, XU T H, FÖRSTE C, et al. A method to correct the raw Doppler observations for GNSS velocity determination [M]//Freymueller J T, Sánchez L (eds). Beyond 100: The Next Century in Geodesy. Cham: Springer. 2020: 129-134.
[239] FREDA P, ANGRISANO A, GAGLIONE S, et al. Time-differenced carrier phases technique for precise GNSS velocity estimation [J]. GPS Solutions, 2015, 19: 335-341.
[240] WANG X X, TU R, GAO Y P, et al. Velocity estimations by combining time-differenced GPS and Doppler observations [J]. Measurement Science and Technology, 2019, 30 (12): 125003.

[241] 程琦, 孙蕊, 王均晖. 多路径效应对 GPS 多普勒测速的影响 [J]. 北京航空航天大学学报, 2021, 47 (9): 1807-1813.

[242] 吴富梅, 肖云. 利用伪距差分法进行 GPS 测速 [J]. 武汉大学学报 (信息科学版), 2010, 35 (9): 1034-1038.

[243] 耿涛, 丁志辉, 谢新, 等. 基于载波相位差分的多频多 GNSS 测速精度评估 [J]. 武汉大学学报 (信息科学版), 2023, 48 (2): 206-213.

[244] FARRELL J L. Carrier phase processing without integers [C]//Proceedings of the 57th Annual Meeting of The Institute of Navigation, 2001: 423-428.

[245] WENDEL J, MEISTER O, MONIKES R, et al. Time-differenced carrier phase measurements for tightly coupled GPS/INS integration [C]//Proceedings of the IEEE/ION PLANS, 2006: 54-60.

[246] HOHENSINN R, GEIGER A, WILLI D, et al. Movement detection based on high-precision estimates of instantaneous GNSS station velocity [J]. Journal of Surveying Engineering, 2019, 145 (3): 04019005.

[247] TU R. Fast determination of displacement by PPP velocity estimation [J]. Geophysical Journal International, 2014, 196 (3): 1397-1401.

[248] SU K, JIN S. Real-time seismic waveforms estimation of the 2019 Mw= 6. 4 and Mw= 7. 1 California earthquakes with high-rate multi-GNSS observations [J]. IEEE Access, 2020, 8: 85411-85420.

[249] DIMAROGONAS D V, KYRIAKOPOULOS K J. A connection between formation infeasibility and velocity alignment in kinematic multi-agent systems [J]. Automatica, 2008, 44 (10): 2648-2654.

[250] YANG Y X, HE H B, XU G C. Adaptively robust filtering for kinematic geodetic positioning [J]. Journal of Geodesy, 2001, 75 (2): 109-116.

[251] FARRELL A. Comparisons of swimming performance in rainbow trout using constant acceleration and critical swimming speed tests [J]. Journal of Fish Biology, 2008, 72 (3): 693-710.

[252] JI L, SUN R, CHENG Q, et al. Evaluation of the performance of GNSS-based velocity estimation algorithms [J]. Satellite Navigation, 2022, 3 (1): 18.

[253] WANG X X, TU R, ZHANG R, et al. A study of GPS PPP velocity estimation with the constraints of Doppler observation [J]. Advances in Space Research, 2020, 66 (12): 2900-2913.

[254] BLEWITT G, HAMMOND W C, KREEMER C, et al. GPS for real-time earthquake source determination and tsunami warning systems [J]. Journal of Geodesy, 2009, 83 (3/4): 335-343.

[255] LARSON K M, BODIN P, GOMBERG J. Using 1-Hz GPS data to measure deformations caused by the Denali fault earthquake [J]. Science, 2003, 300 (5624): 1421-1424.

[256] BOCK Y, PRAWIRODIRDJO L, MELBOURNE T I. Detection of arbitrarily large dynamic ground motions with a dense high-rate GPS network [J]. Geophysical Research Letters, 2004, 31 (6): L06604.

[257] BLEWITT G, KREEMER C, HAMMOND W C, et al. Rapid determination of earthquake magnitude using GPS for tsunami warning systems [J]. Geophysical Research Letters, 2006, 33 (11): L11309.

[258] WRIGHT T J, HOULIÉ N, HILDYARD M, et al. Real-time, reliable magnitudes for large earthquakes from 1 Hz GPS precise point positioning: The 2011 Tohoku-Oki (Japan) earthquake [J]. Geophysical Research Letters, 2012, 39 (12): L12302.

[259] BILICH A, CASSIDY J F, LARSON K M. GPS Seismology: Application to the 2002 M_W 7.9 Denali fault earthquake [J]. Bulletin of the Seismological Society of America, 2008, 98 (2): 593-606.

[260] HIRAHARA K, NAKANO T, HOSO Y, et al. An experiment for GPS strain seismometer [C]//Proceedings of the Japanese Symposium on GPS (1994), 1994: 67-75.

[261] ODIJK D, ZHANG B C, KHODABANDEH A, et al. On the estimability of parameters in undifferenced, uncombined GN network and PPP-RTK user models by means of S-system theory [J]. Journal of Geodesy, 2016, 90 (1): 15-44.

[262] ZHANG C F, GUO A Z, NI S D, et al. PPP-ARISEN: an open-source precise point positioning software with ambiguity resolution for interdisciplinary research of seismology, geodesy and geodynamics [J]. GPS Solutions, 2023, 27 (1): 45.

[263] ZHENG K, ZHANG X H, LI X X, et al. Capturing coseismic displacement in real time with mixed single-and dual-frequency receivers: Application to the 2018 MW7.9 Alaska earthquake [J]. GPS Solutions, 2019, 23: 9.

[264] LI X X, ZHENG K, LI X, et al. Real-time capturing of seismic waveforms using high-rate BDS, GPS and GLONASS observations: the 2017 MW 6.5 Jiuzhaigou earthquake in China [J]. GPS Solutions, 2019, 23 (1): 17.

[265] FANG R X, ZHENG J W, GENG J H, et al. Earthquake magnitude scaling using peak ground velocity derived from high-rate GNSS observations [J]. Seismological Society of America, 2021, 92 (1): 227-237.

[266] FANG R X, LV H H, HU Z G, et al. GPS/BDS precise point positioning with B2b products for high-rate seismogeodesy: application to the 2021 MW 7.4 Maduo earthquake [J]. Geophysical Journal International, 2022, 231 (3): 2079-2090.

[267] XU P L, SHI C, FANG R X, et al. High-rate precise point positioning (PPP) to measure seismic wave motions: an experimental comparison of GPS PPP with inertial measurement units [J]. Journal of Geodesy, 2013, 87 (4): 361-372.

[268] 柴海山，陈克杰，魏国光，等. 北斗三号与超高频 GNSS 同震形变监测：以 2021 年青海玛多 Mw 7.4 地震为例 [J]. 武汉大学学报（信息科学版），2022，47（6）：946-

954.

[269] TAO J, CHEN G, GUO J, et al. Toward BDS/Galileo/GPS/QZSS triple-frequency PPP instantaneous integer ambiguity resolutions without atmosphere corrections [J]. GPS Solutions, 2022, 26 (4): 127.

[270] COLOSIMO G, CRESPI M, MAZZONI A. Real-time GPS seismology with a stand-alone receiver: A preliminary feasibility demonstration [J]. Journal of Geophysical Research: Solid Earth, 2011, 116 (B11): B11302.

[271] BEZCIOGLU M, YIGIT C O, KARADENIZ B, et al. Evaluation of real-time variometric approach and real-time precise point positioning in monitoring dynamic displacement based on high-rate (20 Hz) GPS Observations [J]. GPS Solutions, 2023, 27 (1): 43.

[272] SHU Y M, FANG R X, LI M, et al. Very high-rate GPS for measuring dynamic seismic displacements without aliasing: performance evaluation of the variometric approach [J]. GPS Solutions, 2018, 22 (4): 121.

[273] HUNG H K, RAU R J, BENEDETTI E, et al. GPS Seismology for a moderate magnitude earthquake: Lessons learned from the analysis of the 31 October 2013 M_L 6.4 Ruisui (Taiwan) earthquake [J]. Annals of Geophysics, 2017, 60 (5): S0553.

[274] FRATARCANGELI F, SAVASTANO G, D'ACHILLE M C, et al. VADASE reliability and accuracy of real-time displacement estimation: Application to the Central Italy 2016 earthquakes [J]. Remote Sensing, 2018, 10 (8): 1201.

[275] BENEDETTI E, BRANZANTI M, BIAGI L, et al. Global Navigation Satellite Systems seismology for the 2012 Mw 6.1 Emilia earthquake: Exploiting the VADASE algorithm [J]. Seismological Research Letters, 2014, 85 (3): 649-656.

[276] ZANG J F, XU C J, LI X X. Scaling earthquake magnitude in real time with high-rate GNSS peak ground displacement from variometric approach [J]. GPS Solutions, 2020, 24: 101.

[277] LI X X, GE M R, GUO B F, et al. Temporal point positioning approach for real-time GNSS seismology using a single receiver [J]. Geophysical Research Letters, 2013, 40 (21): 5677-5682.

[278] JIN S G, SU K. Co-seismic displacement and waveforms of the 2018 Alaska earthquake from high-rate GPS PPP velocity estimation [J]. Journal of Geodesy, 2019, 93 (9): 1559-1569.

[279] GROVES P D. Principles of GNSS, inertial, and multisensor integrated navigation systems, 2nd edition [Book review] [J]. IEEE Aerospace and Electronic Systems Magazine, 2015, 30 (2): 26-27.

[280] FANG R X, ZHENG J W, SHU Y M, et al. A new tightly coupled method for high-rate seismogeodesy: a shake table experiment and application to the 2016 M_w 6.6 central Italy earthquake [J]. Geophysical Journal International, 2021, 227 (3): 1846-1856.

[281] 郑凯．单站 GNSS 宽频带地震地表位移监测方法和关键技术研究［D］．武汉：武汉大学，2020.

[282] COHEN C E, PARKINSON B W. Mitigating multipath error in GPS based attitude determination［J］. Advances in the Astronautical Sciences, 1991, 74: 53-68.

[283] DONG D, WANG M, CHEN W, et al. Mitigation of multipath effect in GNSS short baseline positioning by the multipath hemispherical map［J］. Journal of Geodesy, 2016, 90: 255-262.

[284] WDOWINSKI S, BOCK Y, ZHANG J, et al. Southern California permanent GPS geodetic array: Spatial filtering of daily positions for estimating coseismic and postseismic displacements induced by the 1992 Landers earthquake［J］. Journal of Geophysical Research: Solid Earth, 1997, 102 (B8): 18057-18070.

[285] NIKOLAIDIS R M, BOCK Y, DE JONGE P J, et al. Seismic wave observations with the global positioning system［J］. Journal of Geophysical Research: Solid Earth, 2001, 106 (B10): 21897-21916.

[286] MING F, YANG Y X, ZENG A M, et al. Spatiotemporal filtering for regional GPS network in China using independent component analysis［J］. Journal of Geodesy, 2017, 91 (4): 419-440.

[287] WANG K, FIALKO Y. Slip model of the 2015 M_w 7.8 Gorkha (Nepal) earthquake from inversions of ALOS-2 and GPS data［J］. Geophysical Research Letters, 2015, 42 (18): 7452-7458.

[288] BILHAM R. Earthquakes in India and the Himalaya: Tectonics, geodesy and history［J］. Annals of Geophysics, 2004, 47 (2/3): 839-858.

[289] FAN W, SHEARER P M. Detailed rupture imaging of the 25 April 2015 Nepal earthquake using teleseismic P waves［J］. Geophysical Research Letters, 2015, 42 (14): 5744-5752.

[290] GENG T, XIE X, FANG R X, et al. Real-time capture of seismic waves using high-rate multi-GNSS observations: Application to the 2015 M_w 7.8 Nepal earthquake［J］. Geophysical Research Letters, 2016, 43 (1): 161-167.

[291] BOORE D M. Effect of baseline corrections on displacements and response spectra for several recordings of the 1999 Chi - Chi, Taiwan, earthquake［J］. Bulletin of the Seismological Society of America, 2001, 91 (5): 1199-1211.

[292] PHILLIPS D, BARTEL B. Data Event Response to the July 4, 2019 M 6.4 and July 6, 2019 M 7.1 Earthquakes Near Ridgecrest［EB/OL］. (2019-07-05) https://www unavco org/highlights/2019/ridgecrest html.

[293] STEIN S, WYSESSION M. An introduction to seismology, earthquakes, and earth structure［M］. Oxford: Blackwell, 2003.

[294] FANG R X, SHI C, SONG W W, et al. Determination of earthquake magnitude using GPS

displacement waveforms from real-time precise point positioning [J]. Geophysical Journal International, 2014, 196 (1): 461-472.

[295] HANKS T C, KANAMORI H. A moment magnitude scale [J]. Journal of Geophysical Research: Solid Earth, 1979, 84 (B5): 2348-2350.

[296] RICHTER C F. An instrumental earthquake magnitude scale [J]. Bulletin of the Seismological Society of America, 1935, 25 (1): 1-32.

[297] LAY T, WALLACE T C. Modern global seismology [M]. Cambridge: Elsevier, 1995.

[298] GUTENBERG B. Amplitudes of surface waves and magnitudes of shallow earthquakes [J]. Bulletin of the Seismological Society of America, 1945, 35 (1): 3-12.

[299] ATKINSON G M, KAKA S I. Relationships between felt intensity and instrumental ground motion in the central United States and California [J]. Bulletin of the Seismological Society of America, 2007, 97 (2): 497-510.

[300] MICHEL C, KELEVITZ K, HOULIÉ N, et al. The potential of high-rate GPS for strong ground motion assessment [J]. Bulletin of the Seismological Society of America, 2017, 107 (4): 1849-1859.

[301] WORDEN C, GERSTENBERGER M, RHOADES D, et al. Probabilistic relationships between ground-motion parameters and modified Mercalli intensity in California [J]. Bulletin of the Seismological Society of America, 2012, 102 (1): 204-221.

[302] MALSERVISI R, SCHWARTZ S Y, VOSS N, et al. Multiscale postseismic behavior on a megathrust: The 2012 Nicoya earthquake, Costa Rica [J]. Geochemistry, Geophysics, Geosystems, 2015, 16 (6): 1848-1864.

[303] ZHENG X J, ZHANG Y, WANG R J. Estimating the rupture process of the 8 August 2017 Jiuzhaigou earthquake by inverting strong-motion data with IDS method [J]. Chinese Journal of Geophysics, 2017, 60 (11): 4421-4430.

[304] ZHENG K, LIU K Z, ZHANG X H, et al. First results using high-rate BDS-3 observations: Retrospective real-time analysis of 2021 Mw 7.4 Madoi (Tibet) earthquake [J]. Journal of Geodesy, 2022, 96 (8): 51.

[305] 广伟. GPS PPP 时间传递技术研究 [D]. 西安：中国科学院大学（中国科学院国家授时中心），2012.

[306] LEWANDOWSKI W, ARIAS E. GNSS times and UTC [J]. Metrologia, 2011, 48 (4): S219-S224.

[307] DELLAGO R, DETOMA E, LUONGO F. Galileo-GPS interoperability and compatibility: a synergetic viewpoint [C]//Proceedings of the 16th International Technical Meeting of the Satellite Division of The Institute of Navigation (ION GPS/GNSS 2003), 2003: 542-548.

[308] DENISENKO O, FEDOTOV V, SIL'VESTROV I, et al. Assurance of the uniformity of measurements in the development and use of GLONASS [J]. Measurement Techniques, 2015, 58: 23-28.

[309] HAN C, YANG Y, CAI Z. BeiDou navigation satellite system and its time scales [J]. Metrologia, 2011, 48 (4): S213.

[310] ALLAN D W, THOMAS C. Technical Directives for Standardization of GPS Time Receiver Software: to be implemented for improving the accuracy of GPS common-view time transfer [J]. Metrologia, 1994, 31 (1): 69-79.

[311] PETIT G, JIANG Z. GPS All in View time transfer for TAI computation [J]. Metrologia, 2007, 45 (1): 35-45.

[312] 董绍武. 守时中的若干重要技术问题研究 [D]. 西安: 中国科学院大学 (中国科学院国家授时中心), 2007.

[313] LEWANDOWSKI W, AZOUBIB J, KLEPCZYNSKI W J. GPS: Primary tool for time transfer [J]. Proceedings of the IEEE, 1999, 87 (1): 163-172.

[314] WEISS M A. Weighting and smoothing of data in GPS common view time transfer [C]// Proceedings of the 17th Annual Precise Time and Time Interval Systems and Applications Meeting, 1985: 261-276.

[315] ALLAN D W, WEISS M A. Accurate time and frequency transfer during common-view of a GPS satellite [C]//Proceedings of the 34th Annual Symposium on Frequency Control, 1980: 334-346.

[316] DEFRAIGNE P, BRUYNINX C, GUYENNON N. PPP and phase-only GPS time and frequency transfer [C]//Proceedings of the 2007 IEEE International Frequency Control Symposium Joint with the 21st European Frequency and Time Forum, 2007: 904-908.

[317] LEE S W, SCHUTZ B E, LEE C B, et al. A study on the common-view and all-in-view GPS time transfer using carrier-phase measurements [J]. Metrologia, 2008, 45 (2): 156.

[318] PETIT G, KANJ A, LOYER S, et al. 1×10^{-16} frequency transfer by GPS PPP with integer ambiguity resolution [J]. Metrologia, 2015, 52 (2): 301-309.

[319] 葛玉龙. 多频多系统精密单点定位时间传递方法研究 [D]. 西安: 中国科学院大学 (中国科学院国家授时中心), 2020.

[320] 吕大千. 基于精密单点定位的 GNSS 时间同步方法研究 [D]. 长沙: 国防科技大学, 2020.

[321] WANG S L, ZHAO X W, GE Y L, et al. Investigation of real-time carrier phase time transfer using current multi-constellations [J]. Measurement, 2020, 166: 108237.

[322] GE Y L, CAO X Y, LYU D Q, et al. An investigation of PPP time transfer via BDS-3 PPP-B2b service [J]. GPS Solutions, 2023, 27 (2): 61.

[323] GE Y L, WANG Q, WANG Y, et al. A new receiver clock model to enhance BDS-3 real-time PPP time transfer with the PPP-B2b service [J]. Satellite Navigation, 2023, 4 (1): 8.

[324] 许龙霞. 基于共视原理的卫星授时方法 [D]. 西安: 中国科学院大学 (中国科学院

国家授时中心), 2012.

[325] GIFFORD A, PACE S, MCNEFF J. One-way GPS time transfer 2000 [C]//Proceedings of the 32th Annual Precise Time and Time Interval Systems and Applications Meeting, 2000: 137-146.

[326] GE Y L, QIN W J, SU K, et al. A new approach to real-time precise point positioning timing with IGS real-time service products [J]. Meas. Sci. Technol., 2019, 30 (12): 125104.

[327] EADY E T. Meteorology—A three-dimensional science [J]. Weather. 1957, 12 (11): 341-346.

[328] 高志钰. 区域大气可降水量反演及应用研究 [D]. 兰州: 兰州交通大学, 2019.

[329] 桂柯. 运用地基探测与卫星遥感方法研究中国地区大气含水量 [D]. 成都: 成都信息工程大学, 2017.

[330] DOUŠA J. The impact of errors in predicted GPS orbits on zenith troposphere delay estimation [J]. GPS Solutions, 2010, 14: 229-239.

[331] KOUBA J. Testing of global pressure/temperature (GPT) model and global mapping function (GMF) in GPS analyses [J]. Journal of Geodesy, 2009, 83 (3/4): 199-208.

[332] LAGLER K, SCHINDELEGGER M, BÖHM J, et al. GPT2: Empirical slant delay model for radio space geodetic techniques [J]. Geophysical Research Letters, 2013, 40 (6): 1069-1073.

[333] LANDSKRON D, BÖHM J. VMF3/GPT3: refined discrete and empirical troposphere mapping functions [J]. Journal of Geodesy, 2018, 92 (4): 349-360.

[334] LEANDRO R F, LANGLEY R B, SANTOS M C. UNB3m_pack: a neutral atmosphere delay package for radiometric space techniques [J]. GPS Solutions, 2008, 12 (1): 65-70.

[335] HOPFIELD H S. Two-quartic tropospheric refractivity profile for correcting satellite data [J]. Journal of Geophysical research, 1969, 74 (18): 4487-4499.

[336] SAASTAMOINEN J. Atmospheric correction for the troposphere and stratosphere in radio ranging satellites [J]. The use of Artificial Satellites for Geodesy, 1972, 15: 247-251.

[337] CHEN Q M, SONG S L, HEISE S, et al. Assessment of ZTD derived from ECMWF/NCEP data with GPS ZTD over China [J]. GPS solutions, 2011, 15 (4): 415-425.

[338] LU C X, ZUS F, GE M R, et al. Tropospheric delay parameters from numerical weather models for multi-GNSS precise positioning [J]. Atmospheric Measurement Techniques, 2016, 9 (12): 5965-5973.

[339] SU K, JIN S. Impacts of Tropospheric Delays on Multi-GNSS PPP from Empirical and Numerical Weather Models [C]//Proceedings of the 2019 Photonics and Electromagnetics Research Symposium-Fall (PIERS-Fall), 2019: 1930-1937.

[340] POLI P, HEALY S, DEE D. Assimilation of Global Positioning System radio occultation

data in the ECMWF ERA-Interim reanalysis [J]. Quarterly Journal of the Royal Meteorological Society, 2010, 136 (653): 1972-1990.

[341] BYUN S H, BAR-SEVER Y E. A new type of troposphere zenith path delay product of the international GNSS service [J]. Journal of Geodesy, 2009, 83: 367-373.

[342] MARINI J W. Correction of satellite tracking data for an arbitrary tropospheric profile [J]. Radio Science, 1972, 7 (2): 223-231.

[343] BOHM J, NIELL A, TREGONING P, et al. Global Mapping Function (GMF): A new empirical mapping function based on numerical weather model data [J]. Geophysical research letters, 2006, 33 (7): L07304.

[344] BOHM J, SCHUH H. Vienna mapping functions in VLBI analyses [J]. Geophysical Research Letters, 2004, 31 (1): L01603.

[345] NIELL A E. Global mapping functions for the atmosphere delay at radio wavelengths [J]. Journal of Geophysical Research: Solid Earth, 1996, 101 (B2): 3227-3246.

[346] CHEN G, HERRING T A. Effects of atmospheric azimuthal asymmetry on the analysis of space geodetic data [J]. Journal of Geophysical Research: Solid Earth, 1997, 102 (B9): 20489-20502.

[347] ROCKEN C, SOKOLOVSKIY S, JOHNSON J M, et al. Improved mapping of tropospheric delays [J]. Journal of Atmospheric and Oceanic Technology, 2001, 18 (7): 1205-1213.

[348] HOBIGER T, ICHIKAWA R, TAKASU T, et al. Ray-traced troposphere slant delays for precise point positioning [J]. Earth, Planets and Space, 2008, 60 (5): e1-e4.

[349] NIEVINSKI F G, SANTOS M C. Ray-tracing options to mitigate the neutral atmosphere delay in GPS [J]. Geomatica, 2010, 64 (2): 191-207.

[350] NAFISI V, MADZAK M, BöHM J, et al. Ray-traced tropospheric delays in VLBI analysis [J]. Radio Science, 2012, 47 (2): RS2020.

[351] ZUS F, DICK G, DOUŠA J, et al. The rapid and precise computation of GPS slant total delays and mapping factors utilizing a numerical weather model [J]. Radio Science, 2014, 49 (3): 207-216.

[352] ZUS F, DICK G, DOUSA J, et al. Systematic errors of mapping functions which are based on the VMF1 concept [J]. GPS Solutions, 2015, 19: 277-286.

[353] ZUS F, DICK G, HEISE S, et al. A forward operator and its adjoint for GPS slant total delays [J]. Radio Science, 2015, 50 (5): 393-405.

[354] MACMILLAN D. Atmospheric gradients from very long baseline interferometry observations [J]. Geophysical Research Letters, 1995, 22 (9): 1041-1044.

[355] HERRING T. Modeling atmospheric delays in the analysis of space geodetic data [J]. Symposium on Refraction of Transatmospheric Signals in Geodesy, 1992, 36 (4): 157-164.

[356] PAN L, GUO F. Real-time tropospheric delay retrieval with GPS, GLONASS, Galileo and

BDS data [J]. Scientific Reports, 2018, 8 (1): 17067.

[357] LU C X, LI X, CHENG J L, et al. Real-time tropospheric delay retrieval from multi-GNSS PPP ambiguity resolution: Validation with final troposphere products and a numerical weather model [J]. Remote sensing, 2018, 10 (3): 481.

[358] AICHINGER-ROSENBERGER M, WEBER R, HANNA N. Kinematic ZTD estimation from train-borne single-frequency GNSS: validation and assimilation [J]. Remote Sensing, 2021, 13 (19): 3793.

[359] BEVIS M, BUSINGER S, HERRING T A, et al. GPS meteorology: Remote sensing of atmospheric water vapor using the global positioning system [J]. Journal of Geophysical Research: Atmospheres, 1992, 97 (D14): 15787-15801.

[360] 姚宜斌，赵庆志. GNSS对流层水汽监测研究进展与展望 [J]. 测绘学报，2022，51 (6): 935-952.

[361] 李国平，黄丁发. GPS气象学研究及应用的进展与前景 [J]. 气象科学，2005，25 (6): 651-661.

[362] 夏朋飞. 联合空基和地基GNSS观测反演大气水汽方法研究 [D]. 武汉：武汉大学，2018.

[363] DICK G, GENDT G, REIGBER C. First experience with near real-time water vapor estimation in a German GPS network [J]. Journal of Atmospheric and Solar-Terrestrial Physics, 2001, 63 (12): 1295-1304.

[364] WANG J H, ZHANG L Y, DAI A G. Global estimates of water-vapor-weighted mean temperature of the atmosphere for GPS applications [J]. Journal of Geophysical Research: Atmospheres, 2005, 110 (D21): D21101.

[365] LI X X, TAN H, LI X, et al. Real-time sensing of precipitable water vapor from BeiDou observations: Hong Kong and CMONOC networks [J]. Journal of Geophysical Research: Atmospheres, 2018, 123 (15): 7897-7909.

[366] LU C X, FENG G L, ZHENG Y X, et al. Real-time retrieval of precipitable water vapor from Galileo observations by using the MGEX network [J]. IEEE Transactions on Geoscience and Remote Sensing, 2020, 58 (7): 4743-4753.

[367] ZHAO L W, CUI M X, SONG J. An Improved Strategy for Real-Time Troposphere Estimation and Its Application in the Severe Weather Event Monitoring [J]. Atmosphere, 2022, 14 (1): 46.

[368] WU Z L, LU C X, ZHENG Y X, et al. Evaluation of Shipborne GNSS precipitable water vapor over global oceans from 2014 to 2018 [J]. IEEE Transactions on Geoscience and Remote Sensing, 2022, 60: 3142745.

[369] MEMMO A, FIONDA E, PAOLUCCI T, et al. Comparison of MM5 integrated water vapor with microwave radiometer, GPS, and radiosonde measurements [J]. IEEE Transactions on Geoscience and Remote Sensing, 2005, 43 (5): 1050-1058.

[370] LU C X, LI X X, GE M R, et al. Estimation and evaluation of real-time precipitable water vapor from GLONASS and GPS [J]. GPS solutions, 2016, 20: 703-713.

[371] BRAUN J, ROCKEN C, MEERTENS C, et al. Development of a water vapor tomography system using low cost L1 GPS receivers [C]. 9th ARM Science Team Meeting Proceedings, San Antonio, Texas, 1999.

[372] DONG Z N, JIN S G. 3-D water vapor tomography in Wuhan from GPS, BDS and GLONASS observations [J]. Remote Sensing, 2018, 10 (1): 62.

[373] 袁运斌. 基于 GPS 的电离层监测及延迟改正理论与方法的研究 [D]. 武汉: 中国科学院大学(中国科学院测量与地球物理研究所), 2002.

[374] 刘腾. 多模 GNSS 非组合精密单点定位算法及其电离层应用研究 [D]. 武汉: 中国科学院大学(中国科学院测量与地球物理研究所), 2017.

[375] 霍星亮, 袁运斌, 欧吉坤, 等. 基于 GPS 资料研究中国区域电离层 TEC 的周日变化、半年度及冬季异常现象 [J]. 自然科学进展, 2005, 15 (5): 626-630.

[376] 李敏. 实时与事后 BDS/GNSS 电离层 TEC 监测及延迟修正研究 [D]. 武汉: 中国科学院大学(中国科学院测量与地球物理研究所), 2018.

[377] BENT R, LLEWELLYN S K, WALLOCH M K. Description and evaluation of the Bent ionospheric model. Volume 1: AD-753081 [R]. DBA Systems, Melbourne, Florida, 1972.

[378] KLOBUCHAR J A. Ionospheric time-delay algorithm for single-frequency GPS users [J]. IEEE Transactions on Aerospace and Electronic Systems, 1987, (3): 325-331.

[379] 黄逸丹. 区域电离层 GPS 监测及应用研究 [D]. 上海: 中国科学院上海天文台, 2007.

[380] NAVA B, COISSON P, RADICELLA S. A new version of the NeQuick ionosphere electron density model [J]. Journal of Atmospheric and Solar-Terrestrial Physics, 2008, 70 (15): 1856-1862.

[381] HOQUE M M, JAKOWSKI N. An alternative ionospheric correction model for global navigation satellite systems [J]. Journal of Geodesy, 2015, 89 (4): 391-406.

[382] JAKOWSKI N, HOQUE M, MAYER C. A new global TEC model for estimating transionospheric radio wave propagation errors [J]. Journal of Geodesy, 2011, 85 (12): 965-974.

[383] HOQUE M M, JAKOWSKI N, BERDERMANN J. Ionospheric correction using NTCM driven by GPS Klobuchar coefficients for GNSS applications [J]. GPS Solutions, 2017, 21: 1563-1572.

[384] HOQUE M M, JAKOWSKI N, ORúS-PéREZ R. Fast ionospheric correction using Galileo Az coefficients and the NTCM model [J]. GPS Solutions, 2019, 23 (2): 41.

[385] 袁运斌, 李敏, 霍星亮, 等. 北斗三号全球导航卫星系统全球广播电离层延迟修正模型(BDGIM)应用性能评估 [J]. 测绘学报, 2021, 50 (4): 436-447.

[386] YUAN Y B, WANG N B, LI Z S, et al. The BeiDou global broadcast ionospheric delay

correction model (BDGIM) and its preliminary performance evaluation results [J]. NAVIGATION: Journal of the Institure of Navigation, 2019, 66 (1): 55-69.
[387] SCHAER S, BEUTLER G, ROTHACHER M, et al. Daily global ionosphere maps based on GPS carrier phase data routinely produced by the CODE Analysis Center [C]//Proceedings of the IGS Analysis Center Workshop, 1996: 1-12.
[388] 袁运斌, 欧吉坤. 广义三角级数函数电离层延迟模型 [J]. 自然科学进展, 2005, 15 (8): 1015-1019.
[389] LIU T, ZHANG B C, YUAN Y B, et al. Real-time precise point positioning (RTPPP) with raw observations and its application in real-time regional ionospheric VTEC modeling [J]. Journal of Geodesy, 2018, 92 (11): 1267-1283.
[390] 蔡昌盛, 李征航, 张小红. 利用 GPS 载波相位观测值建立区域电离层模型研究 [J]. 测绘通报, 2002 (11): 14-16.
[391] LI B F, WANG M M, WANG Y L, et al. Model assessment of GNSS-based regional TEC modeling: Polynomial, trigonometric series, spherical harmonic and multi-surface function [J]. Acta Geodaetica et Geophysica, 2019, 54 (3): 333-357.
[392] JIANG H, WANG Z M, AN J C, et al. Influence of spatial gradients on ionospheric mapping using thin layer models [J]. GPS Solutions, 2018, 22 (1): 2.
[393] BRUNINI C, AZPILICUETA F. GPS slant total electron content accuracy using the single layer model under different geomagnetic regions and ionospheric conditions [J]. Journal of Geodesy, 2010, 84 (5): 293-304.
[394] KOMJATHY A, SPARKS L, MANNUCCI A J, et al. The ionospheric impact of the October 2003 storm event on Wide Area Augmentation System [J]. GPS Solutions, 2005, 9 (1): 41-50.
[395] LI M, YUAN Y B, ZHANG B C, et al. Determination of the optimized single-layer ionospheric height for electron content measurements over China [J]. Journal of Geodesy, 2018, 92 (2): 169-183.
[396] XIANG Y, GAO Y. An enhanced mapping function with ionospheric varying height [J]. Remote Sensing, 2019, 11 (12): 1497.
[397] HOQUE M M, JAKOWSKI N. Mitigation of ionospheric mapping function error [C]//Proceedings of the 26th International Technical Meeting of the Satellite Division of The Institute of Navigation, 2013: 1848-1855.
[398] HOQUE M M, JAKOWSKI N. A new global empirical NmF2 model for operational use in radio systems [J]. Radio Science, 2011, 46 (6): 1-13.
[399] YUAN L L, JIN S G, HOQUE M M. Estimation of LEO-GPS receiver differential code bias based on inequality constrained least square and multi-layer mapping function [J]. GPS Solutions, 2020, 24 (2): 57.
[400] ZHANG B C, TEUNISSEN P J, YUAN Y B, et al. A modified carrier-to-code leveling

method for retrieving ionospheric observables and detecting short-term temporal variability of receiver differential code biases [J]. Journal of Geodesy, 2019, 93 (1): 19-28.

[401] CHEN L, YI W T, SONG W W, et al. Evaluation of three ionospheric delay computation methods for ground-based GNSS receivers [J]. GPS Solutions, 2018, 22 (4): 125.

[402] CIRAOLO L, AZPILICUETA F, BRUNINI C, et al. Calibration errors on experimental slant total electron content (TEC) determined with GPS [J]. Journal of Geodesy, 2007, 81 (2): 111-120.

[403] HATCH R. The synergism of GPS code and carrier measurements [C]//Proceedings of the International Geodetic Symposium on Satellite Doppler Positioning, 1983: 1213-1231.

[404] ZHA J P, ZHANG B C, YUAN Y B, et al. Use of modified carrier-to-code leveling to analyze temperature dependence of multi-GNSS receiver DCB and to retrieve ionospheric TEC [J]. GPS Solutions, 2019, 23 (4): 103.

[405] LI M, YUAN Y B, ZHANG X, et al. A multi-frequency and multi-GNSS method for the retrieval of the ionospheric TEC and intraday variability of receiver DCBs [J]. Journal of Geodesy, 2020, 94 (10): 102.

[406] SU K, JIN S G. A novel GNSS single-frequency PPP approach to estimate the ionospheric TEC and satellite pseudorange observable-specific signal bias [J]. IEEE Transactions on Geoscience and Remote Sensing, 2022, 60: 5801712.

[407] LEE H K, RIZOS C. Position-domain hatch filter for kinematic differential GPS/GNSS [J]. IEEE Transactions on Aerospace and Electronic Systems, 2008, 44 (1): 30-40.

[408] XIANG Y, GAO Y, SHI J B, et al. Carrier phase-based ionospheric observables using PPP models [J]. Geodesy and Geodynamics, 2017, 8 (1): 17-23.

[409] ZHANG B C, ZHAO C B, ODOLINSKI R, et al. Functional model modification of precise point positioning considering the time-varying code biases of a receiver [J]. Satellite Navigation, 2021, 2 (1): 11.

[410] JEE G, LEE H B, KIM Y H, et al. Assessment of GPS global ionosphere maps (GIM) by comparison between CODE GIM and TOPEX/Jason TEC data: Ionospheric perspective [J]. Journal of Geophysical Research: Space Physics, 2010, 115 (A10): A10319.

[411] ZHOU C Y, YANG L, LI B F, et al. M_GIM: a MATLAB-based software for multi-system global and regional ionospheric modeling [J]. GPS Solutions, 2023, 27 (1): 42.